雷电防护技术

主　编:李维红　马景奕

内容简介

本书分为两个部分，共 13 章。第 1 章至第 5 章主要讲述防雷基础知识，第 6 章至第 13 章主要讲述防雷工程设计与施工。附录部分主要包括爆炸火灾危险环境分区和防雷分类、土壤电阻测量方法，工程设计常用图例、记录表格等。为方便教学，每章均配有复习思考题。

本书可作为气象部门、社会相关防雷技术人员的参考书籍，也可作为防雷技术应用等专业学生教材。

图书在版编目(CIP)数据

雷电防护技术 / 李维红，马景奕主编. — 北京 ：气象出版社，2020.8

ISBN 978-7-5029-7238-7

Ⅰ.①雷… Ⅱ.①李… ②马… Ⅲ.①防雷-教材 Ⅳ.①P427.32

中国版本图书馆 CIP 数据核字(2020)第 132907 号

雷电防护技术

Leidian Fanghu Jishu

出版发行：气象出版社

地　址：北京市海淀区中关村南大街 46 号　　邮政编码：100081

电　话：010-68407112(总编室)　010-68408042(发行部)

网　址：http://www.qxcbs.com　　E-mail：qxcbs@cma.gov.cn

责任编辑：林雨晨　陈　红　　终　审：吴晓鹏

责任校对：王丽梅　　责任技编：赵相宁

封面设计：博雅思企划

印　刷：三河市百盛印装有限公司

开　本：720 mm×960 mm　1/16　　印　张：27

字　数：529 千字

版　次：2020 年 8 月第 1 版　　印　次：2020 年 8 月第 1 次印刷

定　价：105.00 元

《雷电防护技术》编委会

前　言

雷电是自然界最为壮观的大气现象之一。据统计，全世界每年约有10亿次雷暴发生，平均每小时发生2000次雷暴，而每分钟平均发生1～3次云对地闪电。其强大的电流、炙热的高温、猛烈的冲击波以及强烈的电磁辐射等物理效应能够在瞬间产生巨大的破坏力，导致人员伤亡、建筑物损毁、通信设备失效等，并可能引起火灾、爆炸，严重威胁人民生命财产安全。因此，雷电灾害被联合国列入10种最严重的自然灾害。

我国受雷电灾害影响也十分严重。每年春末我国大部分地区进入雨季，常会有雷电发生。近年来，我国各地年平均雷电日(雷暴日)数为40余天，并且呈上升趋势。为防止或减轻雷电灾害带来的损失，世界各国都在防御雷电灾害方面做了大量的研究工作，人们雷电灾害防御意识也在逐步提高，特别是一些高技术领域、重要设施、古建筑等，雷电防护的重要性和必要性越来越受到重视。

防雷减灾工作目前已深入到建筑、金融、石油化工、仓储、通信、证券、交通、航空航天、国防等诸多行业和领域，特别是在石油化工、易燃易爆、重要仓储等场所，对雷电防护有着更强、更严格的需求和要求。全面掌握防雷技术并很好地加以应用，才能将雷电灾害可能造成的损失降到最低程度。

本书从理论与实践两个层面，结合防雷工作实际编写，对雷电的基础知识到防雷工程设计和施工都进行了较为系统、详实的阐述和讲解，能够满足气象部门、局校合作单位、相关技术人才和学生等开展技能培训、防雷社会评价、职业院校教学等多项需求，是一本兼具理论性和实用性的较高质量的防雷技术培训教材，也可以为从事防雷工作的专业技术人员提供参考和借鉴。

本教材编写受资料和水平限制，不妥之处在所难免，欢迎专业技术人员和广大读者批评指正。

编者

2020年5月

目 录

第 1 章　雷电防护发展概述

随着信息产业的高速发展，对雷电防护的等级和需求也愈来愈高。自从电子产品诞生以来，人们就开始了对雷电防护技术的研究。微电子产品成为信息产业发展的主流，防雷技术已趋于精细化、智能化方向发展。本章主要讲述雷电认识过程以及现阶段国际国内的研究进展。

1.1　对雷电的科学认识过程

地球上的雷电是一种大气的自然现象，每天都发生，每年都造成很大的人员伤亡和经济损失，从古至今雷电一直被人们所关注和研究。我国古人最初是把闪电与鬼神相联系，到了东汉哲学家王充在《论衡·雷虚篇》中就“云至则雷电击”的记载，可说是世界上最早用文字反对闪电神鬼说的唯物主义学者。但是古人一直没有进一步认识它，没有提出防雷的具体措施，直到北宋的沈括（1031—1095）、明代的方以智（1611—1691）等对闪电的认识基本上与王充相似，一千多年内，认识没有发展。

近代由于电学的发展，才有了对闪电科学认识的条件。英国人 Fransis Hauksbee 是第一个把实验室中的电与自然界的闪电发生联想的人。1706 年他用玻璃棒摩擦带电，研究它的发光，看到静电放电产生的闪光与闪电相似，而发生了联想。但这与真正认识闪电还相差甚远。美国杰出科学家富兰克林（Benjamin Franklin，1706—1790），他先是在实验室内进行一系列电学实验，论证了实验室内静电放电现象与天空闪电的种种类似性，以科学的理性思维探索闪电的本质。富兰克林的卓越贡献和成就在于他把云中的闪电引到地面上来做实验检定，使许多科学家可以重复他的科学实验，一起来认识这个科学的判断：闪电就是静电产生的火花放电。但是这些都是初步认识，进入 20 世纪以来，由于电子科技的飞速发展，国内外都对雷电进行了广泛深入的研究。

1.1.1　国外发展概况

雷电灾害是“联合国国际减灾十年”公布的影响人类活动的严重灾害之一，为了防止或减轻雷电灾害带来的损失，世界各国都在防御雷电灾害方面做了大量的研究工作。20 世纪 90 年代初，美国利用磁定向法技术建立了区域地闪定位网，随后随着 GPS 技术的发展，又建立了时差法技术进行结合，并形成了覆盖全美的地闪定位网，即国家雷电探测网(National Lightning Detection Network，NLDN)。目前，在雷电事件发生 40s 内即可从 NLDN 获得数据，也可得到经过订正的 1989 年以来的历史档案资料。在 1994 年升级后(1995 年完成)，NLDN 包括 106 个传感器，目前所有的传感器均使用 GPS 时钟。每个传感器的数据都通过卫星送到中心站，在那儿进行综合定位和参数计算，然后通过卫星和电话线连接到数据用户。为了探测地闪峰值电流和远距离闪电，传感器的带宽和增益被提高，触发阈值降低，波形判据也被改变(与以前相比，接受的波形明显变窄)。为了得到峰值电流分布，校准因子也被调节，但本质上和以前没有区别。到目前为止，大概有 40 个国家拥有类似 NLDN 这样的闪电定位网络，包括加拿大、瑞典、奥地利、法兰西、日本和巴西等。自 1998 年以来，加拿大闪电定位网络(Canada Lightning Detection Network，CLDN)已和 NLDN 联合，两者共同组成的北美闪电探测网络(North America Lightning Detection Network，NALDN)包括 187 个传感器。得到的雷电资料可以有效地改进强对流天气的诊断和预报的初步结论，对有效开展雷电防护工作具有重要指导意义。

国外已经建立了以触发闪电试验为核心的野外雷电综合观测基地，国际上著名的佛罗里达大学国际雷电研究与测试中心(ICLRT)自 20 世纪 90 年代以来，围绕人工触发闪电，开展了近距离的闪电放电过程观测，对雷电高能辐射、基本放电参量、放电模型的认识进一步深化，并在电力、航空、航天、能源等多个领域的雷电防护技术测试发展中发挥了重要作用。国际著名的雷电探测和物理研究机构新墨西哥矿业技术学院的 Langmuir 实验室，也建有雷电综合观测基地和人工引雷试验场，基于该综合观测基地的外场试验，不但发展和检验了多种先进的闪电探测工具，也大大深化了人们对雷电放电过程的认识。

在雷电天气预报方面，主要利用中尺度观测系统、雷达、卫星和雷电定位系统等观测资料以及数值预报模式产品。美国空军第 45 天气中队给出了以雷达为工具的雷电临近预报经验规则，特别是选用了云顶高度参数作为预报因子，并在 1996 年亚特兰大奥运会的气象保障预警业务中得到应用；另外还采用空间分辨率为 4km×8km、时间分辨率为 5min 的同步卫星红外云图和美国国家闪电监测网的地闪定位结果，对比了云顶冷却率超过 0.5℃/min 的时间和首次地闪出现的时间，指出利用云顶温度的快速冷却的监测结果有可能开发出一种提前半个小时或更长时间临近预报雷电的客观方法，但许多认识还处于初级阶段，目前还要进一步深化对机理的认识，在雷电临近预报方面仍然需要大量的研究。美国曾经开展了对流降水试验计划研究，近期美国将开展研究雷暴电荷结构与天气过程之间关系的试验项目，并在探测试验中采用了三维 VHF 闪电探测系统 LMA 和多普勒天气雷达等探测设备。这些研究为雷电预警预报技术的发展提供了重要的科学依据。

同时,欧美各国普遍具有较高的雷电防护意识,尽管在一些地区雷电的发生概率并不高,但人们也非常注意雷电灾害的防御,特别是一些重要设施、高技术领域和一些古建筑等。这些国家非常注重雷电防护产品和技术标准的规范化,以及新技术、新产品的研发。有些公司与科研院校开展了广泛、深入的实质性合作,共建测试实验室,实现了资源共享、优势互补。除通常的国际标准外,各国还制定了各自的国家标准。各国对防雷技术研究从产品设计规划、试验测试直到投放市场都须严格遵守国际标准。在雷电防护工作中注重产品安装技术和规范,并用相关技术规范指导技术人员完成防雷设备的安装。这些措施大大减少了雷电灾害带来的损失。

1.1.2　国内发展概况

我国的雷电灾害涉及电力、通信、石化、交通、金融等各行各业以及千家万户,造成的经济损失主要发生在城市,而人员伤亡则主要发生在农村地区。雷电灾害涉及行业分布如图 1.1 所示。

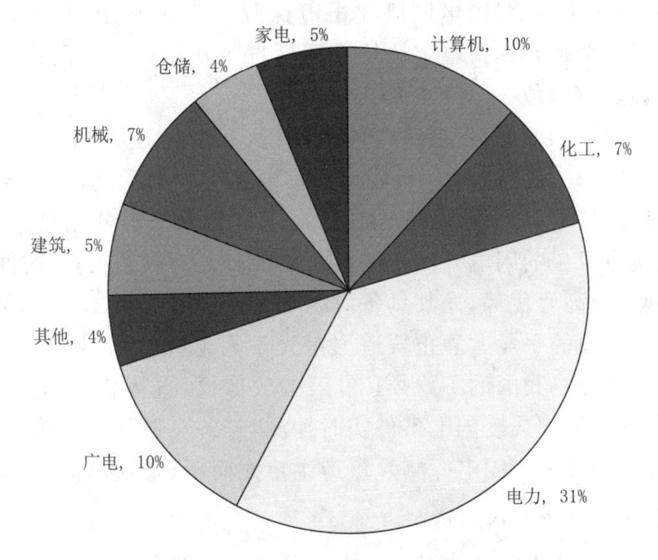

图 1.1　雷电灾害涉及行业分布图

加强雷电监测和雷电机理以及成灾过程的研究,进一步推动雷电监测、预警预报、防护技术服务和业务化,提高对雷电灾害的监测预警能力、管理能力和科技服务水平,对于提高我国雷电灾害综合防御能力是非常必要的。我国雷电监测定位技术从 20 世纪 80 年代末开始发展起来,目前拥有几百个低频雷电定位系统的测站,主要由气象、电力、电信、民航、军队等部门建设使用，这些系统在雷电及对流性灾害天气过程的监测、人工影响天气作业指挥、雷电防护等多方面得到了广泛应用。

由于行业需求不同，除气象部门之外的其他行业和部门也根据各自需求建立了雷电定位系统局域观测网。我国在20世纪80年代末由原广西电力局、原水电部武汉高压研究所（武高所）和中国科学院北京空间中心分别从美国引进了雷电定向定位系统设备，同时武高所在原水电部科技司支持下开始了立足走自主研发、服务我国电力系统之路，同时期的开发单位还有中国科学院北京空间中心。随后，上海交通大学、中国电波研究所也开展了第一代定向定位系统研制。1991年初安装在浙江电网的雷电定向定位4站系统是国内最早国产的实验性系统，是由上海交通大学和武高所各自研发的样机组成的合成试验系统。1993年武高院推出的第一套产品化系统在安徽省电网投运。1995年华东电网由市场竞标选择武高所建设华东区域雷电定位系统（Lightning Location System，LLS）。1996年原电力工业部办公厅发文《关于建立雷电定位监测系统的通知》（办安生〔1996〕64号），经过十余年的逐步建设，我国电网已在30个省建立了省域LLS，在2004—2007年国家电网公司通过实施联网工程，已建成了覆盖25个省网的雷电监测网，并将实现全国电网全部系统联网监测与信息共享。到2019年底，我国电网已建雷电探测站419个（图1.2）。目前，我国已成为继美国后第2个拥有在雷电定位技术领域自主知识产权的国家，雷电监测网规模和水平居世界领先地位。

开展闪电综合观测业务，发展综合监测设备，卫星观测是一个很好的补充，有效提升了闪电探测能力。星载VHF接收机和雷电光学观测系统，通过VHF和光信号的相关分析可提高从卫星上识别雷电的能力，这将是天基雷电探测的进一步发展方向。地球静止轨道卫星的闪电探测，具有覆盖范围广、观测频次多、时间分辨率高、定位精度准、探测效率高等优势，尤其具备对闪电进行实时监测、跟踪和预警的功能，被认为是闪电探测有效的手段。静止轨道卫星光学闪电成像仪，是世界各国卫星闪电探测发展的共同趋势。我国的FY-4卫星闪电成像仪，直接瞄准当今世界闪电探测的高水平，能实现对不同强度闪电事件实时探测，具备对强对流天气过程进行完整监测和跟踪的能力，将在卫星闪电探测领域产生重大而深远的影响。

1.1.2.1 雷电监测业务开展情况

我国的雷电定位技术是从20世纪80年代末开始发展起来，目前有几百个低频雷电定位系统测站，主要由气象、电力、电信、民航等部门和军队建设使用，这些系统在雷电及对流性灾害天气过程的监测、人工影响天气作业指挥、雷电防护等方面得到了广泛应用。据统计，目前有26个省（区、市）气象局建设了以测量云地闪电为主的雷电定位系统，总探测站数为300多个，多为覆盖各省（区、市）的联网系统，并生成了一些区域性的监测产品，这大大提高了对地闪的探测精度和效率。中国气象局的“大

图1.2 LLS雷电监测网站点

气监测自动化系统工程一期工程”项目在京津冀地区(北京)、长江中下游地区(上海、武汉)建设了兼有云地闪和云闪探测功能的区域性雷电监测系统。

1.1.2.2 雷电预警预报

雷电的临近预警目前基本上是在闪电定位仪、天气雷达、气象卫星、地面电场仪等设备观测的实况资料及资料非线性外推的基础上,做出雷电发生落区、时间和强度预报。中国气象科学研究院和南京信息工程大学相继开展了雷电预警预报技术和方法研究,并开发了雷电预警预报系统,目前正在全国多个省(区、市)试运行。雷电预警预报系统可以有效、实时提供一定时间和区域内雷电发生概率,可应用于各行业,特别是公众人身安全和精密电子设备防护。通过预警信号为一些特殊场所提供雷电预警信息,以便人们在雷电发生之前能及时撤离到安全建筑物当中,也能为重要设备的防护提供保障。特别是通过现代技术手段建立的公众雷电服务系统,及时准确地为电力、交通、航空航天、国防、军事、石油等领域提供高质量、高时空分辨率的雷电信息应用产品，结合不同行业的特殊要求，提供专业雷电预警、灾害等级评估和决策分析，为国民经济建设服务。

我国近几年在雷电诊断分析及预警预报技术和方法的研发工作方面取得了一些初步成果。随着全国局域雷电定位网的建立和应用，一些省(区、市)开始针对有无雷电发生进行定性产品发布，或针对某些行业单位、重点区域开展专业性的雷电预警预报，但许多认识还处于初级阶段，目前还要进一步深化对雷电发生机理的分析，需要进行大量的研究工作。

1.1.2.3 雷电科学研究

国内的雷电研究工作起步较晚，但雷电学科发展迅速，为了减轻雷电灾害给经济社会发展和人民生命财产安全带来的危害，气象、电力、通信等部门与部分高校在雷电防护研究中开展了大量工作，促进了我国雷电防护技术的迅速发展。中国气象局组织雷电探测技术和资料应用等方面的研究，并在中国气象科学研究院成立了“雷电物理与防护工程实验室”。为了深入研究雷电物理特征，中国气象科学研究院和广东省气象局在广州从化建设了雷电野外试验基地，开展人工引雷试验，为我国雷电科学研究工作的进一步开展提供条件，取得了一系列重要成果，并在国际上具有一定的特点和地位。为了深入研究自然雷电、人工触发雷电的物理特征及其致灾机理，2018年年初，中国气象局批复成立了中国气象局雷电野外科学试验基地，该基地主要包括广州从化人工引雷试验场、深圳石岩高塔观测站、福建九仙山自然闪电观测试验站和重庆金佛山观测站几个部分，雷电基地将结合不同观测站的特点，发展雷电综合观测试验手段，有助于推动雷电科学的发展。

中国气象科学研究院自2005年开始，在广州建成了拥有雷电综合观测和试验能力的野外雷电试验基地。目前，已经发展了具有多种时空分辨率的闪电精细化探测和定位技术，并布局建设了探测网络；创建了人工引雷平台、防护测试平台，自主研发了基本的光电磁综合观测系统。广东省防雷中心和中国气象局广州热带海洋气象研究所作为共同依托单位，在雷电试验基地基础建设方面投入大量资金改善了科研试验环境，提升了试验基地开展雷电野外试验、雷电物理过程观测和雷电防护试验的能力，确保获取到高质量、全面而丰富的雷电观测数据。研究团队开展了雷暴三维全闪活动的综合观测、雷电精细化放电过程观测，并与广东地区常规和非常规气象观测网以及云降水观测试验网结合，提升了国内对闪电放电过程的探测水平，大幅扩展了闪电活动信息量，深化了对雷电活动规律及起放电机理的认识。中国气象科学研究院率先开发了雷电临近预警系统，填补了我国在雷电预警系统平台方面的空白。该系统基于当前雷电预警方法研究方面的新成果，融合不同时空尺度气象观测资料逐步预警雷电活动，集成应用了决策树、区域识别、跟踪及外推等算法，实现0～1h雷电活动的有效预警。该预警系统已经在国内多个省(区、市)推广应用,用于强对流中雷暴过程的预警预报。

1.2　现代防雷技术的发展

富兰克林发明避雷针以后,电话、电灯等一系列与电有关的电子产品相继问世,防雷技术的应用得到突飞猛进的发展,目前雷电预警、预报及防护技术实现了从二维空间到三维空间的突破。

现代防雷的主要任务,是全方位堵截雷电危害的任何入口。因此,提出了现代综合防雷的技术措施,包含:接闪、分流、等电位连接、屏蔽、合理布线、接地。

(1)接闪:通过接闪器、引下线和接地体,把闪电电流传导入地,保护建筑物不受雷击。它是防直击雷的主保护。接闪器又分为避雷针、避雷器、避雷带、避雷网。

(2)分流:分流是把从室外来的导线(包括电力电源线、电话线、信号线,或者这类电缆的金属外套等)都并联一种避雷器至接地,把循导线传入的过电压经避雷器分流入地。

(3)等电位连接:等电位连接是防雷措施中极为关键的一项。因为雷电流的峰值非常大,其流过之处都立即升至很高的电位(相对大地而言),因此,对于周围尚处于大地电位的金属物、设备或人,会产生旁侧闪络放电,又使后者的电位骤然升高,因而要有较完善的等电位连接。

(4)屏蔽:用金属网、箔、壳、管等导体把需要保护的对象包围起来,把闪电的脉冲电磁场从空间入侵的通道阻隔开来,且都必须妥善接地。

(5)合理布线:根据建筑物的具体结构,要求均匀对称合理地布设线缆,将雷电可能引发的危害电流引入大地。

(6)接地:接地实际上也是泄放雷电流。现代的建筑物大都利用基础作接地体,并构成周圈式接地带,雷电流分散入地。至于接地电阻值,近来许多防雷专家都认为,接地电阻值的大小并不是很重要的,最重要的是要求等电位连接和合理的引下线布设,以使最快地疏导雷电流。

进入20世纪80年代后,雷电灾害出现了新特点,主要表现在:

(1)受灾面积不断扩大。从电力到建筑扩展到几乎所有的部门。如航天航空、国防、通信、计算机、电力输送、电子工业、石油化工、电厂、矿山、铁路干线等。

(2)从二维空间入侵到三维空间侵入。从闪电直击、过电压波沿线路传输到空间脉冲电磁场,从三维空间入侵到任何角落,防雷工程已从防直击雷、感应雷进入到防雷电电磁脉冲,雷电灾害的空间范围进一步扩大。

(3)雷电灾害的经济损失和危害程度加大。随着经济的发展,特别是由于高新技术的迅速发展，像火箭、导弹的发射，信息化指挥系统、银行计算机系统等遭受到雷击后，其危害程度和损失是显而易见的。如今高层建筑越来越多、电视塔越来越高，高压线、储油罐，计算机网络、火箭导弹、社会公共服务电子系统、家电，特别是微电子器件是一些低压器件，使雷击目标大大增加。

(4)产生上述雷击特点的根本原因是雷电灾害的主要对象集中在微电子器件设备上，当今世界各种通信、控制、处理系统的器件越来越微型化，智能化，这就要求处理器件极端灵敏，精密，其本身耐受雷击的能力也就极其微弱，极易遭受过电压的损坏。

由于科技的发展，对防雷技术也提出了更高的要求，现代新型综合防雷工程技术已进入一个新时期，要想做好雷电防护，首先对要防护的对象进行综合评估，其中首要的是雷击风险的评估，对雷电可能造成的损失、危害的大小做一个系统的分析评估，再加上目前在地理空间上对闪电的进行监测(发现超级雷电的放电往往超过规范规定的200kA，最高达到将近600kA)预警并制定雷电防御的区划，这样雷电防护工程的设计将更加科学、经济合理。

复习思考题

一、选择题

1. 雷电灾害是(　　)公布的影响人类活动的严重灾害之一，为了防止或减轻雷电灾害带来的损失，世界各国都在防御雷电灾害方面做了大量的研究工作。

   A. 联合国　　B. 世界气象组织

   C. 联合国国际减灾十年　　D. 世界气候变化大会

2. 第一位把云中的闪电引到地面来做实验的科学家是(　　)，使许多科学家可以重复他的科学实验，一起来认识闪电就是静电产生的火花放电这个科学判断。

   A. 牛顿　　B. 富兰克林

   C. 亚里士多德　　D. 爱迪生

3. 美国于20世纪90年代初，利用磁定向法和时差法技术建立了覆盖全美的国家雷电探测网(NLDN)，在雷电事件发生(　　)内即可获得相关数据，对有效开展雷电防护工作具有重要指导意义。

   A. 20s　　B. 40s　　C. 60s　　D. 80s

4. 我国雷电监测定位技术从20世纪80年代末开始发展起来，截至2007年已建成雷电定位系统(LLS)探测站(　　)个，覆盖(　　)个省的雷电监测网。

   A. 150,30　　B. 350,30　　C. 350,25　　D. 150,25

5. (　　)可以有效、实时提供一定时间和区域内雷电发生概率，可应用于各行业，特别是公众人身安全和精密电子设备防护。

A. 雷电监测业务　　B. 雷电科学研究

C. 雷电预警预报系统　　D. 雷电灾害等级评估

6. 下列不属于现代综合防雷技术措施的是(　　)。

A. 屏蔽　　B. 合理布线

C. 接地　　D. 混凝土地基

7. 现代防雷的主要任务是(　　)。

A. 全方位堵截雷电危害的任何入口

B. 加强雷电监测和雷电机理研究

C. 提高雷电灾害防御能力

D. 加强雷电预警预报系统开发,提升雷电监测能力

二、简答题

1. 富兰克林对近代防雷的贡献是什么?

2. 现代防雷主要包含哪些技术措施?

3. 简述我国雷电灾害的特点?

第2章　雷电基本理论

雷电是一种常见的天气现象，认识雷电产生的基本原理对雷电灾害防御工作的开展和科普宣传具有积极的作用。本章内容主要围绕雷电产生的机理、类型、强度以及雷电的灾害进行阐述。

2.1　雷雨云

大气的剧烈运动，导致大气体电荷分布的变化，随之大气电场也发生变化，逐渐就会可能发生雷暴天气，出现闪电。一般把发生闪电的云称之为雷雨云，也叫雷暴云。

由云雾物理学知识可知，积状云与雷电有关系，积状云是如何发展成积雨云的呢？由于地面吸收太阳的辐射热量远大于大气层，所以白天地面温度升高较多，夏日这种温度上升更显著，所以近地面的大气的温度随着热传导和热辐射升高，气团温度升高膨胀，密度减小，气压降低，气团上升，上方的空气层密度相对较大，做下沉运动，从而产生对流，形成积雨云。

在热气流上升时必然伴随发生两种物理过程，第一种是膨胀，因为高空的气压低，上升气团膨胀降压。第二是降温，气体状态方程可知，高空气温低有热交换，于是上升气团中的水汽凝结而出现雾滴就形成了云。

积雨云一般是从淡积云发展到浓积云，浓积云再发展形成积雨云。到达积雨云阶段，垂直对流非常强烈，云中除了水雾滴外，还有温度低于0℃的过冷水滴和冰晶，云的顶部失去了圆弧形，厚度可发展到10km左右，底部乌黑，开始出现大雨、暴雨、冰雹和闪电。这种由热对流产生的乌云又称热雷云，范围较小，通常在午后发生，消散也快，但也有达几小时的，在我国华北及西北的夏季最多见，一般来说，危害小。

另外一种称为“锋面雷暴”。由锋面上潮湿不稳定的暖气团的强烈对流造成雷暴，它可以发生在各种锋面上，而以冷锋最为强烈，它随着锋面一起移动，所以雷暴覆盖面广，来势迅猛，几千米范围同时波及。一般是在夏季发生，但是在春初秋末也有发生的条件。雷暴云常随高空气流而移动，因此也可能与地面风向相反。在我国雷暴云移动方向多是自西北向东南，华中地区以西或西南为常见，在东北地区多为自西而东。移动速度多数情况较快，可达每小时100～170km，因此在一个地区一般15～20min内就结束了。由于这种雷暴与锋面移动有相关性，其趋势可以预测。例如，1989年8月12日，青岛黄岛油库雷击事故就是这种雷暴所致。当日，中国科学院空间中心雷电组正在用他们自制的雷电监测系统观测山东地区闪电活动情况。研究人员清楚地从荧屏上看到雷暴移动的情况，从山东省西北部逐渐移向沿海地区，早在半小时前就估计到闪电落雷点要在半小时后移动到青岛市区，而且记录了青岛市黄岛地区在9:55有一个落雷点。

一般情况，雷暴大体上随500hPa高度上气流方向运行，其速度平均为30～40km/h。春秋季大于夏季，夜间大于白天，因为春秋季南北温差大，高空引导气流强，夜间多锋面雷暴本身移动迅速，所以夜间雷暴比白天移动得快。但地形对雷暴移动有影响，比如：积雨云遇山地阻挡，由于迎风面有上升气流影响，使雷暴在山地的迎风面停滞少动；当积雨云受山脉阻挡时，雷暴即沿山脉走向移动，如山脉有缺口，则雷暴顺着山口移动。

目前掌握一些雷暴天气气象要素的变化特征：

(1)风。雷暴前地面风较弱，低层空气自四周向云体辐合。当雷暴降水出现时，风向突转，风速突增，这是降水时雨滴下降牵动气流所致。所以雷暴降水前后，风向随之发生明显变化。

(2)气压。雷暴前气压是一直下降的，打破日变化规律。雷暴降水出现时气压急速上升，仅几分钟后就转为急降，在记录纸的曲线上出现一个明显的圆顶，通常称为“雷暴鼻”。由于冷空气下沉而导致的气压上升是很激烈的，可达1hPa/min。

(3)温度。雷暴前气温不断升高，一旦出现雷暴降水，气温猛烈下降，这是由于下沉冷空气及雨滴蒸发吸热所致，温度变化可达10℃左右。这种气温急剧变化与气压的变化有近似负相关性，气温急升时气温迅速下降，气压达最高值时，气温达最低值，随后气压下降时，气温又稍回升。

(4)湿度。雷暴前由于上升气流大量携走水汽，地面相对湿度减少，但当雷暴阵风与降水出现后，相对湿度迅速增大到接近100%，雷暴过后，相对湿度又稍下降。

(5)降水。雷暴开始时阵性降水强度很大，然后缓慢减小。

(6)云与雷电现象，一般在雷暴出现前，可以观测到堡状和絮状高积云，这些云出现表示空中大气的不稳定，促使云体不断向上发展而形成积雨云，产生雷暴。雷暴来临前，常可观测到伪卷云，紧跟着来临的是巨大乌黑的积雨云，伴随着闪电与雷声。

另外，比较少见的涡雷云和火山雷云，它们分别是台风涡流及火山爆发时形成的。

2.2　积雨云中的电结构

闪电主要来自积雨云(图 2.1),所以必须了解它的电结构。英、法、美、俄、德等国对此作了长期探测,但是也只是了解到很局限的地区,虽然是少数地点上空的概率性认识,但也有一定的典型意义。我国近年逐渐推广雷电探测,并已初步取得一些成果,已经应用于雷电风险评估、雷击灾害调查和分析等方面。

图 2.1　积雨云

积雨云发展的前一阶段是浓积云,此时一般尚无闪电,当飞行器穿越时,改变了云中电场,也可能触发闪电。前苏联使用飞机穿入云中作过较多探测,发现云中有的部分带正电,有的部分带负电,分布极不规则,随机性很大,但总体上从云外看来,似乎有一个正电荷中心在上方,另一个负电荷中心在下方。从地面朝上观测,好像云体是带负电的。

至于积雨云的情况,探测到的结果较多,大家引用的得到公认的典型电荷分布提供如下:图 2.2a 是德国 H. Ierael 发表于《Atmospheric Electricity》第 2 卷上的,它是英国伦敦市附近名叫丘这个地方上空探测到的情况。图 2.2b 是美国 M. A. Uman 所著《Lightning》一书刊出的在南非多雷地区上空探测的结果。图 2.2c 则是英国 B. J. Mason 所著《The Physics of Clouds》一书刊载的图,它是 G. C. Simpson 根据英国丘地区的大量探测结果提出的关于积雨云中电荷分布的模式。

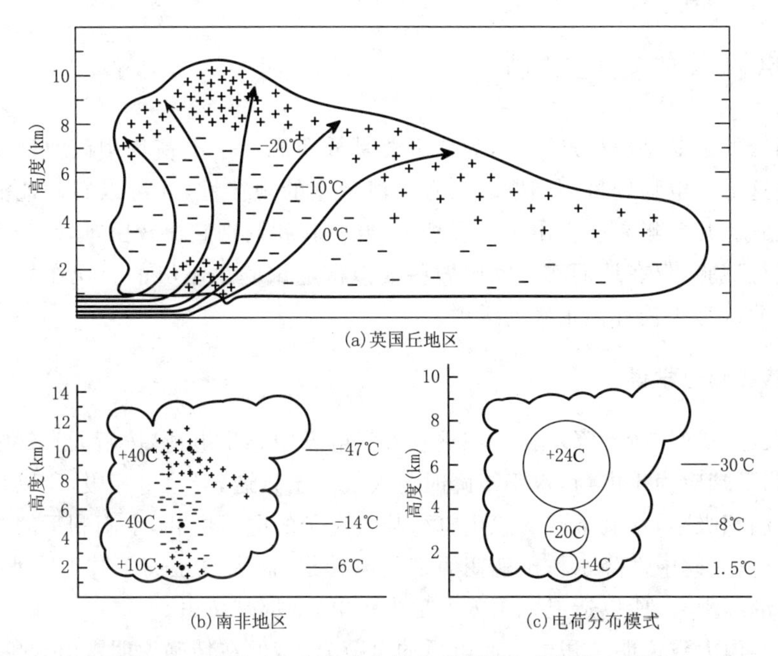

图 2.2　积雨云中电荷分布的典型情况和电荷分布模式

综合这些图可以看出几个共同点:(1)积雨云的体电荷分布很复杂,但大致有三个电荷集中区;(2)最高集中区是正电荷,中间区是负电荷,最低区为正电荷,可是这儿的电荷量较少;(3)从地面上观测,云似乎是带负电荷的,因负电荷中心离地较近而且电量最多。云地之间的大气电场主要由它决定。这就可以理解一个现象:晴天大气电场的方向是自高空指向地面,而乌云临空时,大气电场方向突然转为自地面指向高空了;(4)从远离积雨云的地方观测,云的电性似电偶极子。

比较各图可以看出颇有差异:(1)电荷分布的状况互不相同;(2)云中电荷集中区的高度有差别;(3)温度分布情况也不同。英国丘地区的下方正电荷区处于 0℃层高度之下,而南非地区下方正电荷却在 0℃层高度以上;(4)云体尺度大小也不同。

上述讨论的情况都是平原开阔地区,对于高原和高山地区,情况将会很不相同,例如平原地区积雨云的高度比珠穆朗玛峰低得多,在高山上积雨云产生的电场就不再是垂直指向地面,所以闪电的规律性也就不同了,不能把平原地区的防雷试验结果搬到高山地区去,也不可把高山地区做出的防雷试验结论任意推广到沿海地区。

积雨云中大气电场强度很大,峰值平均在 10^2 V/cm 至 10^3 V/cm。20 世纪 70 年代中国科学院大气物理研究所在北京探测到积雨云中大气电场强度的峰值,最大可达 1.4×10^3 V/cm。

2.3 积雨云的起电机制

积雨云的电荷是怎样产生的，为什么总是分布成3个电荷集中区？许多科学家都在研究这个起电物理机制问题。只有弄清楚它的规律性，才可以有效地消除雷电或者驾驭它。几十年来已提出了许多理论，要检验和判别它比较困难，因为不太可能到云中进行试验，仅在地面实验室中做些模拟雷电试验是不够的。现在只介绍几个得到公认的认为比较近似正确的学说。

2.3.1 感应起电学说

积雨云形成时，所含降水粒子在垂直大气电场中感生电荷，按晴天大气电场的方向，则水滴下端应为正电荷，水滴下降时与大气离子相遇，异号电相吸，所以负离子易与下降水滴相吸附，水滴下端的感生电荷与负离子的电荷中和，水滴剩下的是上端感生的负电荷，因此中性降水粒子就变为带负电的了，而大气正离子被下降水滴所斥，绕过水滴继续上升，所以造成积雨云上部带正电，下部带负电。

这一学说大致说明了积雨云起电后的电荷分布，但在精确说明雷电现象时，却有不完善之处。于是有了修改后的学说，认为下降的降水粒子不一定是液态，也可以是固态的冰晶、雹粒，它们受大气电场作用而极化，上升气流的中性粒子与它相碰时，将会带走下降的极化粒子下部的正电荷，经过理论计算，这样的起电机制所形成的云中的正、负电荷量，与实验观测到的云中带电量比较接近，因而得到公认。

2.3.2 温差起电学说

所有观测都看到积雨云中有大量的冰晶、雹粒、过冷水滴，它们在对流气流携带下碰撞摩擦，由此推想，它们肯定与云内起电有关。

经试验观测，确知冰有热电效应，而且可以从物理上得到说明。在冰块中总存在氢离子 H^+，同时有负的氢氧根离子 OH^-，离子浓度随温度升高而增大。冰块两端温度不同时，热端离子浓度高，冷端离子浓度低。既然有浓度差异，就必然发生扩散现象，两种离子均会从热端跑向冷端，H^+ 离子质量轻，扩散运动速度大，先到达冷端，这就导致冷端带正电，同时建立起静电场，这个电场方向是从冷端指向热端，阻碍 H^+ 离子继续向冷端扩散，所以最后达到动态平衡时，离子的分布就稳定了，使得冷端带一定的正电，热端带负电，变为一个电偶极子。这就是冰的热电现象的微观机理。

积雨云通过两种方式与冰的热电现象发生联系。一种是冰晶、雹粒相互碰撞摩擦时，相互接触若有温度差异就会发生热电效应，有离子迁移，当两者分开时，就均带上电荷了,在重力和气流作用下,互相分离,这可以定性地说明积雨云中正、负电荷的分别集中。

另一种则是过冷液滴与雹粒接触,过冷液滴有了凝结核而发生相变,迅速变为固态,即冰,同时放出潜热,它使凝结的冰块内部膨胀,导致外部冰壳破裂成冰屑,又由于潜热造成的温度差,出现热电效应,使破碎的冰屑和内部的冰核均带上电,轻而小的冰屑带正电,被气流携带上升,所以上部集聚正电荷。

2.3.3　破碎起电学说

1964年Matthews和Mason拍摄到大水滴在下降时的一组照片,显示出大水滴受到气流的作用变得不稳定,最后变形破碎,产生许多小水滴和几个较大水滴,小水滴带负电,大水滴带正电。以此来解释积雨云的起电,有两个问题,第一是小水滴轻,易被上升气流携至上方,则云的上方带负电了,这与实际不符。第二是按此理论推算,云的带电量非常小。所以这一学说不能成立。后来研究注意到水滴下降时有晴天大气电场的起始感应作用,大水滴被极化带电,所以破碎时,带电量就多得多,云中电荷增多时,大气电场强度也跟着增大了,反过来使水滴极化带电增大,如此循环作用,使得水滴破碎时所带的电量大增,由此推算出云的带电量就与实际观测值相近了,因此这一学说也得到公认。三种起电机理应该说是同时在云中起作用的。

2.4　闪电的类型

闪电是指积雨云中不同极性电荷中心之间的放电过程,或云中电荷中心与大地和地物之间的放电过程,或云中电荷中心与云外大气不同符号大气体电荷中心之间的放电过程。

2.4.1　根据闪电空间位置分类

根据闪电空间位置,可将雷电分成云闪和地闪两大类。

(1)云闪:是指不与大地和地物发生接触的闪电。它包括云内闪电、云际闪电和云空闪电,如图2.3所示。

(2)地闪:是指云内荷电中心与大地和地物之间的放电过程,亦指与大地和地物发生接触的闪电,如图2.4所示。

2.4.2　根据闪电的形状分类

根据闪电的形状,可分为线状闪电、带状闪电、球状闪电和联珠状闪电。

线状闪电最为常见,包括线状云闪和线状地闪。线状闪电的形状蜿蜒曲折、具有

图 2.3　云闪

图 2.4　地闪

丰富的分叉，类似树枝状，所以也称枝状闪电（图 2.5）。线状闪电包含若干次放电，其中每次放电过程称之为一次闪击，图 2.6 是拍摄的一次闪电照片，闪电表现为细而明亮的流光。带状闪电是宽度达十几米的一类闪电，它比线状闪电要宽几百倍，看上去像一条亮带，所以称之为带状闪电。图 2.6 是一次带状闪电击中一棵颗树的闪电图。

图 2.5　线状闪电

图 2.6　带状闪电

球状闪电一般称为球形雷，俗称滚地雷。球状闪电一般出现在雷电频繁的雷雨天，偶然会发现其为紫色、殷红色、灰红色、蓝色的“火球”，多见于山区，但真实观测到的很少，早在 2000 多年前我国古代就有了球形雷的文字记述。这些“火球”有时从天而降，然后又在空中或沿地面水平方向移动。球状闪电一般直径为十到几十厘米，也有直径超过 1m 的。图 2.7 为球状闪电进入屋内的照片。

联珠状闪电则更是罕见，是在强雷暴中一次强线状闪电之后偶尔出现的。前苏联顿河地区，在连续 17 年的雷电观测中，只在 1938 年 6 月 8 日的强雷暴中观测到一次(图 2.8)。南非约翰内斯堡在 1936 年 11 月 5 日发生了多年来少有的强雷暴，C. G. Beadle 报道说，先看到约 100m 以外处有一线性闪电，闪电通道直径估计达到约 30cm，紧接着在原闪电通道上出现 20～30 颗直径约 8cm 的发光亮珠，以一条亮线串起来，亮珠位置十分稳定，各珠相距约 60cm，持续近半秒钟。1916 年 5 月 8 日德国德累斯顿发生强雷暴，也有许多人看到了联珠状闪电。1962 年 3 月，G. A. Young 在拍摄美国海军的一次深水炸弹激起的海水水柱电影记录中，意外拍摄得联珠状闪电的镜头，当时线状闪电袭击海面上的水柱，影片显示闪电共有三次闪击放电，第一次持续时间超过 0.5s，第二次持续时间约为 0.1s，第三次持续时间超过 0.1s，然后出现联珠状闪电，各珠间距约几米。

图 2.7　球状闪电

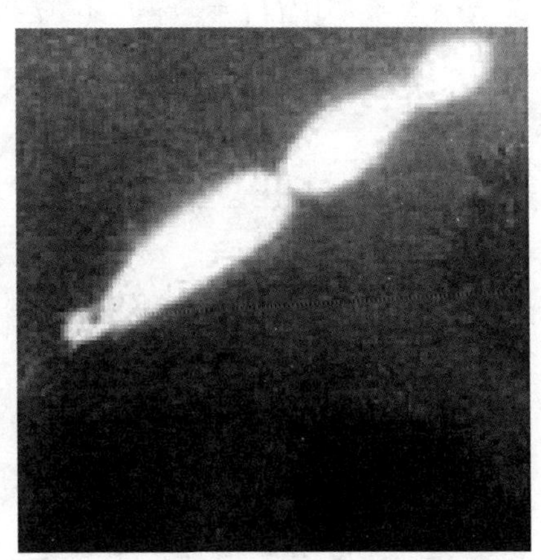

图 2.8　联珠状闪电

2.5　地闪

2.5.1　地闪概述

闪电一般用高速旋转照相机拍摄，图 2.9 是根据 Boys 相机拍摄和记录的闪电结构、闪电速度和发展时间绘制的地闪结构模式。

(1)梯式先导

闪电的初始击穿(图 2.10)：通常在含云大气开始击穿的初期，在积雨云的下部有一负电荷中心与其底部的正电荷中心附近局部地区的大气电场达到 10^4 V/cm 左右时，则该云雾大气会初始击穿，负电荷向下中和了正电荷，这时从云下部到云底部全部为负电荷区。

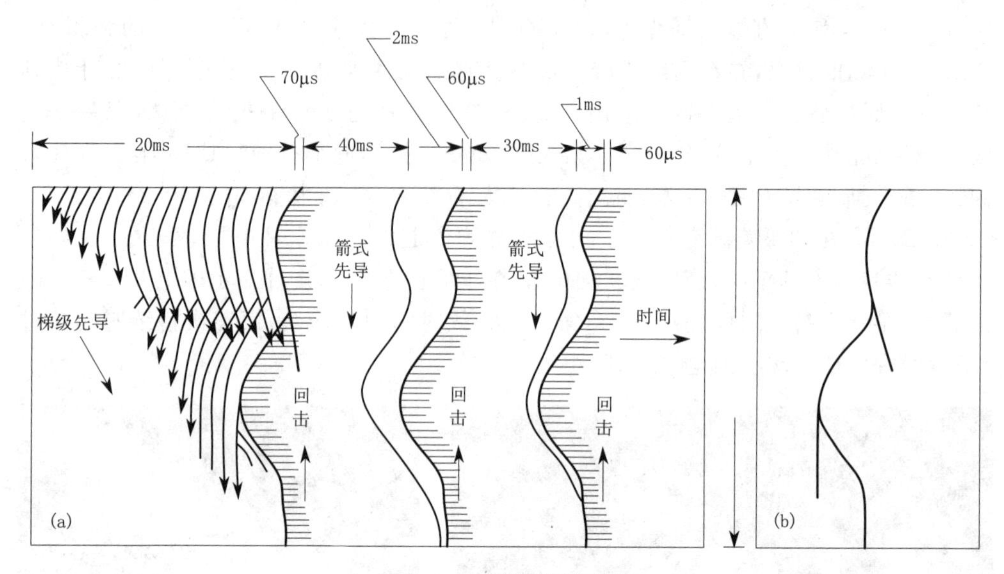

图 2.9　地闪结构模式图

(a)由 Boys 相机拍摄观测到的地闪结构;(b)普通照相机观测到的闪电图像

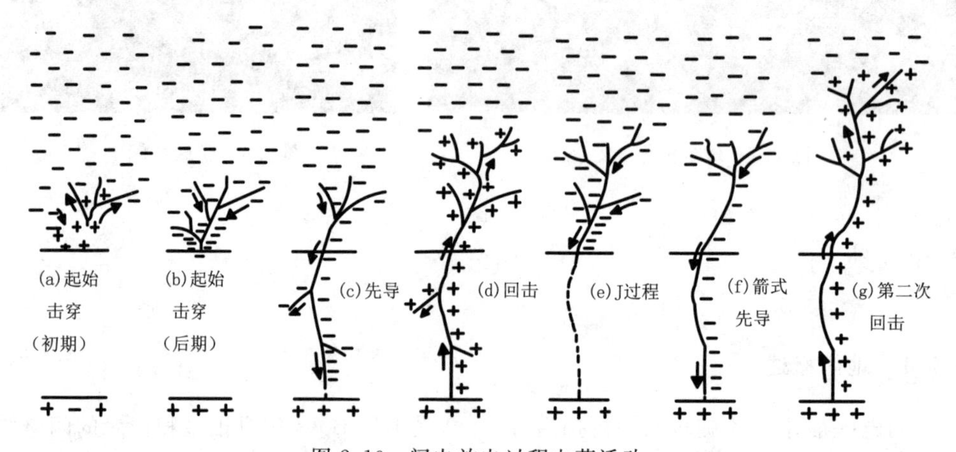

图 2.10　闪电放电过程电荷活动

梯式先导过程:随大气电场进一步加强,进入起始击穿的后期,这时电子与空气分子发生碰撞,产生轻度的电离,而形成负电荷向下发展的流光,表现为一条暗淡的光柱像梯级一样逐级伸向地面,这称之为梯式先导(图 2.10c)。在每一梯级的顶端发出较亮的光。梯式先导在大气体电荷随机分布的大气中蜿蜒曲折地进行,并产生许多向下发展的分枝。

电离通道:梯式先导向下发展的过程是电离过程,在电离过程中生成成对的正、负离子,其正离子被由云中向下输送的负电荷不断中和,从而形成一充满负电荷(对负地闪)为主的通道,称为电离通道或闪电通道,简称为通道。闪电通道由主通道、失光和分叉通道组成。在闪电放电过程中主通道起重要作用。

连接先导:当具有负电位的梯式先导到达地面附近,离地约 5~50m 时,可形成很强的地面大气电场,使地面的正电荷向上运动,并产生从地面向上发展的正流光,这就是连接先导。连接先导大多发生于地面凸起物处。

(2)回击

当梯级先导与连接先导会合,形成一股明亮的光柱,沿着梯式先导所形成的电离通道由地面高速冲向云中,这称为回击(图 2.10d)。

由梯式先导到回击这一完整的放电过程称为第一闪击。从地面向上发展起来的反向放电,不仅具有电晕放电,还具有强的正流光,它与向下先导会合,其会合点称连接点,有时称之"连接先导"的向上流光,又若其在向下先导到达放电距离同一瞬间开始发展,则连接先导高度约为放电距离一半。

(3)箭式(直窜或随后)先导

紧接着第一闪击之后,约经过几十毫秒的时间间隔,形成第二闪击。这时又有一条平均长为 50m 的暗淡光柱,沿着第一闪击的路径由云中直奔地面,这种流光称箭式先导(图 2.10f)。

由一次闪击构成的地闪称为单闪击地闪,由多次闪击构成的地闪称为多闪击地闪。一次闪电过程由 12 次闪击组成,而第一闪击后的各闪击称为随后闪击。通常一次地闪由 2~4 次闪击构成,个别地闪的闪击数可达 26 次之多。

2.5.2 地闪分类

2.5.2.1 按闪电电流划分

(1)正地闪:闪电电流为正(向下)的称正地闪。通常云底正电荷,地面为负电荷。

(2)负地闪:闪电电流为负(向上)的为负地闪。通常云底负电荷,地面为正电荷。

2.5.2.2 按先导方向划分

(1)向下先导:由云向下地面发展的先导。如果先导带负电,称向下负先导;如果先导带正电,称向下正先导。

(2)向上先导:由地面向云中发展的先导。如果先导带负电,称向上负先导;如果先导带正电,称向上正先导。

2.5.2.3 根据先导传播方向和地闪闪击电流方向划分

根据先导传播方向和地闪闪击电流方向,将地闪分为四类。

(1)第一类地闪(图 2.11(1a,1b)):具有向下先导和向上回击,云中负荷电中心与大地和地物之间的放电过程,具有负闪电电流,因此,简称为向下负先导负地闪;如果负先导不着地,则就无回击,此时只有如图 2.11(1a)所示的过程,云空放电。

如图 2.11(1b),如果负先导着地,则就产生回击,将云中的部分电荷泄放到大地,若该过程只有一次为单闪击闪电,若重复多次为多闪击闪电。

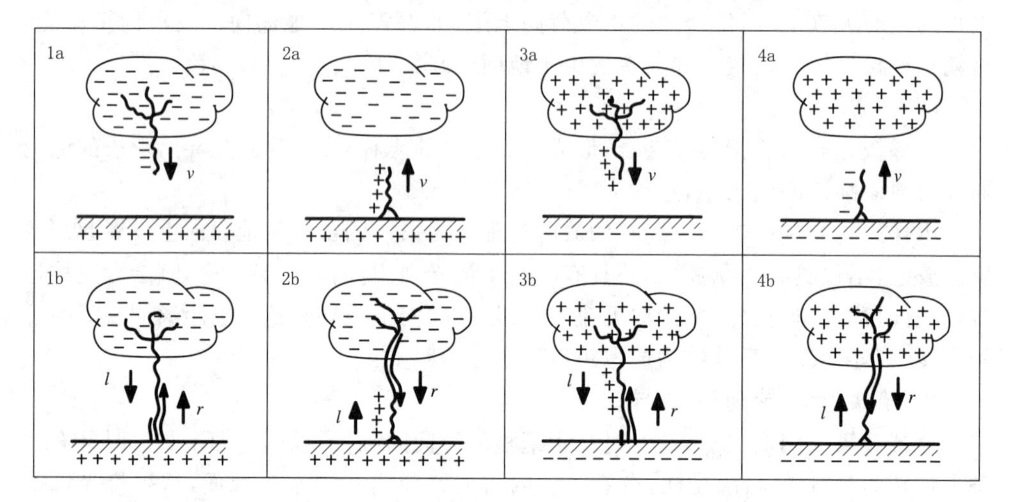

图 2.11 四类闪电(根据先导和回击方向分类)

l:先导;r:回击;v:发展方向

(2)第二类地闪(图 2.11(2a,2b)):具有向上正先导的云中负荷电中心与大地和地物之间的放电过程,具有负闪电电流。它又分为下面两种情况:

如图 2.11(2a),先导带正电向上,放电一般始于高耸的地面凸起物(塔尖或山顶)具有向上正先导而无回击,简称为向上正先导连续负放电。

如图 2.11(2b),先导带正电向上和向下回击,称之为向上正先导负地闪,如果其后有闪击,称之向上正先导多闪击负地闪。

(3)第三类地闪(如图 2.11(3a,3b)):云中正电荷,为具有向下正先导和向上回击,云中正电荷中心与大地和地物间放电过程具有正闪电电流,简称为向下正先导正地闪。

如图 2.11(3a),向下正先导不着地,于是产生云空放电过程。

如图 2.11(3b),向下正先导着地,引起向上正回击,泄放云中的正电荷到大地,这一类在山地少见,在湖边可见到。

(4)第四类地闪(如图 2.11(4a,4b)):云中带正电荷,具有向上负先导的云中正电荷中心与大地和地物间的放电过程,具有正闪电电流。

如图 2.11(4a)所示,向上先导始于高耸的高层建筑物的尖顶,这里地闪也有以有无回击而分为a型和b型。a型地闪具有向上先导和向下回击的放电过程，简称向上负先导一连续正电流闪电。向上正地闪多为单闪击地闪。b型地闪具有向上先导而无回击的放电过程，只是在先导后出现持续时间约几百毫秒，持续电流为几百安的放电过程，简称为向上负先导正地闪。

2.5.3 地闪过程中大气电场的变化

一般来说，由于雷暴云下部为负电荷，因此在闪电前雷暴云底下的电场是负电场，其电场很少超过100V/cm，但闪电发生时，由于地表面的正电荷作用产生一个强电场的正变化，电场可达500V/cm以上，随着正空间电荷的逐步消失，或正电荷在强正电场作用下流入地中或是地面尖端放电的大量负离子所中和，或云中电距的再生，电场迅速复原。大量地闪观测表明，在闪电通道中，每一次放电过程都引起电场的突变增长，这些突变之间，电场则维持不变或只是缓慢地增加。除先导和回击之外，还有一系列次要的、但更为细致的放电过程，也会引起电场变化(此处不再详解)。

2.6 尖端放电

尖端放电是重要的大气物理现象，其重要性在于：(1)地面上各类向上凸起的物体的尖端放电对大气整个电量的收支有重要作用；(2)同时它影响到雷暴云内电场的增长，与闪电有密切关系的大气电现象。有人认为尖端放电电流进入雷暴云内阻止电场的耗散过程；(3)尖端放电造成地球原始大气中有机化合物的生成前合成的原因，弱放电能在原始大气中合成氨基酸和其他产物；(4)尖端放电影响降水雨滴上电荷分布。

2.6.1 尖端放电与电子雪崩

无论是金属尖端还是树木尖端或水滴、冰晶尖端，放电性质都是相同的。在各类物体的尖端处，当尖端电荷形成的尖端电场足够强，则紧贴尖端的小团空气中，气体分子通过与电子的碰撞可能发生电离，这些电子在平均自由程中受到电场加速，当电子动能超过气体的电离电位，与分子碰撞产生更多的电子，新的电子又以与上同样的方式起作用，发生积累的电离过程，称之为电子雪崩，从而在尖端处形成电晕放电。

2.6.2 地表面的尖端放电

一般地面尖端放电的物体是树木、铁塔、尖顶屋面、避雷杆等。在1750年5月《Gentleman's Magazine》(绅士杂志)的脚注中富兰克林已指出，用尖端导体来保护房屋。1751年富兰克林出版了著作《电的试验与观察》，指出："关于尖端的功能的知识，可以为人民利用来保护房屋、教堂、船等避免闪电袭击，其方法就是在这些物体的最高顶上固定一支更高的镀金的磨尖铁棒，在其下端接一导线挂在建筑物外通到地下，对于船则是通到水中”。此书出版后，在欧洲大陆迅速流传，产生很大影响，不少人照他的见解进行试验。1752 年 9 月他在自己家里装了一个特殊发明接闪杆，引下线从房内穿过，在房内这段线的中间断开，断头处各装上一个金属小玲，铃间距相距约 6inch[①]（约 15cm），在其间有一个用丝线挂起的钢球，雷雨云过屋顶时，感应的电荷可以通过铃与钢球间放电形成通路，铃声显示出这种感应电流的情况。他长期观察这一装置，以了解云中的闪电和接闪杆的性能。他在 1753 年出版的《Poor Richard's Almanack》一书中正式宣布了接闪杆的发明，并做了详细的描述。

在天空布满积雨云时，通过铁塔等金属构筑下部时常能看见微弱的荧光和听见嘶嘶声，但并没有发生雷击事故。这是因为放电能量较小，这种放电一般不会成为易燃易爆物品的引火源，但可引起其他危害。在导体带电量较大电位较高时，尖端放电多为火花型放电。这种放电伴有强烈的发光和破坏声响，其电离区域由尖端扩展至接地体（或放电体），在两者之间形成放电通道。由于这种放电的能量较大，所以其引燃引爆及引起人体电击的危险性较大。

尖端放电的发生还与周围环境情况有关。环境温度越高越容易放电。因为温度越高，电子和离子的动能越大，就更容易发生电离。另外，环境湿度越低越容易放电。周围为湿度高时空气中水分子增多，电子与水分子碰撞机会增多，碰后形成活动能力很差的负离子，使碰撞能量减弱。再者，气压越低越容易放电。因为气压越低气体分子间距越大，电子或离子的平均自由程越大，加速时间越长，动能越大，更容易发生碰撞电离。

2.6.3 雷雨云中的电晕放电

雨滴在强电场中会严重变形，变形雨滴曲率最大处的表面电场较四周电场强度大得多，这时雨滴表面产生正电晕放电。Dawson 及 Richards 对雷雨云中的电晕放电进行了研究。

2.6.3.1 电晕放电与大气压

Dawson(1969)对标准大气 1～13km 气压范围内测量了半径 0.22～1.46mm 的水滴表面的电晕放电初始电晕的放电值，结果表明，在低气压时，电场强度可以通过未破裂的水滴表面的纯电晕放电而减小，始晕电场强度与气压成反比关系；在高压下，强电场作用下水面破裂产生的液体尖端将诱发电晕放电，始晕电场强度由水滴表

---

① 1inch≈2.54cm。

面张力和半径确定与气压无关。当水滴表面破裂方式放电过渡到电晕放电过程中，这种过渡在正电位表面发生于 470hPa(5.9km)附近处，负电位表面发生在 340hPa(8.3km)处。

2.6.3.2　电晕放电与雨滴碰撞

Richard 和 Dawson(1971)提出，两雨滴的碰撞在瞬间产生一个变形严重的物体，它的形状特别有利于在较弱的电场中诱发电场。实验室研究表明，当两水滴掠过碰撞时，两雨滴之间会拖出一条液体细丝，为水滴半径的数倍之长，细丝的顶端产生尖端电晕放电，始晕电场由 500kV/m 变为 250kV/m。

2.6.3.3　电晕放电与冰晶粒子

Griffiths(1974)通过试验研究得出，雷雨云中部分区域内雹块和雪晶产生电晕放电的场强约在 400～500kV/m。发现冰晶的电晕放电与金属尖端放电相似，对于负电荷表面，出现负辉光、特里切尔脉冲(Trichel pulse)和火花，对于正电荷表面，有爆发性脉冲、正辉光和流光。

2.6.4　地闪电流的特性

雷电破坏作用与峰值电流及其波形有最密切的关系。雷击的发生、雷电流大小与许多因素有关，主要有地理位置、地质结构、季节和气象条件。其中天气情况有很大的随机性，因此研究雷电流大多数采取大量观测记录，用统计的方法寻找出它的概率分布规律。根据资料表明，各次闪击电流大小和波形差别很大，尤其是不同种类放电差别更大。

一次雷击大多数分成 3～4 次放电，一般是第一次放电的电流最大，正闪电的电流比负闪电的电流大。

雷电流的大小与许多因素有关，各地区有很大差别，一般平原地区比山地雷电流大，正闪击比负闪击大，第一闪击比随后闪击大。

研究结果显示，自然界中的雷电地闪持续的时间：典型值为 0.2s，其变化范围为 0.01～2s，持续时间大于 800ms 的概率为百分之零点几。地闪电流：连续电流强度为 1.5×102A，变化范围为 3×10^{1}～3×10^{3}A，持续时间为 500～500ms。

第一闪击电流峰值的平均范围为 20～40kA。例如，广州市 2003 年 1 月 1 日至 2003 年 12 月 31 日，一年期间监测到最大雷电峰值电流为 545.9kA，平均雷电流 27.5kA。2004 年 1 月 1 日至 2004 年 12 月 31 日，一年期间监测到的最大雷电峰值电流 492.5kA，平均雷电流 30.0kA。约 90%的向下闪击和负闪电是负地闪，只有 3%是正地闪。95%的第一负地闪 14kA，5%的 80kA。95%的第一正地闪 4.6kA，5%的 250kA。

2.7　雷电活动规律及其雷击的选择性

2.7.1　雷电活动及雷暴日

2.7.1.1　雷电活动的规律

(1)气候湿热地区比寒冷干燥地区雷击活动多。

(2)雷击活动与地理纬度有关。赤道上最多,由赤道分别向北、向南递减。或者说赤道附近最活跃,随纬度升高而减少,两个极地最少。

(3)地域划分,雷电活动山区多于平原,陆地多于湖泊、海洋。

(4)雷电活动最多的月份是 7—8 月。夏季最活跃,冬季最少。

2.7.1.2　雷暴日及雷闪频数

评价某一地区雷电活动的强弱,通常用两种方法。其中一种是习惯使用的"雷暴日",即在指定区域内一年四季所有发生雷电放电的天数,用 T_d 表示,一天内只要听到一次或一次以上的雷声就算是一个雷暴日。雷暴日的天数越多,表示该地区雷电活动越强,反之则越弱。我国平均雷暴日是气象站经过多年人工观测统计的,大致可以划分为四个区域,西北地区一般在 15d 以下;长江以北大部分地区(包括东北)年平均雷暴日为 15～40d;长江以南地区年平均雷暴日达 40d 以上;23°N 以南地区年平均雷暴日均超过 80d(表 2.1)。

表 2.1　全国主要城市年平均雷暴日数统计表

地名	雷暴日数(d/a)	地名	雷暴日数(d/a)	地名	雷暴日数(d/a)
北京市	36.3	临汾市	31.1	**辽宁省**	
天津市	29.3	长治市	33.7	沈阳市	26.9
河北省		大同市	42.3	大连市	19.2
石家庄市	31.2	阳泉市	40.0	鞍山市	26.9
唐山市	32.7	**内蒙古自治区**		本溪市	33.7
秦皇岛市	34.7	呼和浩特市	36.1	锦州市	28.8
保定市	30.7	包头市	34.7	**吉林省**	
邢台市	30.2	海拉尔区	30.1	长春市	35.2
山西省		赤峰市	32.4	吉林市	40.5
太原市	34.5			四平市	33.7

续表

地名	雷暴日数(d/a)	地名	雷暴日数(d/a)	地名	雷暴日数(d/a)
通化市	36.7	厦门市	47.4	衡阳市	55.1
图们市	23.8	漳州市	60.5	邵阳市	57.0
黑龙江省		龙岩市	74.1	张家界	48.3
哈尔滨市	27.7	三明市	67.5	郴州市	61.5
齐齐哈尔市	27.7	**江西省**		**广东省**	
大庆市	31.9	南昌市	56.4	广州市	76.1
伊春市	35.4	九江市	45.7	深圳市	73.9
佳木斯市	32.2	新余市	59.4	珠海市	64.2
上海市	49.9	赣州市	67.2	汕头市	52.6
江苏省		上饶市	65.0	韶关市	77.9
南京市	32.6	**山东省**		湛江市	94.6
徐州市	29.4	济南市	25.4	茂名市	94.4
常州市	35.7	青岛市	20.8	**广西壮族自治区**	
苏州市	28.1	烟台市	23.2	南宁市	84.6
南通市	35.6	潍坊市	28.4	柳州市	67.3
连云港市	29.6	济宁市	29.1	桂林市	78.2
浙江省		**河南省**		梧州市	93.5
杭州市	37.6	郑州市	21.4	北海市	83.1
宁波市	40.0	洛阳市	24.8	**海南省**	
温州市	51.0	安阳市	28.6	海口市	104.3
丽水市	60.5	三门峡市	24.3	三亚市	69.9
衢州市	57.6	信阳市	28.8	琼中	115.5
安徽省		**湖北省**		**重庆市**	36.0
合肥市	30.1	武汉市	34.2	**四川省**	
芜湖市	34.6	黄石市	50.4	成都市	34.0
蚌埠市	31.4	十堰市	18.8	自贡市	37.6
安庆市	44.3	宜昌市	44.6	绵阳市	34.9
阜阳市	31.9	施恩市	49.7	攀枝花市	66.3
福建省		**湖南省**		西昌市	73.2
福州市	53.0	长沙市	46.6	内江市	40.6

续表

地名	雷暴日数 (d/a)	地名	雷暴日数 (d/a)	地名	雷暴日数 (d/a)
达州市	37.1	**西藏自治区**		**青海省**	
乐山市	42.9	拉萨市	68.9	西宁市	31.7
康定	52.1	日喀则市	78.8	格尔木市	2.3
贵州省		那曲县	85.2	德令哈市	19.3
贵阳市	49.4	昌都县	57.1	**宁夏回族自治区**	
遵义市	53.3	**陕西省**		银川市	18.3
六盘水市	68.0	西安市	15.6	石嘴山市	24.0
凯里市	59.4	宝鸡市	19.7	固原县	31.0
兴义市	77.4	汉中市	31.4	**新疆维吾尔自治区**	
云南省		安康市	32.3	乌鲁木齐市	9.3
昆明市	63.4	延安市	30.5	伊宁市	27.2
大理市	49.8	**甘肃省**		克拉玛依市	31.3
丽江市	75.8	兰州市	23.6	库尔勒市	21.6
个旧市	50.2	金昌市	19.6	**香港**	34.0
景洪	120.8	天水市	16.3	**澳门**	（暂缺）
河口瑶族自治县	108	酒泉市	12.9	**台湾省**	
				台北市	27.9

因为通常情况下，距离观测点 15km 以内的雷电可以听到其雷声，超出此范围的雷电不能够被听到，也就是说，该指定区域的范围是以观测点为圆心，以 15km 为半径的圆形区域，所以用雷暴日来表征雷电活动不够准确，那么就用另一种方法表征雷电活动强弱，叫做“雷闪频数”，是用闪电定位系统来观测某一地区的雷电活动，1000km^2 范围内一年内发生的雷击次数来统计。

2.7.2　雷击的选择性

年平均雷暴日这一数字只能给人提供概略的情况。事实上，即使在同一地区内，雷电活动也有所不同，有些局部地区，雷击要比临近地区多得多，称这些地方为该地区的“雷击区”。

“雷击区”与地质结构有关。如果地面土壤电阻率分布不均匀，则在电阻率特别小的地区，雷击的概率较大。这就是在同一区域内雷击分布不均匀的原因，这种现象称之为“雷击选择性”。雷击位置经常是在土壤电阻率较小的土壤上，而电阻率较大的多岩石土壤被击中的机会很小。这是因为雷电先驱放电阶段中，地中的导电电流主要是沿着电阻率较小的路径流通，使地面电阻率较小的区域被感应而积累了大量与雷云相反的异性电荷，雷电自然就朝这些地区发展。

土壤电阻率较大的山区和平原，雷击选择性都比较明显；雷击经常发生在有金属矿床的地区、河岸、地下水出口处、山坡与稻田接壤的地上和具有不同电阻率土壤的交界地段。

在湖沼、低洼地区和地下水位高的地方也容易遭受雷击。此外地面上的设施情况，也是影响雷击选择性的重要因素。

当放电通道发展到离地面不远的空中时，电场受地面物体影响而发生畸变。如果地面上有一座较高的尖顶建筑物，例如一座很高的铁塔，由于这些建筑物的尖顶具有较大的电场强度，雷电先驱自然会被吸引向这些建筑物，这就是高耸突出的建筑物容易遭受雷击的缘故。

在旷野里，即使建筑物并不高，但是由于它比较孤立，突出，因而也比较容易遭受雷击。调查结果表明，在田野里供休息的凉亭、草棚、水车棚等遭受雷击的事故很多。

从烟囱冒出的热气柱和烟囱常含有大量导电微粒和游离分子气团，它们比一般空气易于导电，这就是等于加高了烟囱的高度，这也是烟囱易于遭受雷击的原因之一。因此，在一支较高的烟囱附近，如果有另一支较低的烟囱冒烟，而较高烟囱不冒烟的情况下，雷电往往击中冒烟的低烟囱，所以在高低两条烟囱并排时，即使低烟囱在高烟囱的保护范围之内，但仍然要求两条烟囱都要装避雷装置。

建筑物的结构，内部设备情况和状态，对雷击选择性都有很大关系。金属结构的建筑物，内部有大型金属体的厂房，或者内部经常潮湿的房屋，如牲畜棚等，由于具有良好的导电性，都比较容易遭受雷击。

因此，对各类构筑物进行防雷保护措施时应开展风险评估，确定在容易遭受雷击的地方采取全面的防护措施，在不容易遭受雷击的地方降低防护措施。

复习思考题

一、选择题

1. 积雨云又称雷雨云，其发展成熟阶段云中除了水雾滴外，还有温度低于0℃的过冷水滴和冰晶，因此其顶部失去圆弧形，底部乌黑，厚度可达10km，一般伴有暴雨、冰雹和闪电。以下说法正确的是(　　)。

   A. 它由热对流产生且范围很大　　B. 通常发生在早晨，不容易消散

   C. 在我国北方四季多见　　D. 此时表明垂直对流非常强烈

2. 雷暴前地面风较弱，低层空气自四周向云体辐合。当雷暴降水出现时，风向

(　　),风速(　　),这是降水时雨滴下降时牵动气流所致。

A. 突变,突增　　B. 不变,不变　　C. 突变,变小　　D. 不变,突增

3. 通常雷暴云的电荷分布为(　　)。

A. 上部负电荷,下部正电荷,底部少量负电荷

B. 上部负电荷,下部负电荷,底部少量正电荷

C. 上部正电荷,下部负电荷,底部少量正电荷

D. 上部正电荷,下部负电荷,底部少量负电荷

4. 感应起电学说认为积雨云形成时,所含降水粒子在垂直大气电场中感生电荷,它大致说明了积雨云起电后的电荷分布,但在精确说明雷电现象时,其不妥善之处在于(　　)。

A. 下降的降水粒子可以是固态的冰晶、霰粒

B. 下降的降水粒子一定是液态

C. 上升的气流粒子可以是固态的冰晶、霰粒

D. 上升的气流粒子一定是液态

5. 早在2000多年前,我国古代就有球形雷的记载。球状闪电一般出现在雷电频繁的雷雨天,偶然会发现紫色、殷红色、蓝色的“火球”,多见于山区。这些“火球”的直径范围一般为(　　)。

A. 10到90cm,有的超过1m　　B. 100到200cm,有的超过2m

C. 200到300cm,有的超过3m　　D. 不确定

6. 地闪结构中梯式先导的初始击穿,通常是含云大气开始击穿的初期,在积雨云的下部有一负荷电中心与其底部的正电荷中心附近局部地区的大气电场达到10^4 V/cm左右时,则(　　)。

A. 电荷随机分布在大气中蜿蜒曲折地进行,产生许多向下的分枝

B. 则该云雾大气会初始击穿,负电荷向下中和掉正电荷

C. 梯级先导与连接先导会合,沿电离通道由地面冲向云中

D. 箭式先导沿第一闪击的路径由云中直奔地面

7. 雷电活动规律提示,雷击与地理纬度有关。赤道上(　　),由赤道分别向北、向南(　　)。

A. 最少,递增　　B. 最多,递减　　C. 最少,不变　　D. 最多,不变

二、简答题

1. 什么叫雷击区?

2. 为什么在旷野容易遭受雷击?

3. 烟囱为何易遭雷击?

第 3 章　雷电损害

3.1　雷电的破坏作用

雷电流也是电流，它具有电流的一切效应，并且是一种在很短时间内以脉冲的形式通过的强大的直流电流；尤其是直击雷，它的峰值有几十千安，乃至几百千安。持续时间只有几微秒到几十微秒，使雷电流具有特殊的破坏作用。

3.1.1　雷电流热效应的破坏作用

强大的雷电流通过被击穿的物体时会产生大量的热量。根据焦耳热定律，一次闪击的雷电流产生的热量(Q)：

$$Q = R\int_{0}^{t} i^2 \mathrm{d}t \tag{3.1}$$

式中：Q 为发热量，J；i 为雷电流，A；R 为雷电流通道的电阻，Ω；t 为雷电流持续时间，s。

实际上，雷电流作用的时间很短，散热影响可以忽略，在雷电流通道上由雷电流引起的温升(Δt)为：

$$\Delta t = Q/mc \tag{3.2}$$

式中：Δt 为温升，K；m 为通过雷电流的物体质量，kg；c 为通过雷电流的物体的比热容，J/(kg · K)。

由于雷电流很大，通过的时间很短，如果雷电击在树木或建筑物构件上，被雷击的物体瞬间将产生大量的热量，又来不及散发，以致物体内部的水分大量变成蒸气，并迅速膨胀，产生巨大的爆炸力，造成破坏；当雷电流通过金属体时，根据公式(3.1)和公式(3.2)可以计算出其温度，如果金属体的截面积不足够大时，该温度甚至可使其熔化。

与雷电通道直接接触的金属因高温而熔化的可能性很大，因为通道的温度可达6000～10000℃，甚至更高。因此，在雷电通道上遇到易燃物质，可能引起火灾。

3.1.2 雷电流冲击波的破坏作用

雷电流通道的温度高达几千摄氏度到几万摄氏度，空气受热急剧膨胀，并以超声速度向四周扩散，其外围附近的冷空气被强烈压缩，形成“激波”。被压缩空气层的外界称为“激波波前”。“激波波前”到达的地方，空气的密度、压力和温度都会突然增加。“激波波前”过去后，该区压力下降，直到低于大气压力。图 3.1 是受雷电冲击的典型例子。这种“激波”在空气中传播，会使其附近的建筑物、人、畜受到破坏和伤亡。这种冲击波的破坏作用就像炸弹爆炸时附近的物体和人、畜被伤害一样。

图 3.1　万吨储油罐受雷电流冲击波严重破坏的情形图

与上面讲的冲击波相似的另一种冲击波形式是次声波。

体积庞大的积雨云因迅速放电而突然收缩，当电应力（典型值为 100V/cm）突然解除时，在一部分带电雷雨云中的流体压力将减小到 0.3mm 汞柱的程度，这样形成稀疏区和压缩区，它们以零点几赫兹到几赫兹的频率向外传播。这样就形成次声波，次声波对人、畜有伤害作用。

3.1.3　雷电流电动力效应的破坏作用

由物理学可知，在载流导体周围空间存在磁场，在磁场力的载流导体受到电磁力的作用。如图 3.2a 所示，如果导线 A，B 都有电流，那么导线 A 的电流会在它的周围空间产生磁场，而导线 B 在导线 A 所产生的磁场里将受到电磁力的作用。同理，导线 B 上的电流也会在它的周围空间形成磁场，导线 A 在该磁场里，会受到电磁力的作用。这样两根载流导体相互间有作用力存在，把这种作用力叫作电动力。

根据安倍定律的推导，如图 3.2a 的每根平行导体，当导线 A，B 上分别通过电流 i_1，i_2(kA)，A，B 间的距离为 d(m)时，每米导线所受的作用力按下式计算：

$$F = 1.02 \frac{2l_0}{d} i_1 \cdot i_2 \times 10^{-8} \tag{3.3}$$

式中：l_0 为 1m。

假定雷击的瞬间两根导线的电流 i_1 和 i_2 都等于 100kA，两导线的距离为 50cm，计算结果表明，这两根导线每米受到 408kg 的力。由电工学可知，这两根导线受到的力又迫使它们产生靠拢的趋势。因此，雷击的时候，由于电动力的作用，也有可能使导线折断。

同样，在同一根导线或金属构件的弯曲部分有雷电流通过的时候，如图 3.2b 所示，其中流过 AO 段的电流产生的磁场，可使 BO 段金属构件受到电动力；流过 BO 段的电流产生的磁场，可使 AO 段构件受到电动力，当电动力足够大的时候也会使构件受到破坏。由安培定律推导可知，凡拐弯的导体或金属构件，在拐弯部分将受到电动力作用，它们之间的夹角越小，受到的电动力越大。当拐弯的夹角为锐角时受到作

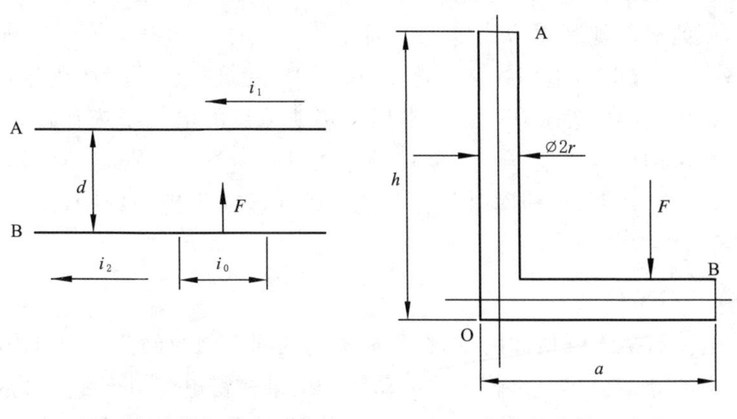

(a)两根平行导线间的电动力　　(b)弯曲导线的电动力

图 3.2　雷电流通过导线时，导线上的电动力

用力最大,钝角较小。故接闪器及其引下线不应出现锐角的拐弯,尽可能采用钝角拐弯,在不得已采用直角拐弯时应加强构件强度,尤其是引下线一般应尽可能采用弧形拐弯,俗称“软连接”;这样可使构件受到的电动力较小,而且不集中在一点,雷击造成的损失就相对小一些。

3.1.4 雷电的静电感应和电磁感应的破坏作用

3.1.4.1 雷电的静电感应

当空间带电的雷暴云出现时,雷暴云下方的地面及建筑物等,均由于静电感应的作用而带上相反的电荷。由于从雷暴云的出现到发生雷击(主放电)所需要的时间相对于主放电过程的时间要长得多,因此,大地可以有充分的时间积累大量电荷,然而当雷击发生后,雷暴云上所带的电荷,通过闪击与地面的异种电荷迅速中和,而某些局部,例如架空导线上的感应电荷,由于与大地间的电阻比较大,而不能在同样短的时间内相应消失,这样就会形成局部地区感应高电压。这电压从雷击开始随时间的推移而下降,它符合 RC 电路放电的规律,即:

$$V_c = Ve^{-\frac{t}{RC}} \tag{3.4}$$

$$V = \frac{Q}{C} \tag{3.5}$$

式中:V_c 为雷击发生后,局部高电压地区与大地之间瞬间的电压,V;V 为发生雷击那一瞬间,即 t 等于零那一瞬间,局部高电压地区对大地间的电压,V;R 为高电压局部地区对大地的散流电阻,Ω;C 为局部高电压地区对雷云之间的电容,F;Q 为局部高电压地区积累的电荷量,C;t 为以发生闪击瞬间为零,闪击发生后延续的时间,s。

这样形成的局部地区感应高电压在高压架空线路上可达 300～400kV,一般低压架空线路可达 100kV,电信线路可达 40～60kV,建筑物也可以产生相当高的有危险的电压。这种由静电感应产生的过电压对接地不良的电气系统有破坏作用,对于建筑内部的金属构架与接地不良的金属器件之间容易发生火花,这对存放易燃物品的建筑物,如汽油、瓦斯、火药库以及有大量可燃性微粒飞扬的场所,如面粉厂、亚麻厂等,有引起爆炸的危险。

3.1.4.2 雷电的电磁感应

由于雷电流有极大峰值和陡度,在它周围的空间有强大的变化的电磁场,处在变化的电磁场中的导体会感应出较大的电动势。结果在雷电流引下线附件放置一个开口的金属环,如图 3.3 所示,环上的感应电动势足以使气隙 a,b 间放电,放电时 a,b 间产生火花,这些火花可以引起易燃物品着火,使易燃气体爆炸。如果回路中有导体接触不良,也会使回路过热,引起易燃物品燃烧,引起火灾。防止的办法是把互相靠近的金属物品用金属很好地连接起来。雷电电磁感应引起火灾的例子也有不少。

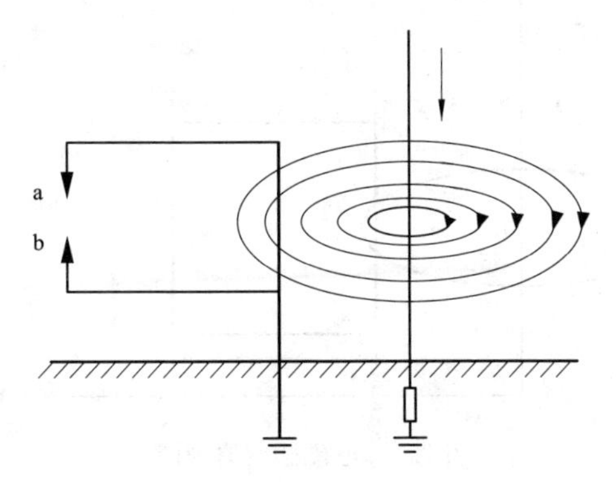

图3.3　接闪杆附近的开口金属环

1985年7月26日，上海的北蔡仓库，因棉花包外面是用铁丝捆扎的，在电磁感应中，铁丝上有强大的感应电流通过，铁丝接触点发热，产生火花，引起棉花包着火。

为了防止感应过电压发生，应将建筑物的金属屋顶、建筑物内的大型金属物品等，给以良好的接地处理，以便感应电荷能迅速地流向大地。对较大的缺口金属环，应用金属将缺口处连成闭合环，防止在缺口处形成高电压和放电火花。

3.1.4.3　雷电感应过电压分析

一般来说，感应过电压没有直击雷猛烈，但发生的概率比直击雷高得多，因为直击雷只发生在雷云对地闪击时，才会对地面上的物体或人造成损害，而感应过电压则不论雷云对地闪击，或者雷云对雷云之间闪击(据观测资料介绍，雷云对雷云闪击比雷云对地闪击概率高很多)，都可能发生并造成灾害。此外，直击雷一次只能袭击一两个小范围的目标，而一次闪击可以在比较大范围内同时发生雷电感应过电压现象，并且这种感应过电压可以通过电力线、通信线路、电话线等金属导线传输到很远，致使雷害范围扩大。

弄清雷电闪击时，感应体和电流注(雷电闪击时的主电流通道)(或接闪器)的距离，以及雷电流对时间的一次导数与感应电势的关系，对分析和防止感应雷过电压有着重要意义。以图3.4为例做理论分析。

如图3.4，设接闪器(电流注)AM与一个有气隙的正方形金属环处于同一平面上，x_1为正方形方框与接闪器(电流注)的距离；x_2是方框的另一边与接闪器(电流注)的距离，金属环的边长为l_0，由电磁感应定律可知，开口金属环上最大感应电压：

$$E_m = -M\frac{\mathrm{d}i}{\mathrm{d}t}$$

如果不考虑电压的方向，则

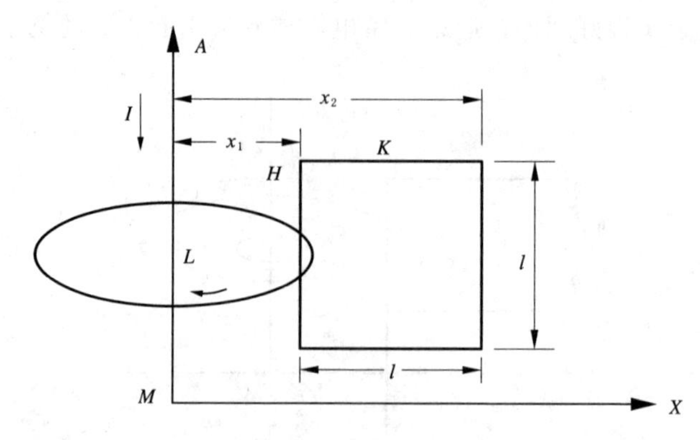

图 3.4　电磁感应原理图

$$E_m = M\frac{\mathrm{d}i}{\mathrm{d}t}$$

式中：E_m 为感应电动势，V；M 为互感系数，H；$\mathrm{d}I/\mathrm{d}t$ 为闪击电流变化率，A/s。

根据电磁场理论，有：

$$\Phi \cdot H \cdot \mathrm{d}L = I$$

$$2H \cdot \pi \cdot x = I$$

$$\mathrm{d}\Phi = B \cdot \mathrm{d}s = \mu_0 \cdot H \cdot \mathrm{d}s$$

$$\mathrm{d}\Phi = \mu_0 \cdot H \cdot l \cdot \mathrm{d}x$$

$$\Phi = \int_{x_1}^{x_2} \mu_0 \cdot H \cdot l \cdot \mathrm{d}x = \frac{\mu_0 I \cdot l}{2\pi}\int_{x_1}^{x_2}\frac{\mathrm{d}x}{x}$$

$$M = \frac{\Phi}{I} = \frac{\mu_0 \cdot l}{2\pi}\int_{x_1}^{x_2}\frac{\mathrm{d}x}{x}$$

$$= \frac{\mu_0 \cdot l}{2\pi}[\ln \quad x]_{x_1}^{x_2} = \frac{\mu_0 \cdot l}{2\pi} \quad \ln\frac{x_2}{x_1} = \frac{\mu_0 \cdot l}{2\pi} \quad \ln\frac{l + x_1}{x_1} \tag{3.6}$$

式中：H 为磁场强度，A/m；B 为磁感应强度，T；Φ 为穿过金属环的磁通量，Wb；M 为互感系数，H；μ_0 为空气磁介常熟，$\mu_0 = 4\pi \times 10^{-7}$（H/m）；$l$ 为矩形金属环的长和宽，m；L 为闭环积分线路，m；x_1，x_2，如图 3.4，m；S 为矩形金属环的面积，m^2。

因 $x_2 = l + x_1$ 代入式(3.6)式得：

$$M = 2 \times 10^{-7} l \cdot \ln\frac{l + x_1}{x_1} \tag{3.7}$$

由式(3.7)可知，在接闪器（电流注）附近开口金属环上最大感应电动势：

$$E_m = 2 \times 10^{-7} l \cdot \ln\frac{l + x_1}{x_1} \cdot \frac{\mathrm{d}i}{\mathrm{d}t} \tag{3.8}$$

若接闪器（闪击电流注）与金属环之间的夹角为 α，则式(3.8)后边应乘以 $\cos\alpha$。

如图 3.4 中的金属环边长 l 等于 5m，则金属环开口 K 的电压与金属环一接闪器距离之间的关系如图 3.5 所示。

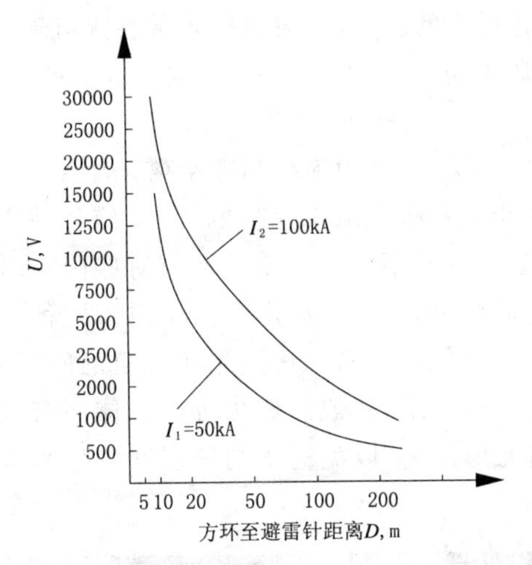

图 3.5　5m×5m 金属环上的开口感应电势

图 3.5 中闪击电流峰值分别选 50kA，100kA（这是较常见的闪击电流峰值）。通常雷电闪击电流波形前沿为 2～5μs，取 2.5μs。

从图 3.5 中可以看出，一个即使只有 5m×5m 的开口金属框，在雷电流峰值为 100kA 时，距离雷击点 200m 也可以感应 1kV 左右的电压，在潮湿环境下，零点几毫米的气隙就可能被击穿，发生有害的火花。

3.1.5　雷电反击和引入高电位

雷电反击通常是指接受直击雷的金属体（包括接闪器、接地线和接地体），在接闪瞬间与大地间存在很高的电位 U，这电压对于大地连接的其他金属物品发生闪击（又叫闪络）的现象称为反击。此外，当雷击到树上时，树木上高电压与它附近的房屋、金属物品之间也会发生反击。对于一般只有几十米的单根接闪器引下线上电压 U 可按下式计算：

$$U = iR_i + L_0 l \frac{\mathrm{d}i}{\mathrm{d}t} \tag{3.9}$$

式中：i 为雷电流，kA；R_i 为接地装置冲击电阻，Ω；L_0 为单位长度电感，约 1.55μH/m；l 为引下线的长度，m；$\mathrm{d}i/\mathrm{d}t$ 为雷电流陡度，kA/μs。

由式(3.9)可知，全部电压由两部分组成，一部分是雷电流瞬时值的电阻压降，另一部分是雷电流在电感上的压降，它与雷电流的陡度有关。雷电流和雷电流波形的陡度是不同的，它们作用于空气间隙的击穿强度也不同。对于电阻压降，空气击穿强度约为 500～600kV/m，而对电感压降则为前者的两倍，约 1000～1200kV/m。沿木材、砖石等非金属材料的沿面闪络强度为上述两种强度的 1/2，即分别为 250kV/m 和 500kV/m。为了防止反击的发生，一般应使防雷装置与建筑物金属体间隔一定距离，使他们之间间隙的闪络电压大于反击电压。即：

$$E \cdot S \geqslant U_{反击} \tag{3.10}$$

式中：E 为介质闪络强度，kV/m；S 为绝缘间隙距离，m。

由于雷电电压的大小是在很大范围变化的，为了使各种建筑物能有效地防止雷电反击，在具体做法上各国都有不同的要求。西方有些国家对避雷装置与建筑物金属体间规定要保留一定间隙，而我国在规定范围中对不同种类建筑物的间隙距离分别做了明确规定。在因为条件限制而无法达到所规定的间隔尺寸时，应把避雷引下线与金属体用金属导线连接起来，使他们成为等电位体而避免发生闪击。对房屋周围的高大树木都应留有足够距离，以免树木与房屋间发生雷电反击。图 3.6 为树木与房屋发生反击的实例。

图 3.6　雷电反击的例子

雷电引入高电位是指直击雷或感应雷电过电压从输电线、通信电缆、无线电天线等金属的引入线引入建筑物内，发生闪击而造成的雷击事故。这种事故的发生率很高，而且往往事故又严重。

直击雷电压低则几百万伏，高则几千万伏，甚至更高，即使感应电压往往也有几万伏乃至几十万伏，雷击电流往往是几十千安，甚至几百千安，它们会产生很大的破坏力。然而雷电流的波头时间一般只有几微秒，波尾也只有几十微秒。由此可知，它只是一个短暂的随机波。雷电流随时间以近似指数函数规律上升至峰值，由傅里叶变换可知，它包含丰富的高次谐波。高电位沿导线输入是用电设备被雷击的原因，高电位输入造成的雷击事故，占雷击事故的大多数，所以凡是有用电装置的地方，都必须对高电位输入加以防备。

3.1.6　跨步电压、接触电压及旁侧闪络

3.1.6.1　人体能承受的跨步电压

遭受雷击时，接电导体将电流导入地下，在其周围的地面上就有不同的电位分布，离接地愈近，电位愈高，离接地极愈远，则电位愈低。当人跨步在接地极附近时，由于两脚所处的电位不同，在两脚之间就有电位差，这就是跨步电压。由于土壤散流电阻的存在，使地表面电位如图3.7分布，习惯称这为喇叭形电位分布曲线。在这喇叭形曲线上任两点存在电位差，显然这种电位差与电流强度、土壤电阻率分布、跨步长短有关。同样的土壤情况下，电流强度越大，跨步电压越高。一般牛的跨步比人大，所以，跨步电压大，故牛受害程度比人大。当人或动物站立在喇叭形电位分布的地面时，两脚间的电位差大到一定时，便足以使人受伤甚至死亡。如果在原野上遇到雷暴，又实在无法躲避时，蹲下来两脚缩在一点，比跨步走会安全些。

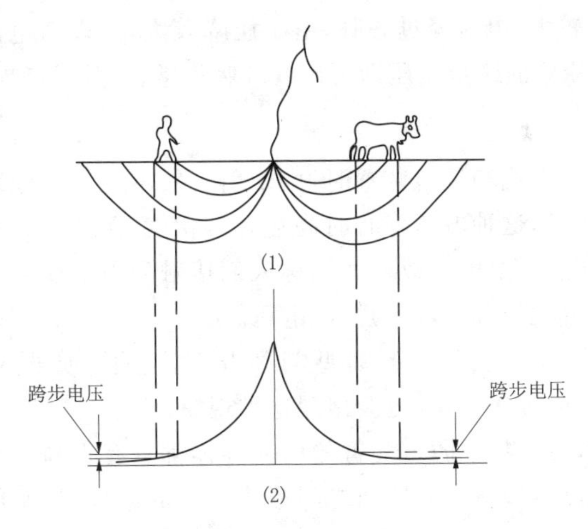

图3.7　落雷点喇叭形的电位分布和跨步电压

(1)跨步电压；(2)喇叭形的电位分布

关于人能承受雷电造成的跨步电压和接触电压是多少伏，允许流过的电流是多少安，至今还没有得到明确的数据，但是经大量试验可肯定，雷电的时间非常短暂，且具有脉冲、高频的特性。

其公式为(3.11)和(3.12)：

$$u_K = (R_T + 2R_J)I_K \tag{3.11}$$

$$I_K = \frac{165}{\sqrt{t}} \tag{3.12}$$

式中：R_T 为人体电阻，通过电流时间愈长，则电阻愈大，反之则愈小，电流作用时间在1s及以下时，可取在冲击电流作用下的人体电阻为300～500Ω；R_J 为一只脚对地的接地电阻，其最小值可取做 3ρ，其中 ρ 为土壤电阻率，以Ω·m计；I_K 为人体能承受的电流值，冲击电流时，可取100A；t 为电流持续时间，s。

如果按工频考虑，当 ρ 取100Ω·m，$t=40\mu s$，通过人体的最大允许跨步电压为：

$$u_K = (100 + 6 \times 100) \times \frac{165 \times 100^{-3}}{40 \times 10^{-6}} \text{kV} = 41.8\text{kV}$$

上述计算用在雷电时的允许最大跨步电压是比较保守的。若按允许承受的最大冲击电流100A及冲击电流作用下人体电阻按300～500Ω计，则：

$$u_K = (300 + 600) \times 100 \times 10^{-3} \text{kV} = 90\text{kV}$$

或

$$u_K = (500 + 600) \times 100 \times 10^{-3} \text{kV} = 110\text{kV}$$

所以在雷击时，人体可承受的跨步电压为50～100kV。而大牲畜由于四蹄着地，前后两蹄之间的距离较大，电流经过心脏，由于压降较大，所以雷电流造成的后果比人更严重。牛受到96kV的跨步电压即可出现呼吸失常、心脏机能损伤。

3.1.6.2 接触电压

当雷电流流经引下线和接地装置时，由于引下线本身和接地装置都有电阻和电抗，因而会产生电压降，这种电压降有时高达几万伏，甚至几十万伏。这时如果有人员接触引下线，就会发生触电事故。我们称人们接触到引下线或与引下线带电情况相似的金属物时，可能受到的电压为接触电压。

除引下线可能发生接触电压外，那些与避雷装置连通，或虽然不连通，而绝缘距离不够，会受到反击的金属物体，也会出现这种现象。

在雷击接闪时，被击物或防雷装置的引流导体都具有很高的电位，当人接触时，就会在人体接触部位与脚站立的地面之间形成很高的电位差，使部分雷电流一部分导入人体内，将会造成伤亡事故。特别是多层、高层建筑采用统一接地装置，虽然进户地面处设等电位连接，但在较高的楼层上雷击时触及水暖及用电设备的金属外壳，仍有很高的电位差。因此，这些建筑物的梁、柱、地板及各类管道、电源的PE线每层均应做等电位连接，以减小接触电位差。

3.1.6.3 旁侧闪络

旁侧闪络和上面讲的接触雷击共同点都是雷电没有直接击中受害人，而是击中受害人附近的物体，由于被雷击物体带高电位，而向它附近的人闪击放电。旁侧闪络与接触雷击不同的是：旁侧闪击是受害人根本没有直接接触受雷击的物体，只是在它的附近，由直接被雷击的物体的高电压击穿附近的空气触及受害人，如图 3.8 所示，而接触雷击是受害者身体的某部分与直接受害物体相接触。

图 3.8　树的高电位向它附近的人头顶发生旁侧闪络

有时由于较远地方的物体遭受雷击，通过金属线直接把高电位输送，或感应产生高电位以致发生旁侧闪络造成人员伤亡。

另一种旁侧闪络是由于雷云或雷电先导高电位通过分布电容 C_1 对附近的建、构筑物的结构电容（如金属屋顶对地电容 C_2）充电，形成高电位，发生对人闪击的现象。如图 3.9 所示，一个人在一间波纹状铁皮屋顶的木结构棚子里避雨，当雷电先导发展到附近时，金属屋顶对地电位升高到 U_2：

$$U_2 = U_1 \frac{C_1}{C_1 + C_2} \tag{3.13}$$

当屋顶与人头部之间的电位差 U_2 有可能大到足以使屋顶与人身发生闪络时，棚底下的人便遭闪络雷击，而棚子不受雷击。

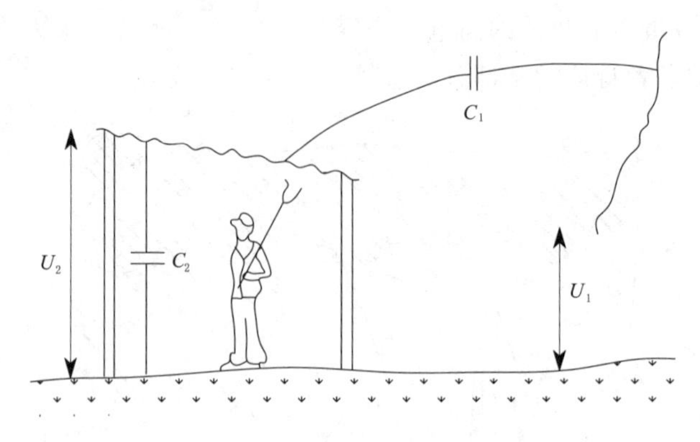

图 3.9　从绝缘的金属屋顶上产生的旁侧闪络

3.2　雷电侵入电子设备的危害及主要干扰途径

3.2.1　雷击与雷击过电压

随着现代电子技术的不断发展，大量精密电子设备的使用及联网，使安装在信息系统中的设备经受着直击雷、感应雷、雷电瞬态过电压、零电位漂移等电涌和过电压的侵袭，经常会受到各种过电压、过电流的危害。由于一些电子设备工作电压仅几伏，传递信息电流也很小，对外界的干扰极其敏感，而雷电的电压可高达几百万伏，瞬间电流可高达数十万安倍，因此，具有极大的破坏性。接闪杆能防止直接雷击，但不能阻止感应雷击过电压、零电位漂移过电压以及因这些过电压在泄放电流时在其周围所产生的很强的感应电压，而这些过电压却是破坏大量电子信息设备的主要危险源。雷电造成的危害是无孔不入的，尤其对电子信息系统的危害更大。据研究，当磁场强度 $B_m \geqslant 0.07 \times 10^{-4}$ T 时，无屏蔽的计算机会发生暂时性失效或误动作；当 $B_m \geqslant 2.4 \times 10^{-4}$ T 时，计算机元件会发生永久性损坏。而雷电电流周围出现的瞬变电磁场强度往往超过 2.4×10^{-4} T。因此，有效防止雷电对电子信息系统设备所产生的危害，是保证电子信息设备安全、稳定运行的重要前提。

3.2.1.1　直击雷和绕击

当装有电子信息系统的建筑遭受直接雷击或绕击后，虽然雷电无法直接击中电子信息设备，但如果没有接闪器、引下线、接地装置，那么将会引起反击、强感应磁场等现象，对设备会造成很大的破坏，如果建筑物内的信息系统安装直击雷防护装置，接闪器引雷后雷电流将沿引下线、接地装置入地；如果未做相应雷电防护措施，将对设备造成不可预测的损坏。

3.2.1.2　雷电反击

当防雷装置在接受雷击时，在接闪器、引下线和接地体上都产生很高的电位，由于雷电流巨大的陡度和幅值，雷电流周围产生了强大的变化磁场。处在磁场中的导体会感应出很高的电动势。如果防雷装置与建筑物内外电气设备、电线或其他金属管道的绝缘距离不够，它们之间会产生放电，称为反击，反击将会损坏电子信息设备，甚至危及人的生命安全。

直击雷电流通过地表突出物的电阻入地散流。假如地电阻为 10Ω，一个 30kA 的雷电流将会使地网电位上升至 300kV。如果受雷击建筑物的供电线路来自另一个不同地网的变电所，那么上升的地电位与输电线上的电位将形成巨大反差，导致与输电线路相连的电气设备损坏。不仅是输电线路、动力电缆，凡是引进建筑物的金属管线都会引起雷电反击。

另一种雷电反击对建筑物内的电阻设备危害也不容忽视。雷电流沿建筑物的接地装置散流，支线上的雷电流和各点电位差异很大。连接在不同电位接地装置上的电子设备，如果其间有电信号联系，那么超过其容许承受能力的地电位差将导致设备损坏。

3.2.1.3　感应雷击

感应雷造成的设备损坏虽然没有直击雷猛烈，但其发生的概率比直击雷高得多，这是因为雷云之间或雷云对地放电时，雷电波所波及的范围内的传输信号线路、埋地电缆、设备间的连接线均会产生电磁感应，并入侵到电子设备中去，使串联在线路中间或终端的电子设备遭受损坏。

3.2.1.4　雷电波入侵

远方落雷，通过电磁感应和静电感应方式从高压输电线路、低压电源线路、通信线路、金属管道等途径侵入建筑物，由于管线相对较长，且存在着分布电感和电容，使雷电传播速度减慢，这一现象用波传输理论来解释称作波传导衰减过程。雷电波在传输过程中通过不同参数的连接线或线路端点时，波阻抗发生变化会产生反射、折射，可导致波阻抗突变处的电压升高许多，加大对设备的危害。下面将介绍雷击对低压系统的几种耦合侵入方式：

(1)电阻耦合过电压(如由屏蔽层电阻或接地电阻引起的耦合)，如图 3.10 所示。雷击 a 处时，雷电流入地产生的泄放电流和电压降，在 a 处和 b 处之间产生电位差 E。由于建筑物 b 端的电缆屏蔽层没有接地，在电缆屏蔽层和建筑物 b 的接地系统间会出现电位差 ΔU。ΔU 的一部分以共态电压 ΔU_1 的形式加在等效负载 Z_b 和建筑物 b 的接地系统间。

(2)反击过电压，是指雷击时设备的接地点电位升高，使设备的接地外壳与设备

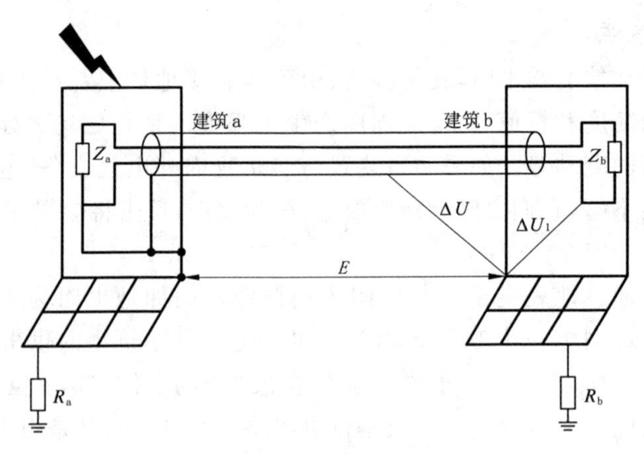

图 3.10 电阻耦合过电压

的导电部分之间产生可能使设备损坏的高电压。雷击时电缆屏蔽层两端都接地情况下的反击过电压,如图 3.11 所示。

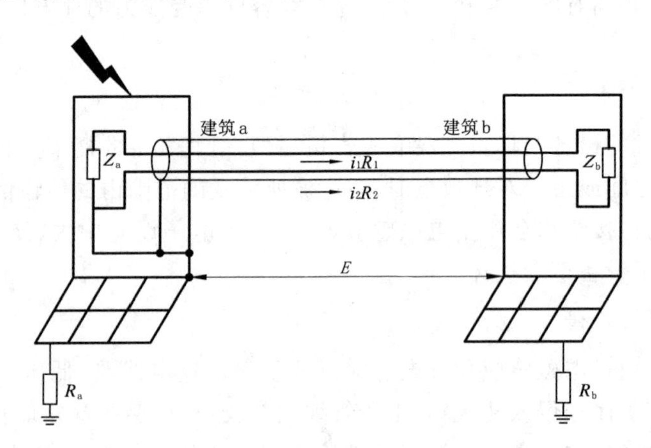

图 3.11 反击过电压

图 3.11 所示为雷击在 a 处时,建筑物 b 处的设备负载 Z_b 上的反击过电压按下式计算:

$$U_f = i_2R_2 - i_2(R_1 + Z_b) - \frac{d\Phi}{dt} = i_2R_2 - i_1(R_1 + Z_b) - L_1\frac{di}{dt} \tag{3.14}$$

式中:i_1 为电缆内芯的冲击电流;i_2 为电缆屏蔽层的冲击电流;Φ 为电缆内芯和电缆屏蔽层回路的磁通量;R_1 为电缆内芯的电阻;R_2 为电缆屏蔽层的电阻;Z_b 为建筑物 b 处的设备负载阻抗;L_1 为电缆芯线电感。

可以通过使 i_1,i_2 分别等于零,得到电缆两端屏蔽层分别开路时加在建筑物 b 处

的设备负载阻抗 Z_b 上的反击过电压。

(3)电容耦合过电压，在雷电形成过程中，由于静电场的作用，使电荷积聚在电场中所有的导电物体上。雷击终止后，静电场消失，电荷的重新分布便形成物体内部及阻抗上的电流，由此产生压降导致的过电压。

(4)电感耦合过电压，雷电冲击电流流经导线时，导线周围产生的磁场，会在相邻的各类传输线内产生感应过电压。

3.2.2　瞬态过电压

所谓瞬态过电压是指在微秒至毫微秒之内产生的尖峰冲击电压，如图 3.12 所示。这种尖峰冲击电压有别于一般电源系统过电压，因一般电源系统过电压可能维持数秒以上，过压幅值较小，而这种尖峰冲击电压幅值有时会非常高，既可能发生在电源系统中，也可能发生在信号系统中。

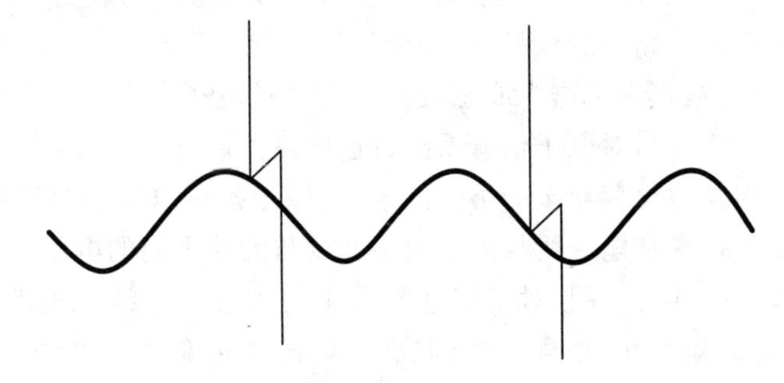

图 3.12　瞬态过电压

瞬态过电压的发生与整个自然界现象及电气系统设备的操作有关，自然界的雷电、极光、电晕、静电、辐射和电离，都可能导致瞬态过电压。在各种不同类型的瞬态现象中，雷电和电气系统开关转换冲击是引发瞬态过电压的主要根源。瞬态过电压侵入电子设备，能使电子电路产生故障或损坏。据电子设备误动作的统计数据表明，电子设备发生的误动作，平均有一半是瞬态过电压造成的，瞬态过电压造成的损失可分为 4 个层次：

(1)每次冲击造成电子设备元器件损伤，使其工作寿命缩短；

(2)多次冲击后导致设备损坏，而更换和维护设备需要人力、物力；

(3)因设备故障导致生产或业务停顿造成的各类损失；

(4)因生产或业务突然停顿造成不可估量的间接损失。

3.2.3　电子信息系统中的主要干扰途径

产生干扰必须具备三个条件：干扰源、干扰通道和易受干扰设备。

(1)干扰源分为内部和外部。内部主要由装置原理和产品质量决定。外部主要由使用条件和环境因素决定,如直流电源回路受开关操作和天气影响等而引起的电涌电压、强电场或强磁场及电磁波辐射等;

(2)干扰通道有传导耦合、公共阻抗耦合和电磁耦合三种。外部主要通过分布电容的电磁耦合传到内部;内部则三种都有;

(3)由于设备选用的敏感元件及结构布局等不尽合理,造成本身抗干扰能力差。

3.2.3.1 干扰途径

感应雷可由静电感应产生,也可由电磁感应产生,形成感应雷过电压的概率很高,对建筑物内的电子设备威胁巨大,计算机网络系统及电话程控交换机的防雷工作重点是防止感应雷入侵。入侵电子信息系统的过电压、过电流主要有以下三个途径。

(1)由电源供电线路入侵

电子信息系统的电源由电力线路引入室内,电力线路可能遭受直击雷和感应雷。直击雷击中高压电力线路,经过变压器耦合到低压侧,入侵为电子信息供电设备;另外,低压线路也可能被直击雷击中或感应产生雷电过电压。在电源线上出现的雷电过电压平均可达10000V,对电子信息系统可造成毁灭性打击。引起电源干扰的原因众多,极其复杂,因其包含着众多的可变因素,电源干扰可以以“共模”或“差模”的方式存在。“共模”干扰是指电源线与大地或中性线与大地之间的电位差。“差模”干扰存在于电源相线与中性线之间,对三相电源来讲,还存在于相线与相线之间。电源干扰可从持续周期很短暂的尖峰干扰到完全失电之间变化。电源干扰的类型见表3.1。

电源干扰进入设备的途径:

①电磁耦合;

②电容耦合;

③直接进入。

表3.1 电源干扰的类型

序号	干扰的类型	典型的起因
1	跌落	雷击,重载接通,电网电压地下
2	失电	恶劣的气候,变压器故障,其他原因的缘故
3	频率偏移	发电机不稳定,区域性电网故障
4	电气噪声	雷达,无线电信号。电力公司开关设备和工业设备产生的弧光,转换器和逆变器
5	浪涌	忽然减轻负载,变压器的抽头不恰当
6	谐波失真	整流,开关负载。开关型电源,调速驱动
7	瞬变	雷击,电源线负载设备的切换,功率因数补偿电容的切换,空载电动机的切断

(2)由信息系统传输线路入侵

由信息系统传输线路入侵,可分为以下三种情况:

①当地面突出物遭直击雷时,雷电高电压将地面突出物邻近土壤击穿,雷电流直接入侵到电缆外皮,进而击穿电缆外皮绝缘,使高压入侵信号传输线路;

②雷云对地面放电时,在线路上感应出上千伏的过电压,击坏与线路相连的电气设备,通过设备连线侵入通信线路。这种入侵沿通信线路传播,涉及面广,危害范围大;

③若通过一条多芯电缆连接不同来源的导线或者多条电缆平行敷设,当某一导线被雷电击中时,会在相邻的导线感应出过电压,击坏低压电子设备。

(3)地电位反击电压通过接地体入侵

雷击时强大的雷电流经过引下线和接地体泄入大地,在接地附近呈放射型的电位分布,若有连接电子设备的其他接地体靠近,即产生高压地电位反击,入侵电压可高达数万伏。建筑物防直击雷接闪器的避雷引下线,在传导强大的雷电流入地时,在附近空间产生强大的电磁场变化,会在相邻的导线(包括电源线和信号线)上感应出雷电过电压,因此建筑物的外部避雷系统不但不能保护建筑物内电子设备,反而可能引入雷电。电子信息系统等设备的集成电路芯片耐压能力很弱,通常在1000V以下,因此必须建立多层次的电子信息系统的防雷系统,层层防护,确保电子信息系统的安全。

3.2.3.2 耦合机制

雷电冲击影响微电子设备构成系统的耦合机制有以下几种。

(1)电阻耦合

雷电放电将使受影响的电子设备相对于远端的地电位上升高达几百千伏,如使数据线和电源线的参考地电位升高,并可在屏蔽电缆的屏蔽层与芯线之间引起过电压,其数值与传输阻抗成正比例。

(2)磁耦合

在导体上流通的或处在雷电通道的雷电流会产生磁场,在几百米范围内,可以认为磁场的时间变化率与雷电流的时间变化率相同。然而,磁场经常被建筑材料和周围的物体所衰减和改变。磁场的变化会在室内外电源和信号及设备上产生感应电流和电压。

(3)电耦合

雷电通道下端的电荷会在附近产生一个很强的电场,它对具有鞭形天线的设备有影响,而对于建筑物内部电子设备的电场干扰一般可以忽略。

(4)电磁耦合

远距离雷电放电产生的电磁场会在大范围的数据传输网上感应出过电压，这种干扰会传导到电子设备的接口上，但直接辐射的电磁场很难对建筑物或机柜内的电子设备造成破坏。

复习思考题

一、选择题

1. 雷电流具有电流的一切效应，并且是一种在很短的时间内以脉冲的形式通过的强大的直流电流。当雷电流通过金属体时，以下说法正确的是(　　)。
   A. 如果金属体的截面积足够大时，产生的温度可使其熔化
   B. 与雷电通道直接接触的金属的温度可达6000～10000℃，甚至更高
   C. 在雷电通道上可能引起火灾
   D. 将瞬间产生大量的热量并迅速膨胀，产生巨大的爆炸
2. 当遭受雷击时，人体可承受的跨步电压为50～100kV，而牛为96kV，牛比人更容易受伤。这是因为(　　)。
   A. 牛的质量大于人的质量　　B. 牛的跨步比人大，所以跨步电压大
   C. 人站立时垂直高度比牛高　　D. 牛与大气的接触面积大
3. 人如果在空旷原野上遇到雷暴，又无法躲避时，正确的做法是(　　)。
   A. 蹲下来两脚缩在一点　　B. 站立不动
   C. 立即奔跑逃离　　D. 躺在原地保持不动
4. 高层建筑物一般采用统一接地装置，其梁、柱、地板及各类管道、电源的PE线每层均应做等电位连接，这样做的目的是(　　)。
   A. 与避雷装置连通　　B. 减小接触电位差
   C. 保护各类管道及电源　　D. 与进户地面处电位相等
5. 变压器和高压开关柜，防止雷电侵入产生破坏的主要措施是(　　)。
   A. 安装避雷线　　B. 安装避雷器
   C. 安装避雷网　　D. 安装接闪杆
6. 在雷暴雨天气，应将门和窗户等关闭，其目的是为了防止(　　)侵入屋内，造成火灾、爆炸或人员伤亡。
   A. 感应雷　　B. 球形雷
   C. 直击雷　　D. 线状雷
7. 静电现象是十分普遍的电现象，(　　)是它的最大危害。
   A. 高电压击穿绝缘　　B. 对人体放电可致伤亡
   C. 易引发火灾　　D. 损坏电子设备

二、简答题

1. 简述雷电耦合机制有哪几类?
2. 简述雷电波入侵的几种情况?
3. 瞬态过电压造成损失的 4 个层次是什么?

第4章　建筑基础

在防雷装置的设计、施工、验收等工作中总离不开建筑本身，防雷装置是依附于建筑物不可缺少的系统工程，贯穿于建筑物的整个运行周期。本章从防雷装置的设计、施工的角度，对建筑物的概念、构造、分类、结构等方面进行简单介绍。

4.1　建筑的概念

4.1.1　概念

建筑：建筑物与构筑物的总称，是人们为了满足社会生活需要，利用所掌握的物质技术手段，并运用一定的科学规律和美学法则创造的人工环境。

4.1.1.1　建筑物

供人们在其中生产、生活或进行其他活动的房屋或场所，即直接供人们使用的建筑称为建筑物。例如：住宅、工业厂房、公共建筑（火车站、礼堂、体育馆等）、办公楼等。

4.1.1.2　构筑物

间接供人们使用的建筑物称为构筑物。如水塔、蓄水池、烟囱、储油罐等。

4.1.1.3　建筑三要素

（1）建筑功能

建筑是供人们生活、学习、工作、娱乐的场所，不同的建筑具有不同的使用要求。

①满足人体尺度和人体活动所需要的空间尺度。

②满足人的生理要求。要求建筑应具有良好的朝向、保温、隔声、防潮、防水、采光及通风的性能，这也是人们进行生产和生活活动所必须的条件。

③满足不同建筑有不同使用特点的要求。不同性质的建筑物在使用上有不同的特点，例如火车站要求人流、货流畅通；影剧院要求听得清、看得见和疏散快；工业厂房要符合产品的生产工艺流程；某些实验室对温度、湿度的要求等等，都直接影响着

建筑物的使用功能。

(2)建筑技术

建筑的物质技术条件是指建筑房屋的手段，包括建筑材料及制品技术、结构技术、施工技术和设备技术等，所以建筑是多门技术科学的综合产物，是建筑发展的重要因素。建筑不可能脱离建筑技术而存在，例如在19世纪中叶以前的几千年间，建筑材料一直以砖瓦木石为主，所以古代建筑的跨度和高度都受到限制。19世纪中叶到20世纪初，钢铁、水泥相继出现，为大力发展高层和大跨度建筑创造了物质技术条件，可以说高速发展的建筑技术是现代建筑的一个重要标志。

(3)建筑形象

构成建筑形象的因素有建筑的体型、立面形式、细部与重点的处理、材料的色彩和质感、光影和装饰处理等等，建筑形象是功能和技术的综合反映。建筑形象处理得当，就能产生一定的艺术效果，给人以感染力和美的享受。例如我们看到的一些建筑，常常给人以庄严雄伟、朴素大方、生动活泼等不同的感觉，这就是建筑艺术形象的魅力，有些建筑物上的接闪杆与建筑融为一体，具有防雷功能外还对建筑的整体艺术起到锦上添花的作用。

4.1.2　建筑构造概论

4.1.2.1　建筑物的构造组成

一幢民用或工业建筑，一般由基础、墙或柱、楼板层及地坪层、楼梯、屋顶和门窗等部分所组成，如图4.1。

4.1.2.2　建筑物各组成的作用

(1)基础

基础是位于建筑物最下部的承重构件，承受建筑物的全部荷载，并将这些荷载传给地基。在防雷接地工程中，利用基础内的钢筋作为接地体，称为自然接地装置，基础接地具有节省材料、免维护、接地效果好等优点。

(2)墙(或柱)

墙(或柱)是建筑物的主要承重构件和维护构件，抵御自然界各种因素对室内的侵袭，分隔空间及保证舒适环境。防雷装置与建筑物的金属体、金属装置、建筑物内系统之间墙可以起到很好的隔离作用；柱内主筋可用作引下线，接地干线等，其引出端可作为预留接地端等。

(3)楼板层和地坪

楼板层是水平方向的承重构件，按房屋间层高将整幢建筑物沿水平方向分为若干层；楼板层承受家具、设备和人体荷载以及本身的自重，并将这些荷载传给墙或柱；

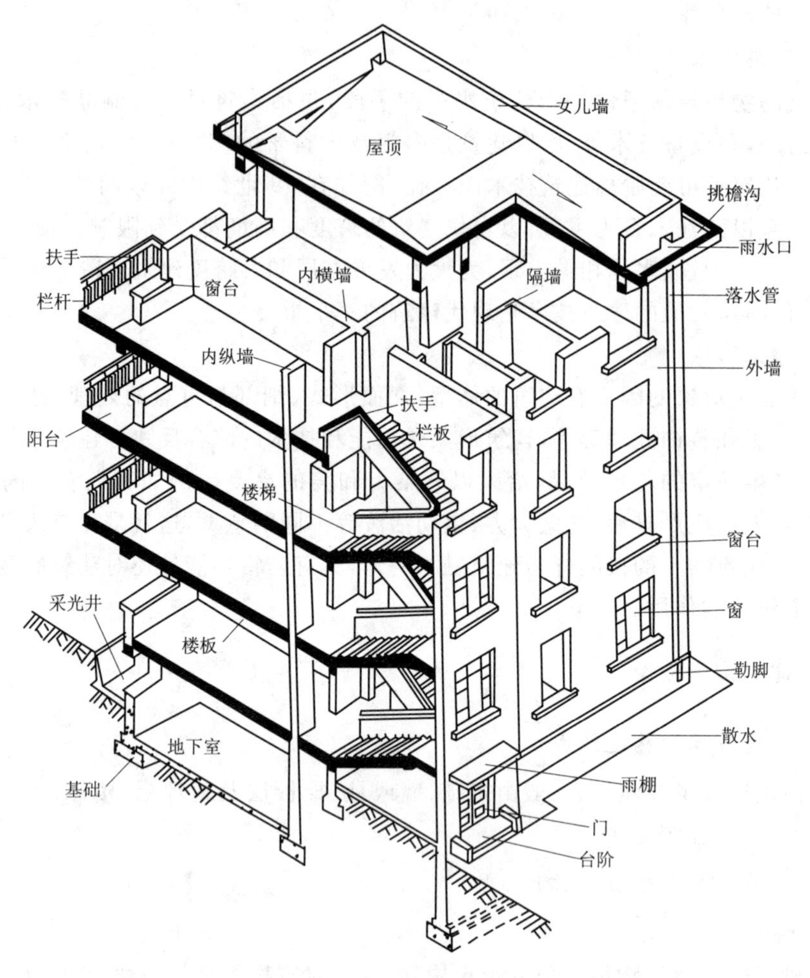

图 4.1 房屋的构造组成

同时对墙体起着水平支撑的作用。因此要求楼板层应具有足够的抗弯强度、刚度和隔声、防水的性能。地坪是底层与地基层相接的构件,起承受底层房间荷载的作用。要求地坪具有耐磨防潮、防水、防尘和保温的性能。大空间雷电电磁屏蔽,利用楼板内钢筋网与墙内钢筋网在土建施工时完成。楼板层或地坪层也是屏蔽体的承载体,建筑体电磁屏蔽防护可根据实际需要将楼板层或地坪层钢筋网进行加密,以达到电磁屏蔽要求,这时候还需要考虑由于钢筋网加密所带来的荷载问题。

(4)楼梯

楼房建筑的垂直交通设施。供人们上下楼层和紧急疏散之用。故要求楼梯具有足够的通行能力,并且防滑、防火、能保证安全使用。现浇楼梯内钢筋与金属扶手等与建筑体钢筋的等电位连接也是防雷装置的一个重要部分。

(5)屋顶

建筑物顶部的围护构件和承重构件。抵抗风、雨、雪霜、冰雹等的侵袭和太阳辐射的影响;又承受风雪荷载及施工、检修等屋顶荷载,并将这些荷载传给墙或柱。故屋顶应具有足够的强度、刚度及防水、保温、隔热等性能。屋面梁、楼板、女儿墙内的钢筋均是防雷装置的一部分,在直击雷防护装置设计安装中必须考虑的是屋面的钢筋混凝土结构的承载力。

(6)门与窗

门与窗均属非承重构件,也称为配件。门主要供人们出入内外交通和分隔房间用,窗主要起通风、采光、分隔、眺望等围护作用。处于墙上的门窗又是围护构件的一部分,要满足热工及防水的要求;某些特殊要求的房间,门、窗应具有保温、隔声、防火的能力。金属结构的门窗框是建筑体的外部大空间屏蔽体。

4.2　建筑分类

4.2.1　建筑分类

4.2.1.1　生产性建筑

工业建筑:为生产服务的各类建筑,也可以叫厂房类建筑,如生产车间、辅助车间、动力用房、仓储建筑等。厂房类建筑又可以分为单层厂房和多层厂房两大类。

农业建筑:用于农业、畜牧业生产和加工用的建筑,如温室、畜禽饲养场、粮食与饲料加工站、农机修理站等。

生产性建筑由于其生产品种的复杂性以及大空间,防雷类别的划分也是极其复杂的,防雷装置的设置是必不可少的。

4.2.1.2　非生产性建筑

非生产性建筑:民用建筑、公共建筑。民用建筑如住宅、集体宿舍等。公共建筑如办公建筑、商业建筑、演出性建筑、体育建筑、展览建筑、旅馆建筑、交通建筑、通信建筑、园林建筑、纪念性建筑等。

由于非生产性建筑的广泛性,其结构、用途等是防雷设计中首要考虑的,其产生雷击事故的破坏性影响极大。

4.2.2　工业建筑分类

随着科学技术及生产力的发展,工业生产的种类越来越多,生产工艺亦更为先进复杂，技术要求也更高，相应地对建筑设计提出的要求亦更为严格，从而出现各种类型的工业建筑。掌握建筑物的特征和使用特点，才能更为合理地进行防雷工程的设计，工业建筑可归纳为如下几种类型。

4.2.2.1 按用途分类

生产厂房、辅助生产厂房、动力用厂房、储存用房屋、运输用房屋、其他。

4.2.2.2 按层数分类

单层厂房、多层厂房、混合层次厂房。

4.2.2.3 按生产状况分类

冷加工车间、热加工车间、恒温恒湿车间、洁净车间、其他特种状况的车间。

4.2.3 民用建筑分类

4.2.3.1 按使用功能分类

按照民用建筑的使用功能可分为：居住建筑，公共建筑。

居住建筑有高层和多层住宅楼。

公共建筑：文教建筑、托教建筑、科研建筑、医疗建筑、商业建筑、观览建筑、体育建筑、旅馆建筑、交通建筑、通信广播建筑、园林建筑、纪念性的建筑、其他建筑类。

4.2.3.2 按规模大小分类

按照民用建筑的规模大小可分为：大量性建筑，大型性建筑。

大量性建筑：指建筑规模不大，但修建数量多的；与人们生活密切相关的；分布面广的建筑。如住宅、中小学校、医院、中小型影剧院、中小型工厂等。

大型性建筑：指规模大，耗资多的建筑。如大型体育馆、大型影剧院、航空港、火车站、博物馆、大型工厂等。

4.2.3.3 按层数分类

按照民用建筑的层数可分为：低层建筑，多层建筑，中高层建筑，高层建筑，超高层。

低层建筑：指1～3层建筑。

多层建筑：指4～6层建筑。

中高层建筑：指7～9层建筑。

高层建筑：指10层以上住宅。公共建筑及综合性建筑总高度超过24m为高层。

超高层建筑：建筑物高度超过100m时，不论住宅或者公共建筑均为超高层。

4.2.3.4 按耐火等级分类

现行《GB 50016—2014　建筑设计防火规范》把建筑物的耐火等级划分为成四

级。一级耐火性能最好,四级最差。性质重要的或规模宏大的或具有代表性的建筑,通常按一、二级耐火等级进行设计;大量性的或一般的建筑按二、三级耐火等级设计;很次要的或临时建筑按四级耐火等级设计。

4.3 建筑结构类型

按建筑物以其结构类型的不同,可以分为砖木结构、砖混结构、钢筋混凝土结构和钢结构四大类,在防雷工程设计中利用其建筑结构特点的不同而采取不同的设计方法,达到科学防护,有效降低防雷工程成本。

4.3.1 砖木结构

用砖墙、砖柱、木屋架作为主要承重结构的建筑(图4.2),像大多数农村的屋舍、庙宇等。这种结构建造简单,材料容易准备,费用较低。

我国古建筑以及很多民居都是采用砖木结构,这类建筑物在防火、防雷等方面性能差,木头易燃,砖墙对雷电电磁波无屏蔽作用,我国历史上的很多有名的建筑包括故宫等均出现过雷击焚毁事故,造成无可挽回的损失。

图4.2 砖木结构建筑

4.3.2 砖混结构

砖墙或砖柱、钢筋混凝土楼板和屋顶承重构件作为主要承重结构的建筑(图4.2)。这种结构的建筑物多为20世纪90年代以前建造,随着我国城镇化进程的加快,大多砖混结构的建筑被拆除,部分具有历史价值的被保留下来,但这类建筑防雷工程设计施工的难度较大。

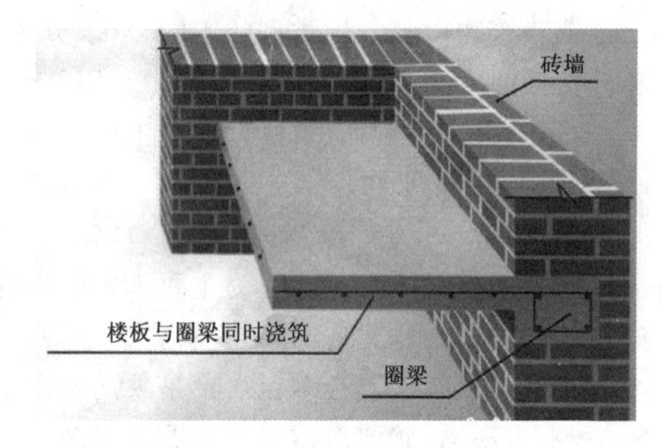

图4.3 砖混结构建筑

4.3.3 钢筋混凝土结构

主要承重构件包括梁、板、柱全部采用钢筋混凝土结构,此类结构常见于高度高、层数多、跨度大的大型公共建筑、工业建筑和高层住宅。钢筋混凝土建筑包括框架结构、框架-剪力墙结构、框-筒结构等。目前25～30层左右的高层住宅通常采用框架-剪力墙结构。图4.4为钢筋混凝土结构建筑外观及内部结构。

图4.4 钢筋混凝土建筑

这种结构的建筑物引下线一般借用建筑结构内部的钢筋,整个建筑结构为法拉第笼式结构，对雷电的屏蔽效果较好，新建筑一般接闪、引下、接地、屏蔽、等电位连接等措施较为完善，一般在施工土建时对信息系统的内部雷电防护措施进行预留。

4.3.4　钢结构

主要承重构件全部采用钢材制作，它自重轻，既能建超高摩天大楼，又能制成大跨度、高净距的空间，特别适合大型公共建筑(图 4.5)。这类建筑的金属结构体在防雷装置的设计施工中利用率很高，但在综合布线、局部屏蔽等工程设计中需尤其注意。

图 4.5　钢结构建筑

4.3.5　钢及钢筋混凝土组合结构

该结构施工时，先安装一定层数的钢框架承受荷载，再用钢筋混凝土把外围的钢框架浇筑层外框筒体来抵抗水平荷载。这种结构的施工速度与钢结构相近，但是用钢量比钢结构少，耐火性能较好，防雷工程的设计与钢结构设计具有一定的相似性。

4.4　民用建筑构造

4.4.1　建筑物基础

基础是建筑地面以下的承重构件，是建筑的下部结构。它承受建筑物上部结构传下来的全部荷载，并把这些荷载连同本身的重量一起传到地基上。地基则是承受由基础传下的荷载的土层。地基承受建筑物荷载而产生的应力和应变随着土层深度的增加而减小，达到一定深度后就可忽略不计。直接承受建筑物荷载的土层为持力层。持力层以下的土层为下卧层(图 4.6)。

基础的埋置深度称为埋深。一般基础的埋深应考虑地下水位、冻土线深度、相邻

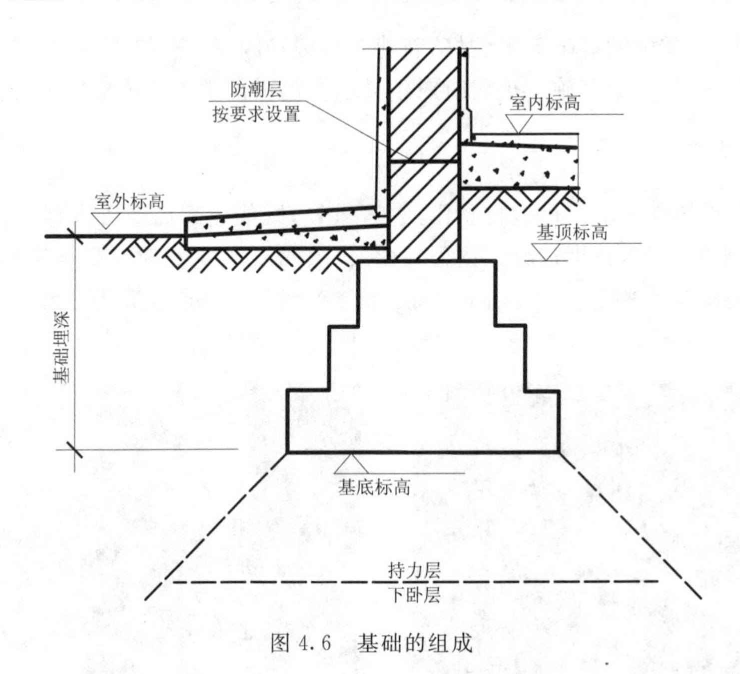

图 4.6 基础的组成

基础以及设备布置等方面的影响。从经济和施工角度考虑，基础的埋深，在满足要求的情况下愈浅愈好，但最小不能小于 0.5m。天然地基上的基础，一般把埋深在 5m 以内的叫浅基础。

利用基础做防雷接地是最为有效的，可根据基础的不同特点，土壤地质状况先进行估算、测试然后决定是否需要补加人工接地装置，了解基础的结构、特点对防雷工程的施工也是极其有帮助的。

4.4.1.1 天然基础与人工地基

凡天然土层具有足够的承载力，不需经过人工加固，可直接在其上建造房屋的称为天然地基。天然地基是由岩石风化破碎成松散颗粒的土层或是呈连续整体状的岩石。按《地基基础设计规范》，天然地基土分为五大类：岩石、碎石土、沙土、黏性土和人工填土。

当土层的承载力较差或虽然土层较好，但上部荷载较大时，为使地基具有足够的承载能力，可以对土层进行人工加固，这种经过人工处理的土层，称为人工地基。

常用的人工加固地基的方法有压实法、换土法和桩基。

桩基由设置于土中的桩和承接上部结构的承台组成。桩基的桩数不止一根，各桩在桩顶通过承台连成一体。按桩的受力方式分为端承桩和摩擦桩。图 4.7 为桩基的组成。

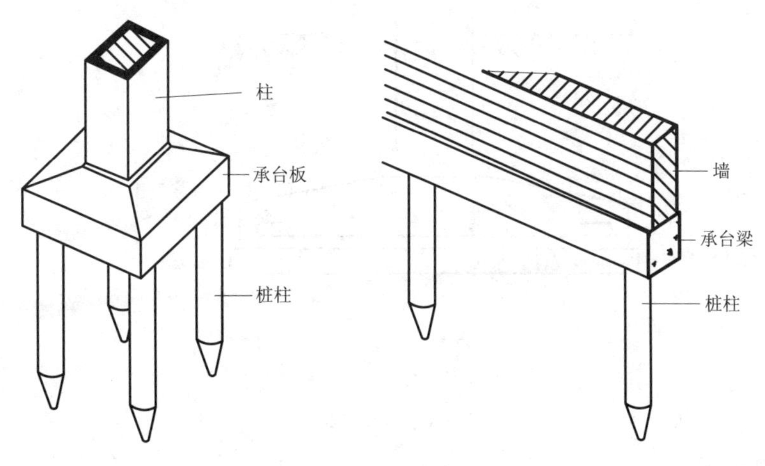

图 4.7　桩基的组成

4.4.1.2　基础按材料及受力特点分类

(1)刚性基础

由刚性材料制作的基础称为刚性基础，如图 4.8。一般指抗压度高，而抗拉、抗剪强度较低的材料就称为刚性材料。常用的有砖、灰土、混凝土、三合土、毛石等。

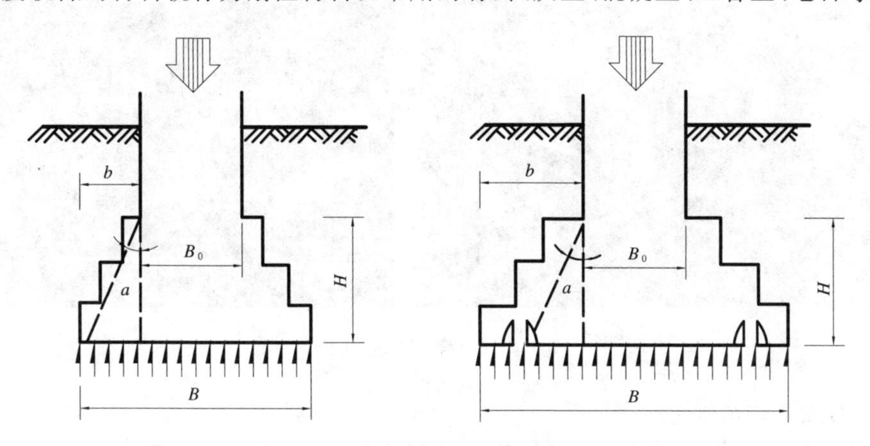

图 4.8　刚性基础

(2)柔性基础

在混凝土基础的底部配以钢筋，利用钢筋来承受拉应力，使基础底部能承受较大的弯矩，这时，基础宽度不受刚性角的限制，故称为钢筋混凝土基础为非刚性或柔性基础，如图 4.9。

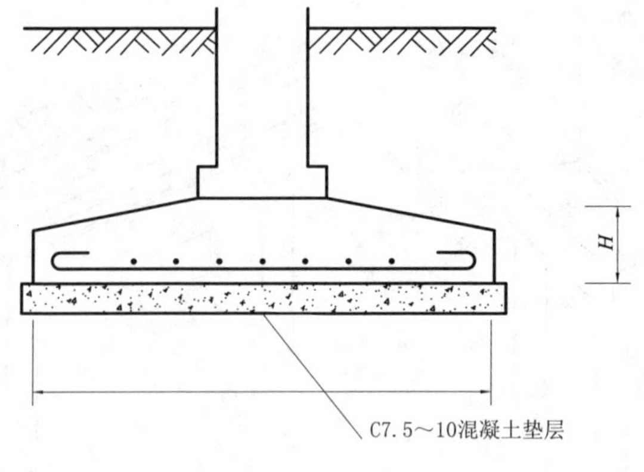

图 4.9 柔性基础

4.4.1.3 基础按构造型式分类

(1)条形基础

当结构采用墙承重时,基础沿墙身设置,多做成长条形,这类基础称为条形基础或带形基础,是墙承式建筑基础的基本形式,如图 4.10。

图 4.10 条形基础实例

(2)独立式基础

当建筑物上部结构采用框架结构或单层排架结构承重时,基础常采用方形或矩形的独立式基础,这类基础称为独立式基础或柱式基础,如图 4.11。独立式基础是柱下基础的基本形式。

当柱采用预制构件时,则基础做成杯口形,然后将柱子插入并嵌固在杯口内,故称杯形基础。

(3)井格式基础

地基条件较差,为了提高建筑物的整体性,防止柱子之间产生不均匀沉降,常将柱下基础沿纵横两个方向扩展连接起来，做成十字交叉的井格基础，如图 4.12。

图 4.11　独立基础实例

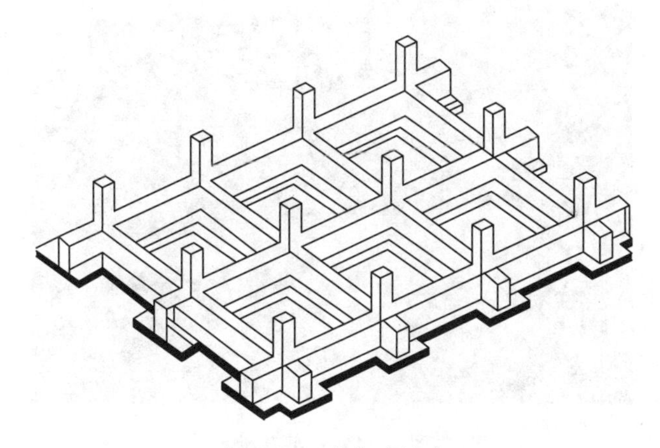

图 4.12　井格式基础

(4)片筏式基础

当建筑物上部荷载大，而地基又较弱，这时采用简单的条形基础或井格式基础已不能适应地基变形的需要，通常将墙或柱下基础连成一片，使建筑物的荷载承受在一块整板上成为片筏基础。片筏基础有平板式和梁板式两种，如图 4.13。

(5)箱型基础

当板式基础做得很深时，常将基础改做成箱型基础，如图 4.14。箱型基础是由钢筋混凝土底板、顶板和若干纵、横隔墙组成的整体结构，基础的中空部分可用作地下室(单层或多层的)或地下停车库。箱型基础整体空间刚度大，整体性强，抵抗地基的不均匀沉降，较适用于高层建筑或在软弱地基上建造的重型建筑物。

图 4.13　片筏式基础

图 4.14　箱型基础

4.4.2　墙体构造

墙体作为建筑的重要构造，内、外墙在防雷工程中都有着重要的作用，外墙可作为直击雷防护装置的承载体，内墙可作为防雷装置的天然隔离装置。

4.4.2.1　墙体类型

墙体按所处位置可分为外墙和内墙。外墙位于房屋的四周，故又称为外围护墙。内墙位于房屋内部，主要起分隔内部空间的作用。

墙体按布置方式又可分为纵墙和横墙。沿建筑物长轴方向布置的墙称为纵墙，沿建筑物短轴方向布置的墙称为横墙，外横墙俗称山墙。另外，根据墙体与门窗的位置关系，平面上窗洞口之间的墙体可以称为窗间墙，立面上窗洞口之间的墙体可以称为窗下墙。

在混合结构建筑中，墙体可以按受力方式分为承重墙和非承重墙两种。承重墙直接承受楼板及屋顶传下来的荷载。非承重墙不承受外来荷载，仅起分隔与维护作用。

按照构造方式墙体可分为实体墙、空体墙和组合墙三种。实体墙由单一材料组成，如砖墙、砌块墙等。空体墙也是由单一材料组成，可由单一材料砌成内部空腔，也可用具有孔洞的材料建筑墙，如空斗砖墙、空心砌块墙等。组合墙由两种以上材料组合而成，如混凝土、加气混凝土复合板材墙。其中混凝土起承重作用，加气混凝土起保温隔热作用。

按施工方法墙体可以分为块材墙、板筑墙及板材墙三种。块材墙是用砂浆等胶结材料将砖石材料等组砌而成，例如砖墙、石墙及各种砌块墙等。板筑墙是现场立模板，现浇而成的墙体，例如混凝土墙等。板材墙是预先制成墙板，施工时安装而成的墙，例如预制混凝土大板墙、各种轻质条板内隔墙等。

4.4.2.2　砖墙构造

(1)墙脚构造

墙脚是指室内地面以下，基础以上的墙体，室内、外墙都有墙脚，外墙的墙脚又称勒脚。由于砖砌体本身存在很多微孔以及墙脚所处的位置，常有地表水和土壤中的水渗入，致使墙身受潮、饰面层脱落、影响室内卫生环境。因此，必须做好墙脚防潮，增强勒脚的坚固及耐久性，排除房屋四周地面水。

(2)勒脚构造

勒脚和内墙脚一样，受到土壤中水分的侵蚀，应做相同的防潮层。同时，它还受地表水、机械力等的影响，所以要求墙脚更加坚固耐久和防潮。

4.4.3　门窗构造

4.4.3.1　门窗过梁

过梁是支承门窗洞口上墙体的荷载构件，承重墙上的过梁还要支承楼板荷载，过梁是承重构件。根据材料和构造方式的不同，有以下两种。

(1)钢筋混凝土过梁

钢筋混凝土过梁承载能力强，可用于较宽的门窗洞口，对房屋不均匀下沉或振动有一定适应性。过梁一般同墙厚，高度按结构计算确定，但应适合砖的规格。

(2)钢筋砖过梁

钢筋砖过梁是在洞口顶部配置钢筋，形成能承受弯矩的加筋砖砌体。

4.4.3.2　窗台

窗台的作用是隔离沿窗面流下的雨水，防止其渗入墙身，且沿窗缝渗入室内，同时避免雨水污染外墙面。如果处于内墙或阳台处的窗不受雨水冲刷，可不设挑窗台。外墙面材料为贴面砖时，可不设挑窗台。

窗台可用砖砌挑出，也可以采用钢筋混凝土窗台。悬挑窗台向外出挑 60mm。窗台长度每边应超过窗宽 120mm。

4.4.4　墙身加固措施

4.4.4.1　门垛和壁柱

在墙体上开设门洞一般应设门垛，特别是在墙体折处或丁字墙处，用以保证墙身稳定和门框安装。门垛宽度同墙厚，门垛长度一般为 120mm 或 240mm(不计灰缝)，过长会影响室内使用。

4.4.4.2　圈梁

圈梁是沿墙体布置的钢筋混凝土卧梁，截面不小于 120mm×240mm，作用是增加房屋的整体刚度和稳定性，减轻地基不均匀沉降对房屋的破坏，抵抗地震力的影响。圈梁设在房屋四周外墙及部分内墙中，处于同一水平高度，其上表面与楼板面平，像箍一样把墙箍住。

圈梁有钢筋混凝土圈梁和钢筋砖圈梁两种。钢筋混凝土圈梁整体刚度强，应用广泛。钢筋砖圈梁在圈梁中设置 4∅6 的通长钢筋，分上下两层布置。圈梁钢筋在防雷装置中一般用作建筑体整体屏蔽、均压环，室内接地端子引出等。

4.4.4.3　构造柱

构造柱是防止房屋倒塌的一种有效措施。多层砖房构造柱的设置部位是：外墙四角、错层部位横墙与外纵墙交接处、较大洞口两侧、大房间内外墙交接处。除此之外，由于房屋的层数和地震烈度不同，构造柱的设置要求也有所不同。

构造柱的最小截面尺寸为 240mm×180mm，竖向钢筋一般用 4∅12，钢箍间距不大于 250mm，随烈度加大和层数增加，房屋四角的构造柱可适当加大截面及配筋。施工时必须先砌墙，后浇筑钢筋混凝土柱，并应沿墙高每隔 500mm 设 2∅6 拉接钢筋，每边伸入墙内不宜小于 1m，如图 4.15。构造柱可不单独设置基础，但应伸入室外地面以下 500mm，或锚入浅于 500mm 的地圈梁内。

4.4.4.4　墙体变形缝构造

建筑物由于温度变化、地基不均匀沉降以及地震等因素的影响，其结构内部产生附加应力和变形，处理不当，将会造成建筑物的破坏、产生裂缝甚至倒塌。为了避免

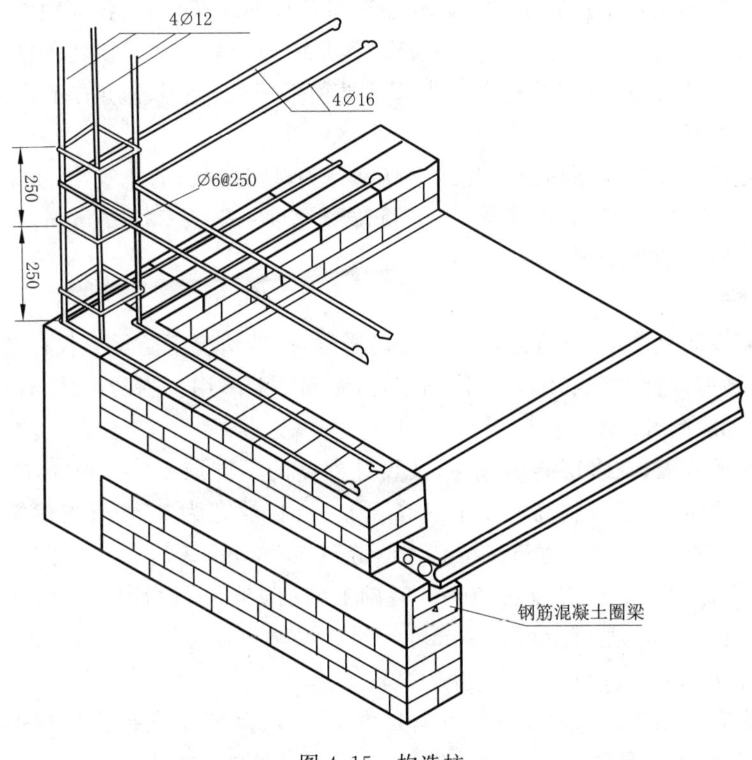

图4.15 构造柱

和减少对建筑物的破坏,预先在这些变形敏感部位将结构断开,预留缝隙,以保证各部分建筑物在这些缝隙中有足够的变形宽度而不造成建筑物的破损。这种将建筑物垂直分割开来的预留缝统称为变形缝。变形缝有三种形式:即伸缩缝、沉降缝和防震缝。接闪带、均压环等防雷装置在通过变形缝时需要根据变形缝的结构形式作出相应的调整,防止在建筑物发生沉降、错位时造成防雷装置的损坏。

(1)变形缝的设置

①伸缩缝

结构设计规范规定砖石体伸缩缝的最大间距一般为50～75mm。伸缩缝间距与墙体的类别有关,特别是与屋顶和楼板的类型有关,整体式或装配式钢筋混凝土结构,因屋顶和楼板本身没有自由伸缩的余地,当温度变化时,结构内部温度应力也发生变化。大量民用建筑采用的装配式无檩体系钢筋混凝土结构,有保温或隔热层的屋顶,相对来说其伸缩缝间距要大些,宽度一般为20～30mm。

②沉降缝

沉降缝是为了预防建筑物各部分不均匀沉降引起的破坏而设置的变形缝。沉降缝与伸缩缝的不同在于从建筑物基础底面至屋顶全部断开，两侧各为独立单元，可以垂直自由沉降。沉降缝一般在下列部位设置：平面形状复杂的建筑物的转角处、建筑物高度或荷载差异较大处、结构类型或基础类型不同处、地基土层有不均匀沉降处、不同时间内修建的房屋各连接部位。

沉降缝的宽度与地基情况及建筑物高度有关，地基越弱的建筑物，沉陷的可能性越高，沉陷后所产生的倾斜距离越大，其沉降缝宽度一般为 30～70mm，在软弱地基上的建筑缝宽应适当增加。

③防震缝

在抗震设防烈度 7～9 度地区内应设防震缝，一般情况下防震缝仅在基础以上设置，但防震缝应同伸缩缝和沉降缝协调布置，做到一缝多用。当防震缝与沉降缝结合设置时，基础应断开。

防震缝的宽度，在多层砖墙屋中，按设计烈度的不同取 50～70mm，在多层钢筋混凝土框架建筑中，建筑物高度小于或等于 15m 时，缝宽为 70mm；当建筑物高度超过 15m 时，设计烈度 7 度，建筑每增高 4m，缝宽在 70mm 基础上增加 20mm；设计烈度 8 度，建筑每增高 3m，缝宽在 70mm 基础上增加 20mm；设计烈度 9 度，建筑每增高 2m，缝宽在 70mm 基础上增加 20mm。

(2)墙体变形缝构造

伸缩缝应保证建筑构件在水平方向自由变形，沉降缝应满足构件在垂直方向自由变形，防震缝主要是防地震水平波的影响，但三种缝的构造基本相同。变形缝一般做成平缝、错口缝、企口缝等截面形式，如图 4.16。

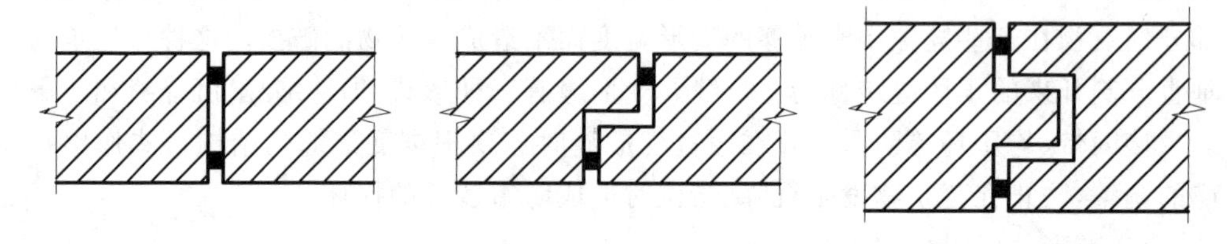

图 4.16　变形缝形式

4.4.5　楼地层构造

楼地层包括楼层和首层地面两部分，是房屋水平承重和分隔构件。楼层板具有承重、分隔、支撑、隔音、保温等功能，主要有楼板结构层、楼面面层、板底天棚几个组成部分。

楼板类型有钢筋混凝土楼板、木楼板、砖混楼板。钢筋混凝土楼板分为预制装配式钢筋混凝土楼板和现浇钢筋混凝土楼板。

4.4.5.1 预制装配式钢筋混凝土楼板

预制装配式钢筋混凝土楼板是在工厂或现场预制好楼板(其尺寸一般是定型的),然后人工或机械吊装到房屋上经坐浆灌缝而成。预制装配式钢筋混凝土楼板具有施工速度较快、改善工人劳动条件、减少模板量及施工湿作业等优点,是目前大量建筑如住宅、宿舍、办公楼等经常采用的一种楼板。

4.4.5.2 现浇钢筋混凝土楼板

现浇钢筋混凝土楼板主要分为板式、梁板式、井字形密肋式、无梁式四种。

(1)板式楼板:整块板为一厚度相同的平板。根据周边支撑情况及板平面长短边边长的比值,又可把板式楼板分为单向板、双向板和悬挑板几种。

(2)梁板式肋形楼板:由主梁、次梁(肋)、板组成,具有传力线路明确、受力合理的特点,当房屋的开间、进深较大,楼面承受的弯短较大,常采用这种楼板,如图4.17。

(3)井字形密肋楼板:与上述梁板式肋形楼板所不同的是,井字形密肋楼板没有主梁,都是次梁(肋),且肋与肋间的距离较小,通常只有1.5~3m(也就是肋的跨度),肋高也只有180~250mm,肋宽120~200mm。当房间的平面形状近似正方形,跨度在10m以内时,常采用这种楼板。井字形密肋楼板具有顶棚整齐美观,有利于提高房屋的净空高度等优点,常用于门厅、会议厅等处,如图4.18。

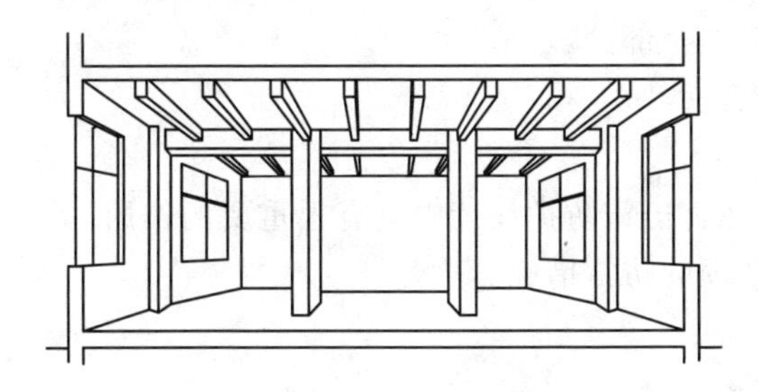

图4.17 梁板式肋形楼板的构造

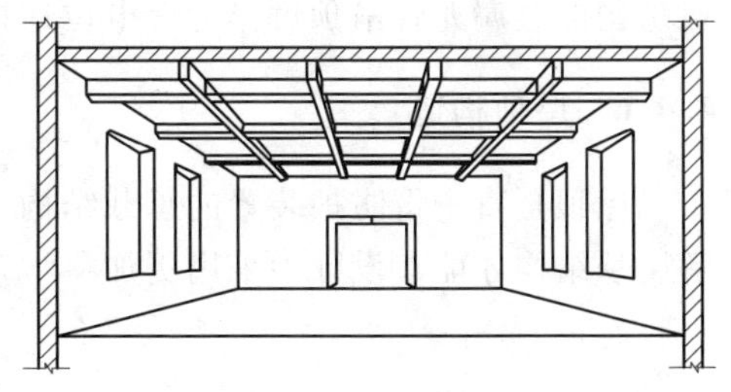

图4.18 井字形密肋楼板

(4)无梁楼板:这种楼板只有板没有梁。荷载经板、托板和柱帽传递给柱子。它的柱网一般都布置成正方形,间距为6m。板的厚度较大,可达120~220mm。无梁楼板多用于楼面活载较大(5kN/m^{2}以上)的建筑,如商店、图书馆、仓库、展览馆等建筑,如图4.19。

4.4.5.3 顶棚

它是楼板层的下面部分。根据其结构不同,有抹灰顶棚、黏贴类顶棚和吊顶顶棚三种。根据装修可分为直接顶棚和吊顶顶棚。

(1)直接顶棚

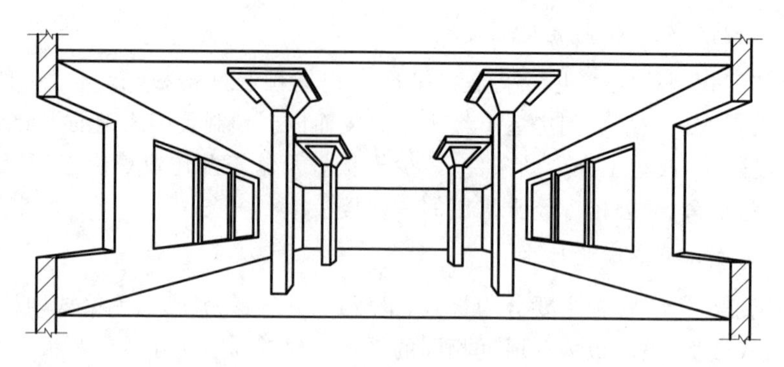

图 4.19　无梁楼板的构造

包括一般楼板板底、屋面板板底直接喷刷、抹灰、贴面。

(2)吊顶顶棚

由于需在顶棚内敷设管道布线、屏蔽网等需要，常用顶棚把屋架、梁板等结构构件及设备遮盖起来，形成一个完整的表面，由于采用的是悬吊方式支承于屋顶结构层或楼板层的梁板之下。

常用石膏板、水泥板、矿棉板等材料做面层，轻钢或铝合金型材做龙骨。还有一种用金属板做吊顶，通常是以铝合金条板做面层，龙骨采用轻钢型材。如在信息系统机房内的金属龙骨吊顶可作为等电位连接的一部分。

4.4.6　屋顶构造

屋顶是直击雷防护装置的承载结构，在直击雷防护设计中具有很重要的作用，了解屋顶结构才能在设计中采用更加科学合理的防雷措施。

4.4.6.1　屋顶类型

屋顶通常按其外形或屋面所用防水材料分类。按其外形一般分为平屋顶、坡屋顶、其他形式的屋顶。

(1)平屋顶

大量民用建筑如采用与楼盖基本类同的屋顶结构就形成平屋顶。平屋顶易于协调统一建筑与结构的关系，节约材料，屋面可供多种利用，如设露台屋顶花园、屋顶游泳池等，如图 4.20。

平屋顶也有一定的排水坡度，其排水坡度小于 5%，最常用的排水坡度为 2%～3%。

(2)坡屋顶

坡屋顶是指屋面坡度较陡的屋顶，其坡度一般在 10%以上。坡屋顶在我国有着悠久的历史，广泛运用于民居等建筑，即使是一些现代的建筑，在考虑到景观环境或

图 4.20　平屋顶

建筑风格的要求时也常常采用坡屋顶。

坡屋顶的常见形式有:单坡、双坡屋顶,硬山及悬山屋顶,歇山及无殿屋顶,圆形或多角形攒尖屋顶等,如图 4.21。

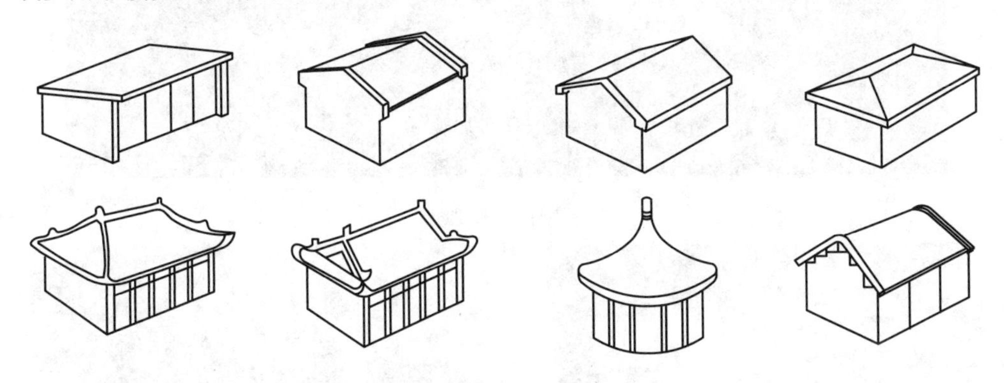

图 4.21　坡屋顶

(3)其他形式的屋顶

随着建筑科学技术的发展,出现了许多新型结构的屋顶,如拱屋顶、折板屋顶、薄壳屋顶,悬索无顶,网架屋顶等,如图 4.22。

4.4.6.2　屋顶构造

抵御风、霜、雨、雪的侵袭,防止雨水渗漏是屋顶的基本功能,是屋顶设计的核心。屋面排水设计包括排水坡度和排水方式。排水方式分为有组织和无组织。

(a)拱屋顶

(b)薄壳屋顶

(c)屋顶悬索

(d)折板屋顶

图 4.22　其他形式的屋顶

一般房屋采用有组织排水方式，是雨水经由天沟、雨水管等排水装置被引导至地面或地下管沟的一种方式。排水方式应根据实际需求选择，比如有些厂房容易积灰，应采用无组织排水，有腐蚀介质的工业建筑业不宜采用有组织排水，降雨量大的地区、房屋较高的情况及临街建筑雨水排向人行道时，宜采用有组织排水。

有组织排水分为挑檐沟外排水，女儿墙外排水，女儿墙挑檐沟外排水，暗管外排水，内排水。

屋面防水有卷材防水、刚性防水、涂膜防水、瓦屋面防水。

防雷装置是位于屋面的附着装置，在屋面做防雷装置设计时需综合考虑其结构形式，选用与屋顶结构相结合的结构形式。

4.4.7　楼梯构造

楼梯属于室内垂直交通，楼梯、电梯的等电位连接、接地是室内防雷装置的重要部件。

4.4.7.1　楼梯组成

楼梯由梯段、平台、栏杆扶手三部分组成。

4.4.7.2　楼梯的形式

(1)直行单跑楼梯；

(2)直行多跑楼梯；

(3)平行双炮楼梯；

(4)平行双分双合楼梯；

(5)折行多跑楼梯；

(6)交叉跑(剪刀)楼梯；

(7)螺旋形楼梯；

(8)弧形楼梯。

4.4.7.3　楼梯构造

(1)预制装配式钢筋混凝土楼梯构造

①预制装配梁承式钢筋混凝土楼梯

预制装配梁承式钢筋混凝土楼梯值梯段由平台梁支承的楼梯构造方式。由于在楼梯平台与斜向梯段交汇处设置了平台梁，避免了构件转折处受力不合理和节点处理的困难，在一般大量性民用建筑中较为常用。

②预制装配墙承式钢筋混凝土楼梯

预制装配墙式钢筋混凝土楼梯系指预制钢筋混凝土踏板直接搁置在墙上的一种楼梯形式，其踏板一般采用一字形、L形或┐形断面。

预制装配墙承式钢筋混凝土楼梯由于踏步两端均有墙体支承，不需设平台梁和梯斜梁，也不必设栏杆，需要时设靠墙扶手，可节约钢材和混凝土。

③预制装配式墙悬臂式钢筋混凝土楼梯

预制装配墙悬臂式钢筋混凝土楼梯系指预制钢筋混凝土踏板一端嵌固于楼梯间侧墙上，另一端凌空悬挑的楼梯形式。

预制装配墙悬臂式钢筋混凝土楼梯无平台梁和梯斜梁，也无中间墙，楼梯间空间轻巧空透，结构占空间少，在住宅建筑中使用较多。踏步板一般采用L形或┐形断面形式。

(2)现浇整体式钢筋混凝土楼梯

①现浇梁承式

现浇梁承式钢筋混凝土楼梯由于其平台梁和梯段连接为一体，比预制装配梁承式钢筋混凝土楼梯构件搭接支承关系的制约少，一般有梯斜梁上翻、梯斜梁下翻和板式梯段。

②现浇梁悬臂式

现浇梁悬臂式钢筋混凝土楼梯是指踏步板从梯斜梁两边或一边悬挑的楼梯形式。常用于框架结构建筑中或室外露天楼梯。这种楼梯通常采用整体现浇方式。

③现浇扭板式

现浇扭板式钢筋混凝土楼梯地面平顺，结构占空间少。但由于板跨大，受力复杂，结构设计和施工难度较大，钢筋和混凝土用量也较大，一般只宜用于建筑标准高的建筑，特别是公共大厅中。为了使梯段边沿线条轻盈，常在靠近边沿处局部减薄出挑。

4.4.7.4 电梯与自动扶梯

(1)电梯的类型

①按使用性质分有客梯、货梯、消防电梯；

②按电梯行驶速度分有高速电梯、中速电梯、低速电梯；

③其他分类有单台、双台；交流电梯、直流电梯；有轿厢容量分；按电梯门开启方式分等；

④观光电梯是把竖向交通工具和登高流动观景相结合的电梯，轿厢透明。

(2)电梯的组成

①电梯井道

不同性质的电梯，其井道根据需要有各种井道尺寸，以配合各种电梯轿厢供选用。井道壁多为钢筋混凝土井壁或框架填充墙井壁。

②电梯机房

机房和井道的平面相对位置允许机房任意向一个或两个相邻方向伸出，并满足机房有关设备安装的要求。

③井道地坑

井道地坑在最底层平面标高下≥1.4m，作为轿厢下降时所需要的缓冲器的安装空间。

电梯与建筑物相关部位的连接，圈梁上应预埋铁板，铁板前后面的焊接件与梁中钢筋焊牢。每层中间加圈梁一道，并需设置预埋铁板。电梯为两台并列时，中间可不用隔墙而按一定的间隔放置钢筋混凝土梁或型钢过梁，以便安装支架。

(3)自动扶梯

自动扶梯是采取机电系统技术，有电动马达变速器以及安全制动器所组成的推动单元拖动两条环链，而每级踏板都与环链连接，通过扎轮的滚动，踏板边沿主构架中的轨道循环运转，而在踏板上面的扶手带以相应速度与踏板同步运转。

4.4.8　门窗

4.4.8.1　门的形式

按其开启方式通常有：平开门、弹簧门、推拉门、折叠门、转门等。

4.4.8.2　钢门窗

现代建筑多用钢门窗，钢门窗是用薄壁空腹型钢在工厂制作而成。它符合工业化、定型化与标准化的要求。在强度、刚度、防火、密闭性能等方面，均优于木门窗。在防雷工程中钢门窗具有大空间屏蔽的作用。

4.5　工业建筑构造

现代工业建筑体系随着近代工业革命的兴起有了很大的发展，尤其在第二次世界大战之后的数十年，发展极为快速，更显示出自己独有的特征和建筑风格。工业建筑源于工业革命最早的英国，之后随着工业的发展，在美国、德国以及欧洲的几个国家有了较快的发展，大量厂房的兴建对工业建筑的发展和提高起到了重要的推动作用。20 世纪 80 年代以来，我国在大规模工业建筑设计中，贯彻了“坚固适用、经济合理、技术先进”的设计原则。

4.5.1　工业建筑的特点和分类

4.5.1.1　特点

工业建筑与民用建筑一样具有建筑的共性，在设计原则、建筑技术及建筑材料等方面有相似之处，但由于生产工艺和技术要求高，其建筑平面空间布局、建筑结构、建筑构造及施工等不同于民用建筑。其特点如下：

(1)工业建筑必须紧密结合生产，满足工业生产的需要，并为工人创造良好的劳动卫生条件，以提高产品质量及劳动生产率；

(2)工业生产类别多、差异大，有重型的、轻型的，有冷加工、热加工，有要求恒温、密闭，有要求开敞通风等，这些对建筑平面空间布局、层数、体型、立面以及室内处理等有直接的影响。因此，生产工艺不同的厂房具有不同的特征；

(3)不少工业厂房有大量的设备及起重机械，不少厂房为高大的敞通空间，无论在采光、通风、屋面排水及构造处理上都较一般民用建筑复杂。

4.5.1.2 分类

随着科学技术及生产力的发展，工业生产的种类越来越多，生产工艺更为先进复杂，技术要求也更高，相应对建筑设计提出的要求更为严格，从而出现各种类型的工业建筑。为了掌握建筑物的特征和标准，便于进行设计和研究，工业建筑可归纳为如下几种类型：

(1)按用途分类

生产厂房、辅助生产厂房、动力用厂房、储存用房屋、运输用房屋、其他。

(2)按层数分类

单层厂房、多层厂房、混合层次厂房。

(3)按生产状况分类

冷加工车间、热加工车间、恒温恒湿车间、洁净车间、其他特种状况的车间。

4.5.2 单层厂房组成

4.5.2.1 房屋组成

(1)生产厂工段，是加工产品的主体部分；

(2)辅助工段，是为生产工段服务的部分；

(3)库房部分，是存放原料、材料、半成品、成品的地方；

(4)行政办公生活用房。

4.5.2.2 构件的组成

(1)承重结构

我国单层厂房承重结构主要采用排架结构，这类厂房多数跨度大、高度较高，吊车吨位也大。这种结构受力合理，建筑设计灵活，施工方便，工业化程度较高。如图4.23所示是典型的装配式钢筋混凝土排架结构的单层厂房，它包括下列几部分承重构件。

①横向排架：由基础、柱、屋架(或屋面梁)组成；

②纵向连系构件：有基础梁、连系梁、圈梁、吊车梁等组成。它与横向排架构成骨架，保证厂房的整体性和稳定性。纵向构件承受作用在山墙上的风荷载及吊车纵向制动力，并将它传递给柱子；

③为了保证厂房的刚度，还设置了屋架支撑、柱间支撑等支撑系统。

(2)围护结构

单层厂房的外围护结构包括外墙、屋顶、地面、门窗、天窗等。其他如：隔断、作业梯、检修梯等。

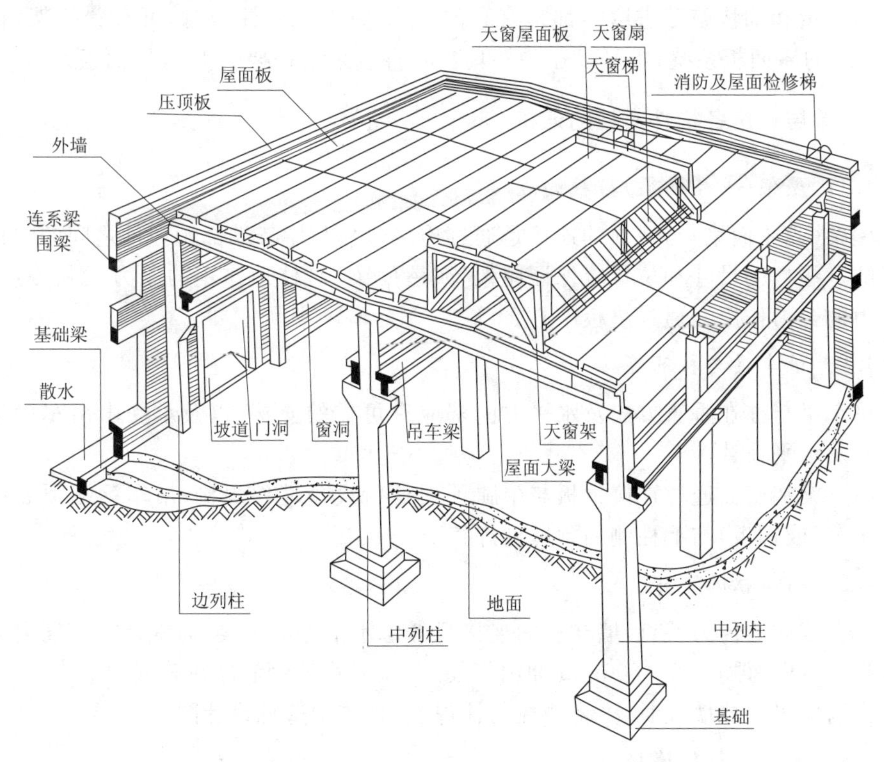

图 4.23　装配式钢筋混凝土结构的单层厂房构件组成

4.5.3　柱网布置

厂房承重的纵向和横向定位轴线，在平面上形成的网格，称为柱网。柱网布置就是确定柱子纵向定位轴线之间的距离(跨度)和横向定位轴线之间的距离(柱距)。

柱网布置的一般原则为：符合生产工艺和使用要求；建筑平面和结构方案经济合理；在施工方法上具有先进性和合理性；符合厂房建筑统一化基本规则的有关规定；适应生产发展和技术革新的要求。

《厂房建筑统一化基本规则》规定：厂房跨度在 18m 以下时，应采用 3m 的倍数；跨度在 18m 以上时，应采用 6m 的倍数，但某些厂房当工艺设备布置有明显优越性时，也允许采用 21m、27m、33m 跨度。厂房柱距采用 6m 或 6m 的倍数，个别也有取 9m 柱距的。

目前，单层厂房多采用 6m 柱距，因为从经济指标、材料消耗、施工条件等方面来衡量，一般厂房采用 6m 柱距比 12m 柱距更优越。但从现代工业发展趋势来看，采用扩大的柱距，对增加车间的有效面积，提高设备和工艺设备布置的灵活性，减少结构构件的数量和加快施工进度等都是有利的。当采用 12m 柱距时，可布置托架，仍然利用 6m 的屋面板系统；也可以在条件具备时直接采用托架的 12m 屋面板系统。

4.5.4 单层厂房各构件与柱的连接

4.5.4.1 屋架（或屋面梁）与柱的连接

屋架（或屋面梁）与柱顶的连接是通过连接垫板与屋架端部预埋件之间的焊接来实现的。垫板的尺寸和位置应保证屋架（或屋面梁）对柱顶作用的压力顺利传递，并使压力的合力作用线通过垫板中心。

4.5.4.2 吊车梁与柱的连接

吊车梁与柱在垂直方向及水平方向都应有可靠的连接，以及承受由吊车梁传来的竖向及水平荷载。

吊车梁端底面通过连接钢板与牛腿顶面处所设预埋件焊接；吊车梁端顶面通过连接角钢（或钢板）与上柱侧面预埋件焊接。

4.5.4.3 墙与柱的连接

根据墙体的传力特点，墙与柱的连接只考虑水平方向拉接，通常是在钢筋混凝土柱按高度方向每隔 500～600mm 伸出钢筋，砌墙时将该钢筋砌在砖缝中。

当墙体采用挂墙板时，多将墙板与柱焊接，具体构造见设计图。

4.5.4.4 圈梁与柱的连接

当厂房的围护墙为砖墙时，一般要设置圈梁，以加强厂房整体刚度，防止由于地基的不均匀沉降或较大振动荷载对厂房的不利影响。圈梁设置于墙体内，一般为现浇，与柱的连接是通过在柱中预留的拉结钢筋与圈梁混凝土浇在一起来实现的，仅起拉结作用。

圈梁一般设于檐口或窗顶标高处，对于有电动桥或吊车或较大振动设备的单层厂房，尚宜于在吊车梁标高处或其他适当位置增设。

4.5.4.5 连系梁与柱的连接

连系梁通常是预制的，两端搁置在由柱伸出的牛腿上，与柱间可通过连接钢板焊接。也可以通过拉结螺栓连接。

4.5.4.6　屋架(或屋面梁)与山墙抗风柱的连接

屋架(或屋面梁)与抗风柱之间,一般采用竖向可以移动,水平方向又具有一定刚度的弹簧板连接,且弹簧板多设于抗风柱顶与屋架上弦(或屋面梁上翼缘)之间。这种连接构造既可以有效地传递水平荷载,又允许在垂直方向两者之间有一定的相对位移,以免厂房与抗风柱沉降不均匀造成不利影响。

4.6　智能建筑

智能建筑是指通过将建筑物的结构、系统、服务和管理根据用户的需求进行最优化组合,从而为用户提供一个高效、舒适、便利的人性化建筑环境。智能建筑是集现代科学技术之大成的产物。其技术基础主要由现代建筑技术、现代电脑技术、现代通信技术和现代控制技术综合组成。建筑发展至今高度越来越高,功能越来越完善,现代化的商业大厦、办公楼等这些建筑都已经在内部集成了信息、网络、智能管理、可视化等现代技术设备,实现了高新技术的应用。

4.6.1　智能化建筑的概念

智能建筑是信息时代的必然产物,建筑物智能化程度随科学技术的发展而逐步提高。当今世界科学技术发展的主要标志是4C技术(Computer计算机技术、Control控制技术、Communication通信技术、CRT图形显示技术),将4C技术综合应用于建筑物之中,在建筑物内建立一个计算机的综合网络系统,使智能建筑结构化和系统化。

4.6.1.1　智能建筑定义

智能建筑的定义:以建筑物为平台,兼备信息设施系统、信息化应用系统、建筑设备管理系统、公共安全系统等,集结构、系统、服务、管理及其优化组合为一体,向人们提供安全、高效、便捷、节能、环保、健康的建筑环境。

将经济性、效率性、舒适性、功能性、信赖性和安全性于智能建筑一身使之构成有机统一的服务整体,更好、更完善地为人类活动服务。

建筑智能化的目的是:应用现代4C技术构成智能建筑结构与系统,结合现代化的服务与管理方式给人们提供一个安全、舒适的生活、学习与工作环境空间。

智能建筑物物业管理,不但包括原传统物业管理的内容,即日常管理、清洁绿化、安全保卫、设备运行和维护,也增加了新的管理内容,如:资产管理、租赁管理、智能管理,同时赋予日常管理、安全保卫、设备运行和维护等新的管理内容和方式。

4.6.1.2 建筑智能化结构组成

智能建筑的基本内涵是以综合布线系统为基础，以计算机网络为桥梁，综合配置建筑及建筑群内的各功能子系统。智能建筑主要由系统集成中心、综合布线系统、建筑设备自动化系统、办公自动化系统、通信自动化系统五大部分组成。智能建筑所用的主要设备通常放置在智能建筑内的系统集成中心（system integrated center，SIC）。它通过建筑物综合布线（generic cabling，GC）与各种终端设备，如通信终端（电话机、传真机等）、传感器（如压力、温度、湿度等传感器）连接，"感知"建筑物内各个空间的"信息"，由计算机进行处理后给出相应的控制策略，再通过通信或控制终端（如开关、电子锁、阀门等）给出相应控制对象的动作反应，使建筑达到某种程度的智能，从而形成建筑设备自动化管理。

4.6.2 智能化系统简介

4.6.2.1 建筑设备自动化系统（building automation system，BAS）

将建筑物或建筑群内的电力、照明、空调、给排水、防灾、保安、车库管理等设备或系统，以集中监视、控制和管理为目的，构成的综合系统。

4.6.2.2 通信网络系统（communication network system，CNS）

它是楼内的语音、数据、图像传输的基础，同时与外部通信网络（如公用电话网、综合业务数字网、计算机互联网、数据通信网及卫星通信网等）相连，确保信息畅通。CNS应能为建筑物或建筑群的拥有者（管理者）及建筑物内的各个使用者提供有效的信息服务。CNS可对来自建筑物或建筑群内外的各种信息予以接收、存贮、处理、交换、传输并提供决策支持。CNS提供的各类业务及其业务接口，通过建筑物内布线系统引至各个用户终端。

通信网络系统由多个计算机网络，传输、交换和终端组成，常用的网络拓扑结构有三种，分别是环形网、总线形网和星形网。

4.6.2.3 办公自动化系统（office automation system，OAS）

办公自动化系统，是将计算机、通信等现代化技术运用到传统办公活动中形成的一种新型办公方式。办公自动化利用现代化设备和信息化技术，代替办公人员传统的部分手动或重复性业务活动，优质而高效地处理办公事务和业务信息，实现对信息资源的高效利用，进而达到提高生产率、辅助决策的目的，最大限度地提高工作效率和质量、改善工作环境。

4.6.2.4 综合布线系统（generic cabling system，GCS）

综合布线又称智能建筑布线系统，该系统是一个由非屏蔽阻燃全系列产品组成的开放系统。它将办公自动化、通信自动化、电力、消防等安保监控系统联系起来，并采用模块化设计，以实现应用灵活、管理方便、易于扩充的网络。系统以可靠性、安全性、标准化及通用性为原则，能够支持现有各种网络结构及协议，同时兼顾布线技术和网络技术的发展，满足技术的不断发展。综合布线系统可分为建筑物子系统、干线子系统、配线子系统。每个子系统内都由配线架、干线光缆或电缆、配线设备、设备线缆、信息插座等组成。子系统与子系统之间通过配线架由光缆进行连接。

综合布线系统采用的是星型结构，主要由6个子系统构成，而这6个子系统每一个都可以独立地、不受其他影响地连接到GCS终端中，这6个子系统分别是：

①工作区(终端)子系统

由信息插座的软线和终端设备连接而成，包括装配、连接、扩展软线，并将它们搭建在输入、输出插座与设备终端之间，其中信息插座分为墙、地、桌、软基型多种形式。

②垂直干线子系统

是综合布线系统的中心系统，主要负责连接楼层配线架系统与主配线架系统。

③水平布线子系统

本系统主要负责将管理子系统配线架的电缆从干线子系统延伸至信息插座位置，一般来说这些系统都处在同一楼层。

④管理子系统

连接各楼层水平布线子系统和垂直干缆线，负责连接控制其他子系统，由交连、互连和I/O设备组成，可以定位通信线路，便于实现对通信线路的管理。

⑤设备间子系统

组成部分包括电缆、连接器和相关支撑硬件，负责公共系统间的各种设备连接。设备间子系统中的导线类似于电话配线系统站内配线，它将设备间被保护的设备连接到建筑物内其他子系统。

⑥建筑群子系统

本系统是把其中一个建筑的电缆线通过技术延伸至本建筑群中其他的建筑中的通信设备中，以此为楼群之间的信号连接提供可能。它还为通信设备提供工作需要的硬件零件设施，其中包括防护浪涌电压的电气防护设备、铜制电缆以及光缆，同样可以类比于电话配线系统中电缆保护箱和保护电缆的作用。

4.6.2.5　系统集成(system integration，SI)

为用户提供技术标准匹配、技术接口完整、技术装备合理，在物理、逻辑和功能上连接在一起，实现信息综合、资源共享。

复习思考题

一、选择题

1. 下列不属于按建筑物使用性质分类的是(　　)。

   A. 民用建筑　　B. 商业建筑　　C. 农业建筑　　D. 工业建筑

2. 下列不属于建筑三要素的是(　　)。

   A. 建筑功能　　B. 建筑技术　　C. 建筑形象　　D. 建筑结构

3. 按照民用建筑的层数分类,10 层以上住宅或建筑总高度超过 24m 的公共建筑及综合性建筑属于(　　)。

   A. 多层建筑　　B. 中高层建筑　　C. 高层建筑　　D. 超高层建筑

4. 结构的主要承重构件全部采用钢筋混凝土浇筑的梁柱体系,墙体只有分隔围护作用,这种建筑结构属于(　　)。

   A. 砖混结构　　B. 框架结构　　C. 砌体结构　　D. 板墙结构

5. 地基条件较差,为防止柱子之间产生不均匀沉降,将柱下基础沿纵横两个方向扩展连接,这种基础构造称为(　　)。

   A. 独立式基础　　B. 井格式基础　　C. 片筏式基础　　D. 箱型基础

6. 墙体作为建筑的重要构造,内外墙都在防雷工程中有着重要的作用。内墙可作为防雷装置的天然隔离装置,外墙可作为直击雷防护装置的(　　)。

   A. 承载体　　B. 非承载体　　C. 承重墙　　D. 非承重墙

7. 坡屋顶是指屋面坡度较陡的屋顶,在我国有着悠久的历史,广泛运用于民居等建筑,一些现代建筑,在考虑景观或建筑风格时也常采用坡屋顶。这种屋顶的坡度一般在(　　)以上。

   A. 2%～3%　　B. 5%　　C. 10%　　D. 15%

二、简答题

1. 什么叫建筑物?
2. 什么叫智能建筑?
3. 什么叫钢筋混凝土结构?

第 5 章　信息网络基础

在信息网络系统的雷电防护技术中，防止雷电过电压通过电源、信号线路在设备的接口处造成的雷击损坏。进行系统雷电防护的设计时，首先要清楚被保护系统的网络结构以及接口方式等，安装电涌保护器时也要首先考虑其设备接口参数与电涌保护器的参数匹配，这样才能保证通信畅通。

5.1　信息网络概述

5.1.1　通信系统

通信系统是用以完成信息传输过程的各种技术系统的总称。现代通信系统主要借助电磁波在自由空间中传播或在媒介中传输等机理来实现，前者称为无线通信系统，后者称为有线通信系统。当电磁波的波长达到光波范围时，这样的电信系统称为光通信系统，其他电磁波范围的通信系统则称为电磁通信系统，简称为电信系统。其中，由于光的导引媒体采用特制的玻璃纤维，因此有线光通信系统又称光纤通信系统。一般电磁波的传播媒介是导线，按其具体结构可分为电缆通信系统和明线通信系统。无线电信系统按其电磁波的波长则有微波通信系统与短波通信系统之分。另一方面，按照通信业务的不同，通信系统又可分为电话通信系统、数据通信系统、传真通信系统和图像通信系统等。当今互联网＋技术飞速发展，人们对通信的容量要求越来越高，对通信的业务要求越来越多样化，所以通信系统正迅速向着高速、高容量方向发展，光纤通信系统将在通信网中发挥越来越重要的作用。

通信系统通信方式有很多种，按照其功能和特点不同，目前主要包括有模拟通信、数字通信、多路系统、有线系统、微波系统、卫星系统、电话系统、电报系统。

智能建筑在进行信息化整合、管理、运行时，接入的通信系统将会涵盖以上多种通信方式。

5.1.2　网络系统

5.1.2.1　按覆盖范围分类

(1)局域网

局部区域网络(local area network,LAN)通常简称为“局域网”。局域网是结构复杂程度最低的计算机网络。局域网是仅在同一地点上经网络连在一起的一组计算机。局域网通常挨得很近,它是目前应用最广泛的一类网络(图5.1)。通常将具有如下特征的网称为局域网:

①网络所覆盖的地理范围比较小。通常不超过几十千米,甚至只在一幢建筑或一个房间内;

②信息的传输速率比较高;

③网络的经营权和管理权属于某个单位。

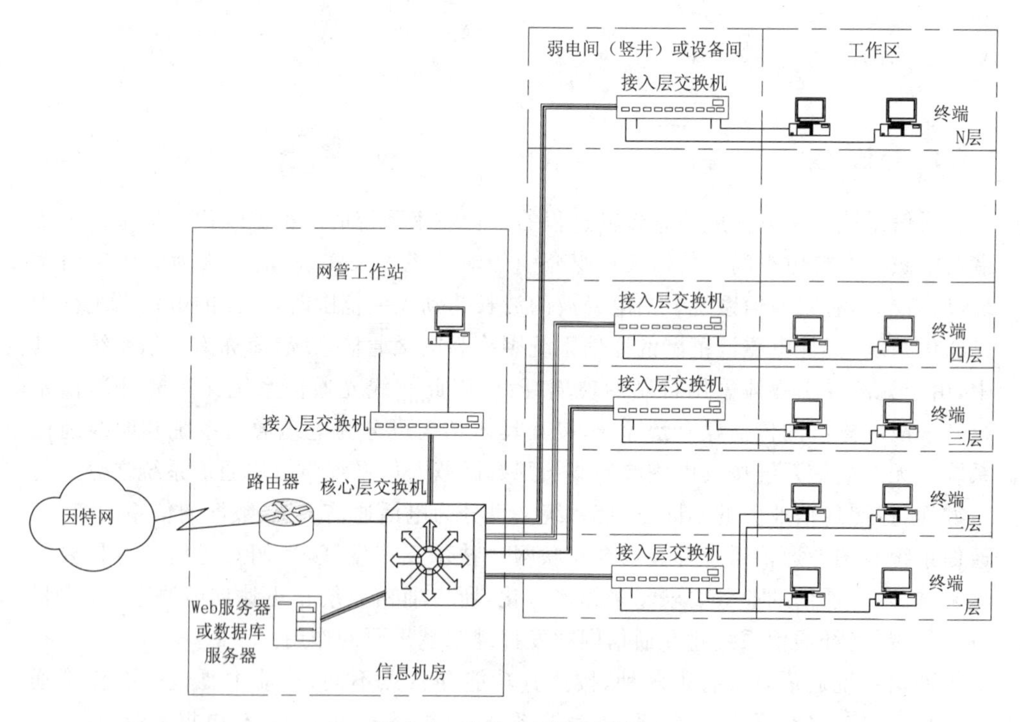

图5.1　某单位局域网示例

(2)广域网

广域网(wide area network,WAN)是影响广泛的复杂网络系统。

WAN由两个以上的LAN构成,这些LAN间的连接可以穿越30mile以上的距离。大型的 WAN 可以由各大洲的许多 LAN 和 MAN 组成。最广为人知的 WAN 就是互联网(Internet),它由全球成千上万的 LAN 和 WAN 组成。

有时 LAN、MAN 和 WAN 间的边界非常不明显,很难确定 LAN 在何处终止、MAN 或 WAN 在何处开始。但是可以通过四种网络特性:通信介质、协议、拓扑以及私有网和公共网间的边界点来确定网络的类型。通信介质是指用来连接计算机和网络的电缆、光纤、电缆、无线电波或微波。通常 LAN 结束在通信介质改变的地方,如从基于电线的电缆转变为光纤。电线电缆的 LAN 通常通过光纤电缆与其他的 LAN 连接。

5.1.2.2　按拓扑结构分类

(1)总线形结构

总线形结构是光纤接入网的一种应用非常普遍的拓扑结构,以光纤作为公共总线,一端直接连接服务提供商的中继网络,另一端连接各个用户,如图 5.2 所示。

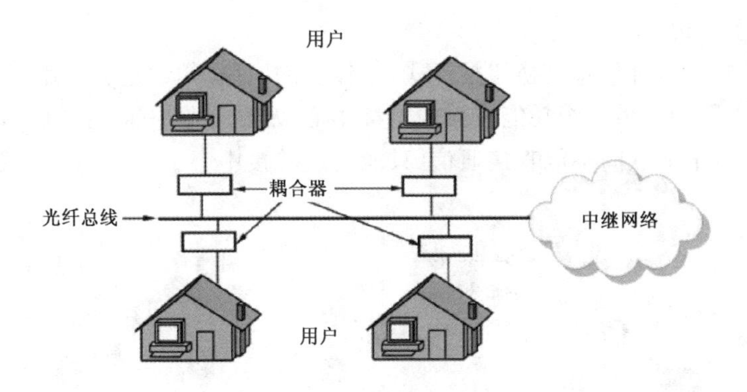

图 5.2　总线形结构

各用户终端通过某种耦合器与光纤总线直接连接构成的网络,用户计算机与总线的连接可以是同轴电缆,双绞线,WiFi,也可以是光纤到计算机。其中,中继网络可以是 PSTN、X.25、FR、ATM 等任意一种或组合。

总线形结构优点是共享主干光纤,节省线路投资,增删节点容易,彼此干扰较小。缺点是共享传输介质,连接性能受用户数的多少影响较大。

(2)环形结构

环形结构与局域网中通常所讲的环形拓扑结构相同,是指所有节点共用一条光纤环链路,光纤链路首尾相接自成封闭回路的网络结构。当然,光纤的一端同样需要连接到服务提供商的中继网络,基本网络结构如图 5.3 所示。

用户与光纤环的连接也是通过各种耦合器进行的,所采用的介质可以是同轴电缆、双绞线、光纤。数据在环上单向流动,每个节点按位转发所经过的信息,可用令牌

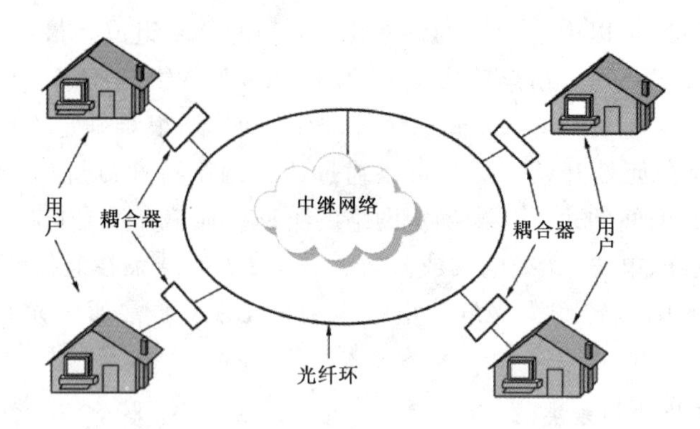

图 5.3　环形结构

控制协议来协调各节点的数据发送，任意两节点都可以通信。环形结构适合于较大规模的网络。

(3)星型结构

星形结构是适合信息交换树枝形式，是传统的网络形式，适合于用户端的网络结构，如图 5.4 所示。由一个功能较强的转接中心以及一些各自连接到中心的节点组成。网络的各个节点间不能直接通信，只能通过转接中心。

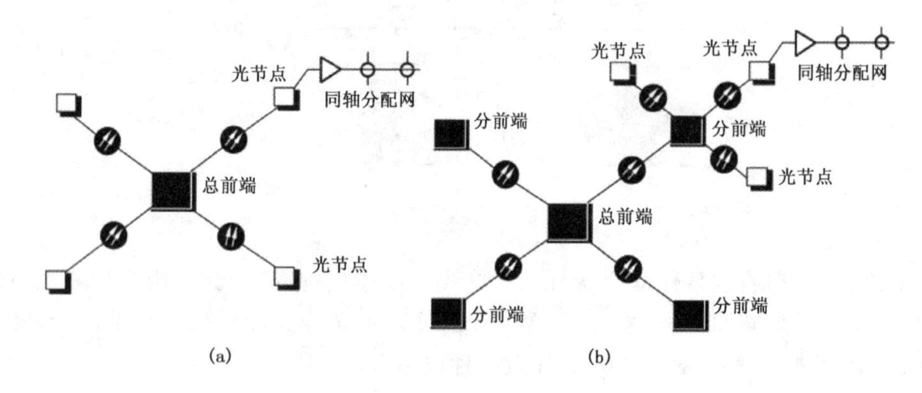

图 5.4　星形结构

星形结构的优点是建网容易，控制相对简单；缺点是网络属于集中控制，对中心节点的依赖性大。

星形结构有单星结构和双星结构两种。单星形结构是指网络中心只有一个光分配中心，而双星形结构是指网络中有两个光分配中心，它们之间通过光纤连接起来，这样距离前段较近的小区可以与前端直接相连，而较远的小区可以与放置在的光分配中心相连。

(4)树形结构

树形结构是分级的集中控制式网络,与星形结构相比,它的通信线路总长度短,成本较低,节点易于扩充,寻找路径比较方便,但除了节点及其相连的线路外,任一节点或其相连的线路故障都会使系统受到影响。基本结构如图5.5所示。

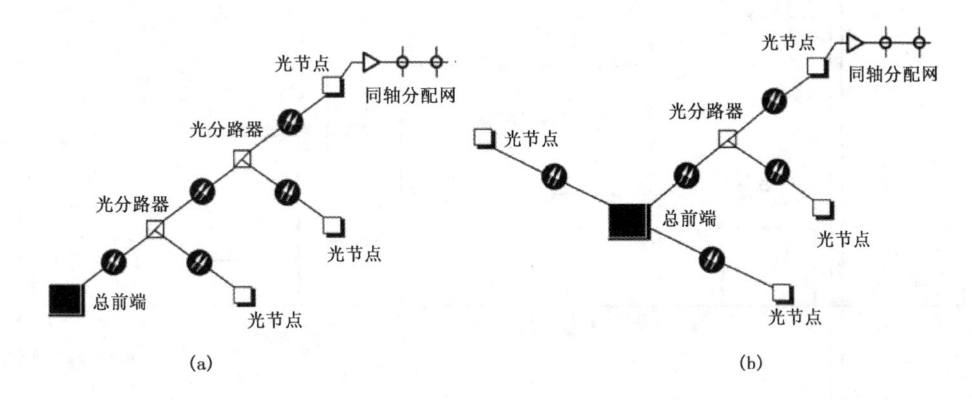

图5.5　树形结构
(a)树形;(b)星树形

星树形结构是目前应用最广泛的一种。它在干线上采用星形结构,而在用户分配网上采用树形结构,这样就形成了通常所说的光纤同轴电缆混合网(hybrid fiber coaxial—cable,HFC)网络。该结构的网络带宽可以扩展到1GHz,便于双向传输和新业务的开展,目前已被世界各国广泛应用。

5.1.3　消防系统

随着我国国民经济、科技的发展,以及人民生活水平的日益提高,公共建筑、工业厂房、仓储等建筑中消防系统成为必备装置。消防系统是保证建筑使用安全最重要的内容,涉及建筑、结构、电气、给排水等各个专业,是保障建筑、生命财产安全的重要手段,深入了解建筑物消防设备的布局、连接方式、参数等对防雷设计工作尤为重要,针对防雷设计中涉及的消防系统,设计单位必须充分重视,不断完善消防防雷设计内容,提高消防系统对建筑的安全保护能力,切实保障建筑的使用安全。

消防联动控制系统:当确认火灾发生后,联动启动各种消防设备,以达到报警及扑灭火灾的作用,如图5.6设计了一种火灾自动报警方框图。

火灾自动报警及消防联动控制系统主要由以下设备组成:联动控制器、火灾报警控制器、直流不间断电源、消防应急广播系统、消防电话系统、探测器、风机、水泵排烟机、非消防电源灯组成。

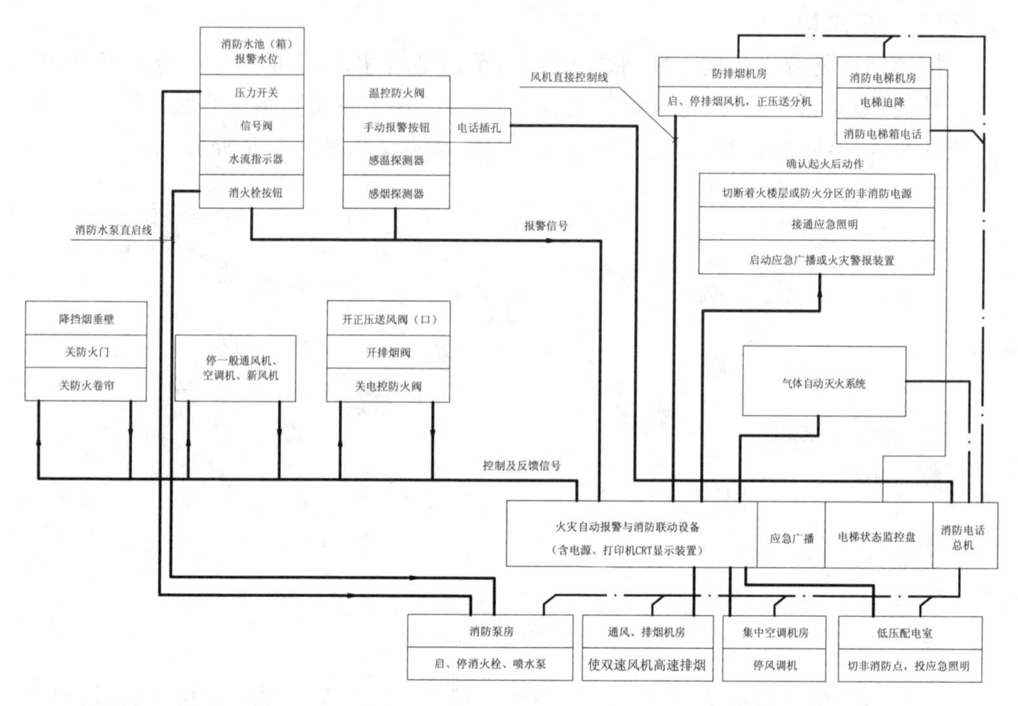

图 5.6　火灾自动报警系统方框图

消防系统使用的各种电控阀采用总线模块控制，一般有分支连接、环形连接及集中连接三种总线形式，图 5.7 为分枝连接式报警系统图。

5.1.4　安防监控系统

安防监控系统(security & protection system，SPS)是以维护社会公共安全为目的，运用安全防范产品和其他相关产品所构成的入侵报警系统、视频安防监控系统、出入口控制系统、防爆安全检查等的系统；或是由这些系统为子系统组合或集成的电子系统或网络。

21 世纪是信息的时代，网络、微电子、光电、通信等高新技术飞速发展，安防系统也随着信息技术及整个信息产业的发展浪潮，由原来的模拟产品逐步过渡到数字化、网络化、智能化监控产品。同时，随着人民生活水平的提高，防范观念也从以前的企事业单位，扩展到了家庭个人用户。越来越多的家庭安装了门磁、红外、烟感等防火防盗智能设备，智能家居安防系统的普及已经成为未来趋势。

5.1.4.1　入侵报警系统

入侵报警系统(intruder alarm system，IAS)利用传感器技术和电子信息技术探

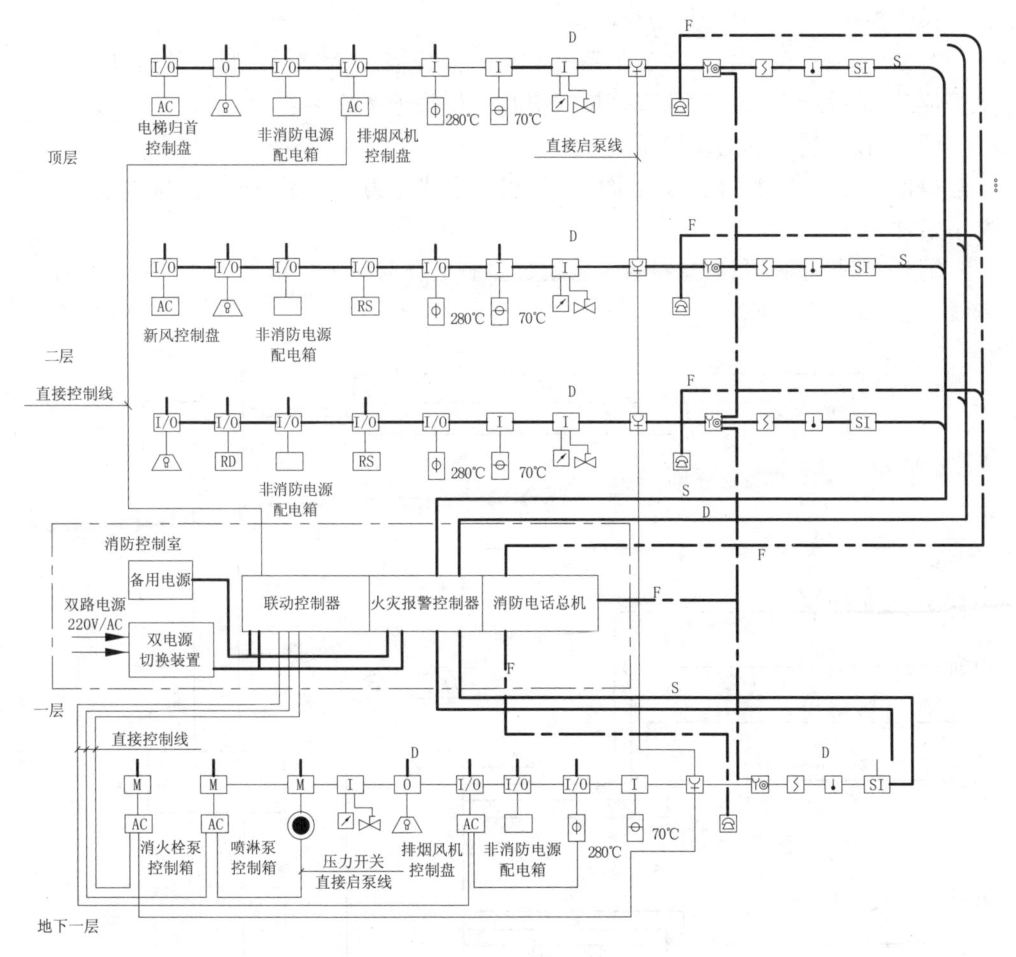

图 5.7　分枝连接式报警系统图

测并指示非法进入或试图非法进入设防区域(包括主观判断面临被劫持或遭抢劫或其他危急情况时,故意触发紧急报警装置)的行为、处理报警信息、发出报警信息的电子系统或网络。

(1)入侵报警系统的组成

入侵报警系统通常由前端设备(包括探测器和紧急报警装置)、传输设备、处理/控制/管理设备、显示/记录设备等部分构成。

前端探测部分由各种探测器组成,是入侵报警系统的触觉部分,相当于人的眼睛、鼻子、耳朵、皮肤等,感知现场的温度、湿度、气味、能量等各种物理量的变化,并将其按照一定的规律转换成适于传输的电信号。

操作控制部分主要是报警控制器。

监控中心负责接收、处理各子系统发来的报警信息、状态信息等，并将处理后的报警信息、监控指令分别发往报警接收中心和相关子系统。

(2)入侵报警系统的结构模式

根据传输方式的不同，入侵报警系统组建模式分为分线制、总线制、无线制、公共网络四种模式。

①分线制：探测器、紧急报警装置通过多芯电缆与报警控制主机之间采用一对一专线连接，如图 5.8 所示。

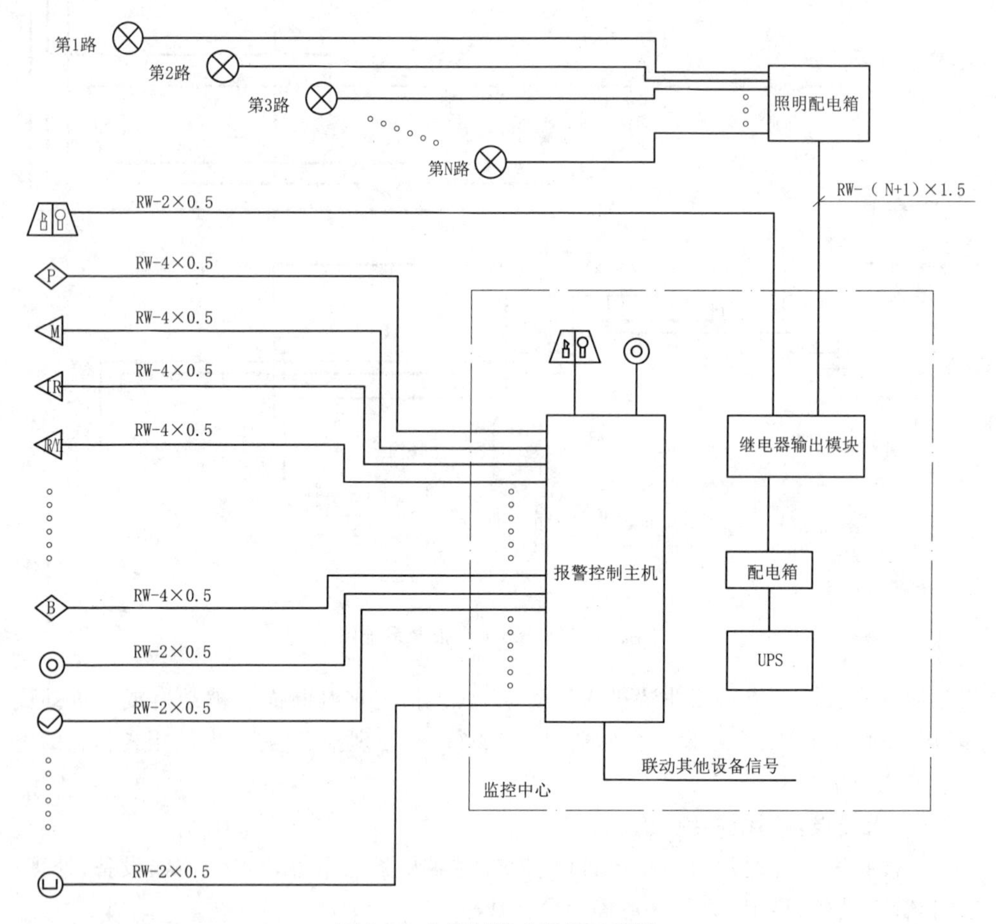

图 5.8 分线制模式接线示意图

②总线制：探测器、紧急报警装置通过其相应的编址模块与报警控制主机之间采用报警总线(专线)相连，如图 5.9 所示。

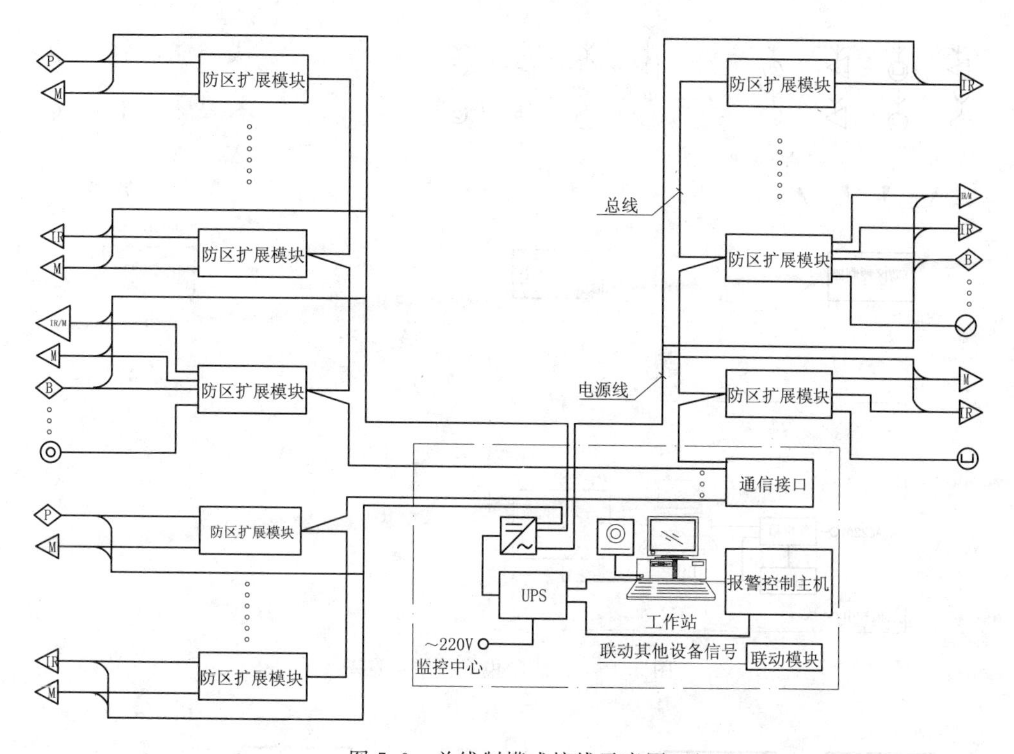

图 5.9　总线制模式接线示意图

③无线制：探测器、紧急报警装置通过其相应的无线设备与报警控制主机通信，其中一个防区内的紧急报警装置不得多于 4 个，如图 5.10 所示。

④公共网络：探测器、紧急报警装置通过现场报警控制设备、网络传输接入设备与报警控制主机之间采用公共网络相连。公共网络可以是有线网络，也可以是有线—无线—有线网络，如图 5.11 所示。

5.1.4.2　*视频安防监控系统*

安全防范系统功能包括：图像监控功能、探测报警功能、控制功能、自动化辅助功能。

典型的电视监控系统主要由前端监视设备、传输设备、后端存储、控制及显示设备这五大部分组成，其中后端设备可进一步分为中心控制设备和分控制设备。前、后端设备有多种构成方式，它们之间的联系（也可称作传输系统）可通过电缆、光纤、微波等多种方式来实现。IP 监控、远程监控、网络监控、视频监控会议等，监控不单纯指闭路电视监控系统，但传统意义上说的监控系统由前端摄像机加中端设备加后端的设备主机组成。前端视频采集系统摄像机、镜头、云台、智能球形摄像机等，视频传输系统传输线缆包括光纤传输、同轴电缆传输、网线传输、无线传输、光端机，终端显

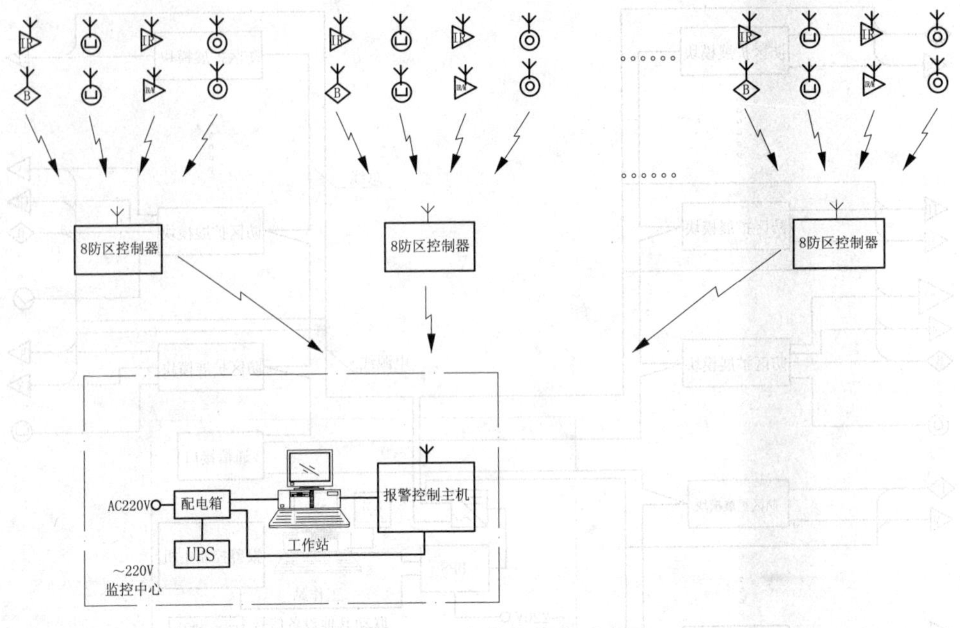

图 5.10 无线制模式接线示意图

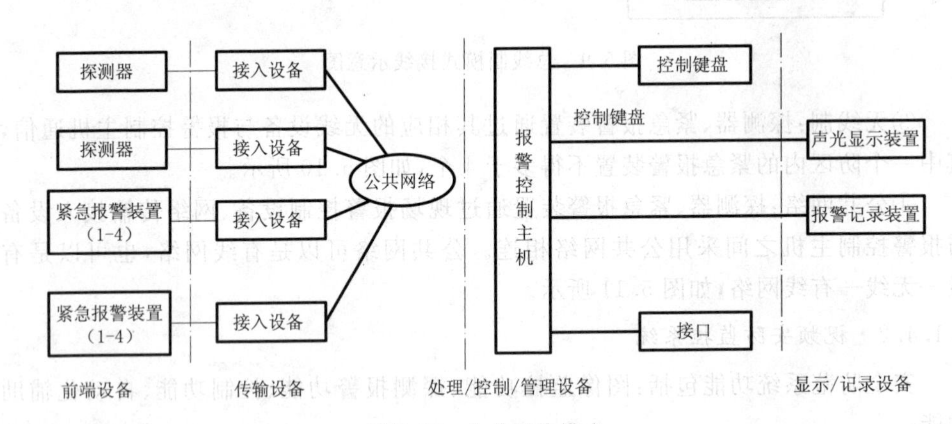

图 5.11 公共网络模式

示系统包括硬盘录像系统、视频矩阵、画面处理器、切换器、分配器等远程拓展系统等，如图 5.12。

5.1.4.3 出入口控制系统

出入口控制系统(access control system,ACS)是采用现代电子设备与软件信息技术，在出入口对人或物的进、出，进行放行、拒绝、记录和报警等操作的控制系统，系统同时对出入人员影像、出入时间和出入门编号等情况进行登录与存储，从而成为确

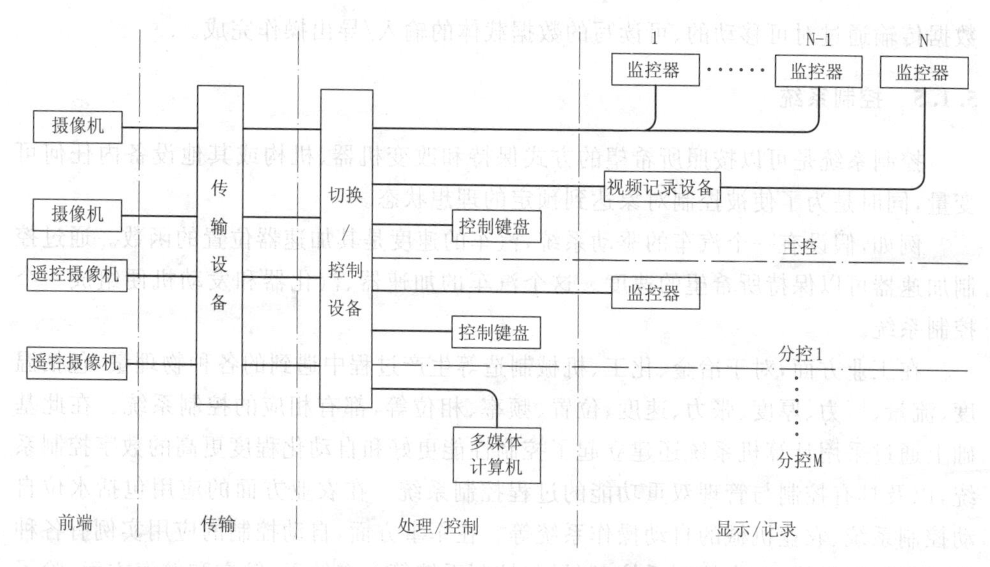

图5.12 视频安防监控系统框图

保区域的安全,实现智能化管理的有效措施。

出入口控制系统主要由识读部分、传输部分、管理/控制部分和执行部分以及相应的系统软件组成。

出入口控制系统有多种构建模式。按其硬件构成模式划分,可分为一体型和分体型;按其管理/控制方式划分,可分为独立控制型、联网控制型和数据载体传输控制型。

一体型出入口控制系统的各个组成部分通过内部连接、组合或集成在一起,实现出入口控制的所有功能。

分体型出入口控制系统的各个组成部分,在结构上有分开的部分,也有通过不同方式组合的部分。分开部分与组合部分之间通过电子、机电、监控等手段连成为一个系统,实现出入口控制的所有功能。

独立控制型出入口控制系统,其管理/控制部分的全部显示/编程/管理/控制等功能均在一个设备(出入口控制器)内完成。

联网控制型出入口控制系统,其管理/控制部分的全部显示/编程/管理/控制功能不在一个设备(出入口控制器)内完成。其中,显示/编程功能由另外的设备完成。设备之间的数据传输通过有线、无线数据通道及网络设备实现。

数据载体传输控制型出入口控制系统与联网型出入口控制系统区别仅在于数据传输的方式不同。其管理/控制部分的全部显示/编程/管理/控制等功能不是在一个设备(出入口控制器)内完成。其中,显示/编程工作同另外的设备完成。设备之间的数据传输通过对可移动的、可读写的数据载体的输入/导出操作完成。

5.1.5 控制系统

控制系统是可以按照所希望的方式保持和改变机器、机构或其他设备内任何可变量，同时是为了使被控制对象达到预定的理想状态。

例如，假设有一个汽车的驱动系统，汽车的速度是其加速器位置的函数。通过控制加速器可以保持所希望的速度。这个汽车的加速器、汽化器和发动机便组成一个控制系统。

在工业方面，对于冶金、化工、机械制造等生产过程中遇到的各种物理量，包括温度、流量、压力、厚度、张力、速度、位置、频率、相位等，都有相应的控制系统。在此基础上通过采用计算机系统还建立起了控制性能更好和自动化程度更高的数字控制系统，以及具有控制与管理双重功能的过程控制系统。在农业方面的应用包括水位自动控制系统、农业机械的自动操作系统等。在军事方面，自动控制的应用实例有各种类型的伺服系统、火力控制系统、制导与控制系统等。在航天、航空和航海方面，除了各种形式的控制系统外，应用的领域还包括导航系统、遥控系统和各种仿真器。在办公室自动化、图书管理、交通管理乃至日常生活方面，自动控制技术也都有着广泛的应用。随着控制理论和控制技术的发展，自动控制系统的应用领域还在不断扩大，几乎涉及生物、医学、生态、经济、社会等所有领域。

常见的控制系统有：(1)基金会现场总线(Foundation Fieldbus)；(2)Profibus 现场总线；(3)局部操作网(Local Operating Network，LonWork)现场总线；(4)控制局域网(Control Area Network，CAN)控制网络。

常用的现场总线的突出特点在于它把集中与分散相结合的 DCS 集散控制结构，变成新型的分布式结构，把控制功能彻底下放到现场，依靠现场智能设备本身实现基本控制功能。主要表现在以下几个方面：(1)以数字信号完全取代传统的模拟信号；(2)现场总线实现了结构上的彻底分散；(3)总线网络系统是开放的。图 5.13 为建筑设备自动化系统(BAS)网络拓扑结构。

5.1.6 天馈系统

天馈系统主要包括天线和馈线系统两大类。

天线对空间不同方向具有不同的辐射或接收能力，这就是天线的方向性。衡量天线方向性通常使用方向图，在水平面上，辐射与接收无最大方向的天线称为全向天线，有一个或多个最大方向的天线称为定向天线。全向天线由于其无方向性，所以多用在点对多点通信方式中。定向天线由于辐射或接收具有方向性，因此能量集中，增益相对全向天线要高，适合于远距离点对点通信，同时由于具有方向性，抗干扰能力

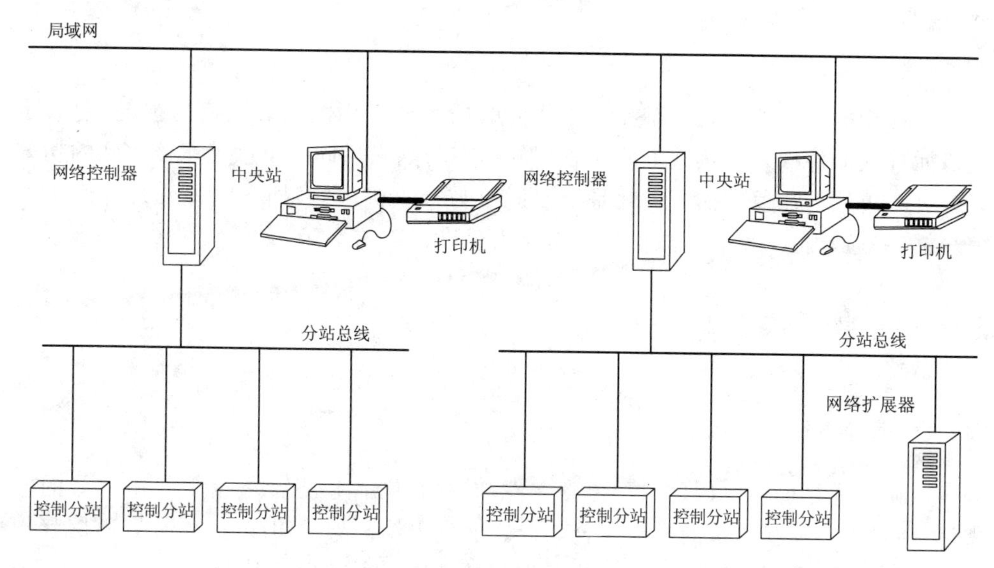

图 5.13 BAS 网络拓扑结构

比较强。

馈线是连接电台与天线的重要设备。不同粗细、不同介质的馈线对通信距离会产生很大的影响。

信号在馈线里传输，除有导体的电阻性损耗外，还有绝缘材料的介质损耗。这两种损耗随馈线长度的增加和工作频率的提高而增加。因此，在天馈系统中应合理布局尽量缩短馈线的长度。

天馈系统的主要技术指标有工作频率、驻波比、插入损耗等。

5.1.6.1 工作频率

天馈线的工作频率一般为 1.5～6000MHz，全向天线的工作带宽能达到工作频率范围的 3%～5%，定向天线的工作带宽能达到工作频率的 5%～10%。

5.1.6.2 特性阻抗

无限长传输线上各处的电压与电流的比值定义为传输线的特性阻抗，用 Z_0 表示。同轴电缆的特性阻抗通常 $Z_0=50/75\Omega$。

5.1.6.3 驻波比

天线输入阻抗和馈线的特性阻抗不一致时，产生的反射波和入射波在馈线上叠加形成的电磁波，其相邻电压的最大值和最小值之比是电压驻波比，它是检验馈线传输效率的依据，一般电压驻波比小于 1.5，在工作频点的电压驻波比小于 1.2，电压驻波比过大，将缩短通信距离，而且反射功率将返回发射机功放部分，容易烧坏功放电路，影响通信系统正常工作。

5.1.6.4　插入损耗

指在传输系统的某处由于元件或器件的插入而发生的负载功率的损耗，它表示为该元件或器件插入前负载上所接收到的功率与插入后同一负载上所接收到的功率以分贝为单位的比值。插入损耗是指发射机与接收机之间，插入电缆或元件产生的信号损耗，通常指信号的衰减。插入损耗用分贝(dB)来表示。

5.2　信息网络传输介质

5.2.1　通信电缆

通线电缆是传输电话、电报、传真文件、电视和广播节目、数据和其他电信号的电缆，由一对以上相互绝缘的导线绞合而成。通信电缆与架空明线相比，具有通信容量大、传输稳定性高、保密性好、受自然条件和外部干扰影响少等优点。

从结构上看，通信电缆一般分为缆心和护层两大部分。护层又可以分为护套和外护层。缆心由被绝缘保护的导电心线和必要的屏蔽、填充和绑扎带(丝)等组成。

缆芯以25对为基本单位，超过25对的电缆按单位组合，每个单位都用规定色谱的扎带绕扎，以便识别。100对及以上的电缆有1%的预备线对，但最多不超过6对。

屏蔽层用0.2mm厚的双面涂塑铝带轧纹(或不轧纹)纵包于缆芯包带外，搭接处黏合，屏蔽层多为双层绕包钢带。

5.2.2　通信光缆

通信光缆(communication optical fiber cable)是由若干根(芯)光纤(一般从几芯到几千芯)构成的缆心和外护层所组成。光纤与传统的对称铜回路及同轴铜回路相比较，其传输容量大得多、衰耗少、传输距离长、体积小、重量轻、无电磁干扰、成本低，是当前应用最为广泛的通信传输媒介。它主要用于电信、电力、广播等各部门的信号传输主干上。

5.2.2.1　结构

通信光缆结构见图5.14。

5.2.2.2　缆心

缆心位于光缆的中心，是光缆的主体。它的作用是稳固光纤，使光纤在一定的外力作用下不被损坏，仍然能够保持优良传输性能。

那么，光缆和电缆在结构上又有什么不同呢？不像电缆，本身导电的金属就有一

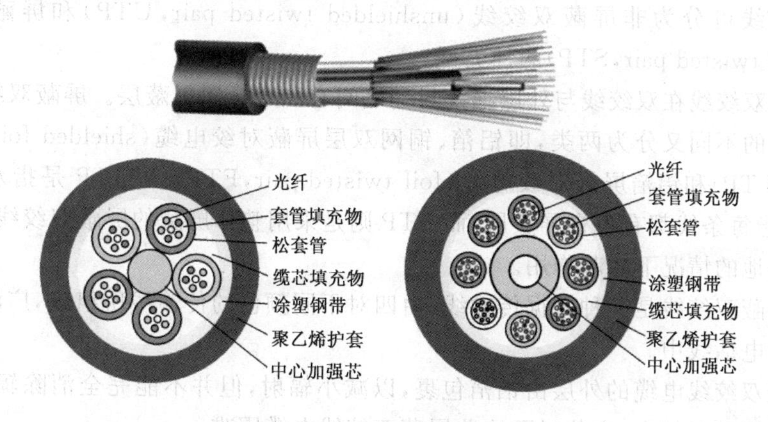

图 5.14　通信光缆结构

定的强度，光缆内部的主要传输介质光纤比较脆弱，必须设有加强构件，以承受机械拉伸、弯折等外力负荷。一般光缆有两种放置加强构件的方式：

(1)放置在缆心中部的中心加强芯方式，常用于层绞式和骨架式。

(2)加强构件放置在护层外周的方式。

5.2.2.3　护层

护层位于缆心的外围，由内护套和外护层组成。光缆常用的护套属于半密封性的黏结护套。它由双面涂塑的铝带(PAP)或钢带(PSP)在缆心外纵包黏结构成。护套除了为缆心提供机械保护外，主要是阻止潮气或水进入缆心。PAP护套的光缆可以直接敷设于管道或架空安装。而PSP护套的光缆可用于直埋敷设。当然，还有更好的全密封金属护套，但制作成本较高。

外护层(外护套)为光缆护套提供进一步的保护。通常在直埋、爬坡、水底、防鼠啮咬等场合下需要对光缆装铠。铠装的种类包括涂塑钢带、不锈钢带、单层钢丝、双层钢丝等，有时还使用尼龙铠装。在铠装层外还需要加上外被层以避免金属铠装受到腐蚀。

5.2.3　双绞线

双绞线(twisted pair，TP)是一种综合布线工程中最常用的传输介质，采用一对互相绝缘的金属导线互相绞合的方式来抵御一部分外界电磁波干扰，更主要的是降低自身信号的对外干扰。把两根绝缘的铜导线按一定密度互相绞在一起，这样的设计是利用了电磁感应相互抵销的原理来屏蔽频率小于30MHz的电磁干扰，每一根导线在传输中辐射的电波会被另一根线上发出的电波抵消。对于高于30MHz的电磁干扰，通常考虑采用屏蔽的方式来进行防护。

双绞线可分为非屏蔽双绞线(unshielded twisted pair,UTP)和屏蔽双绞线(shielded twisted pair,STP)两种类型。

屏蔽双绞线在双绞线与外层绝缘封套之间有一个金属屏蔽层。屏蔽双绞线根据屏蔽方式的不同又分为两类,即铝箔、铜网双层屏蔽对绞电缆(shielded foil twisted－pair,SFTP)和铝箔屏蔽对绞电缆(foil twisted-pair,FTP)。SFTP 是指双屏蔽双绞线,是指每条线都有各自屏蔽层,而 FTP 则是采用整体屏蔽的屏蔽双绞线,并且两端正确接地的情况下才起作用。

非屏蔽双绞线是一种数据传输线,由四对不同颜色的传输线所组成,广泛用于以太网络和电话线中。

屏蔽双绞线电缆的外层由铝箔包裹,以减小辐射,但并不能完全消除辐射,屏蔽双绞线价格相对较高,安装时要比非屏蔽双绞线电缆困难。

目前双绞线按照传输频率的不同分为一类线(CAT1)、二类线(CAT2)、三类线(CAT3)、四类线(CAT4)、五类线(CAT5)、超五类线(CAT5e)、六类线(CAT6)、超六类或 6A(CAT6A)、七类线(CAT7),他们被广泛地应用在语音、数字信号的传输上。

无论是哪一种线,衰减都随频率的升高而增大。在设计布线时,要考虑到受到衰减的信号还应当有足够大的振幅,以便在有噪声干扰的条件下能够在接收端正确地被检测出来。双绞线能够传送多高速率(Mb/s)的数据还与数字信号的编码方法有很大的关系

5.2.4 同轴电缆

同轴电缆从用途上分可分为基带同轴电缆和宽带同轴电缆(即网络同轴电缆和视频同轴电缆)。同轴电缆分 50Ω 基带电缆和 75Ω 宽带电缆两类。基带电缆又分细同轴电缆和粗同轴电缆,仅仅用于数字传输,数据率可达 10Mbps 以上。

同轴电缆由里到外分为四层:中心铜线(单股的实心线或多股绞合线)、塑料绝缘体、网状导电层和电线外皮。

主要应用范围:设备的支架连线、闭路电视(CCTV)、共用天线系统(MATV)以及彩色或单色射频监视器的转送。这些应用不需要选择有特别严格电气公差的精密视频同轴电缆。视频同轴电缆的特征电阻是 75Ω。

5.2.5 常用的几种通信接口

5.2.5.1 串行接口

RS232、RS422 与 RS485 都是串行数据接口标准(图 5.15),RS422 是 RS232 的改进,传输距离约 1219.2m(4000ft)(速率低于 100kb/s 时),并允许在一条平衡总线

上连接最多10个接收器。为扩展应用范围，在RS422基础上制定了RS485标准，增加了多点、双向通信能力，即允许多个发送器连接到同一条总线上，同时增加了发送器的驱动能力和冲突保护特性，扩展了总线共模范围。

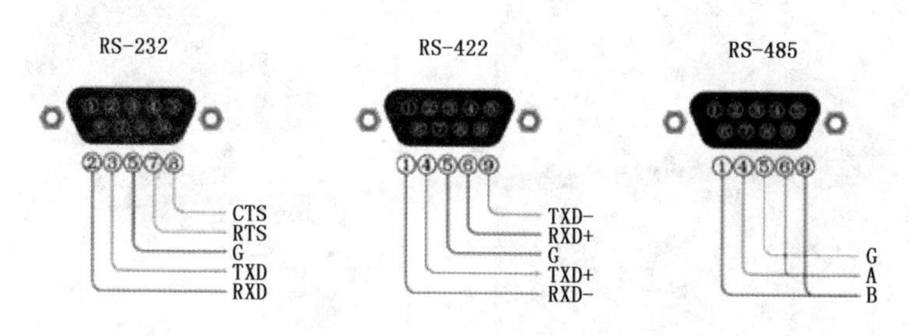

图5.15 三种接口信号示意图

目前RS232是计算机通信中应用最广泛的一种串行接口。收、发端的数据信号是相对于信号地，如从DTE设备发出的数据在使用DB25连接器时是2脚相对7脚(信号地)的电平。典型的RS232信号在正负电平之间摆动，在发送数据时，发送端驱动器输出正电平在+5～+15V，负电平在-5～-15V电平。接收器典型的工作电平在+3～+12V与-3～-12V。由于发送电平与接收电平的差仅为2～3V，所以其共模抑制能力差，再加上双绞线上的分布电容，其传送距离最大约为15m，最高速率为20kb/s。

RS422、RS485与RS232不一样，数据信号采用差分传输方式，也称作平衡传输，它不需要数字地线。差动工作是同速率条件下传输距离远的根本原因，这正是二者与RS232的根本区别，因为RS232是单端输入输出，双工工作时至少需要数字地线。发送线和接受线三条线(异步传输)，还可以加其他控制线完成同步等功能。

RS485与RS422的电气性能完全一样。主要的区别在于：RS422有4根信号线：两根发送(Y，Z)、两根接收(A，B)。由于RS422的收与发是分开的所以可以同时收和发(全双工)；RS485有2根信号线：发送和接收。它们不同还在于其共模输出电压是不同的，RS485为-7V～+12V，而RS422为-7V～+7V，RS485接收器最小输入阻抗为12kΩ，RS422是4kΩ；RS485满足所有RS422的规范，所以RS485的驱动器可以用在RS422网络中应用。

5.2.5.2 同轴线接头

(1)N系列接头

N系列接头安装在线缆的两端，只有T型接头的收发器才能使用此接头。适用的频率范围为0～11GHz，用于中小功率的具有螺纹连接机构的同轴电缆连接器。N系列筒形接头用于连接两电缆段。N系列是一种螺纹连接的中功率连接器(图

5.16)，它具有可靠性高，抗震性强、机械和电气性能优良等特点，广泛用于震动和环境恶劣条件下的无线电设备和仪器及地面发射系统连接射频同轴电缆。

图 5.16 N系列接头

图 5.17 BNC 接头

(2)BNC 接头

卡口螺母接头(bayonet nut connector，BNC)接口是 10Base2 的接头，即同轴细缆接头，是监控工程中用于传输视频信号的接口，是一种屏蔽电缆，有传送距离长、信号稳定的优点(图 5.17)。它的视频信号输入线分别由 R，G，B 以及水平扫描、垂直扫描五条线构成，这种接头能够把视频中三基色的输入信号分开，使它们相互独立，这样可最大限度避免造成干扰，从而使视频输入特性得到改善。目前它还被大量用于通信系统中，如网络设备中的接口就是用两根 BNC 接头的同轴电缆来连接的。

BNC 适用的频率范围为 0～4GHz，是用于低功率的具有卡口连接机构的同轴电缆连接器，连接器可以快速连接和分离，具有连接可靠、抗震性好、连接和分离方便等特点，适合频繁连接和分离的场合，广泛应用于无线电设备和测试仪表中连接同轴射频电缆。

(3)TNC 接口

TNC 的天线接口全称应为 TNC 反极性公头，比 SMA 要粗些，天线接头的外部与内部触点之间有一层金属屏蔽(图 5.18)。最常见的有 CISCO 和它的子品牌 LINKSYS 的大多数无线设备使用这种接口，目前发现例外的是两种无线网桥 WET11 和 WMP54G，它们是 SMA 的。TNC 连接器是 BNC 连接器的变形，采用螺纹连接机构，用于无线电设备和测试仪表中连接同轴电缆。其适用的频率范围为 0～11GHz。

图 5.18 TNC 接头

5.2.5.3 RJ45/11 接头

(1)RJ45

RJ45是布线系统中信息插座(即通信引出端)连接器的一种,连接器由插头(接头、水晶头)和插座(模块)组成,插头有8个凹槽和8个触点(图5.19)。计算机网络的RJ45是标准8位模块化接口的俗称。RJ45插头又称为RJ45水晶头用于数据电缆的端接,实现设备、配线架模块间的连接及变更。

RJ45插头是铜缆布线中的标准连接器,它和插座(RJ45模块)共同组成一个完整的连接器单元。这两种元件组成的连接器连接于导线之间,以实现导线的电气连续性。它也是综合布线技术成品跳线里的一个组成部分,RJ45水晶头通常接在对绞电缆(双绞线)的两端。RJ45连插头与双绞线端接有T568A或T568B两种结构。在规范的综合布线设计安装中,这个配件产品通常不单独列出,也就是不主张用户自己完成双绞线与RJ45插头的连接工作。

图5.19 RJ45接口

图5.20 RJ11接口

信息模块或RJ45连插头与双绞线端接有T568A或T568B两种结构。从引针1至引针8对应线序为:

T568A:①白—绿;②绿;③白—橙;④蓝;⑤白—蓝;⑥橙;⑦白—棕;⑧棕。

T568B:①白—橙;②橙;③白—绿;④蓝;⑤白—蓝;⑥绿;⑦白—棕;⑧棕。

(2)RJ11

RJ11接口和RJ45接口很类似,但只有4根针脚(RJ45为8根)(图5.20)。在计算机系统中,RJ11主要用来连接modem调制解调器。

RJ11通常指的是6个位置(6针)模块化的插孔或插头。

(3)RJ45和RJ11区别

两者的尺寸不同(RJ11为4或6针,RJ45为8针连接器件),显然RJ45插头不能插入RJ11插孔。

(4)连接 RJ45 的双绞线分为直通线、交叉线和全反线。直通线用于异种网络设备之间的互联,例如,计算机与交换机。交叉线用于同种网络设备之间的互联,例如,计算机与计算机。全反线用于超级终端与网络设备的控制物理接口之间的连接。

复习思考题

一、选择题

1. 某大学校园网络属于(　　)。

A. 局域网　　B. 广域网　　C. 城域网　　D. 电话网

2. 安防系统内无线制探测器和紧急报警装置,通过其相应的无线设备与报警控制主机通信,其中一个防区内的紧急报警装置数量不大于(　　)个。

A. 2　　B. 4　　C. 6　　D. 8

3. 网络系统按拓扑结构分类,适合于用户端的网络结构是(　　)。

A. 总线形结构　　B. 环形结构　　C. 星型结构　　D. 树形结构

4. 信号在馈线里传输,在天馈系统中应合理布局尽量缩短馈线的长度,这是因为(　　)。

A. 有导体的电阻性损耗和绝缘材料的介质损耗

B. 电阻性损耗和介质损耗随馈线长度的增加而减小

C. 电阻性损耗和介质损耗随馈线长度的增加和工作频率的提高而增加

D. 电阻性损耗和介质损耗随馈线长度的增加和工作频率的提高而减小

5. 关于通信光缆下列说法错误的是(　　)。

A. 它的缆心一般由几(根)芯到几千(根)芯构成

B. 它的主要优点是传输容量大、衰耗少、传输距离长、无电磁干扰等

C. 它正广泛地用于电信、电力、广播等信号传输,将逐步成为未来通信网络的主体

D. 光缆在结构上与电缆的主要区别是光缆没有加强构件

6. 双绞线是一对互相绝缘并按一定密度互相绞合在一起的金属导线,其作用主要是(　　)。

A. 降低自身信号对外干扰　　B. 降低信号衰减

C. 增强信号接收　　D. 降低外界电磁波干扰

7. N 系列接头安装在线缆的两端,只有 T 型接头的收发器才能使用该接头,其适用的频率范围为(　　)。

A. 0～4GHz　　B. 0～8GHz　　C. 0～11GHz　　D. 0～16GHz

二、简答题

1. 简要说明总线形网络结构的优缺点。
2. 消防系统使用的电控阀总线模块包括哪几种总线形式？
3. 简述通信光缆的传输优点。

第6章 防雷工程图纸绘制

防雷工程图纸在勘察完成后根据防雷施工图要求绘制防雷装置施工图，绘制施工图需掌握与防雷相关的建筑、电气、钢结构等制图知识，本章主要介绍建筑防雷工程识图、工程图绘制等内容。

6.1 建筑识图与施工

6.1.1 钢筋混凝土构件

6.1.1.1 钢筋混凝土构件组成

主要包括：受弯构件、受压构件、受拉构件和受扭构件。

6.1.1.2 常用构件代号

房屋结构的基本构件，如板、梁、柱等，种类繁多，布置复杂。为了图示简明扼要，并把构件区分清楚，便于施工、制表、查阅，表6.1为常用钢筋构件代号。

表6.1 常用构件的代号

序号	名称	代号	序号	名称	代号	序号	名称	代号
1	板	B	15	吊车梁	DL	29	基础	J
2	屋面板	WB	16	圈梁	QL	30	设备基础	SJ
3	空心板	KB	17	过梁	GL	31	桩	ZH
4	槽形板	CB	18	连系梁	LL	32	柱间支撑	ZC
5	折板	ZB	19	基础梁	JL	33	垂直支撑	CC
6	密肋板	MB	20	楼梯梁	TL	34	水平支撑	SC
7	楼梯板	TB	21	檩条	LT	35	梯	T
8	盖板或沟盖板	GB	22	屋架	WJ	36	雨棚	YP
9	挡雨板或檐口板	YB	23	托架	TJ	37	阳台	YT
10	吊车安全走道板	DB	24	天窗架	CJ	38	梁垫	LD
11	墙板	QB	25	框架	KJ	39	预埋件	M
12	天沟板	TGB	26	钢架	GJ	40	天窗端壁	TD
13	梁	L	27	支架	ZJ	41	钢筋网	W
14	屋面梁	WL	28	柱	Z	42	钢筋骨架	G

6.1.1.3 钢筋

(1)钢筋的强度等级和种类代号

一级:HPB235 标准值 235MPa 设计值 210MPa,符号为:Φ

二级:HRB335 标准值 335MPa 设计值 300MPa,符号为:Φ

三级:HRB400 标准值 400MPa 设计值 360MPa,符号为:Φ

四级:RRB400 标准值 400MPa 设计值 360MPa,符号为:Φ R

(2)钢筋的作用

①受力筋:构件中承受拉应力和压应力的钢筋。用于梁、板、板、各种钢筋混凝土构件中。

②箍筋:构件中承受一部分斜拉应力(剪应力),并固定纵向钢筋的位置。用于梁和柱中。除了满足斜截面抗剪强度外,它与架立钢筋、受力筋一起组成梁、柱的骨架。

③架立筋:与梁内受力筋、箍筋一起构成的骨架。架立钢筋能够固定箍筋,并与主筋一起连成钢筋骨架,保证受力钢筋的设计位置,使其在浇注混凝土过程中不发生移动。

④分布筋:与板内受力筋一起构成钢筋的骨架,垂直于受力筋。指垂直与构件受力钢筋方向布置的构造钢筋,其作用是使构件上的荷载更均匀地传递给受力钢筋,同时也可抵抗混凝土收缩应力和温度应力。

⑤构造筋:因构造要求和施工安装需要配置的钢筋。

钢筋的保护层:为了使钢筋在构件中不被锈蚀,加强钢筋与混凝土的黏结力,在各种构件中的受力筋外面,必须要有一定厚度的混凝土,这层混凝土就被称为保护层。如图 6.1 为常规建筑钢筋名称。

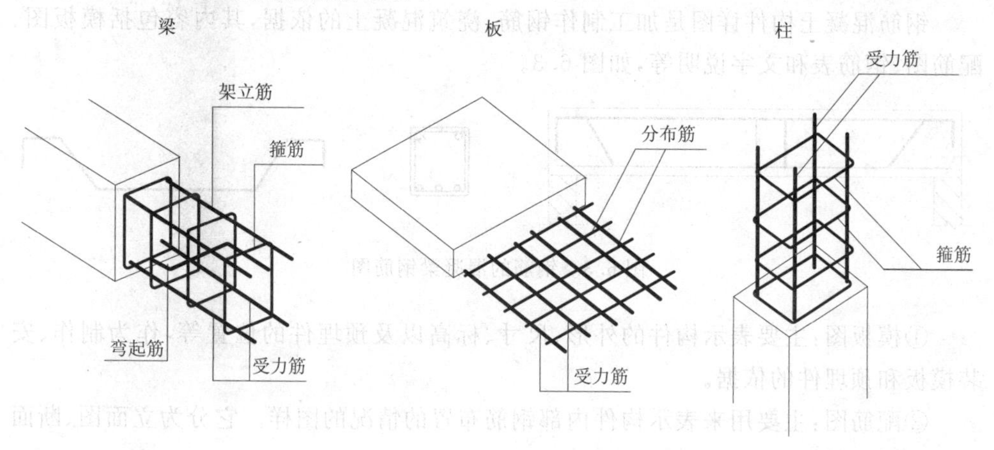

图 6.1 常规建筑钢筋名称

(3)钢筋的弯钩

①标准的半圆弯钩:一个弯钩需增加长度为 6.25d。

例如:直径为 20mm 的钢筋弯钩长度 6.25×20=125mm,一般取 130mm。

②箍筋弯钩:箍筋分为封闭式、开口式和抗扭式三种。

封闭式和开口式箍筋的弯钩的平直部分长度同半圆弯钩一样取 5d。抗扭式箍筋弯钩的平直部分长度按设计确定,一般取 10d。如图 6.2 为常用钢筋弯钩形式。

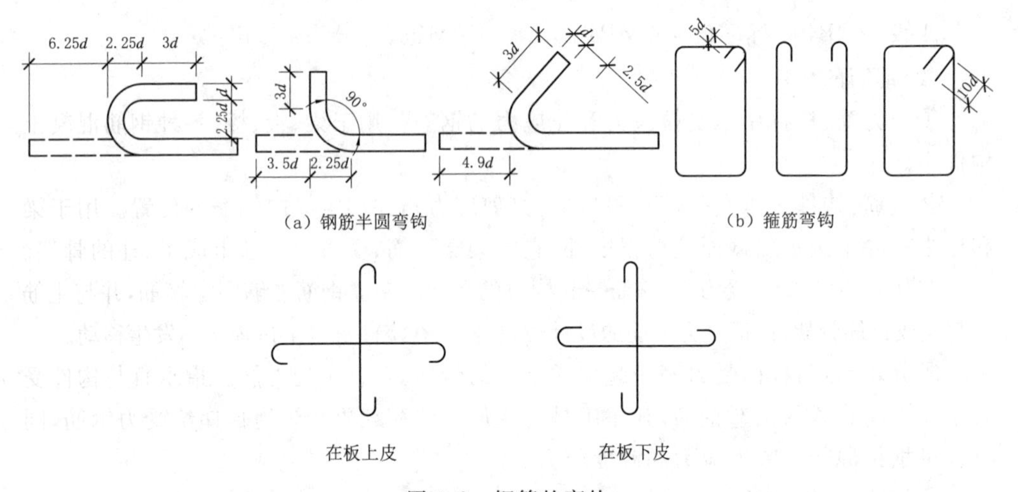

图 6.2 钢筋的弯钩

6.1.1.4 钢筋混凝土构件的图示方法和尺寸标注法

(1)图示方法

钢筋混凝土构件详图是加工制作钢筋、浇筑混凝土的依据,其内容包括模板图、配筋图、钢筋表和文字说明等,如图 6.3。

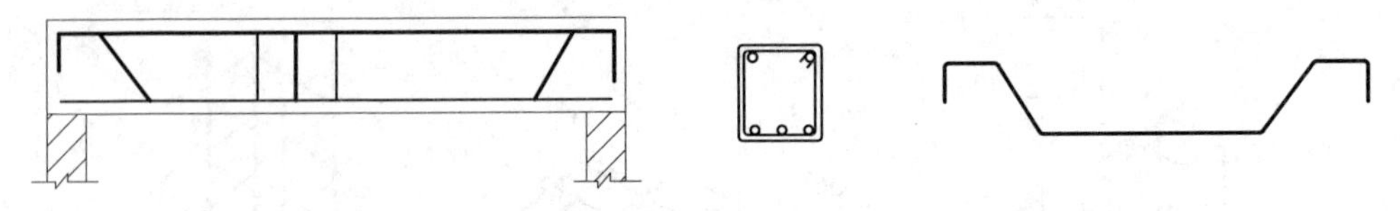

图 6.3 钢筋的混凝梁钢筋图

①模板图:主要表示构件的外形、尺寸、标高以及预埋件的位置等,作为制作、安装模板和预埋件的依据。

②配筋图:主要用来表示构件内部钢筋布置的情况的图样。它分为立面图、断面图和钢筋详图。

③立面图:主要表示构件内钢筋的形状及其上下排列位置。

④断面图:主要表示构件内钢筋的上下和前后配置情况以及箍筋形状等。

⑤钢筋详图:主要表示构件内钢筋的形状。

(2)尺寸标注

①标注钢筋的根数和直径,如图 6.4。

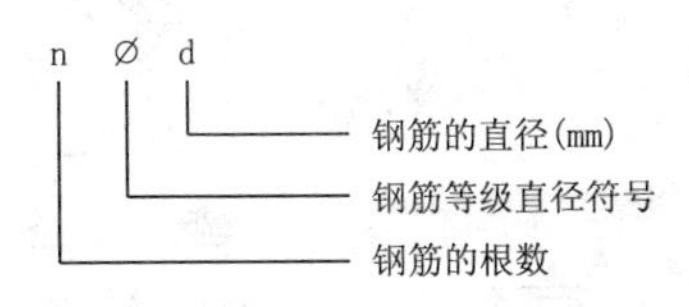

图 6.4　钢筋直径与根数标注

例如:4∅20。

②标注钢筋的种类、直径和相邻钢筋的中心距离,如图 6.5。

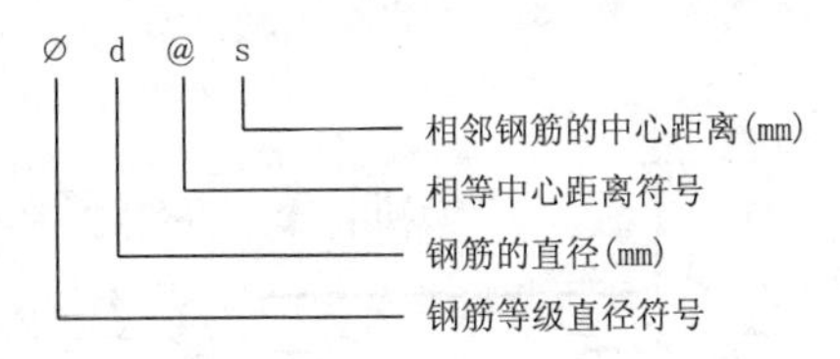

图 6.5　钢筋种类、直径的标注

例如:∅6@200。实例如图 6.6。

6.1.1.5　混凝土的强度等级和钢筋的强度等级

混凝土的强度等级是指混凝土的抗压强度,它是混凝土质量的主要指标之一。按《GB/T 50107—2010　混凝土强度检验评定标准》的标准,混凝土的强度等级应按照其立方体抗压强度标准值确定。采用符号 C 与立方体抗压强度标准值(以 N/mm^2 或 MPa 为单位)表示。按照《GB 50010—2010　混凝土结构设计规范》规定,普通混凝土划分为 14 个等级,即:C15,C20,C25,C30,C35,C40,C45,C50,C55,C60,C65,C70,C75,C80。例如,强度等级为 C30 的混凝土是指 $30MPa \leqslant f_{cu,k} < 35MPa$。混凝土的强度等级愈高,其抗压强度愈高。

6.1.1.6　基础平面图

基础平面图是表示基础施工完成后,基坑未回填土之前基础平面布置的图样。它是在相对标高±0.000 下方的一个水平剖面图(水平投影)来表示的。

在基础平面图中,只要画出基础墙、柱及它们基础底面的轮廓线。基础细部的轮廓线都可以省略不画,它们将具体反映在基础详图中。

基础墙和柱是剖到的轮廓线,应画成粗实线。基础底的轮廓线是投影到的可见轮廓线,应画成细实线。如有基础梁,则用粗实线表示出它的中心位置。

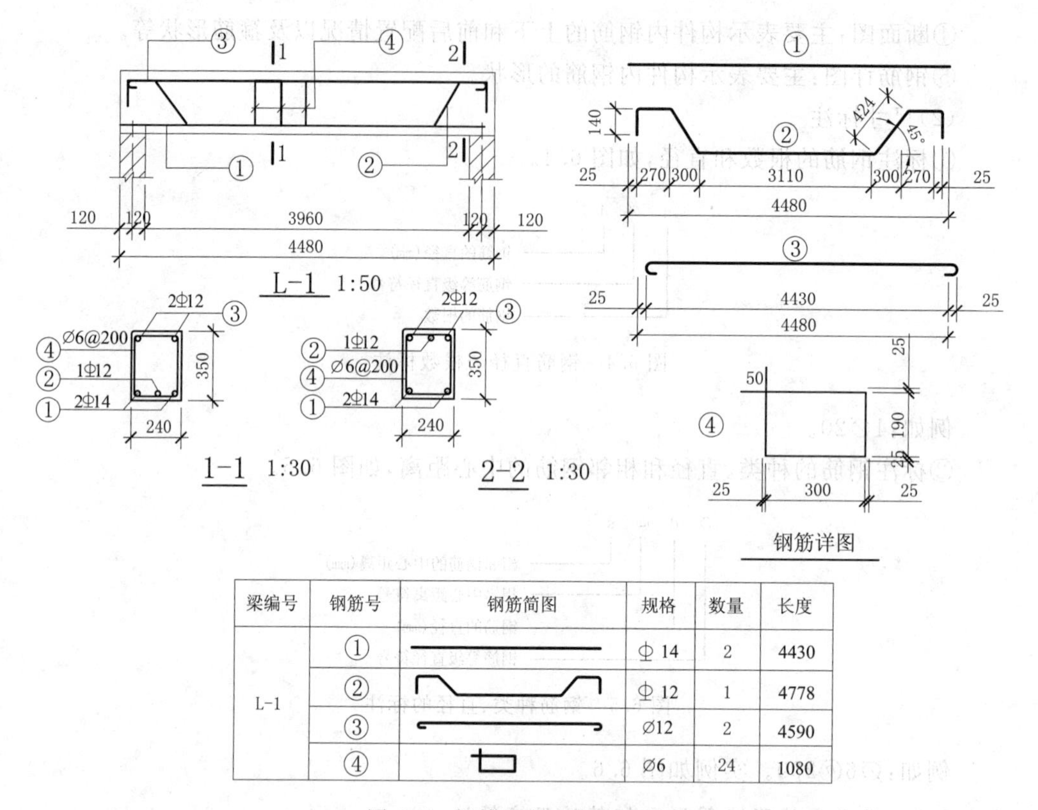

梁编号	钢筋号	钢筋简图	规格	数量	长度
L-1	①		Φ14	2	4430
	②		Φ12	1	4778
	③		Ø12	2	4590
	④		Ø6	24	1080

图 6.6 钢筋混凝土构件实例

由于基础平面图通常采用 1∶100 的比例绘制，故材料图例的表示方法与建筑平面图相同。

基础平面图应标出定位轴线编号和轴线尺寸应与建筑平面图相一致。基础平面图中标注的尺寸主要是标出基础底的尺寸。

不同类型的基础、柱应用代号 J1，J2，z1，z2，……形式表示。图 6.7 为某厂房基础平面图，图 6.8 为避雷塔基础平面图。

6.1.1.7 基础详图

基础详图是用较大的比例画出的基础局部构造图，以此表达出基础各部分的形状、大小、构造及基础的埋置深度。

至于条形基础，基础详图就是基础的垂直断面图。至于独立基础，除画出基础的断面图或剖面图外，有时还要画出基础的平面图或立面图。

图 6.9(a)为避雷塔独立基础详图。从图中可以看出，基础底面是 a×b 的矩形(避雷塔根据塔高以及安装的地方风压情况基础大小会有不同)，底部设 100mm 厚的混

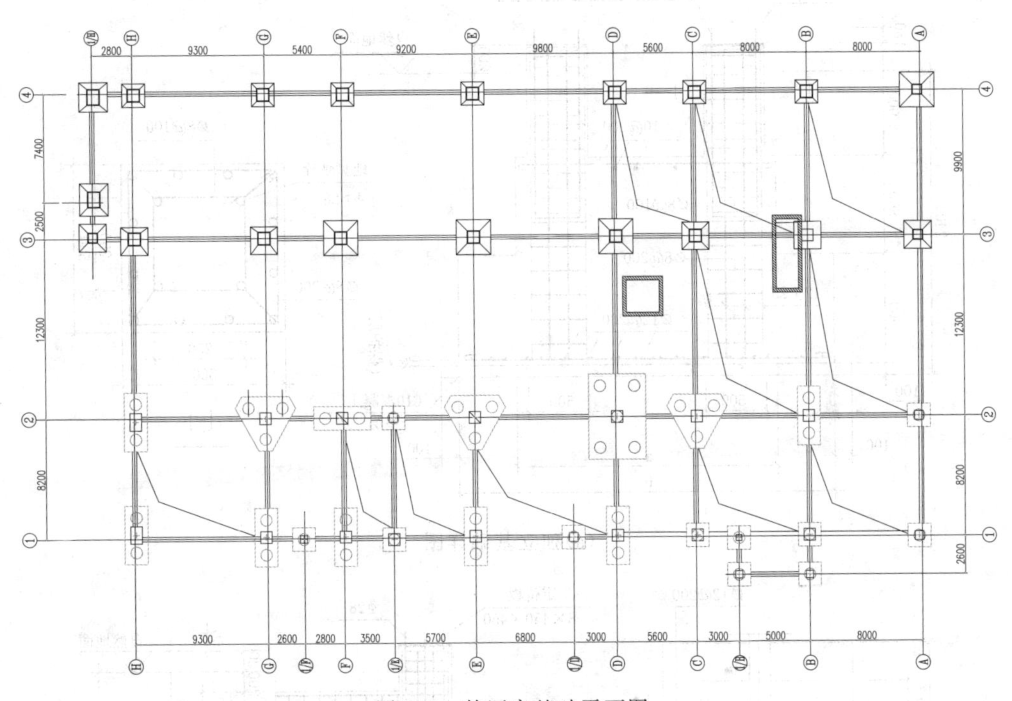

图 6.7　某厂房基础平面图

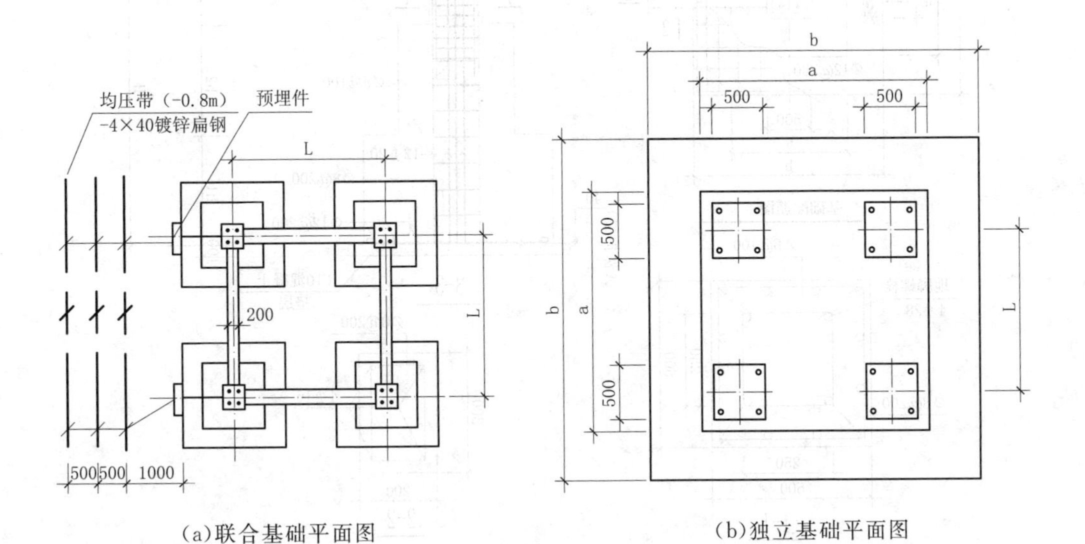

(a)联合基础平面图　　(b)独立基础平面图

图 6.8　避雷塔基础平面图

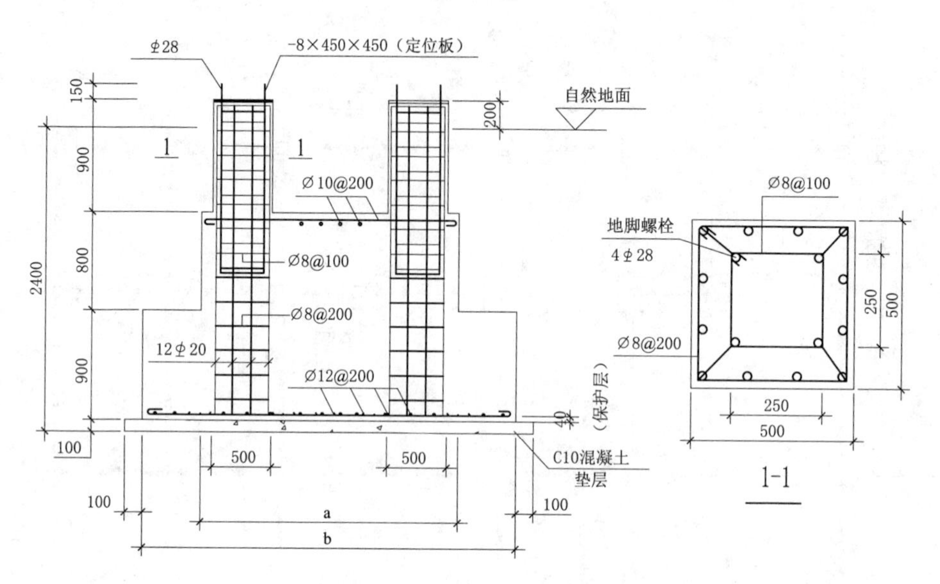

(a)独立基础详图

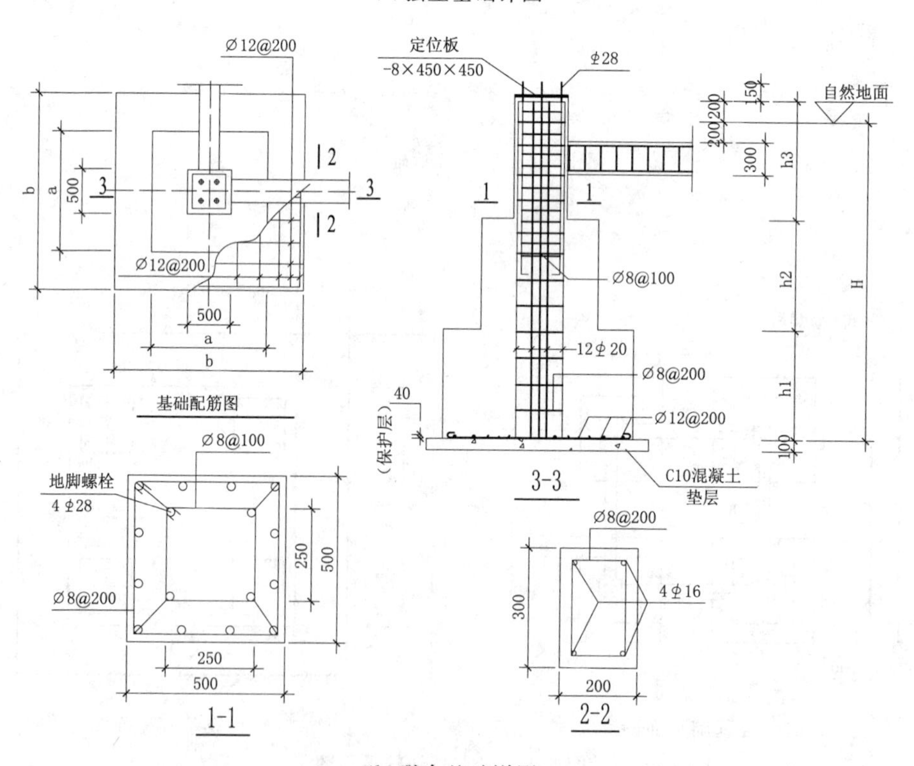

(b)联合基础详图

图 6.9　基础详图实例

凝土垫层。塔基础为钢筋混凝土,纵横双向都配置 12@200 钢筋。在柱基内预放 12 根一级钢筋,∅20mm,以便于柱内钢筋搭接,箍筋为∅8@200 钢筋。在柱内要搭接预埋地脚螺栓,地脚螺栓为 4∅28,即 4 根一级钢筋直径 28。箍筋为∅8@100,距离地面 700mm 处分布钢筋∅10@200。基础高出地面 200mm,混凝土顶预埋定位钢板。

图 6.9(b)为避雷塔联合基础详图。从图中可以看出,基础底面是 a×b 的矩形(避雷塔根据塔高以及安装的地方风压情况基础大小会有不同),底部设 100mm 厚的素混凝土垫层,基础底部纵横双向都配置 12@200 钢筋。在柱基内预放 12 根一级钢筋,∅20mm,以便于柱内钢筋搭接,箍筋为∅8@200 钢筋。在柱内要搭接预埋地脚螺栓,地脚螺栓为 4∅28,即 4 根二级钢筋直径 28,箍筋为∅8@100,距离地面 200mm 以下有一 200×300 钢筋混凝土梁。基础高出地面 200mm,混凝土顶预埋定位钢板。

6.1.1.8　钢筋混凝土柱

图 6.10 是钢筋混凝土柱的结构详图。从图 6.10 中可以看出,轴线Ⓓ不在柱 z1 的中心位置,该柱从±0.000 起到标高 14.680 止,断面尺寸为 350×350。

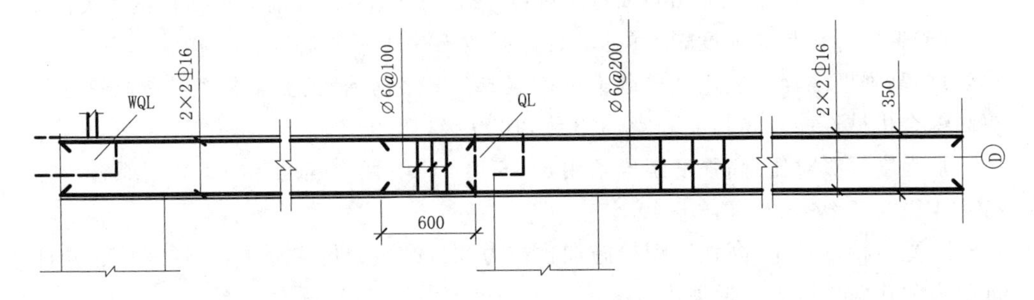

图 6.10　钢筋混凝土柱结构详图

柱 z1 纵筋配四根直径为 16mm 的Ⅱ级钢筋,即 2×2∅16,其下端与柱下基础搭接,除柱的终端外,纵筋上端伸出每层楼面 600mm,以便与上一层钢筋搭接。搭接区内箍筋为∅6@100,柱内箍筋为∅6@200。

本例介绍的钢筋混凝土柱断面形状简单,配筋清楚,比较容易识读。在单层工业厂房中设有边柱、中间柱,牛腿(架设吊车梁)部分的断面变化多,配筋复杂。

6.1.1.9　钢筋混凝土梁

钢筋混凝土梁的结构详图以配筋图为主,包括钢筋混凝土的立面图和断面图。

图 6.11 是钢筋混凝土简支梁的结构详图。钢筋的形状在配筋图中一般已表达清楚。如果在配筋比较复杂、钢筋重叠无法看清时,应在配筋图外另增加钢筋详图

(又称钢筋大样图)。钢筋详图应按照钢筋在立面中的位置由上而下,用同一比例排列在梁的下方,并与相应的钢筋对齐。钢筋编号圆圈的直径为6mm。

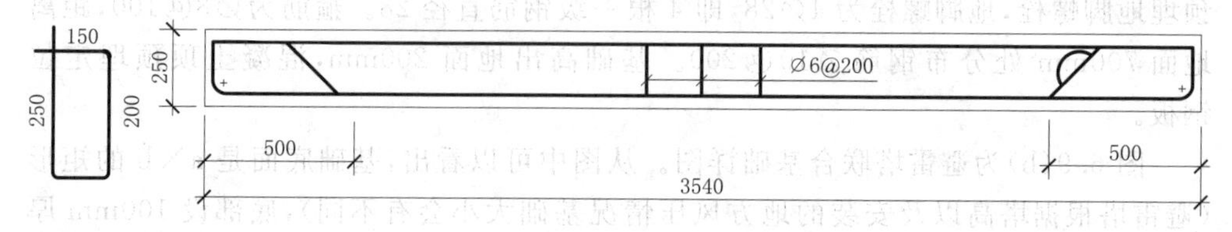

图 6.11　钢筋混凝土梁结构详图

6.1.2　钢结构识图

6.1.2.1　钢结构施工基础

(1)钢结构体系特点:具有自重轻、安装容易、施工周期短、抗震性能好、投资回收快、环境污染少等综合优势,塑性、韧性和抗冲击性好。

(2)钢材的种类有:按厚度不同分薄板(薄钢板厚度<4mm)、中板(中厚度4～20mm)、厚板(厚度20～60mm)和特厚种(厚度大于60mm)。钢带包括在钢板类内。

(3)普通螺栓与高强度螺栓的区别:普通螺栓一般用普通碳素结构钢制造,不经热处理,高强度螺栓一般用优质碳素结构钢或合金结构钢制造,需要经过调质热处理提高综合机械性能。高强度分为,8.8级,10.9级,12.9级。

从强度等级对比:高强度螺栓常用8.8S和10.9S两个强度等级。普通螺栓一般有4.4级,4.8级,5.6级,8.8级。

从受力特点对比:高强度螺栓施加预拉力和靠摩擦力传递外力,普通螺栓靠栓杆抗剪力和孔壁承压来传递剪力。

(4)按受力特性分为:摩擦型与承压型。

摩擦型高强度螺栓是依据被连接件之间的摩擦力传递外力,当剪力等于摩擦力时,即为摩擦型高强度螺栓连接的设计极限荷载。此时联众的杆件不会发生相对滑移,螺栓杆不受剪力,螺栓孔壁不承压。

承压型高强度螺栓与普通螺栓类似,剪力可以超过摩擦力,此时被连接构件之间会发生相对滑移,螺栓杆与孔壁接触,连接依靠摩擦力与螺栓杆的剪切、承压共同传力。

承压型高强度螺栓的变形较大,不适用于直接承受动力荷载结构的连接。

(5)焊条种类:碳钢焊条、低合金钢焊条、钼和铬钼耐热钢焊条、低温钢焊条、不锈钢焊条、堆焊焊条、铸铁焊条、镍及镍合金焊条、铜及铜合金焊条、铝及铝合金焊条及特殊用途焊条。

(6)焊缝缺陷

①未焊透:母体金属接头处中间(X 坡口)或根部(V、U 坡口)的钝边未完全熔合在一起而留下的局部未熔合。未焊透降低了焊接接头的机械强度,在未焊透的缺口和端部会形成应力集中点,在焊接件承受载荷时容易导致开裂。

②未熔合:固体金属与填充金属之间(焊道与母材之间),或者填充金属之间(多道焊时的焊道之间或焊层之间)局部未完全熔化结合,或者在点焊(电阻焊)时母材与母材之间未完全熔合在一起,有时也常伴有夹渣存在。

③气孔:在熔化焊接过程中,焊缝金属内的气体或外界侵入的气体在熔池金属冷却凝固前未来得及溢出而残留在焊缝金属内部或表面形成的空穴或孔隙,视其形态可分为单个气孔、链状气孔、密集气孔(包括蜂窝状气孔)等,特别是在电弧焊中,由于冶金过程进行时间很短,熔池金属很快凝固,冶金过程中产生的气体、液态金属吸收的气体,或者焊条的焊剂受潮而在高温下分解产生气体,甚至是焊接环境中的湿度太大也会在高温下分解出气体等等,这些气体来不及析出时就会形成气孔缺陷。尽管气孔较之其他的缺陷其应力集中趋势没有那么大,但是它破坏了焊缝金属的致密性,减少了焊缝金属的有效截面积,从而导致焊缝的强度降低。

(7)无损探伤:是在不损坏工件或原材料工作状态的前提下,对被检验部件的表面和内部质量进行检查的一种测试手段。

(8)零部件加工的程序:准备工作、矫正、放样、切割、弯曲、制孔、组装、焊接、检测、除锈、涂装。

(9)金属表面除锈方法

①手工处理:手工处理主要用铲刀、钢丝刷、砂布、断钢锯条等工具,靠手工敲、铲、刮、刷、砂的方法来达到清除铁锈,这是漆工传统的除锈方法,也是最简便的方法,没有任何环境及施工条件限制,但由于效率及效果太差,只能适用小范围的除锈处理。

②机械除锈法:机械除锈法主要是利用一些电动、风动工具来达到清除铁锈的目的。常用电动工具如电动刷、电动砂轮;风动工具如风动刷。电动刷和风动刷是利用特制圆形钢丝刷的转动,靠冲击和摩擦把铁锈或氧化皮清除干净,特别对表面铁锈,效果较好,但对较深锈斑很难除去。电动砂轮实际是手提砂轮机,可以在手中随意移动,利用砂轮的高速旋转除去铁锈,效果较好,特别对较深的锈斑,其工作效率高,施工质量也较好,使用方便,是一种较理想的除锈工具。但在操作中须注意,不要把金属表皮打穿。

③喷砂、喷丸处理法:是一种较为理想的机械处理方法,处理后表面比较粗糙,对于粉末涂层附着力增强,可延长涂层寿命。

④火焰处理法:火焰处理法是利用气焊枪对少量手工难以清除的较深的锈蚀斑,

进行烧红，让高温使铁锈的氧化物改变化学成分而达到除锈目的。使用此法，须注意不要让金属表面烧穿，以及防止大面积表面产生受热变形。

⑤化学处理法：化学处理法实际上是酸洗除锈法，利用酸性溶液与金属氧化物（铁锈）发生化学反应，生成盐类，而脱离金属表面。常用的酸性溶液有硫酸、盐酸、硝酸、磷酸。操作中将酸性溶液涂于金属铁锈部位让其慢慢与铁锈发生化学反应而去掉。铁锈去除后应用清水冲洗，并用弱碱溶液进行中和反应，再用清水冲洗后揩干、烘干，以防很快生锈。

对酸洗过的金属表面须要经粗糙处理或磷化处理，主要是增加金属表面与底漆的附着力。在稀释浓硫酸时，应慢慢把硫酸倒入容器的水中，并不断搅拌，切勿相反操作，以免硫酸液溅出伤人。

6.1.2.2 钢结构识图

(1)钢结构

钢结构是由钢制材料组成的结构，是主要的建筑结构类型之一，主要由型钢和钢板等制成的梁钢、钢柱、钢桁架等构件组成。各构件或部件之间通常采用焊缝、螺栓或铆钉连接。因其自重较轻，且施工简便，广泛应用于大型厂房、场馆、超高层等领域。

(2)常用型钢的标注方法（表 6.2）

表 6.2 常用型钢的标注方法

序号	名称	截面	标注	说明
1	等边角钢	└	└ $b\times t$	b 为肢宽 t 为肢厚
2	不等边角钢	 B └	└ $B\times b\times t$	B 为长肢宽，b 为短肢宽 t 为肢厚
3	工字钢	 I	I N　Q I N	轻型工字钢加注 Q 字 N 工字钢的型号
4	槽钢	[	[N　Q [N	轻型槽钢加注 Q 字 N 工字钢的型号
5	方钢	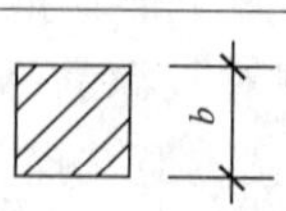 b	□ b	
6	扁钢	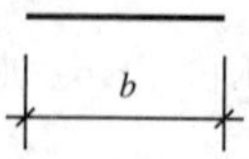 b	—— $b\times t$	

续表

序号	名称	截面	标注	说明
7	钢板		$\frac{-b\times t}{L}$	
8	圆钢		$\varnothing d$	
9	钢管	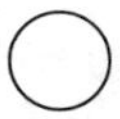	$ND\times\times$ $d\times t$	
10	薄壁方钢管		B □ $b\times t$	薄壁型钢加注 B 字 t 为壁厚
11	薄壁等肢角钢		B ∟ $b\times t$	
12	薄壁槽钢	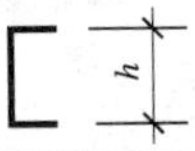 h	B [$h\times b\times t$	
13	H 型钢		HW×× HM×× HN××	HW 为宽翼缘 H 型钢 HM 为中翼缘 H 型钢 HN 为窄翼缘 H 型钢

(3)螺栓、孔、电焊铆钉的表示方法

螺栓、孔、电焊铆钉的表示方法有焊接、铆接、螺栓连接，且应符合表 6.3 的规定。

表 6.3　螺栓、孔、电焊铆钉的表示方法

序号	名称	图例	说明
1	永久螺栓	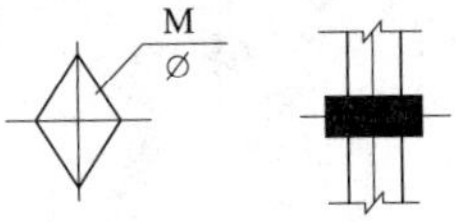 M ∅	1. 细“+”线表示定位线 2. M 表示螺栓型号 3. ∅表示螺栓孔直径 4. d 表示膨胀螺栓、电焊铆钉直径 5. 采用引出线标注螺栓时，横线上标注螺栓规格，横线下标注螺栓孔直径
2	高强螺栓	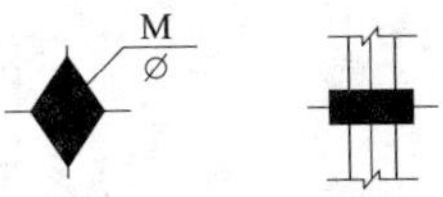 M ∅	
3	安装螺栓	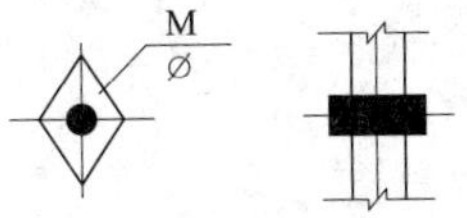 M ∅	

续表

序号	名称	图例	说明
4	胀锚螺栓	d	
5	圆形螺栓孔	∅	
6	长圆形螺栓孔	∅ b	
7	电焊铆钉	d	

(4)常用焊缝的表示方法

①单面焊缝的标注方法应符合下列规定

当箭头指向焊缝所在的一面时，应将图形符号和尺寸标注在横线的上方(图6.12a)。当箭头指向焊缝所在另一面(相对应的那面)时，应将图形符号和尺寸标注在横线的下方(图6.12b)，表示环绕工作件周围的焊缝时，其围焊焊缝符号为圆圈，绘在引出线的转折处，并标注焊角尺寸K(图6.12c)。

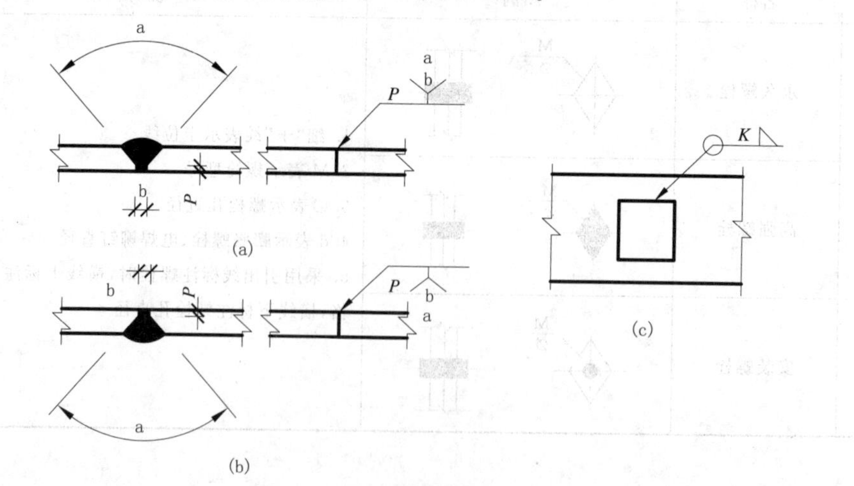

图 6.12 单面焊缝的表示方法

②双面焊缝的标注，应在横线的上、下都标注符号和尺寸。上方表示箭头一面的符号和尺寸，下方表示另一面的符号和尺寸（图 6.13a）。当两面的焊缝尺寸相同时，只需在横线上方标注焊缝的符号和尺寸（图 6.13b,c,d）。

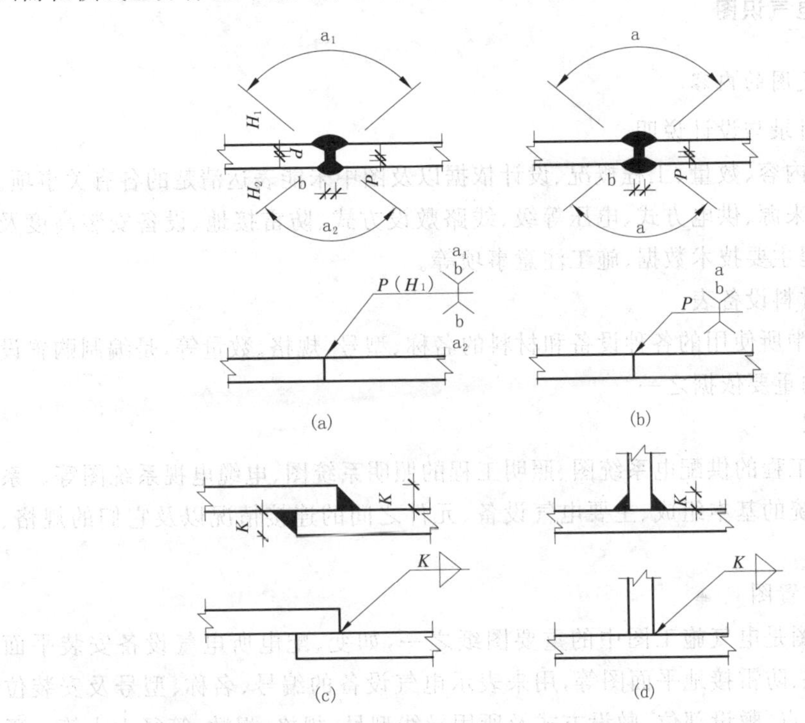

图 6.13　双面焊缝标注方法

③常用焊接符号

若不标注焊缝尺寸的可直接标注焊缝符号，常用的扁钢与扁钢、扁钢与圆形钢材、圆钢与圆钢焊接直接用符号标注。如图 6.14 所示：(a)平面与弧面焊接符号，(b)

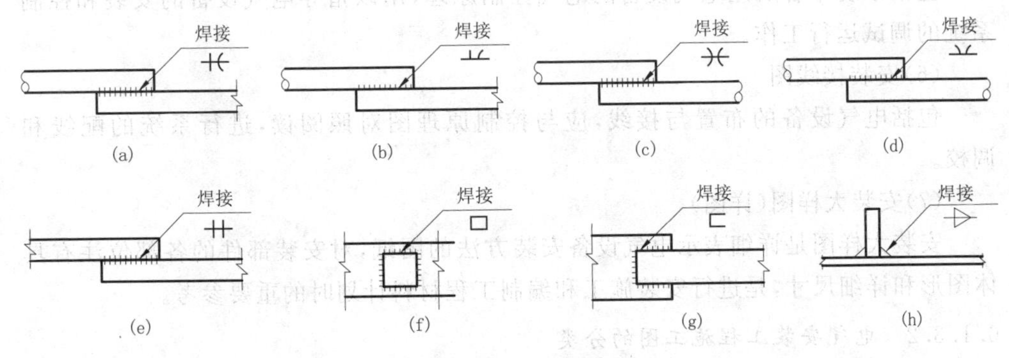

图 6.14　常用焊接符号

平面与弧面,单边焊接符号,(c)弧面间焊接符号,(d)弧面间单边焊接符号,(e)平面焊接符号,(f)周围焊接,(g)三面维焊符号,(h)双面角焊接符号。

6.1.3 建筑电气识图

6.1.3.1 电气图的内容

(1)图纸目录与设计说明

包括图纸内容、数量、工程概况、设计依据以及图中未能表达清楚的各有关事项。如供电电源的来源、供电方式、电压等级、线路敷设方式、防雷接地、设备安装高度及安装方式、工程主要技术数据、施工注意事项等。

(2)主要材料设备表

包括工程中所使用的各种设备和材料的名称、型号、规格、数量等,是编制购置设备、材料计划的重要依据之一。

(3)系统图

如变配电工程的供配电系统图、照明工程的照明系统图、电缆电视系统图等。系统图反映了系统的基本组成、主要电气设备、元件之间的连接情况以及它们的规格、型号、参数等。

(4)平面布置图

平面布置图是电气施工图中的重要图纸之一,如变、配电所电气设备安装平面图、照明平面图、防雷接地平面图等,用来表示电气设备的编号、名称、型号及安装位置、线路的起始点、敷设部位、敷设方式及所用导线型号、规格、根数、管径大小等。通过阅读系统图,了解系统基本组成之后,就可以依据平面图编制工程预算和施工方案,组织施工。

(5)控制原理图

包括系统中各所用电气设备的电气控制原理,用以指导电气设备的安装和控制系统的调试运行工作。

(6)安装接线图

包括电气设备的布置与接线,应与控制原理图对照阅读,进行系统的配线和调校。

(7)安装大样图(详图)

安装大样图是详细表示电气设备安装方法的图纸,对安装部件的各部位注有具体图形和详细尺寸,是进行安装施工和编制工程材料计划时的重要参考。

6.1.3.2 电气安装工程施工图的分类

一般按图纸的表现内容分类包括:电气平面图、电气系统图、控制原理图、二次接线图、详图、电缆表册、图例、设备材料表、设计说明、图纸目录等。

(1)电气平面图

电气平面图是将同一层内不同安装高度的电气设备及线路都放在同一平面上来表示,在建筑平面图上标出电气设备、元件、管线、防雷接地等的规格型号、实际布置。一般大型工程都有电气总平面图,中小型工程则由动力平面图或照明平面图代替。

在建筑电气施工图中,平面图通常是将建筑物的地理位置和主体结构进行宏观描述,将墙体、门窗、梁柱等淡化,而电气线路突出重点描述。其他管线,如水暖、煤气等线路则不出现在电气施工图上。

电气平面图是表示假想经建筑物门、窗沿水平方向将建筑物切开,移去上面部分,从上面向下面看,所看到的建筑物平面形状、大小,墙柱的位置、厚度,门窗的类型以及建筑物内配电设备、照明设备等平面布置、线路走向等情况。根据平面图表示的内容,识读平面图要沿着电源、引入线、配电箱、引出线、用电器这样一个"线"来读。在识读过程中,要注意了解电源进户装置、照明配电箱、灯具、插座、开关等电气设备的数量、型号规格、安装位置、安装高度,表示照明线路的敷设位置、敷设方式、敷设路径、导线的型号规格等。

(2)电气系统接线图

所谓电气系统接线,是示意性地把整个工程的供电线路用单线连接形式准确、概括的电路图,它不表示相互的空间位置关系,表示的是各个回路的名称、用途、容量以及主要电气设备、开关元件及导线规格、型号等参数。配电箱系统接线图是示意性地把整个工程的供电线路用单线连接形式准确、概括的电路图,它不表示相互的空间位置关系。

如图6.15,照明配电箱系统图的主要内容包括:

①源进户线、各级照明配电箱和供电回路,表示其相互连接形式;

②配电箱型号或编号,总照明配电箱及分照明配电箱所选用计量装置、开关和熔断器等器件的型号、规格;

③各供电回路的编号,导线型号、根数、截面和线管直径,以及敷设导线长度等;

④照明器具等用电设备或供电回路的型号、名称、计算容量和计算电流等。

为了整体描述某项功能的配电系统,可以用单线图系统来表现,如图6.16。

(3)控制原理图

控制原理图是表示电气设备及元件控制方式及其控制线路的图样,包括启动、保护、信号、联锁、自动控制及测量等。控制原理图按规定的线段和图形符号绘制而成,是二次配线和系统调试的依据。

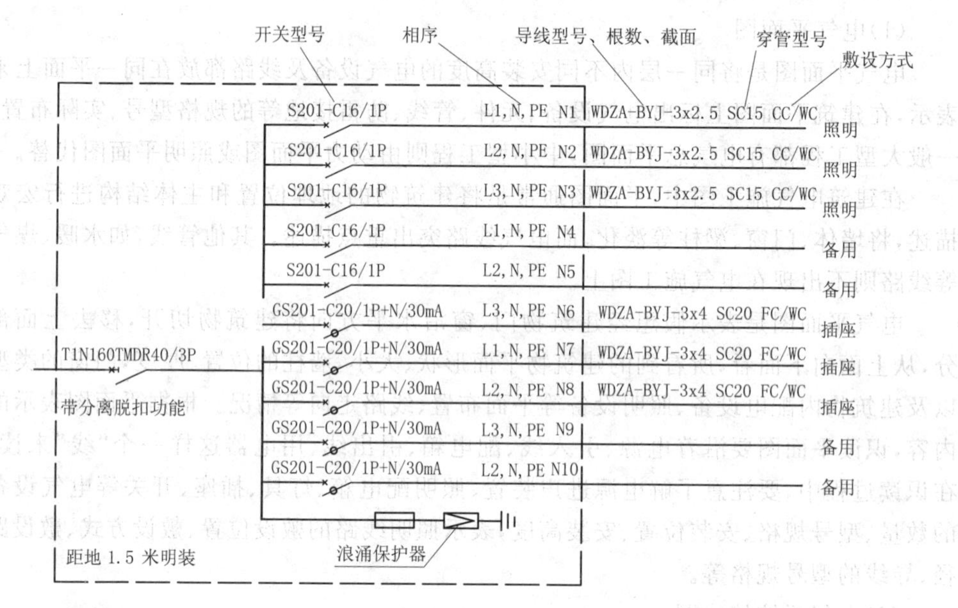

图 6.15　照明配电箱系统图

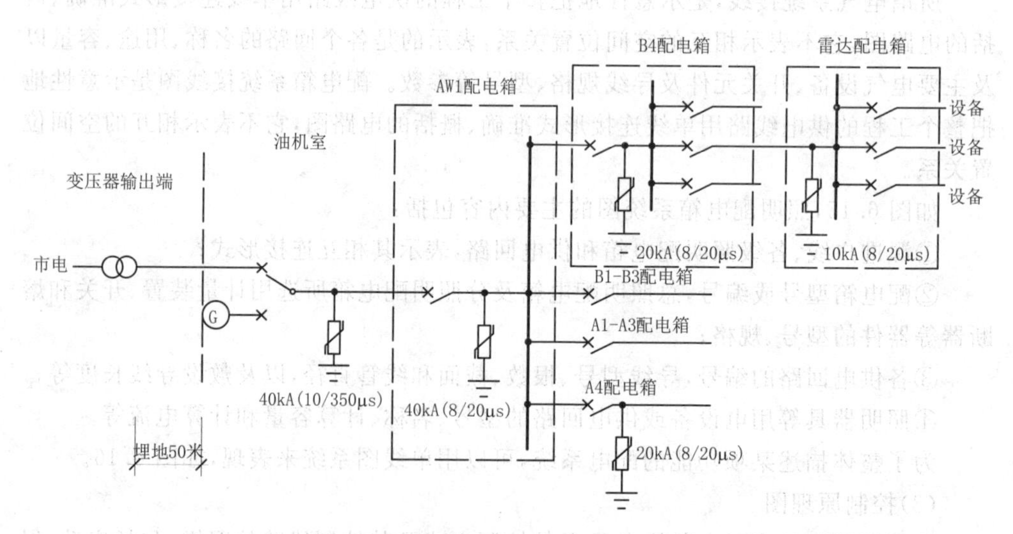

图 6.16　电涌保护器安装单线系统图

6.2　制图规格及基本技能

6.2.1　图纸幅面和格式

图幅是指制图所用图纸的幅面。为了合理使用图纸和便于装订和管理，绘制技术图样时应先采用表 6.4 所规定的基本幅面。

表 6.4　图纸幅面尺寸(mm)

尺寸代号	幅面代号				
	A0	A1	A2	A3	A4
B×L	841×189	594×841	420×594	297×420	210×297
c	10			5	
a	25				

图中 B、L 分别为图纸的短边与长边，c 为图框线与幅面线之间的距离，a 为图框线与装订线之间的距离。A0 号幅面的面积为 $1m^2$，A1 号幅面是 A0 号幅面的对开(长边减半，A0 的短边作为 A1 的长边)，其他幅面类推，如图 6.17 和图 6.18。

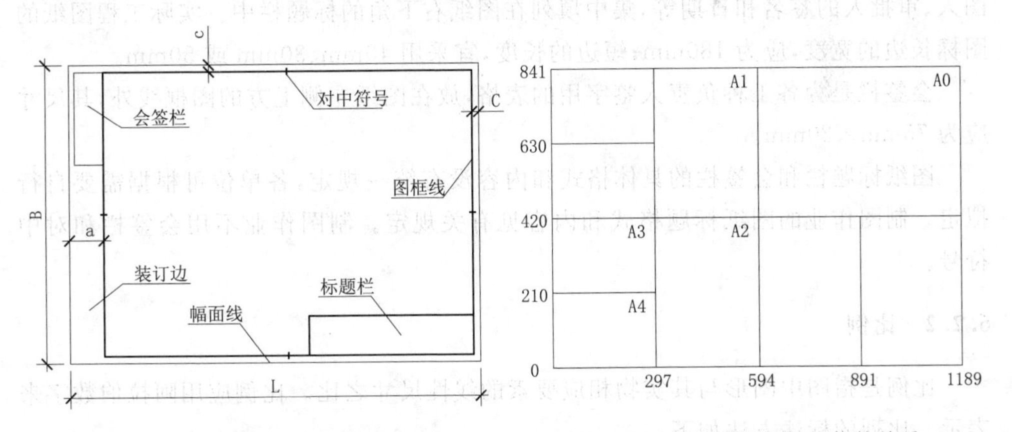

图 6.17　横式图纸幅面及其尺寸代号　　　图 6.18　各种图纸幅面的倍数关系

一般情况下图纸幅面采用横式，如图 6.17。也可以采用竖式，如图 6.19a。当需要按 A4 纸大小，并在左边装订时，则 A4 纸竖式应如图 6.19b 所示。为了使图样复制和微缩摄影时定位方便，各号图纸均应在图纸各边的中点处分别画出对中标志。对中标志线宽不小于 0.35mm，长度从纸界开始伸入图框内约 5mm。

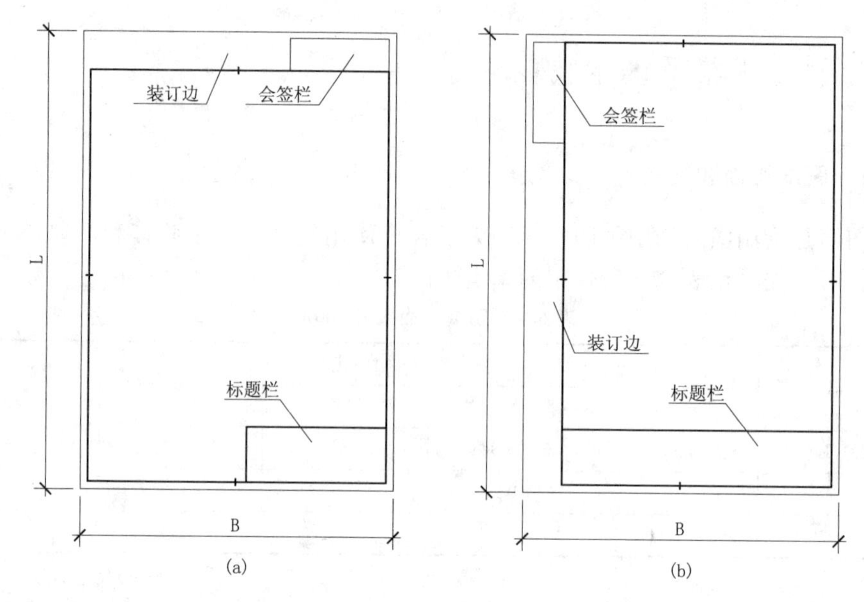

图 6.19　竖式图纸幅面及其尺寸代号

工程图纸应有标题栏(简称图标),将工程名称、图名、图号、设计号及设计人、绘图人、审批人的签名和日期等,集中填列在图纸右下角的标题栏中。实际工程图纸的图标长边的宽度,应为 180mm;短边的长度,宜采用 40mm、30mm 或 50mm。

会签栏是为各工种负责人签字用的表格,放在图纸左侧上方的图框线外,其尺寸应为 75mm×20mm。

图纸标题栏和会签栏的具体格式和内容没有统一规定,各单位可根据需要自行拟定。制图作业的图纸标题格式和内容见有关规定。制图作业不用会签栏和对中符号。

6.2.2　比例

比例是指图中图形与其实物相应要素的线性尺寸之比。比例应用阿拉伯数字来表示。比列的标注方法如下：

原值比列,即比值为 1 的比例,标记为 1∶1。

放大比列,即比值大于 1 的比例,如 2∶1,5∶1。

缩小比列,即比值小于 1 的比例,如 1∶2,1∶10,1∶100,1∶500。

比例书写在图名的右侧,字号应比图名的字号小一号或两号。

例如:×××平面图 1∶100

当在同一张图纸中绘画的各个图之用同一种比例时,也可把该比例统一书写在图纸标题栏内。

绘图时,应根据图样的用途和被绘制物体的复杂程度,优先选用表 6.5 中的比例。

表 6.5　常用比例及可用比例

图名	常用比例	必要时可用比例
总剖面图	1∶500,1∶100,1∶2000,1∶5000	1∶2500,1∶10000
管线综合图、断面图等	1∶100,1∶200,1∶500,1∶1000,1∶2000	1∶300,1∶5000
平面图、立面图、剖面图设备布置图等	1∶50,1∶100,1∶200	1∶150,1∶300 1∶400
内容比较简单的平面图	1∶200,1∶400	1∶500
详图	1∶1,1∶2,1∶5,1∶10,1∶20,1∶25,1∶50	1∶3,1∶15,1∶30,1∶40,1∶60

6.2.3　图线

工程图样中每一条图线都有其特定的作用和含义,绘图时必须按照制图标准的规定,正确使用不同的线性和不同粗细的图线。

图线的宽度 b,宜从表 6.6 中选取:2.0mm,1.4mm,1.0mm,0.7mm,0.5mm,0.35mm。建筑工程图的图线线型有实线、虚线、单点长画线、双点长画线、折断线、波浪线等,其中又有粗细之分。粗细不同,其用途也不同。

表 6.6　图线的线型、线宽及用途

名称	线型	线宽	一般用途
粗实线	————	b	主要可见轮廓线,剖面图中被剖切部分的轮廓线
中实线	————	$0.5b$	可见轮廓线,剖面图中未被剖切但仍然能看到而需要画出的轮廓线,尺寸标注的尺寸起止符号
细实线	————	$0.25b$	尺寸界限、尺寸线、索引符号的圆圈、引出线、图例线、标高线
粗虚线	— — — —	b	新建的各种给水排水管道线、总平面图或运输图中的地下建筑物或地下的构筑物
中虚线	- - - - - -	$0.5b$	需要画出的看不到的轮廓线
细虚线	- - - - - -	$0.25b$	不可见轮廓线、图例线

续表

名称	线型	线宽	一般用途
粗单点长画线	▬ · ▬ · ▬ ·	b	结构图中梁或构架的位置线、平面图中起重运输的轨道线、其他特殊构件的位置指示线等
中粗单点长画线	—·—·—·—·—·—	0.5b	见各有关专业制图标准
细单点长画线	-·-·-·-·-·-·-	0.25b	中心线、对称线、定位轴线等
细双点长画线	-··-··-··-··-	0.25b	假想轮廓线、成型以前的原始轮廓线
折断线	—\/—\/—	0.25b	不画出图样全部时的断开界限
波浪线	～～～	0.25b	不画出图样全部时的断开界限，构造层次的断开界限
加粗的粗实线	━━━	1.5b	需要画得更粗的图线，如建筑物或构筑物的地面线，路线工程图中的设计线路、剖切为直线等

每个图样应根据复杂程度与比例大小，先选定基本宽度 b。当选定了粗线的宽度 b 后，中粗线及细线的宽度也就随之确定而成为线宽组，见表 6.7。

表 6.7　常用的线宽组(单位:mm)

b	2.0	1.4	1.0	0.7	0.5	0.35
0.5b	1.0	0.7	0.5	0.35	0.25	0.18
0.25b	0.5	0.35	0.25	0.18	—	—

图线的画法和注意事项：

(1)同一张图样中，同类图线的宽度应基本一致。虚线、点画线和双点画线的线段长短和间隔应各自大致相等；

(2)各类图线相交时，必须是线段相交；

(3)绘制圆的对称中心线时，圆心应为线段的交点，首尾两端应是线段而不是短画或点，且应超出图形轮廓线约 2～3mm；

(4)在较小图形上绘制点画线或双点画线有困难时，可用细实线画出；

(5)当虚线、点画线或双点画线是粗实线的延长线时，连接处应空开；

(6)当各种线条重合时，应按粗实线、虚线、点画线的优先顺序画出。

6.2.4　尺寸标注

在建筑工程图中，除了按比例画出建筑物或构筑物的形状外，还必须标注出完整的实际尺寸，作为施工时的依据。标注尺寸是一项极为重要的工作，必须认真对待，若尺寸有遗漏或错误，将会给施工带来不可预计的困难和损失。

(1)基本规则

建筑物或构筑物的真实大小应以图样上所标注的尺寸数值为依据，而与图形的大小及绘图的准确程度无关，更不能从图样上量取尺寸。

图样上的尺寸单位，除标高及总平面图以米(m)为单位外，其余均规定以毫米(mm)为单位，因此，建筑工程图上的尺寸数字无需注写单位。

(2)尺寸组成

图样上一个完整的尺寸一般包括尺寸线、尺寸界线、尺寸起止符号、尺寸数字 4 个部分，如图 6.20。

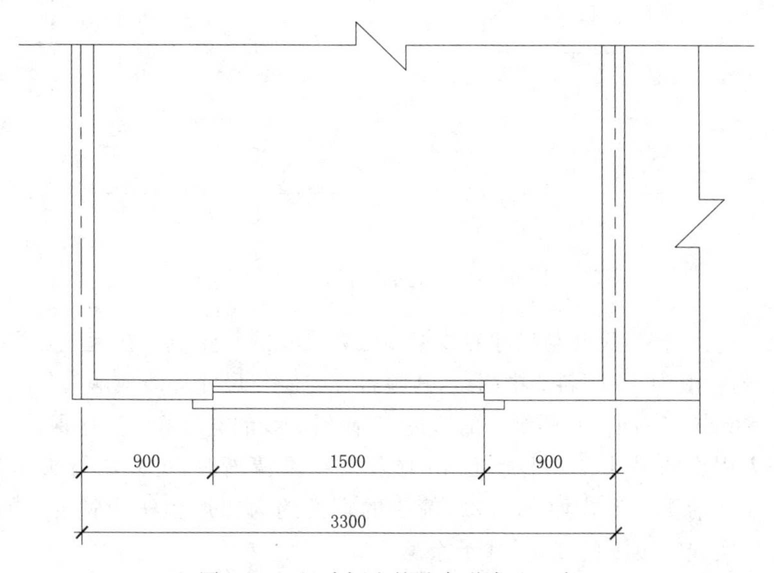

图 6.20　尺寸标注的基本形式及组成

①尺寸线：尺寸线用细线绘制，不能用其他图线代替，也不得与其他图线(如中心线、物体轮廓线)重合。在长度上、尺寸线一般必须与所标注的尺寸方向平行且长度相等，当有几条互相平行的尺寸线时，大尺寸要注在小尺寸的外边，以免与其他尺寸的尺寸界线相交；尺寸线与轮廓线之间以及互相平行的两尺寸线之间的距离一般为 6～10mm。在圆弧上标注半径尺寸时，尺寸线应通过圆心。

②尺寸界线：尺寸界线也用细实线绘制。一般情况下，线性尺寸的尺寸界线应垂

直于尺寸线，并超出尺寸线外约 2mm。当受位置限制或尺寸标注困难时，允许斜着引出两条互相平行的尺寸界线来标注尺寸。尺寸界线不宜与需要标注尺寸的轮廓线相接，应留出不小于 2mm 的间隙。图形的轮廓线以及中心线可用尺寸界线，如图 6.21。

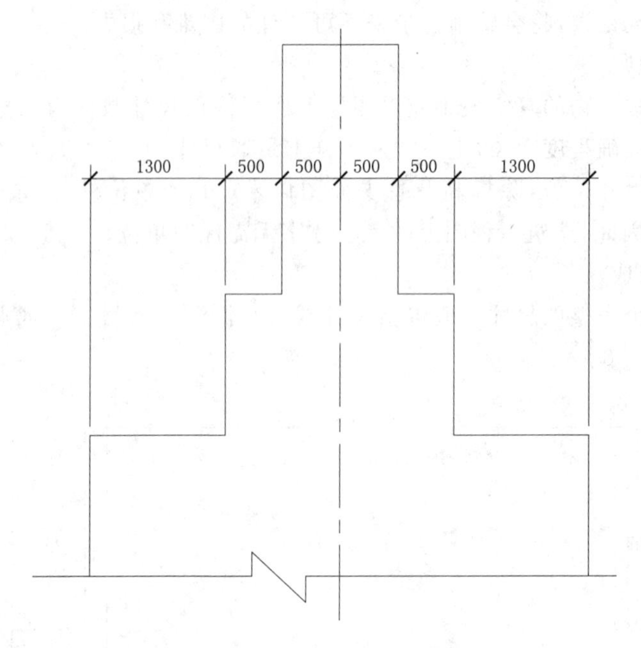

图 6.21 以轮廓线代替尺寸界线

③尺寸起止符号：尺寸与尺寸界线相接处为尺寸的起止点。在起止点上应画出尺寸起止符号，一般为 45°倾斜的中粗线，其倾斜方向应与尺寸界线成顺时针 45°角，其长度宜为 2～3mm。在同一张图纸上的这种 45°倾斜短线的宽度和长度应保持一致。

当斜着引出的尺寸界线上画上 45°倾斜短线不清晰时，可以用箭头作为尺寸起止符号。尺寸箭头的形式如图 6.22，箭头的宽度约为图形粗实线宽度 b 的 1.2 倍，长度约为粗实线宽度 b 的 4 倍，并予涂黑。

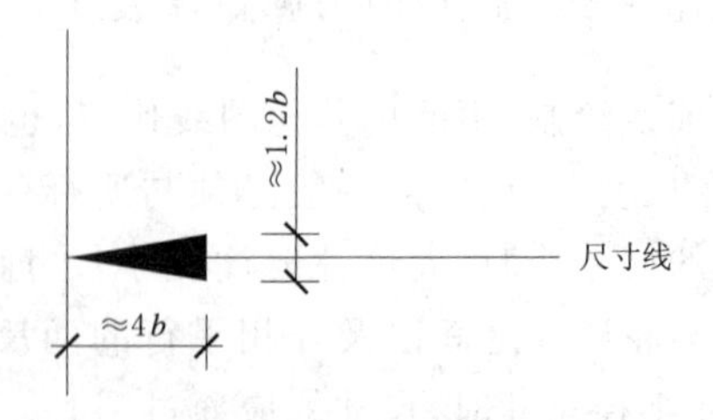

图 6.22 以轮廓线代替尺寸

在同一张图纸或同一图样中，尺寸箭头的大小应保持一致。

当相邻两个尺寸的尺寸界线的间隔距离都很小时，尺寸起止符号可以采用小圆点表示。

④尺寸数字：尺寸数字的高度，一般是 3.5mm，最小不得小于 2.5mm。尺寸线的方向有水平、竖直、倾斜三种，注写尺寸数字的读数方向相应地如表 6.8 所示，不得倒写，否则会使人错认，例如数字 86 将会误读为 98。对于靠近竖直方向向左或向右 30°范围内的倾斜尺寸，应从左方读取的方向来标注数字。必要时也可以如表 6.8 的形式来注写尺寸数字。任何图线不得穿越尺寸数字；当不能避免时，宜将图线断开。尺寸数字应尽量写在水平尺寸线的上方中部，离尺寸线不应大于 1mm，当尺寸界线的间隔太小，注写尺寸数字的地位不够时，最外边的尺寸数字可以注写在尺寸界线的外侧，中间的尺寸数字与相邻的数字错开注写，必要时可以引出注写，如表 6.8 所示。

表 6.8　尺寸标注示例

标注内容	示例	说明
线性尺寸的数字方向	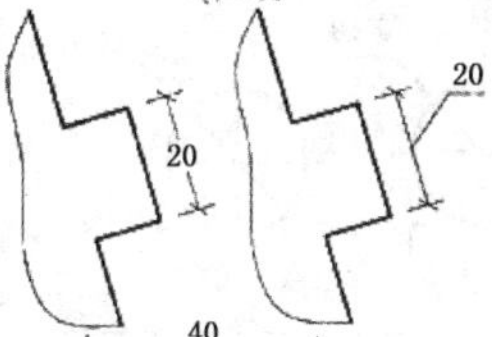 (a) 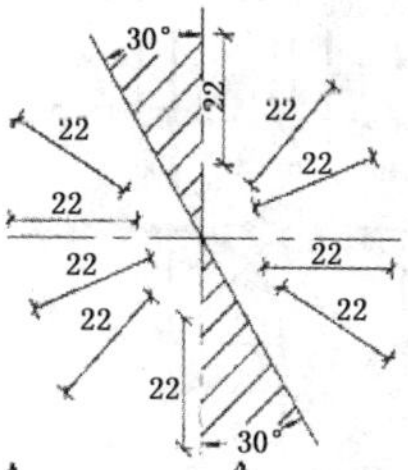 30° 22 22 22 22 22 22 22 22 22 22 30° (b) 20 20 (c) 40 30 28 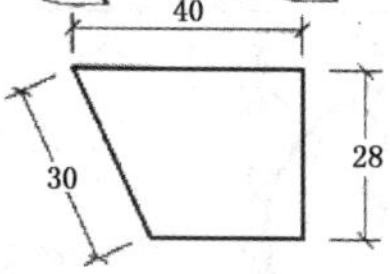	第一种方法：尺寸数字应按图(a)所示方向注写，并尽可能避免在图示 30°范围内标注尺寸，当无法避免时可按图(b)的形式标注。 第二种方法：在不至于引起误解时，对于非水平方向的尺寸，其数字可水平地注写在尺寸线的中断处，如图(c)的形式。 在一张图样中，应尽可能采用同一种方法，一般采用第一种方法注写。
圆	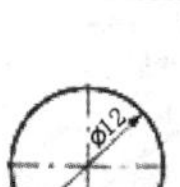 Ø12	标注圆的直径尺寸应在数字前加“∅”，数字要沿着直径尺寸线来写，尺寸线两端应画上箭头。

续表

标注内容	示例	说明
圆弧	Ø32 Ø24	标注圆弧的半径尺寸应在数字前加“R”，半径尺寸线必须从圆心画起或对准圆心，数字要沿着半径尺寸线来写，尺寸线指向圆弧的那端应画上箭头；超过半圆的圆弧应孤立标注直径“Ø”。
大圆弧	R80 (a) R78 (b)	在图纸范围内无法标出圆心位置时，可对准圆心画一折线或断开的半径尺寸线。
小尺寸	400 400 3000 600 1100 400 (a) 400 400 200 400 R15 R15 R15 (b) Ø18 Ø18 Ø18 (c)	没有足够位置时，箭头可画在外面，或用小圆点代替两个箭头；尺寸数字也可以写在外面或引出标注。圆和圆弧的小尺寸，可按图(b)、图(c)标出。
球面	SØ38 (a) SR34 (b)	标注球尺寸时，球直径、半径号前加写拉丁字母：“S”，尺寸线端部应画上箭头。

续表

标注内容	示例	说明
角度	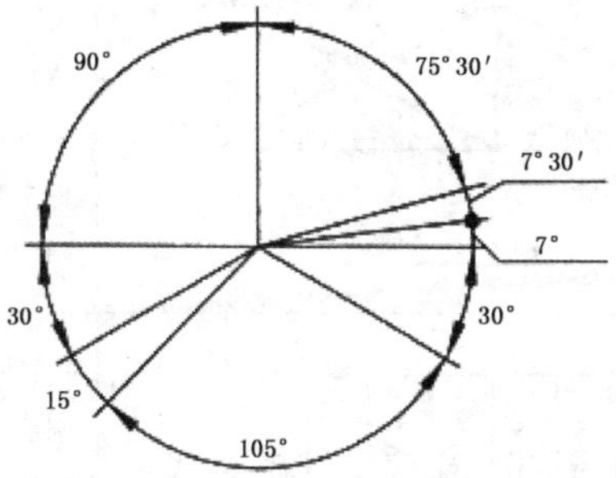 90°　75°30′　7°30′　7°　30°　30°　15°　105°	尺寸界线应沿径向引出，尺寸线应画成圆弧，圆心是角的顶点尺寸数字一律应水平注写。
弧长或弦长	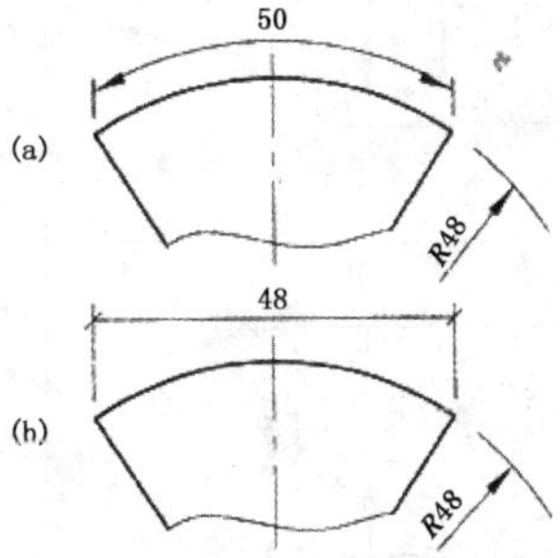 (a) 50 R48　(b) 48 R48	尺寸界线应平行于弦的垂直分线。标注弧长尺寸时，尺寸线用圆弧，尺寸数字上方应加注符号“⌒”。
坡度的标注	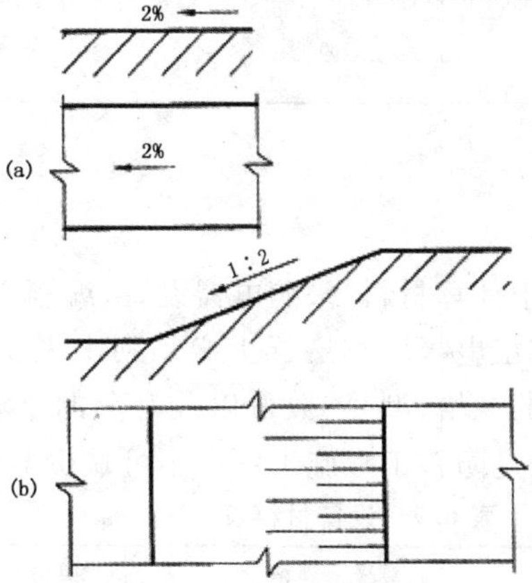 (a) 2%　2%　(b) 1:2	标注坡度时，应沿坡度画下坡的箭头（也可以画成半箭头），在箭头的一侧或一端注写坡度数字（百分数、比例、小数均可）。
连续等间距尺寸标注法	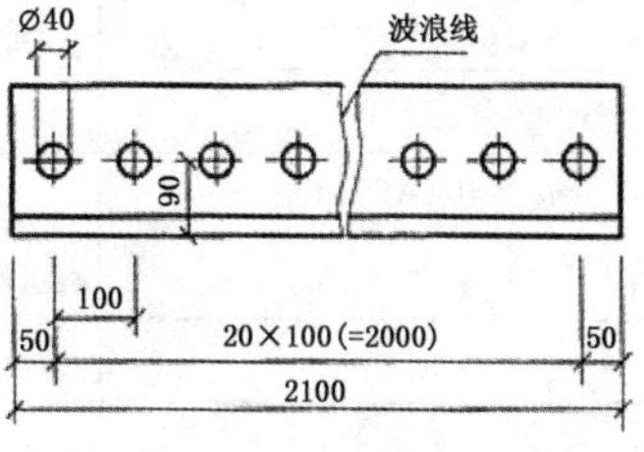 Ø40　波浪线　90　100　50　20×100(=2000)　50　2100	对于较多相等间距的连续尺寸，可以标注成乘积的形式，但第一个间距必须标注。如构件较长，则把中间相同部分截去一段而移近画出，并画上断开界线。

续表

标注内容	示例	说明
单线图尺寸标注	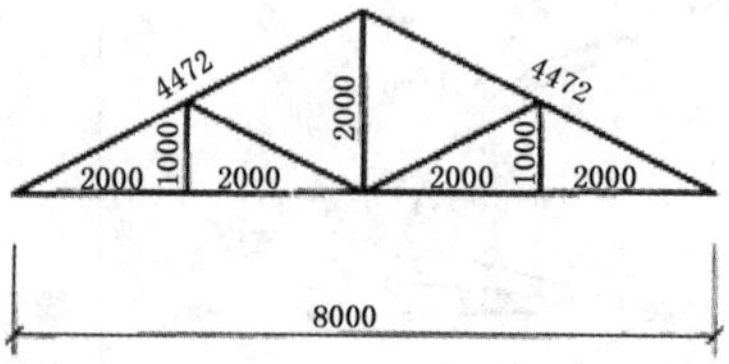 4472 4472 2000 1000 2000 2000 2000 1000 2000 8000	对于钢筋及管线等的单线图，可把长度尺寸数字相应地沿着杆件或线路的一侧来写，尺寸数字的读书方向则应按前面所阐明的规则来注写。
非圆曲线的标注	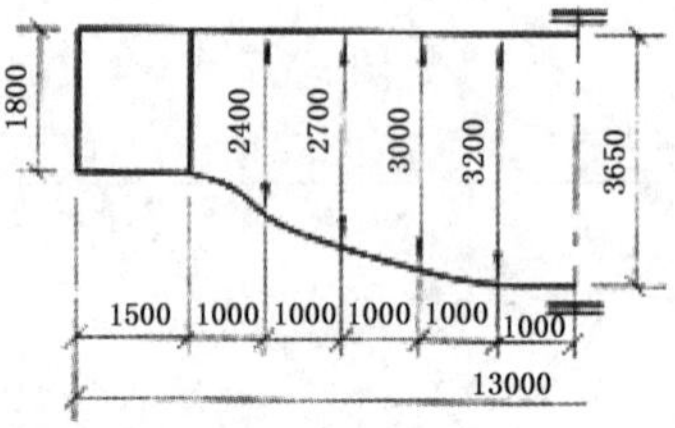 1800 2400 2700 3000 3200 3650 1500 1000 1000 1000 1000 1000 13000	当建筑构件或配件的轮廓为非圆曲线时，可采取坐标的形式标注曲线上的有关尺寸。当标注曲线上诸点的坐标时，则可将尺寸线的延长线作为尺寸界线。
对称图形的标注	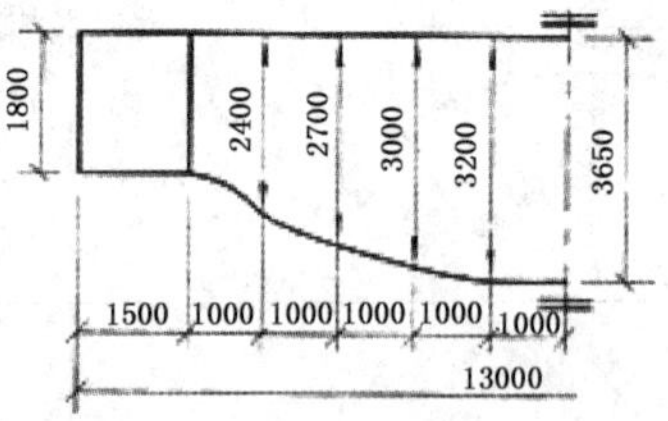 1800 2400 2700 3000 3200 3650 1500 1000 1000 1000 1000 1000 13000	对于只画出一半或一半多一点的对称图形，当需要标出整体尺寸时，尺寸线只在一端画上起止符号，另一端略超过对称中心线，并在对称中心线上画出对称符号。

6.2.5 材料表

图纸上的材料表是为了便于计算材料、采购电器设备、编制工程概(预)算和编制施工组织计划等方面的需要，防雷电气工程图样上必须列出主要设备材料表。表内应列出全部防雷装置设备材料的规格、型号、数量以及有关的重要数据，要求与图样一致，且要按序号编写。材料表是防雷工程施工图中不可缺少的内容，如表 6.9。

表 6.9 设备材料表

序号	名称	型号及规格	单位	数量	备注
1	热镀锌扁钢	−4×40	m	20	
2	热镀锌圆钢	∅10	根	20	
3	电涌保护器	I_n=40kA(8/20μs)	台	5	
4	空气断路器	60A	台	5	
n	……		kg		

6.2.6　图例

为了简化作图，国家有关标准和一些设计单位有针对性地将常见的材料构件、施工方法等规定了一些固定的画法式样，有的还附有文字符号标注。电气图纸中的图例如果是国家统一规定的称为国际符号，由有关部委颁布的电气符号称为部标符号。另外一些大的设计院还有其内部的补充规定，即所谓院标，或称之为习惯标注符号。

6.2.7　定位轴线与定位线

在房屋建筑中，定位轴线既是设计时用来确定建筑物各主要承重构件大小、位置的尺寸基准，也是施工时用来定位放线的尺寸依据。

定位轴线布置的一般原则是：

(1)凡是重墙、柱、大梁或屋架等主要承重构件的位置，都应画上轴线并编上轴线号。在平面图上，横向定位轴线，自左至右依次用①、②、③、……来表示；竖向定位轴线，自下而上依次用Ⓐ、Ⓑ、……来表示。为了避免误会，拉丁字母中的 I，O，Z 不得用作轴线编号。非承重的间墙以及其他次要的承重构件，可不编轴线号，或作为附加轴线注明它与附近轴线之间的尺寸关系，其编号以分数表示，如图 6.23。

(2)定位轴线应用细单点长画线绘制，端部的圆圈应用细实线绘制，其直径为 8～10mm，如图 6.23。

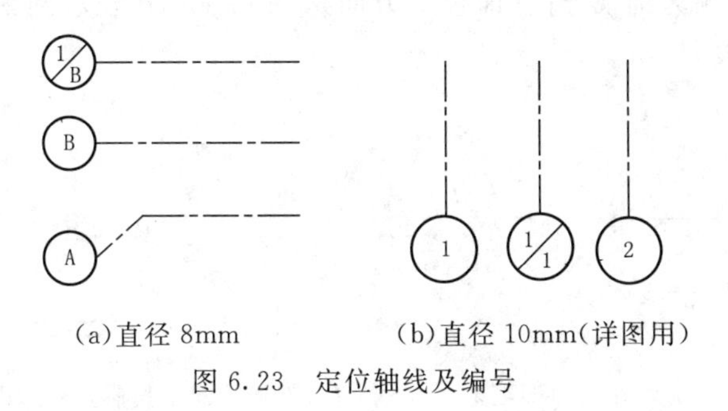

图 6.23　定位轴线及编号

6.2.8　施工图中的常用符号

6.2.8.1　标高符号

在总平面图、平面图、立面图和剖面图上表示地面或建筑物某一部位的高度时，要用到标高符号。

单体建筑物立面图和剖面图上的标高符号，如图 6.24 所示形式以细实线绘制。标高的数值应以米(m)为单位，一般标注至小数点后三位。符号的尖端应指至被标注高度之处,尖端可向下,也可向上。当位置不够,不能将数字直接写在横线的附近时,如图 6.24d 所示引出标注。

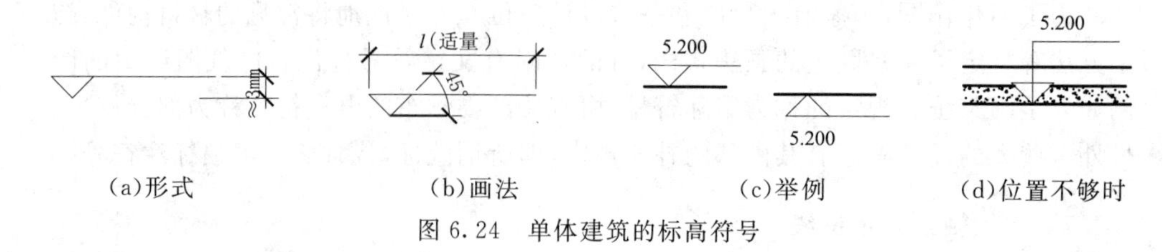

(a)形式　(b)画法　(c)举例　(d)位置不够时

图 6.24 单体建筑的标高符号

6.2.8.2 索引符号与详图符号

图样中的某一局部或构件,有时需要用大比列的详图才能将他们表达清楚。为了方便施工时查阅图纸,应以规定的符号注明所画详图与被索引图样之间的关联,即注明详图的编号和所在图纸的图号,以及被索引图样所在图纸的图号。

索引符号:在图样中用一引出线指出要画详图的地方,在线的另一端画一个直径为 10mm 的细实线圆,并过圆心画一条水平线,然后在上半圆中用数字注明该详图的编号,在下半圆中用数字表明详图所在图纸的符号(若同在一张图纸上时则不必写入图号),如图 6.25。

当所画详图不仅仅是将原图的某一局部放大,则在该位置线的一侧画入引出线。引出线所在的一侧为剖视方向(即投射方向),图 6.25c,d 表示剖视方向分别为自上向下、从左向右投射。

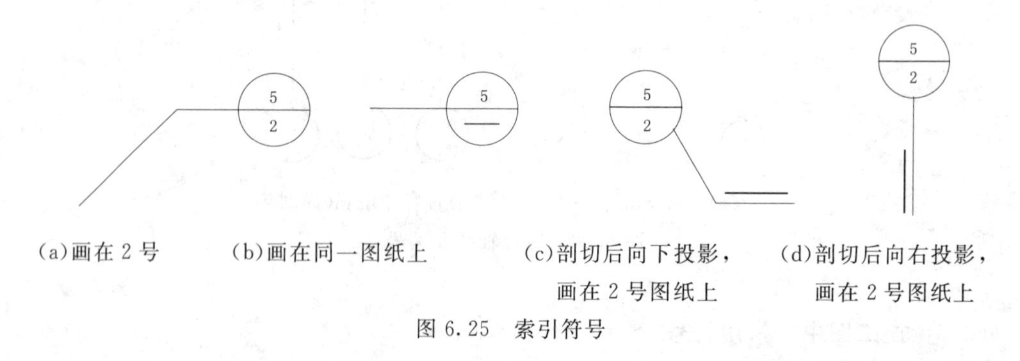

(a)画在 2 号　(b)画在同一图纸上　(c)剖切后向下投影,画在 2 号图纸上　(d)剖切后向右投影,画在 2 号图纸上

图 6.25 索引符号

详图符号:详图符号用一粗实线绘制,直径为 14mm。当详图与被索引的图样不在同一张图纸内时,应用一水平细实线将圆圈分成两半,在上半圆中注明详图编号,在下半圆中注明被索引图样的图号。如两者在同一张图纸内时,只要在圆圈内注明详图编号即可,如图 6.26。

指北针:指北针的形状宜如图 6.27 所示,其圆的直径宜为 24mm,用细实线绘制，指针尾部宽度宜为 3mm(即为圆直径的 1/8)，指针头部应注“北”或“N”字。

(a)不在同一图纸内　(b)在同一图纸内

图 6.26　详图符号

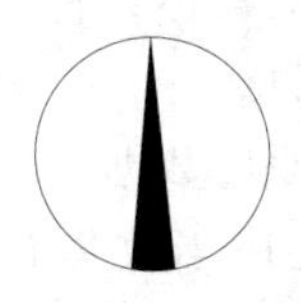

图 6.27　指北针

6.3　防雷工程设计程序

6.3.1　设计前的准备工作

防雷工程设计是一项复杂而细致的工作，涉及的学科较多，同时要受到各种客观条件的制约。为了保证设计质量，设计前必须做好充分准备，包括熟悉设计任务书，广泛深入地进行调查研究，收集必要的设计基础资料等几方面的工作。

(1)落实设计任务

设计单位必须具有建设单位对防雷设计项目的需求文件、建设单位委托同意设计的合同或者招标文件等，方可向建设单位办理相关手续，进入设计程序。

(2)熟悉设计任务书

设计任务书是经建设单位给会同有关技术单位确定的进行设计的依据性文件，一般包括以下内容：

①防雷建设项目的要求、内容、数量及一般说明。

②防雷建设项目的组成比如直击雷防护、接地、屏蔽、电涌保护器、等电位连接等。

③防雷建设项目的分工，新建项目，比如土建完成(自然接地、引下线、接闪带等)，安装完成项目(电涌保护器、等电位连接、接地、综合布线、屏蔽)，改扩建项目，有些建筑外部防雷及内部防雷措施不完善的，需要补充完成的外部与内部防雷装置则一般由后期安装完成。

④防雷建设项目与被保护建筑、设备的关系，如位置、名称数量、设备参数、地形

测量图等。

⑤防雷建设项目应考虑供电、供水、采暖、空调通风、电信、消防等设备方面的要求，以及垂直交通工具、吊装、挖掘、运输、电源等相关使用许可文件等。

⑥设计期限及项目建设进度计划安排要求。

在熟悉设计任务书的过程中，设计人员应认真对照有关定额指标，校核任务书的要求和单方造价等内容。同时，设计人员在深入调查和分析设计任务书以后，从满足技术要求、节约投资等考虑，从施工的具体条件出发，可对任务书中某些内容提出补充和修改，但必须征得建设单位的同意。

(3)调查研究、收集必要的设计原始数据

除设计任务书提供的资料外，还应当收集有关的原始数据和必要的设计资料，如：建设地区的气象、水文地质资料；水电等设备管线资料；基地环境及城市规划要求；施工技术条件及建筑材料供应情况；与设计项目有关的定额指标及已建成的同类型建筑的资料等。

以上资料除有些由建设单位和技术部门收集外，还可采用调查研究的方法，其主要内容有：

①访问相关使用部门对防雷装置的使用要求(比如接地要求，设备位置等)，通过分析和总结，全面掌握所设计防雷装置的特点和要求。

②了解建筑材料供应和结构施工等技术条件，如材料的种类、规格、价格、施工单位的技术力量、构件预制能力、起重运输设备等条件。

③现场勘察，对照土建设计文件深入了解现场的地形、地貌、周围环境，考虑拟建防雷装置的可行性。

6.3.2 设计阶段的划分

防雷工程设计过程按工程按规模大小、复杂程度等要求，划分为不同的设计阶段。一般分两阶段设计是指初步设计和施工图设计。

(1)初步设计阶段

①任务与要求

初步设计是供主管部门审批而提供的文件，也是技术设计和施工图设计的依据。它的主要任务是提出设计方案，即根据设计任务书的要求和收集的必要基础资料，综合考虑技术经济条件和建筑艺术的要求，对建筑总体布置、空间组合进行可能与合理的安排，提出两个或多个方案供建设单位选择，对于防雷工程方面基本是原则性要求，整个工程设计方案需进一步充实完善，综合成为较理想的方案并绘制成初步设计供主管部门审批。

②初步设计的图纸和文件

初步设计说明书一般包括防雷工程防雷类别，风险评估说明及采取的防雷保护措施，设计图纸，主要设备材料表和工程概算等几个部分，具体的图纸和文件有：

防雷设计风险评估计算书，外部防雷、内部防雷设计计算书，相关信息系统的防雷与接地系统图，防雷与接地平面图，主要防雷器材的设计材料表。

设计总说明：按照方案设计确定的方案进行初步设计，提供设计说明书、防护措施、设计原则等，接地电阻要求及措施。主要包括以下几个方面的内容：

1)设计指导思想及主要依据，设计意图及方案特点，对于体现外观的防雷工程对其结构、设备等进行系统的说明。

2)防雷及接地平面图。

3)保护范围、等电位连接、屏蔽、综合布线等分项工程：比例 1∶100、1∶200，应表示其在建筑物中所处的位置。

4)工程概算书：防雷工程估算，主要材料用量及单位消耗量。

(2)技术设计阶段

初步设计经建设单位同意和主管部门批准后，就可以进行技术设计。技术设计是初步设计具体化的阶段，也是各种技术问题的定案阶段。主要任务是在初步设计的基础上进一步解决各种技术问题，协调各工种之间技术上的矛盾。经批准后的技术图纸和说明书即为编制施工图、主要材料设备订货及工程拨款的依据性文件。

技术设计的图纸和文件与初步设计大致相同，但更为详细一些。具体内容包括整个建筑物和各个局部的具体做法，各部分确切的尺寸关系，结构方案的计算和具体内容、各种构造和用料的确定，各种设备系统的设计和计算，各技术工种之间种种矛盾的合理解决，设计预算的编制等。这些工作都是在有关各技术工种共同商议之下进行的，并应相互认可。对于不太复杂的工程，技术设计阶段可以省略，把这个阶段的一部分工作纳入初步设计阶段，另一部分工作则留待施工图设计阶段进行。

(3)施工图设计阶段

①任务与要求

施工图设计是防雷工程设计的最后阶段，是提交施工单位进行施工的设计文件，必须根据建设单位招标及审批同意的初步设计(或技术设计)进行施工图设计。

施工图设计的主要任务是满足施工要求，即在初步设计或技术设计的基础上，综合建筑、结构、设备各工种，相互交底、核实核对，深入了解材料供应、施工技术、设备等条件，把满足施工的各项具体要求反映在图纸中，做到整套图纸齐全统一，明确无误。

②施工图设计的图纸和文件

施工图设计的内容包括接闪器、引下线、接地装置、等电位连接、屏蔽、综合布线、电涌保护器、接地工程的设计图纸、工程说明书、接闪杆及接闪塔等塔桅结构、接地装置的接地电阻计算书和预算书等。具体图纸和文件包括：

1)屋面防雷平面图,有独立接闪杆的还应绘制保护范围图；

2)施工中大样图的平面图、立面图、剖面图,除表达初步设计或技术设计内容以外,还应详细每个施工环节各部件的尺寸及必要的细部尺寸,详图索引；

3)独立接闪杆、塔桅结构的应有结构详图,包括平面节点、立面、剖面等。应详细表示各部分构件关系、材料尺寸及做法、必要的文字说明；

4)设计说明书:包括施工图设计依据、设计规模、新工艺、新方法等；

5)结构和设备计算书；

6)工程预算书。

6.4 防雷工程图纸绘制

6.4.1 防雷工程图纸的组成

防雷工程图纸由封面、图纸目录、设备材料汇总表、设计说明、原理图、设计图样等组成。

6.4.1.1 图纸封面

图纸封面的内容有工程的全名、设计阶段(初步设计、施工图设计)、参加与本工程设计有关的人员、设计单位、设计证书编号、工程项目编号、设计年月日等信息。

6.4.1.2 图纸目录

图纸目录的绘制可参照建筑设计案例,图纸序号和对应的图名根据防雷分项工程一般建设顺序排列。

6.4.1.3 设备材料汇总表

设备材料的汇总表可参照建筑设计案例绘制,其内容是各设计图中设备及材料的总数,序号所对应的设备和材料依据设计图纸的编号编排。

6.4.1.4 设计说明

设计说明中应将防雷工程概况、设计依据、主要设计参数、设备规格型号、使用的新技术、新材料、新工艺及施工中不必绘制的一些图样及施工的方法等。

(1)工程概况

工程概况编写主要交代防雷工程项目的位置、建筑(构筑)物以及信息系统的防雷类别,防雷工程应做的分项目名称等。

(2)设计依据

设计依据中需写明与本工程设计有关并采用了的技术规范、勘查报告、法律条文、气象、地质土壤信息等相关资料，如需要进行雷击风险评估报告，则应要求提供相应资料并作为重要参考依据。

规范采纳的排列顺序为先国际标准，再国家标准，其次为行业标准，各标准依次按照编号从小到大的顺序排列。需要注意的是，工程设计内容中涉及的规范才可以列入设计依据，否则不应列入。

(3)设计参数

设计参数是指防雷装置的主要技术参数。如接闪杆所采用的滚球半径、电气参数、高度、机械强度值(抗风、抗震等)，接地装置的冲击接地电阻，等电位连接的形式、屏蔽系数等相关信息。电源、信息系统安装的电涌保护器(surge protection device，SPD)的主要技术参数，如标称放电电流、最大放电电流，以及相应级别的冲击电压、插入损耗等参数以及相关的试验类型。

(4)施工说明

在某些设备或装置或做法无法在图纸上表达的，要在施工说明中具体说明施工方法、工艺或规范要求等。

对安装的防雷装置所采用的主要设备的材料应符合防雷技术、机械强度要求以及主要材料的主要性能。

与防雷工程施工有关的辅助技术措施应简明扼要的叙述，如：防雷装置上应注明与其他设备或人员安全之间的关系，警示牌或标识牌。

(5)图例

防雷工程设计图中出现的一些防雷装置应用国家标准规定的图例，设计中出现的图例应在说明中或设计图中说明该图例所对应的装置。

(6)原理及电气接线图

原理图一般提供直击雷保护范围、电涌保护器按照拓扑结构、等电位连接及接地原理等图。

(7)设计图样

设计图样应由设计说明、平面图、立面图、剖面图、详图(局部放大)、清单以及简图等组成。

6.4.1.5　图纸绘制

(1)设计图与竣工图

防雷工程设计图需明确设计阶段，设计图有初步设计、施工图设计，在施工过程中可以根据施工的实际情况做必要的修改。竣工图是反映客观施工情况的图纸，其距离尺寸、设备名称、数量、安装等必须与交付使用的工程一致。

(2)大样及详图

防雷装置的具体做法在设计图上须注明采用的图集号和页码，可不再另绘施工图；由于工程设计需要将图集标准图更改的或图集上没有的加工或施工图，则需要另绘加工、施工图。

加工制造、施工安装详图须说明工序或工艺等，无需设计图的须用详细的文字说明。

工程安装中的电气连接需在图上注明连接方式，焊接的需标注焊接厚度或焊接级别，螺栓连接、固定的需注明螺栓的大小及件数。防雷装置的防腐措施及工艺，防雷装置外露可导电部分的绝缘以及保护措施等需文字说明或注明图集号。

(3)图纸绘制要求

图纸绘制幅面、编排顺序、图线、字体、比例、符号、绘制方法等参照相关技术规范，防雷工程设计内容名称应在底图上突出显示，与图名一致，底图应简洁，但与防雷设计有关的设施、设备、距离应尽可能地反映在图纸中。

6.4.2　工程图纸

6.4.2.1　工程图纸编号

防雷工程图纸根据分项工程、阶段等进行编排，宜按照设计总说明、平面图、立面图、剖面图、详图、清单、简图等的顺序编号。

工程图纸编号应使用汉字、数字和连字符"—"的组合。

同一工程中，应使用统一的工程图纸编号格式，工程图纸编号应自始至终保持不变。工程图纸编号格式应符合下列规定：

①工程图纸编号可由专业缩写代码、阶段代码、类型代码、序列号、更改代码和更改版本序列号等组成(图 6.28)，其中类型代码、更改代码和更改版本序列号可根据需要设置。专业缩写代码、阶段代码与类型代码、序列号与更改代码之间用连字符"—"隔开；

②专业缩写代码用于说明专业类别，由 1 个汉字组成；

③阶段代码用于区别不同的设计阶段，由 1 个汉字组成；

④序列号用于标识同一类图纸的顺序，由 001—999 之间的任意 3 位数字组成；

⑤更改代码用于标识某张图纸的变更图，用汉字"改"表示；

⑥更改版本序列号用于标识变更图的版次，由 1—9 之间的任意 1 位数字组成。

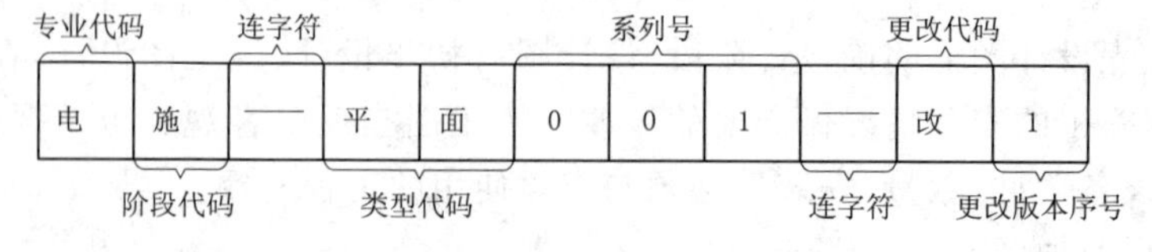

图 6.28　工程图纸编号格式

6.4.2.2　防雷工程图纸

防雷工程图纸按照其施工项目可分为接闪、引下线、接地、等电位连接、屏蔽、综合布线、电涌保护共7项。

(1)接闪器及引下线布置平面图

①接闪器分为接闪杆、接闪带、接闪网、接闪线,其布置情况须绘制在有建(构)筑物的平面图上,并标注其安装的具体位置。

②接闪器的保护类别和接闪器类型的选择参考《GB 50057—2010　建筑物防雷设计规范》。

③接闪网、带的引下线位置用引下线专用图标标注;数量、间距结合《GB 50057—2010　建筑物防雷设计规范》相关要求,并用图例标注。安装独立接闪杆、注接闪线和接闪网的应标接闪杆以及接闪线、接闪网支撑杆距离被保护物的距离,例如:某一类防雷建筑的仓库用避雷塔、线保护平面图。安装接闪带的需标注层高、屋面设备布置、金属构建物需要等电位的均应在平面图中绘制出来。

④引下线有明敷与暗敷应在平面图中注明,引下线敷设可在接闪器布置的平面图上将引下线位置用图例标注。引下线敷设方法应在平面图上标注采用的图集号和页码,并在图纸的材料表中注明引下线的规格、数量、材料名称等。

⑤引下线敷设无法在图纸中绘制的一些特殊要求,应在图纸中说明。引下线中与其他电气线路的距离,需在图纸中说明或在平面图上绘制。

⑥断接卡宜在平面上用图例标注,其安装、保护措施需注明图集号和页码。

⑦防直击雷的专设引下线距出入口或人行道边沿的距离应根据《GB 50057—2010　建筑物防雷设计规范》4.5.6条要求,在图纸中标注清楚。

(2)保护范围图

①接闪杆保护范围图

接闪杆保护范围图应依据滚球法绘制出剖面和平面保护范围,并用阴影填充保护区域或用与被保护建筑或装置明显区别的线突出显示被保护的区域,图中须将建筑物的长宽高、滚球半径、水平保护范围等数据在图纸上标注出来。

独立接闪杆的支柱及其接地装置至被保护建筑物及其有联系的管道、电缆等金属物之间的距离,应在图纸中明确标注。

②接闪线保护范围图

架空接闪线(网)的支柱及其接地装置至被保护建筑物及其有联系的管道、电缆等金属物之间的距离,应在图纸中明确标注。绘制剖面保护范围图时,接闪线应选择弧垂点作为接闪的最高点。

(3)接地设计图

①自然接地体,应在基础平面图上用与建筑图区别明显的线沿圈梁将基础连接

起来，形成基础接地平面图，并注明焊接的钢筋编号；有防雷引下线的基础应用引上线图例注明；接地装置的施工图可在平面图上注明按照《GJBT 624 03D501-3—2003　利用建筑物金属体做防雷及接地装置安装》图集的页码。

人工接地装置在平面图中要注明接地装置的布置位置、与建筑外墙或散水之间的距离，引入室内和与自然接地装置焊接的位置；接地装置的施工图可在平面图上注明按照《GJBT 624 03D501-4—2003　接地装置安装》图集的页码。

②人工接地装置平面图上应将土壤的类别在图中说明，如水泥地面、岩石地面、沙质土壤、黄土等土壤状况用图例标注或直接用文字说明；接地材料如接地极、换土、降阻剂、接地模块需在设计图上用相应符号标明或用文字描述。

③设计的接地电阻值应在设计说明和接地设计图中写明。

④跨步电压与接触电压的施工措施，需在平面图中绘制区域或说明要求及施工方法。

⑤接地装置平面图中，接地极的埋深和垂直接地极的间距标注应符合《GB 50057—2010　建筑物防雷设计规范》5.4.3、5.4.4 条要求。

(4)等电位连接设计图

①等电位连接必须按等电位连接网络的敷设要求绘制平面图，将所有需要等电连接的设备布置情况在平面图上绘制并明确标示此处需做等电位连接；

②等电位连接平面图上应有材料表；

③图纸中必须用不同的图标明确防静电接地、逻辑接地、屏蔽接地、信号接地、防雷接地及等电位连接网络的接地端子；

④共用接地系统的平面图和详图。共用接地系统与等电位接地端子板的连接应有明确的标示，局部等电位接地端子板与预留的楼层主钢筋接地端子的连接应表明，接地干线的材料、规格敷设方式等均需明确标示；

⑤防雷接地与交流工作接地、直流工作接地、安全保护接地共用一组接地装置时应采用不同的符号明确，并标明接地电阻数值；

⑥人工接地装置与建筑物之间的距离应在图纸上明确标注或说明。

(5)屏蔽设计图

①屏蔽室平面设计图

某栋建筑对有电磁脉冲防护需要的房间在该层用有别于其他房间的线性绘制位置平面图，并注明电磁脉冲防护字样。

②屏蔽室设计图

需要屏蔽的房间或设备须绘制出房间的屏蔽剖面图，必要时应绘制出立体示意图，剖面图上需注清楚屏蔽壳体、屏蔽门、各类滤波器、截止通风导窗、屏蔽玻璃窗、屏蔽暗装箱、室内等电位预留端子、电磁屏蔽时与建筑外墙之间的预留维修通道等。

线路屏蔽中应用不同的线型表示屏蔽线或屏蔽管线，并注明位置。图中须注明屏蔽材料、规格尺寸等参数，屏蔽焊缝的施工要求等。

(6)综合布线设计图

屏蔽接地应用不同的标示在平面图上标示出，不同防护区域交界处的接地应标示，通过计算获得的屏蔽埋设长度应在平面图上明确标明长度；电子信息系统线缆敷设时与其他管线、电力电缆、电气设备之间的间距应在图纸上明确标明；屏蔽和综合布线图纸绘制应有平面图和详图。

(7)电涌保护器设计图

电涌保护器的安装分电源和信息系统，电源应绘制本工程选用的供电形式，电源部分在干线图或拓扑图中标明 SPD 安装的部位，信息系统在网络拓扑结构图中标明 SPD 的安装位置。

所有 SPD 类型应采用不同图标标明。SPD 的标注应在其相应等级下方的空白处注明主要性能、波形。多级 SPD 的设计图中，应用间断线区分并注明级别。

SPD 的安装拓扑图或示意图中需说明安装方式。在材料表中需有电涌保护器 SPD 的型号、参数和数量、导线截面积、导线长度等。对于 SPD 内部未设计热脱扣装置的，失效状态为短路型的 SPD，应绘制前端热熔丝、热熔线圈或断路器进行后备过电流保护的电路。

复习思考题

一、选择题

1. 钢筋强度等级和种类代号中，二级 HRB335 标准值 335MPa 设计值 300MPa，符号为(　　)。

   A. $\underline{\Phi}$　　B. ΦR　　C. $\underline{\Phi\!\!\!\Phi}$　　D. $\overline{\underline{\Phi}}$

2. 下列选项属于绘制总剖面图时常用的比例为(　　)。

   A. 1∶100　　B. 1∶200　　C. 1∶300　　D. 1∶400

3. 一般用于绘制尺寸界限、尺寸线、索引符号的圆圈、引出线、图例线、标高线等线的线型是线宽为 0.25b 的(　　)。

   A. 粗实线　　B. 中实线　　C. 细实线　　D. 粗虚线

4. 建筑工程图样上的尺寸单位，除标高及总平面图以(　　)为单位外，其余均以(　　)为单位，因此图中尺寸数字无需注写单位。

   A. m，cm　　B. cm，mm　　C. m，mm　　D. mm，mm

5. 绘制架空接闪线(网)剖面保护范围图时，接闪线应选择(　　)作为接闪的最高点。

A. 交点　　B. 原点　　C. 弧垂点　　D. 制高点

6. 接闪杆保护范围图应依据(　　)绘制出剖面和平面保护范围，并用阴影填充或突出显示被保护区域，图中须将相关数据在图纸上标注出来。

A. 折线法　　B. 曲线法　　C. 保护角度法　　D. 滚球法

7. 绘制指北针的形状时，其圆的直径宜为(　　)，用细实线绘制，指针尾部宽度宜为(　　)(即为圆直径的 1/8)；指针头部应注“北”或“N”字。

A. 24mm，3mm　　B. 21mm，7mm

C. 24mm，4mm　　D. 21mm，3mm

二、简答题

1. 简述防雷工程图纸的组成？
2. 设计依据的编写规则是什么？
3. 简述防雷工程设计流程？

第 7 章　防雷装置设计准备

在新建、扩建、改建建(构)筑物的防雷工程设计中,为使建(构)筑物、信息系统防雷设计因地制宜地采取防雷措施,防止或减少雷击建(构)筑物所发生的人身伤亡和财产损失,以及雷击电磁脉冲引发的电气和电子系统损坏,应根据建筑物电子信息系统的特点,进行全面规划,做到安全可靠、技术先进、经济合理。

7.1　防雷装置设计相关技术标准

防雷装置设计,应尽可能多地参考相关技术规范,设计应符合国家现行有关标准的规定,表 7.1 为常用标准规范名录。

表 7.1　常用标准规范名录表

国家标准		
序号	标准号	标准名称
1	GB 9361—2011	计算站场地安全要求
2	GB 14050—2016	系统接地的型式及安全技术要求
3	GB 15599—2009	石油与石油设施雷电安全规范
4	GB 18802.1—2011	低压电涌保护器(SPD)　第 1 部分　低压配电系统的电涌保护器　性能要求和试验方法
5	GB 50028—2006	城镇燃气设计规范
6	GB 50030—2013	氧气站设计规范
7	GB 50031—1991	乙炔站设计规范
8	GB 50054—2011	低压配电设计规范
9	GB 50057—2010	建筑物防雷设计规范
10	GB 50058—2014	爆炸和火灾危险环境电力装置设计规范
11	GB 50074—2014	石油库设计规范
12	GB 50089—2007	民用爆破器材工厂设计安全规范

续表

国家标准		
序号	标准号	标准名称
13	GB 50147—2010	电气装置安装工程高压电器施工及验收规范
14	GB 50150—2016	电气装置安装工程电气设备交接试验标准
15	GB 50154—2009	地下及覆土火药炸药仓库设计安全规范
16	GB 50156—2012	汽车加油加气站设计与施工规范
17	GB 50160—2018	石油化工企业设计防火规范
18	GB 50161—2009	烟花爆竹工厂工程设计安全规范
19	GB 50165—1992	古建筑木结构维护与加固技术规范
20	GB 50169—2006	电气装置安装工程接地装置施工及验收规范
21	GB 50173—1992	电气装置安装工程 35kV 及以下架空电力线路施工及验收规范
22	GB 50174—2008	电子信息系统机房设计规范
23	GB 50177—2005	氢氧站设计规范
24	GB 50183—2004	石油天然气工程设计防火规范
25	GB 50184—2011	工业金属管道工程施工质量验收规范
26	GB 50194—2014	建设工程施工现场供用电安全规范
27	GB 50195—2013	发生炉煤气站设计规范
28	GB 50200—1994	有线电视系统工程技术规范
29	GB 50235—2010	工业金属管道工程施工规范
30	GB 50300—2013	建筑工程施工质量验收统一标准
31	GB 50303—2015	建筑电气工程施工质量验收规范
32	GB 50311—2016	综合布线系统工程设计规范
33	GB 50314—2015	智能建筑设计标准
34	GB 50343—2012	建筑物电子信息系统防雷技术规范
35	GB 50350—2015	油气集输设计规范
36	GB 50395—2015	视频安防监控系统工程设计规范
37	GB 50494—2009	城镇燃气技术规范
38	GB 50601—2010	建筑物防雷工程施工与质量验收规范
39	GB 50650—2011	石油化工装置防雷设计规范
40	GB 50689—2011	通信局(站)防雷与接地工程设计规范
41	GB 50952—2013	农村民居防雷工程技术规范

续表

国家标准		
序号	标准号	标准名称
42	GB/T 18216.4—2012	交流 1000V 和直流 1500V 以下低压配电系统电气安全防护措施的试验、测量或监控设备　第 4 部分:接地电阻和等电位接地电阻
43	GB/T 18216.5—2012	交流 1000V 和直流 1500V 以下低压配电系统电气安全防护措施的试验、测量或监控设备　第 5 部分:对地阻抗
44	GB/T 19271.1—2003	雷电电磁脉冲的防护　第 1 部分:通则
45	GB/T 19271.2—2005	雷电电磁脉冲的防护　第 2 部分:建筑物的屏蔽、内部等电位连接及接地
46	GB/T 19271.3—2005	雷电电磁脉冲的防护　第 3 部分:对电涌保护器的要求
47	GB/T 19271.4—2005	雷电电磁脉冲的防护　第 4 部分:现有建筑物内设备的防护
48	GB/T 19856.1—2005	防雷 通信线路　第 1 部分:光缆
49	GB/T 19856.2—2005	防雷 通信线路　第 2 部分:金属导线
50	GB/T 21431—2015	建筑物防雷装置检测技术规范
51	GB/T 21545—2008	通信设备过电压过电流保护导则
52	GB/T 21697—2008	低压电力线路和电子设备系统的雷电过电压绝缘配合
53	GB/T 21698—2008	复合接地体技术条件
54	GB/T 21714.1—2015	雷电防护　第 1 部分:总则
55	GB/T 21714.2—2015	雷电防护　第 2 部分:风险管理
56	GB/T 21714.3—2015	雷电防护　第 3 部分:建筑物的物理损坏和生命危险
57	GB/T 21714.4—2015	雷电防护　第 4 部分:建筑物内电气和电子系统
58	GB/T25890.5—2010	轨道交通　地面装置　开关设备　第 5 部分:直流接闪器和低压限制器
59	GB/T 2887—2011	计算机场地通用规范
60	GB/T 31162—2014	地面气象观测场(室)防雷技术规范
61	GB/T 32936—2016	爆炸危险场所雷击风险评价方法
62	GB/T 32937—2016	爆炸和火灾危险场所防雷装置检测技术规范
63	GB/T 32938—2016	防雷装置检测服务规范
64	GB/T 33676—2017	通信局(站)防雷装置检测技术规范
65	GB/T 34291—2017	应急临时安置房防雷技术规范
66	GB/T 34312—2017	雷电灾害应急处置规范
67	GB/T 50065—2011	交流电气装置的接地设计规范
68	GB/T 50314—2015	智能建筑设计规范

续表

国家标准		
序号	标准号	标准名称
69	GJBT 516 99D501-1—2002	建筑物防雷设施安装
70	GJBT 569 02D501-2—2002	等电位联结安装
71	GJBT 624 03D501-3—2003	利用建筑物金属体做防雷及接地装置安装
72	GJBT 624 03D501-4—2003	接地装置安装
73	GJBT 676 03X101-4—2003	综合布线工程设计实例
74	GJBT 928 06SX503—2006	安全防范系统设计与安装
75	GJBT 1505 18DX009—2018	数据中心工程设计与安装
76	GJBT 1096 09X700—2009	智能建筑弱电工程设计与施工(上册)
77	GJBT 1097 09X700—2009	智能建筑弱电工程设计与施工(下册)
78	GJBT 1056 08D800-1—2008	民用建筑电气设计要点
79	GJBT 1057 08D800-2—2008	民用建筑电气设计与施工　供电电源
80	GJBT 1059 08D800-3—2008	民用建筑电气设计与施工　变配电所
81	GJBT 1059 08D800-4—2008	民用建筑电气设计与施工　照明控制与灯具安装
82	GJBT 1060 08D800-5—2008	民用建筑电气设计与施工　常用电气设备安装与控制
83	GJBT 1061 08D800-6—2008	民用建筑电气设计与施工　室内布线
84	GJBT 1062 08D800-7—2008	民用建筑电气设计与施工　室外布线
85	GJBT 1603 08D800-8—2008	民用建筑电气设计与施工　防雷与接地

行业标准		
序号	标准号	标准名称
1	AQ 1055—2018	煤矿建设项目安全设施设计审查和竣工验收规范
2	AQ 4106—2008	烟花爆竹作业场所接地电阻测量方法
3	QX 2—2016	新一代天气雷达站防雷技术规范
4	QX/T 10.2—2018	电涌保护器　第 2 部分:在低压电器系统中的选择和使用原则
5	QX/T 10.3—2019	电涌保护器　第 3 部分:在电子系统信号网络中的选择和使用原则
6	QX 30—2004	自动气象站场室防雷技术规范
7	QX/T 85—2007	雷击风险评估技术规范
8	QX/T 86—2007	运行中电涌保护器检测技术规范
9	QX/T 103—2017	雷电灾害调查技术规范
10	QX/T 104—2009	接地降阻剂
11	QX/T 105—2018	雷电防护装置施工质量验收规范

续表

行业标准		
序号	标准号	标准名称
12	QX/T 106—2018	雷电防护装置设计技术评价规范
13	QX/T 108—2009	电涌保护器测试方法
14	QX/T 109—2009	城镇燃气防雷技术规范
15	QX/T 150—2011	煤炭工业矿井防雷设计规范
16	QX/T 154—2012	露天建筑施工现场不利气象条件与安全防范
17	QX/T 160—2012	爆炸和火灾危险环境防雷安全评价技术规范
18	QX/T 161—2012	地基 GPS 接收站防雷技术规范
19	QX/T 162—2012	风廓线雷达站防雷技术规范
20	QX/T 166—2012	防雷工程专业设计常用图形符号
21	QX/T 186—2013	安全防范系统防雷要求及检测技术规范
22	QX 189—2013	文物建筑防雷技术规范
23	QX/T 190—2013	高速公路设施防雷设计规范
24	QX/T 191—2013	雷电灾情统计规范
25	QX/T 210—2013	城市景观照明设施防雷技术规范
26	QX/T 211—2019	高速公路设施防雷装置检测技术规范
27	QX/T 225—2013	索道工程防雷技术规范
28	QX/T 226—2013	人工影响天气作业点防雷技术规范
29	QX/T 230—2014	中小学校防雷技术规范
30	QX/T 231—2014	古树名木防雷技术规范
31	QX/T 232—2019	雷电防护装置定期检测报告编制规范
32	QX/T 245—2014	雷电灾害应急处置规范
33	QX/T 246—2014	建筑施工现场雷电安全技术规范
34	QX/T 263—2015	太阳能光伏系统防雷技术规范
35	QX/T 264—2015	旅游景区雷电灾害防御技术规范
36	QX/T 265—2015	输气管道系统防雷装置检测技术规范
37	QX/T 309—2017	防雷安全管理规范
38	QX/T 310—2015	煤化工装置防雷设计规范
39	QX/T 311—2015	大型浮顶油罐防雷装置检测规范
40	QX/T 312—2015	风力发电机组防雷装置检测技术规范
41	QX/T 317—2016	防雷装置检测质量考核通则

续表

行业标准		
序号	标准号	标准名称
42	QX/T 319—2016	防雷装置检测文件归档整理规范
43	QX/T 330—2016	大型桥梁防雷设计规范
44	QX/T 331—2016	智能建筑防雷设计规范
45	QX/T 384—2017	防雷工程专业设计方案编制导则
46	QX/T 399—2017	供水系统防雷技术规范
47	QX/T 401—2017	雷电防护装置检测单位质量管理体系建设规范
48	QX/T 402—2017	雷电防护装置检测单位监督检查规范
49	QX/T 403—2017	雷电防护装置检测单位年度报告规范
50	QX/T 404—2017	电涌保护器产品质量监督抽查规范
51	QX/T 405—2017	雷电灾害风险区划技术指南
52	QX/T 406—2017	雷电防护装置检测专业技术人员职业要求
53	QX/T 407—2017	雷电防护装置检测专业技术人员职业能力评价
54	QX/T 430—2018	烟花爆竹生产企业防雷技术规范
55	QX/T 431—2018	雷电防护技术文档分类与编码
56	QX/T 450—2018	阻隔防爆橇装式加油(气)装置防雷技术规范
57	QX/T 498—2019	地铁雷电防护装置检测技术规范
58	QX/T 499—2019	道路交通电子监控系统防雷技术规范
59	GA 267—2018	计算机信息系统 雷电电磁脉冲安全防护规范
60	GA 371—2001	计算机信息系统实体安全技术要求
61	GA/T 670—2006	安全防范系统雷电浪涌防护技术要求
62	GA 837—2009	民用爆炸物品储存库治安防范要求
63	GA 838—2009	小型民用爆炸物品储存库安全规范
64	JT/T 228—2008	交通小型无线电基地台接地和防雷技术要求
65	DL/T 381—2010	电子设备防雷技术导则
66	MH/T 4020—2006	民用航空通信导航监视设施防雷技术规范
67	YD 5098—2005	移动通信基站防雷与接地设计规范
68	CJ/T 385—2011	城镇燃气用防雷接头
69	CJJ 84—2000	汽车用燃气加气站技术规范

7.2　防雷工程设计勘测

雷电防护工程首先要保证被保护对象正常运行，在防雷工程设计前，须明确防雷保护对象具体情况，防雷工程勘测是防雷工程设计的基础，对整个防雷工程起着重要作用，进行充分的工程勘测是防雷工程能够做到安全可靠、技术先进、经济合理的前提。

通过设计前的缜密工程勘测，设计人员可以对被保护项目的防雷工程设计有了充分设计依据，设计根据被保护物特点、雷电危害规律、雷电危害可能造成的后果进行综合评估，提出设计思路，依据现行的国家或行业设计规范、标准进行初步方案设计、计算和方案比较，编制工程概算，在方案通过后进行施工图设计和施工预算。

防雷工程包括新、改、扩建工程，勘测工作具体如下。

7.2.1　资料收集

收集的资料主要有：

(1)被保护项目历史沿革、文物价值、对社会服务的性质、项目建设的近远期规模，用于判断雷电损坏可能造成政治和经济等方面影响状况；

(2)工程设计图纸(建筑、结构、工艺、设备等)收集、工程图纸阅读并编制勘察报告内容；

(3)了解建筑物各系统组成与系统设备布置位置，电气系统的接地型式(如TN、TT、IT等)、入户方式、屏蔽情况和系统总体布局和各配电箱具体安装位置；

(4)了解电子系统种类(包括电话、广播、有线电视、视频监控、防盗、天馈、程控、网络、设备监控、火灾自动报警与消防联控等)、系统入户方式、室内外线路屏蔽情况、系统工作参数(工作频率、传输介质、速率、带宽、工作电压、接口形式和特性阻抗)、系统总体布局和信息点、处理计算机、交换器与伺服设备数量和具体安装位置；

(5)收集相关工程文件(工程分期实施计划、可行性研究报告文件和批准文件)，了解工程分期实施情况，各分期防雷保护的相互衔接；

(6)收集水文地质资料，判读土壤含水率变化和初步判断土壤电阻率范围，查看地质勘探报告，了解土壤分层情况、旱季与雨季地下水位变化情况、受季节影响土壤冻土变化情况；

(7)收集当地气象和雷暴资料的，用于确定项目雷击的频率和雷击的可能性判断。

7.2.2　现场勘测

现场勘测主要内容有：

(1)被保护工程现场条件(包括地形、地貌和周边环境，必要时进行丈量绘制相应图纸)用于判断项目的雷电选择性。可用于实施雷电防护的场地条件，确定独立接闪装置、独立接地网或降阻接地网，以及可利用土地的尺寸范围；

(2)测量土壤电阻率，并根据土壤干湿程度、气温和土壤温度进行相应调整，用于接地设计计算的依据；

(3)掌握既有防雷设施(包括直击雷防护、电源与信号系统过电压防护、屏蔽、综合布线、等电位连接)完成情况、完好状况的详细记录，作为防雷设计的依据；

(4)核定建筑物外形尺寸、屋面坡度、屋面接闪器布置、突出屋面各种设施情况，接闪器是否能有效保护全部易受雷击部位，检查屋面是否存在爆炸危险气体、蒸汽或粉尘的放散管、呼吸阀、排风管等，屋面是否存在可燃物或结构构件；

(5)查看核对电气系统的线路进线数量、架空或埋地、线缆屏蔽层(或金属套管)截面积，总配电箱位置、数量，分配电箱位置、数量，UPS 型号、容量、进出线配置和由各自 UPS 服务设备情况(根据查看情况现场绘制供配电系统示意图)，丈量各配电箱之间相对位置(确定相互间距离，估算相互间连接所用导线长度)，检测各配电箱接地电阻是否符合要求；

(6)查看核对信号线路进线线缆路数、进线方式、线缆介质(光缆/铜缆/双绞线、同轴电缆)线缆是否为屏蔽或穿金属套管(桥架)引入，信号接线/过渡、交换机箱)位置、数量，各品种信号线布线情况(干线或支线具体走向)绘制信号系统布线图；

(7)核对清点和记录各系统(包括电话、广播、有线电视、视频监控、防盗、天馈、程控、网络、设备监控、火灾自动报警与消防联控等)主要设备数量、安装位置，查看并记录各系统线路的工作电压、接口形式、工作频率、传输速率、带宽和特性阻抗等参数。

例如，在勘测各信息处理机房屏蔽和等电位时，测绘和记录以下内容：

(1)机房平面尺寸、设备尺寸、品种和布置位置的平面图；

(2)绘制机房内电源、信号线路布线图；

(3)测量机柜、设备与墙或柱之间距离；

(4)检查、测试防静电地板是否可靠接地、接地电阻、金属门窗是否可靠接地；

(5)检查机房局部等电位端子设置位置、等电位连接网络、需要接地的设备/机柜是否已做接地、接地线规格、查看并测量机柜和设备电阻测试；

(6)如果机房已采用屏蔽措施时，检查机房原有屏蔽措施，测量屏蔽效果；

(7)机房如采用人工接地时，检查测试人工接地与建筑物基础是否共地；

(8)根据工程进度已完成的设备安装和将要完成的设备安装详细记录，了解近期和中远期的设备装机数量或规模，用于判断雷电可能造成的直接经济损失的额度以及对社会服务的影响，为设计提供依据；

(9)建筑内部原材料及成品存储(包括品种、数量及最大存量，尤其是危化物品、爆炸和放射性物质)清单，用于判断雷电可能造成的直接经济损失、对区域自然环境、全球环境造成的间接影响；

(10)测量由于工程图纸不能明确表达的外部管线(架空或埋地电源/信号、给排水、热力、燃气等各种管线)连接节点、管线走向及长度；

(11)测量由于工程图纸不能明确表达的建筑(建筑物、构筑物、设备间)的几何尺寸、测绘被保护建筑的平面布置、房间平面布置和设备平面布置、列出可能会影响到雷电防护保护效果的树木/塔架/架空管线具体位置和高度(通常用图、文表述)，用于详细的防雷工程施工图设计和防雷措施实施的依据。

勘测工作中现场勘测主要通过填写现场勘查记录表格(表 7.2)和文字描述。采用尺、测距仪、经纬仪、全站仪测量、土壤电阻率测试仪测出数据，数码相机拍摄等手段进行。

表 7.2　防雷工程现场勘测表

<table>
<tr><td>单位名称</td><td colspan="12"></td></tr>
<tr><td>项目名称</td><td colspan="12"></td></tr>
<tr><td>项目地点</td><td colspan="6"></td><td colspan="2">日期</td><td colspan="4"></td></tr>
<tr><td>建筑物尺寸(m)</td><td colspan="2">长</td><td colspan="2"></td><td colspan="2">宽</td><td colspan="2"></td><td colspan="2">高</td><td colspan="2"></td></tr>
<tr><td>当地年平均雷暴日数</td><td colspan="2"></td><td colspan="5">建筑物年预计雷击平均次数</td><td colspan="5"></td></tr>
<tr><td>孤立建筑周围地形</td><td colspan="4"></td><td colspan="4">土壤电阻率</td><td colspan="4"></td></tr>
<tr><td>周围建筑物情况</td><td>东</td><td colspan="2"></td><td>南</td><td></td><td colspan="2">西</td><td colspan="2"></td><td colspan="2">北</td><td></td></tr>
<tr><td>综合管线情况</td><td colspan="12"></td></tr>
<tr><td>电气系统描述</td><td colspan="12"></td></tr>
<tr><td>电子信息系统描述</td><td colspan="12"></td></tr>
<tr><td>被保护物描述</td><td colspan="12"></td></tr>
<tr><td>原有防雷设施</td><td colspan="12"></td></tr>
<tr><td>备注</td><td colspan="12"></td></tr>
<tr><td>现场勘测人</td><td colspan="2">甲方</td><td colspan="3"></td><td colspan="2">乙方</td><td colspan="5"></td></tr>
</table>

注：此表为样表，勘测时应根据实际情况、勘测内容制表和绘制图纸。

7.2.3　资料查询

被保护设备资料查询结果(包括设备使用说明书、设备设计安装文件、系统设计文件、设备及系统安装条件要求文件、设备工作参数、系统通信协议)、估算设备耐冲击能力值、被保护空间存储材料或物品的理化性能和防火防爆要求。

设计前期勘测以报告书的形式编制装订,图形和文字表达要求达到精练、准确、全面反映被保护物实际情况,为雷电防护方案设计、计算和施工图设计提供科学依据。

7.2.4　防雷与接地工程设计依据

(1)提供的被保护范围及欲实施防雷工程的委托书;

(2)对建(构)筑物认真调查地理、地质、土壤、气象、环境等条件和雷电活动规律;

(3)相关的 IEC、国标、行标、企标等防雷规范及法律法规,具体见表 7.1;

(4)被保护建筑物(群体)、构筑物基本情况;

(5)建筑物内主要被保护信息系统设备及其网络结构的基本情况;

(6)供电、配电及电网情况;

(7)接地系统状况;

(8)设计完成的建筑设计图纸反映的与防雷有关的情况。

7.3　雷电的电流参数

雷云向大地或雷云之间剧烈放电的现象称为闪击,带负电荷的雷云向大地放电为负闪击,带正电荷的雷云向大地放电为正闪击,雷云对大地放电多为负闪击,其电流峰值以 20～50kA 居多。正闪击比负闪击猛烈,其电流幅值往往在 100kA 以上。

雷电波能量比率积累的频率分布更明显地表明低频率部分增值快,频率越高,增值越慢,这也说明雷电的能量大多分布在低频部分。90%以上的雷电能量分布在频率为 10kHz 以下,这说明在通信网络中,只要防止 10kHz 以下频率的雷电波窜入,就能把雷电波的能量消减 90%以上,这对于避雷工程是很有指导意义的。

闪电击中时会有三种可能的波形,《GB 50057—2010　建筑物防雷设计规范》,《IEC62305-1　雷电防护　第 1 部分:总则》中规定的雷电流波形及其参数如图 7.1,其参量应符合表 7.3—表 7.6 的规定。

短时雷击电流波头的平均陡度是时间间隔(t_2-t_1)内电流的平均变化率,即用该时间间隔的起点电流与末尾电流之差[$i(t_2)-i(t_1)$]除以(t_2-t_1)。短时雷击电流的波头时间 T_1 是一规定参数,定义为电流达到 10%和 90%幅值电流之间的时间间隔

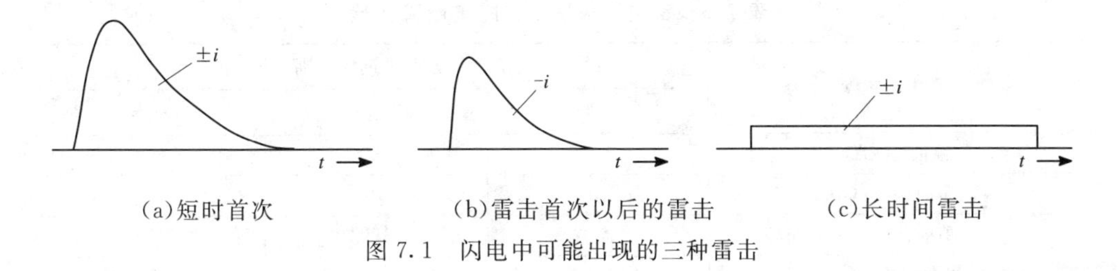

(a)短时首次　　(b)雷击首次以后的雷击　　(c)长时间雷击

图 7.1　闪电中可能出现的三种雷击

乘以 1.25;短时雷击电流的规定原点 O_1 是连接雷击电流波头 10%和 90%参考点的延长直线与时间横坐标相交的点,它位于电流到达 10%幅值电流时之前的 $0.1T_1$ 处,短时雷击电流的半值时间 T_2 是一规定参数,定义为规定原点 O_1 与电流降至幅值一半之间的时间间隔,如图 7.2a。长时间雷击雷电流陡度与波形,表现为时间长,陡度低,表现在实际工程中则是危害最大,也就是非直击雷,感应雷击将会造成较大的雷电灾害,灾害范围面积较大,损失最为严重,其波形如图 7.2b。

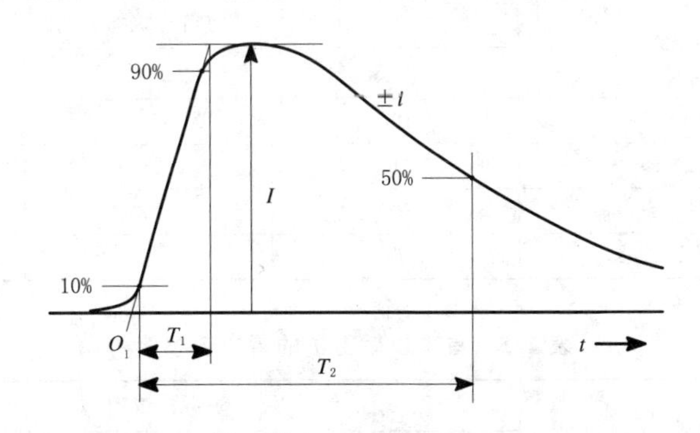

(a)短时雷击(典型值 T_2<2ms)

I:峰值电流(幅值);T_1:波头时间;T_2:半值时间

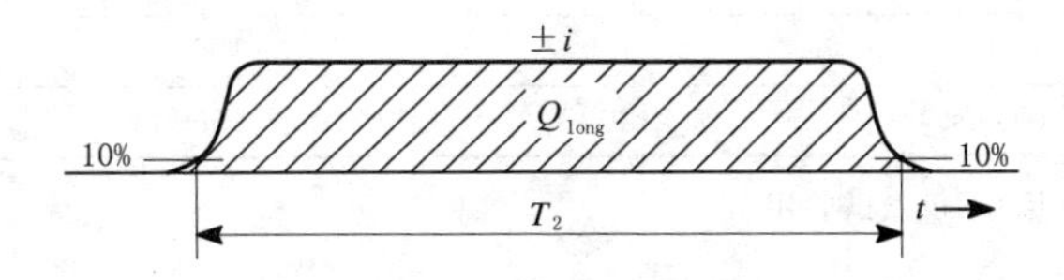

(b)长时间雷击(典型值 2ms<T_{long}<1s)

T_{long}:到波尾值为峰值 10%两点之间的时间间隔波头时间;Q_{long}:长时间雷击的电荷量

图 7.2　雷击参数定义

表 7.3　首次正极性雷击的雷电流参量

雷电流参数	防雷建筑物类别		
	一类	二类	三类
幅值 I(kA)	200	150	100
波头时间 T_1(μs)	10	10	10
半值时间 T_2(μs)	350	350	350
电荷量 Q_s(C)	100	75	50
单位能量 W/R(MJ/Ω)	10	5.6	2.5

注:1. 因为全部电荷量 Q_s 的本质部分包括在首次雷击中,故所规定的值考虑合并了所有短时间雷击的电荷量。

2. 由于单位能量 W/R 的本质部分包括在首次雷击中,故所规定的值考虑合并了所有短时间雷击的单位能量。

表 7.4　首次负极性雷击的雷电流参量

雷电流参数	防雷建筑物类别		
	一类	二类	三类
幅值 I(kA)	100	75	50
波头时间 T_1(μs)	1	1	1
半值时间 T_2(μs)	200	200	200
平均陡度 I/T_1(kA/μs)	100	75	50

表 7.5　首次以后雷击的雷电流参量

雷电流参数	防雷建筑物类别		
	一类	二类	三类
幅值 I(kA)	50	37.5	25
波头时间 T_1(μs)	0.25	0.25	0.25
半值时间 T_2(μs)	100	100	100
平均陡度 I/T_1(kA/μs)	200	150	100

注:本波形仅供计算用,不供做试验用。

表 7.6　长时间雷击的雷电流参量

雷电流参数	防雷建筑物类别		
	一类	二类	三类
电荷量 Q_l(C)	200	150	100
时间 T(s)	0.5	0.5	0.5

注:平均电流 $I \approx Q_l/T$。

7.4 建筑物易受雷击的部位

一般凸出或者空旷的建筑物易遭受雷击，根据多年雷击灾害的调查以及世界各国的防护经验，以下总结出屋面易遭受雷电袭击的部位。

(1)平屋面或坡度不大于1/10的屋面，檐角、女儿墙、屋檐应为其易受雷击的部位如图7.3。图7.4为屋面无直击雷防护措施，遭受雷击的实例。

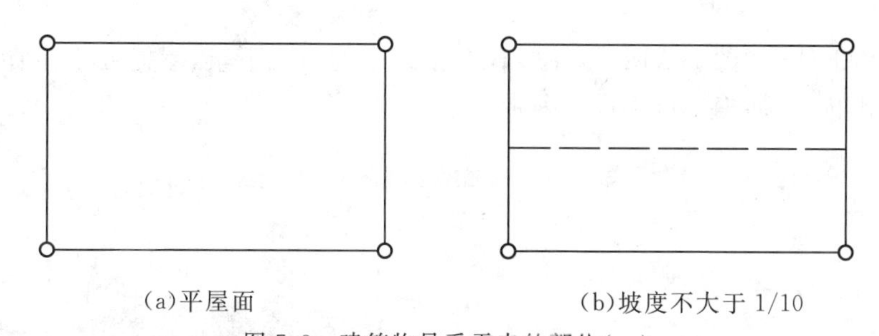

(a)平屋面　　(b)坡度不大于1/10

图7.3　建筑物易受雷击的部位(一)

—:易受雷击部位;— —:不易受雷击的屋脊或屋檐;○:雷击率最高部位

图7.4　平屋面遭受雷击的实例

(2)坡度大于1/10且小于1/2的屋面，屋角、屋脊、檐角、屋檐应为其易受雷击的部位如图7.5。图7.6为屋脊遭受直接雷击的实例。

(3)坡度不小于1/2的屋面，屋角、屋脊、檐角应为其易受雷击的部位如图7.7。图7.8为屋脊遭受直接雷击的实例。

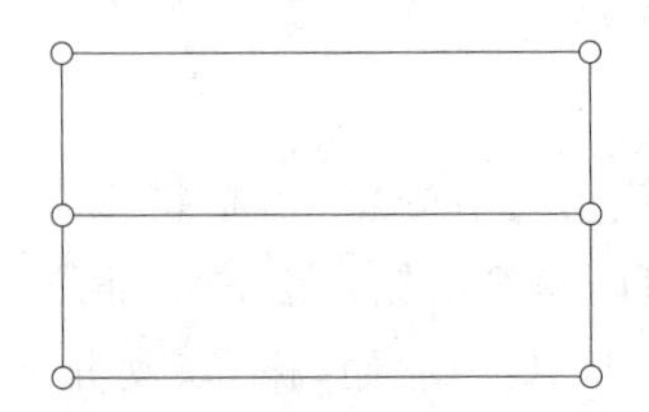

图 7.5　建筑物易受雷击的部位(二)

—:易受雷击部位;○:雷击率最高部位

(4)如图 7.5 和图 7.6 所示,在屋脊有接闪带的情况下,当屋檐处于屋脊接闪带的保护范围内时,屋檐上可不设接闪带。

图 7.6　屋角遭受雷击的实例

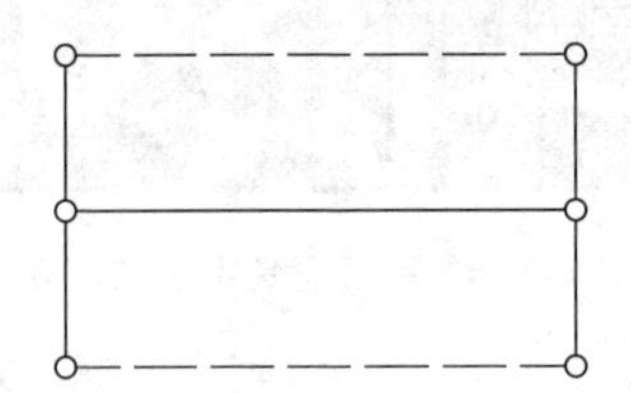

图 7.7　建筑物易受雷击的部位(三)

—:易受雷击部位;— —:不易受雷击的屋脊或屋檐;○:雷击率最高部位

图 7.8　屋脊遭受雷击的实例

7.5　接地与接地装置

接地装置是指埋入土壤中或混凝土中所散流用的金属导体。接地体分人工接地体和自然接地体两种。自然接地体即兼做接地用的直接与大地接触的各种金属构件，如建筑物的钢结构、行车钢轨、埋地的金属管道（可燃液体和可燃气体管道除外）等。按其辐射方式可分为垂直接地体和水平接地体。接地体是从引下线断接卡或换线处至接地体的连接导体。

接地是防雷的基础，标准规定的接地方法是采用金属型材铺设水平或垂直接地极，在腐蚀强烈的地区可以采用镀锌和加大金属型材的截面积的方法抗腐，在接地极不易受机械力破坏的情况下，也可以采用非金属导体做接地极，如石墨接地极和硅酸盐水泥接地极。更合理的方法是利用建筑物的基础钢筋做接地极，有事半功倍之效。

接地装置的主要参数是接地电阻，接地电阻主要受土壤电阻率和接地极与土壤接触电阻有关，在构成地网时与形状和接地极数量也有关系，降阻剂和各种接地极无非是改善接地极与土壤的接触电阻或接触面积。

7.5.1　接地电阻

大地是一个导体，将此看作是零电位，并取为零电位参考点。如果地面上的金属物体与大地具有良好的电气连接，则在没有电流（或很小电流）流过的情况下，金属物体与大地之间没有电位差，该金属物体就具有了大地的电位，即零电位，这就是接地的含意。通俗地说,接地就是把地面上的金属物体或电气回路的某一节点通过导体与大地相连,使该物体或节点与大地经常保持等电位。实际上,大地并不是理想导体,它具有一定的电阻率,在外部作用下,地中一旦出现电流,它将不再保持等电位。从地面上被强制流进大地的电流一般总是从一点注入的,但注入大地后的电流却是以电流场的形式从其周围向远处扩散,有故障电流流经接地体成半球形向大地散流,接地装置的散流电阻称为接地电阻。

在离电流注入点越远的地方,土壤中的电流密度越小,电场越强。从理论上讲,只有到距离电流注入点无穷远的地方,电流密度和电场才能为零。实际上,在离电流注入点 20m 处,地电位已接近于零。

7.5.2 接地装置的结构分析

现代的建筑物,往往在一座建筑物内有很多不同性质的电气设备,需要多个接地装置,如防雷接地、电气安全接地、交流电源工作接地、通信及计算机系统接地等,这么多系统的接地到底采用共用接地的系统好还是每个系统独立接地好呢?图 7.9 表示各种接地形式,图中的小圈"○"为需要接地的装置或设备。

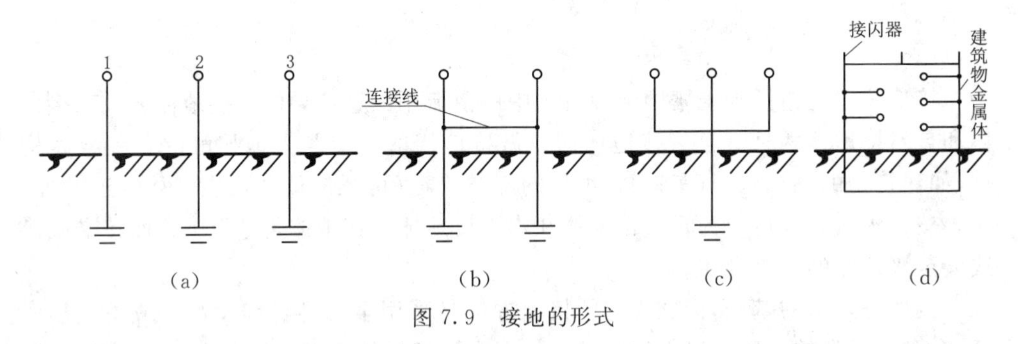

图 7.9　接地的形式

图 7.9a 为每个需要接地的装置或设备自己设独立接地装置。

图 7.9b 为在图 7.9a 的基础上,用连接线将各独立接地装置连接起来。

图 7.9c 为所有需要接地的装置或设备共同合用一组接地装置。

图 7.9d 为利用建筑物的金属体(包括钢构架和钢筋)做接地引线和接地装置。

图 7.9a 称为独立接地,图 7.9b,c,d 称为共用接地。

所谓独立接地是指上面所谈的需要接地的系统分别独立地建立接地网,在 20 世纪 70 年代以前比较多用。它的好处是各系统之间不会相互干扰,这点对通信系统尤为重要,但近年发现这种独立接地的方式在计算机通信网络和有线电视网络中特别容易被雷击。因此,除在有特别防爆要求的环境,必须要采用独立接地外,一般采用共用接地方式。

如图 7.9b,c,d 都称为共用接地,或称为统一接地。它是把需要接地的各系统统一接到一个地网上,或者把各系统原来的接地网在地下或地上用金属连接起来,使它们之间成为电气互通的统一接地网。

独立接地网被共同接地网取代,是因为各通信系统和交流电源系统的接地是为了获得一个零电位点,如果各系统分别接地,当发生雷击的时候各系统的接地点的电位可能相差很大。如图 7.9a 中的 1,2,3 个接地网之间瞬间电位差很大,假定其中"1"为交流电源工作接地;"2"为计算机逻辑接地;"3"为机壳安全保护接地。如果雷电冲击波从其中一条路"1"即交流电源送进来,由于雷电波的瞬时过电压往往是几千伏乃至上万伏,那么在同一台电子计算机电流板上分别与电源、通信或外壳相连的各部分就承担各地网之间的高电压而被击穿。对于计算机网络而言,一般是调制解调器和网卡首先被击穿。电源地,逻辑地,安全保护地和防雷地各自独立的系统,被雷击损坏的概率远远高于共用接地系统。

其次,在一座楼房要分别作几个互相没有电气联系的独立接地网是很困难的,尤其是现代建筑更是如此。如果采用共用接地,雷电流在冲击接地电阻上产生的高压,将同时存在各系统的接地线上,如图 7.9b,c,d 中各系统接地线之间不存在上面讲到的高电位差,也不存在同一台设备的各接地系统之间的击穿问题。

7.5.3　接地体设置的基本要求

(1)接地体的埋设地点选择在土壤电阻率低的地方。由于接地体的接地电阻在很大程度上取决于土壤的电阻率,为了达到所要求的电阻值,将接地体埋设在土壤电阻率低的地方(如潮湿土壤)是比较容易满足对接地电阻值的要求。应尽量避免在烟囱附近埋设接地体,因为这些地方的土壤较为干燥,其电阻率较高。同时也应避免在含有化学腐蚀性物质的地方埋设接地体,如果因实际条件限制,难以避开这些地方时,则需要适当加大接地体的截面积和接地线的截面,并加厚防腐用的镀锌层,各连接焊接点上一般应刷上防腐材料,以提高接地体的防腐能力。

(2)接地体的埋设要注意安全问题。接地体应尽量埋设在人走不到的地方,以免其产生的跨步电压危害人身。同时也要注意使接地体与周围的金属体或电缆线路之间保持一定的距离,当相互间距离不够时,须把它们连成电气通路,即做等电位连接,以避免它们之间发生反击。

(3)应保证接地系统结构中各部分之间具有良好的电气导通性。在接地系统中的所有连接处,一般均应采用电焊或气焊施工,不能采用锡焊。当条件限制不能焊接时,应采用铆接、螺接,连接处的接触面积应在 $10cm^2$ 以上。

(4)接地体的埋设应有合适的深度。从接地系统的施工与运行经验来看,其埋设的深度一般不应小于 0.5～0.8m,但是如果地表层土壤电阻率较大,而深层土壤电阻率较小时，可以将接地体埋设在较深层。

(5)应注意减小接地体的接触电阻。在埋设接地体时，必须将接地体周围的填土夯实，而不得回填碎石、石子、焦渣和炉灰之类的杂物，以切实减小接地体的接触电阻，改善接地体的散流功能。

7.5.4 接地的概念

接地：将电力系统或电气装置的某一部分经接地线连接到接地体称为接地。电气设备在运行中，如发生接地短路，则短路电流通过接地体以半球形状向地中流散。

从防雷角度来讲，把接闪器与大地做良好的电气连接也叫接地。根据防雷接地系统的功能特点，可划分为以下几类：

(1)建筑物防雷接地：防直击雷接地、防雷电感应接地、防雷电波侵入接地、等电位连接接地。

(2)接地体：埋入地中并直接与大地接触的金属导体，称为接地体或接地极。接地体分人工接地体和自然接地体两种。自然接地体即兼做接地用的直接与大地接触的各种金属构件，如建筑物的钢结构、行车钢轨、埋地的金属管道(可燃液体和可燃气体管道除外)等。人工接地体即是打入地下专做接地用的经加工的各种型钢或钢管等。按其敷设方式可分为垂直接地体和水平接地体。接地线是从引下线断接卡或换线处至接地体的连接导体。

(3)接地线：连接接地体及设备接地部分的导体(或电力设备、杆塔的接地螺栓与接地体或零线连接用的在正常情况下不载流的金属导体)称为接地线。接地线又分为接地干线和接地支线。接地线和接地体合称为接地装置。由若干接地体在大地中相连接而组成的总体，称为接地网。

7.5.5 接地的分类

7.5.5.1 保护性接地

保护接地：为保护人身安全、防止间接触电，如图 7.10 所示，将设备的外露可导电部分进行接地，称为保护接地。保护接地的形式有两种：一种是设备的外露可导电部分经各自的接地保护线分别直接接地；另一种是设备的外露可导电部分经公共的保护线接地。高压电力设备的金属外壳、钢筋混凝土杆和金属杆塔，由于绝缘损坏有可能带电，为了防止这种电压危及人身安全把电气设备不带电的金属部分与接地体之间做良好的金属连接叫保护接地。电力设备金属外壳等与零线连接则称为保护接零，简称接零。保护接地包括保护接地和接零。

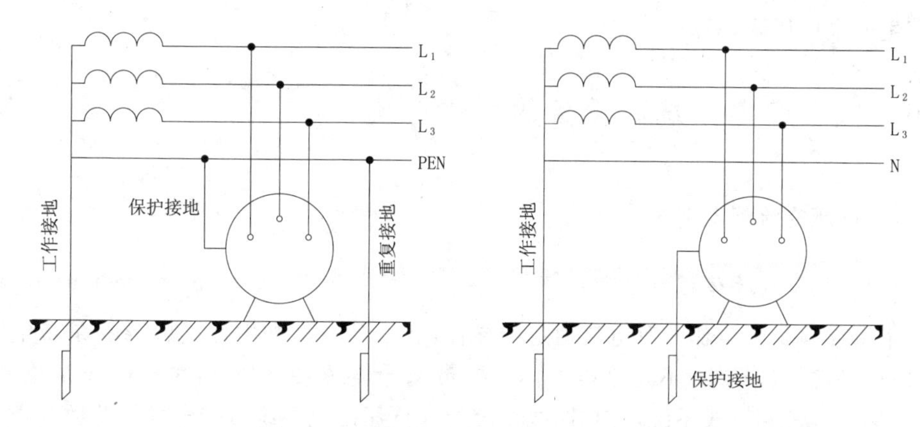

图 7.10　工作接地、保护接地和重复接地

过电压保护接地:消除过电压和消除雷击和过电压的危险影响而设的电压保护装置的接地。防雷接地也是一种过电压保护接地(将雷电导入大地,防止雷电流使人受到电击或财产受到损失)。

防静电接地:消除生产过程中产生的静电而设的接地。

防电蚀接地:在地下埋设金属体作为牺牲阳极或阴极,保护与之连接的金属体,例如金属输油管。

7.5.5.2　功能性接地

工作接地:在电力系统中,为保护电力设备到达正常工作要求的接地,称为工作接地。如图 7.10 的电源中性点直接接地的电力系统中,变压器中性点接地,或发电机中性点接地。

屏蔽接地:防止电磁感应而对电力设备的金属外壳、屏蔽罩、屏蔽线的外皮或建筑物金属屏蔽体等进行的接地。

逻辑接地:为了获得稳定的参考电位,将电子设备中的适当金属体作为参考零电位,须获得零电位的电子器件接在此金属件上,这种接法称为逻辑接地。

信号接地:为保证信号具有稳定的基准电位而设置的接地。

7.5.5.3　重复接地

如图 7.10 所示,在中性线之间接地系统中,为确保保护线安全可靠,除在变压器或发电机中性点处进行工作接地外,还在保护线其他地方进行必要的接地,称为重复接地。

重复接地可以降低漏电外壳的对地电压,公式为:

$$U_{\mathrm{d}}=R_{\mathrm{c}}\cdot U_{\mathrm{L}} \tag{7.1}$$

式中:U_{d} 为漏电外壳的对地电压,V;R_{c} 为重复接地电阻,Ω;U_{L} 为发生短路时,在零

线产生的电压压降,V。

7.6　低压配电系统和设备的型式分类

7.6.1　低压交流配电系统

7.6.1.1　按带电导体根数分类

带电导体是指工作时有电流通过的导体,相线(L线)和中性线(N线)是带电导体,保护接地线(PE线)不是带电导体。按带电导体芯数可分为:单相两线系统,两相三线系统,三相三线系统,三相四线系统等。低压配电系统按带电导体芯数分类方法如下所述。

供电给单项电器的一根线(L)和一根中性线(N)的系统,如图7.11。有单独引出一根保护接地线(PE)的也属单相两线系统。单相降压变压器二次绕组电压为240V,自绕组的中性点抽出一接地。

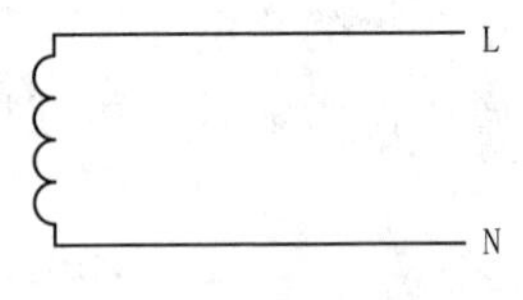

图7.11　单相两线系统

中性线两绕组电流的相位是相同的(在同一瞬间绕组的电流都是流向N或L线),从而引出240V和120V两种电压。这一系统属单相系统,但有三根带电导体,在某些发达国家(如美国)应用较多,在我国一些宾馆的卫生间中也有110V/220V的电源插座,均属此系统,如图7.12。

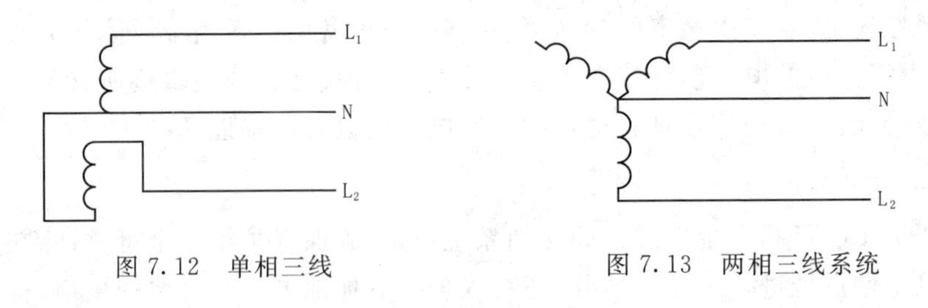

图7.12　单相三线　　　　图7.13　两相三线系统

为减少线路电压降自三相变压器引出两根相线(L_1,L_2)和一根中性线(N)给工业或照明供电的配电系统,如图7.13所示。

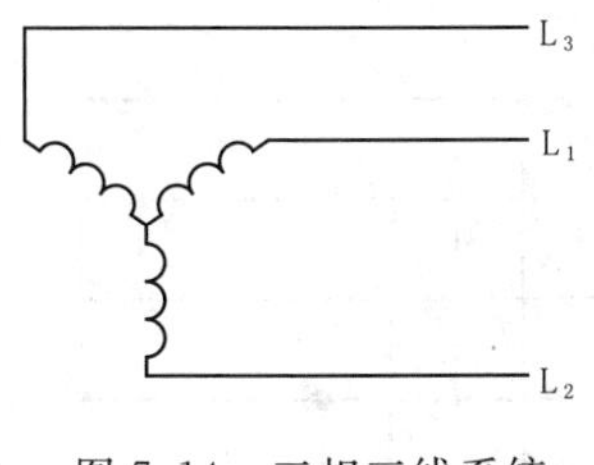

图 7.14　三相三线系统

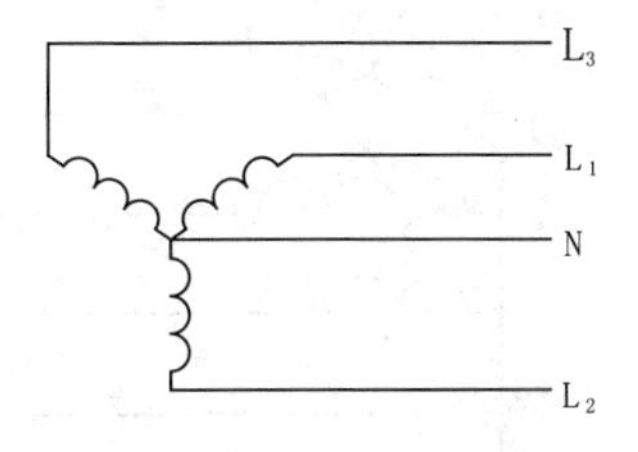

图 7.15　三相四线系统

由电源只引出 3 根相线(L_1,L_2,L_3)，主要用于为电气设备供电的系统。例如给不带控制回路的三相电动机供电，如图 7.14。

三相四线具有 3 根相线(L_1,L_2,L_3)和一根中性线(N)的带电导体系统，如图 7.15。

7.6.1.2　按低压交流系统接地型式分类

(1)系统接地型式的字母表示法

低压交流配电系统分为 TN(TN-C，TN-S，TN-C-S)，TT，IT 三类，这些接地型式的字母符号含义如下。

第一个字母说明电源与大地的关系：

T：电源的一点(通常是中性点)与大地直接连接。

I：电源与大地隔离或电源的一点经高阻抗与大地连接。

第二个字母表示电气装置的外露带电部分与大地的关系。

T：外露导电部分直接接大地，它与电源的接地无联系。

N：外露导电部分通过与接地的电源中性点的连接而接地。

TN 系统中，“－”后第三个字母表示 N 线与 PE 线的关系：

C：N 线和 PE 线共用一根导线(PEN)。

S：N 线和 PE 线分别设置。

(2)系统接地型式的特点

TT 系统：电源的一点(通常是中性点)与大地直接连接，设备外露导电部分直接接大地，它与电源的接地无联系(图 7.16)。

TN 系统：电源的一点(通常是中性点)与大地直接连接，设备外露导电部分通过与接地的电源中性点的连接而接地。TN 系统分为 TN-C，TN-S，TN-C-S 三类。

TN-C 系统：在系统内 N 线和 PE 线共用一根导线(图 7.17)。

TN-S 系统：在系统内 N 线和 PE 线分别独立设置(图 7.18)。

TN-C-S 系统：在系统内，仅在电气装置电源进线点前 N 线和 PE 线是共用一根导线，电源进线点后即分为 N 线和 PE 线(图 7.19)。

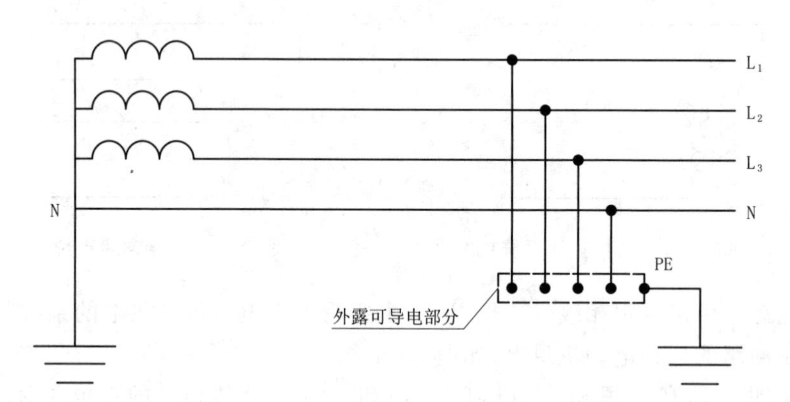

图 7.16　TT 系统

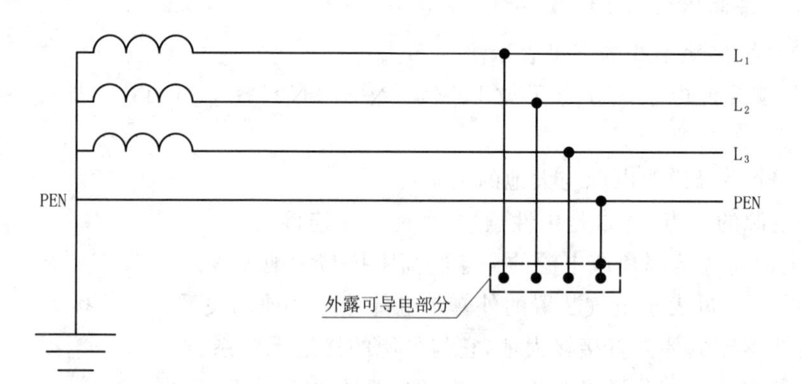

图 7.17　TN-C 系统

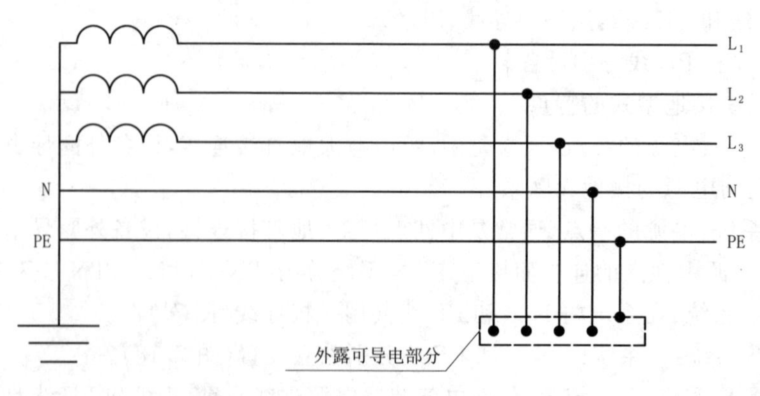

图 7.18　TN-S 系统

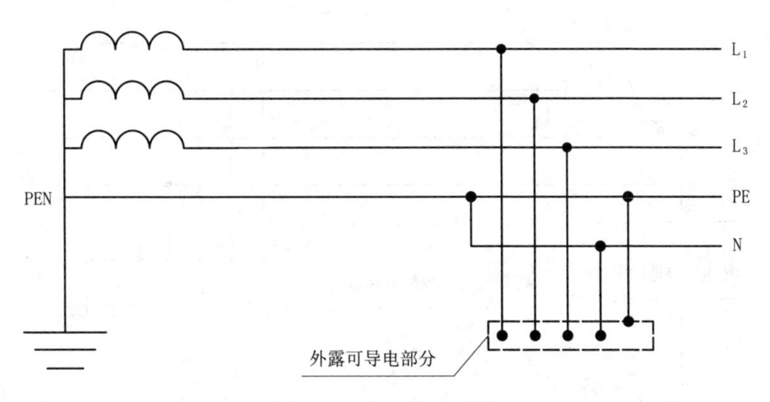

图 7.19　TN-C-S 系统

注:电气设备外露导电部分包括设备日常使用中可能触及的导电部分。正常情况下外露导电部分因与带电导体之间有绝缘隔离而不带电压,但在基本绝缘损坏发生接地故障时可能带电压,如用电器具的金属外壳、敷设线路用的金属管(梯架、托盘、槽盒)等。

导电物体包括电器设备外露可导电部分,带电导体(L 和 N 线、电信及信号线)和装置外导电部分(非电气的其他装置的可导电部分,容易引入电位,通常是地电位,如金属水管、金属燃气管道和建筑物钢构架等)。

IT 系统:电源与大地隔离或电源的一点经高阻抗与大地连接,电气设备外露导电部分直接接大地,它与电源的接地无联系。

IT 系统分为两种情况:一种是不配出中性线,另一种是配出中性线,IEC 标准建议三相 IT 系统只配出 3 根相线而不配出中性线。为了降低或衰减可能出现的过电压或谐振,有时需将电源端带电导体经一高阻抗接地,一般情况下该阻抗值可取为电气装置标称电压的 5 倍,例如装置标称相电压为 220V 时,阻抗值可取为 1000Ω。

IT 系统的两种型式如图 7.20 和图 7.21。

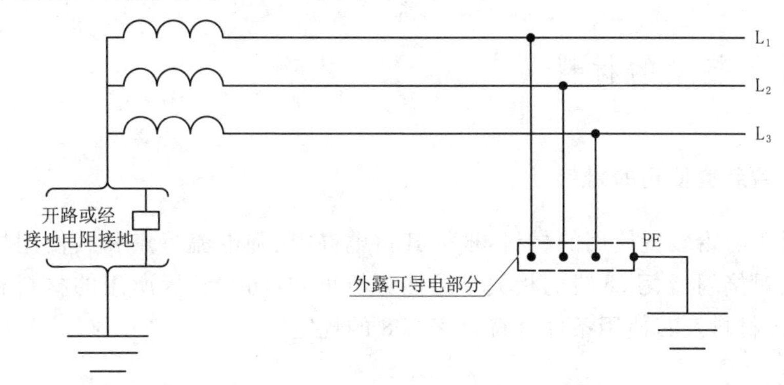

图 7.20　不配出中性线的 IT 系统

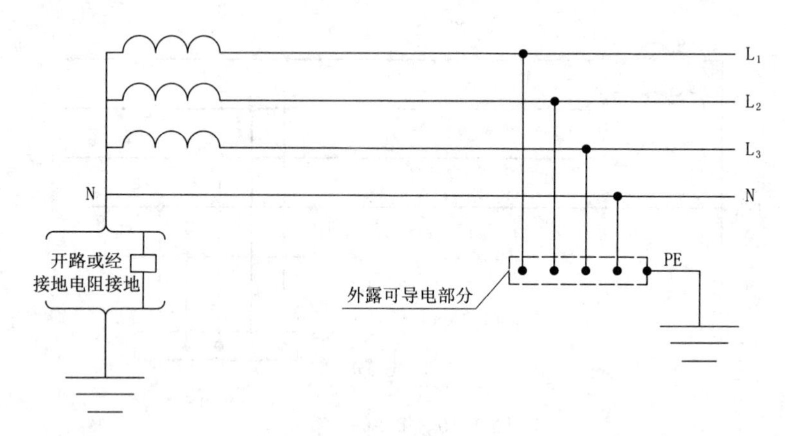

图 7.21 配出中性线的 IT 系统

7.6.2 低压直流配电系统

低压直流配电系统可分为接地系统和不接地系统(或非有效接地系统),直流电压的区段如表 7.7。

表 7.7 直流电压区段

区段	接地系统		不接地或非有效接地系统[a]
	极对地	极间	极间
Ⅰ	$U^{b}\leqslant$120V	$U\leqslant$120V	$U\leqslant$120V
Ⅱ	120V<$U\leqslant$900V	120V<$U\leqslant$1500V	120V<$U\leqslant$1500V

注Ⅰ:本表所列电压值为无纹波直流电压值。

Ⅱ:本电压区段的划分,并不排除为某些专用规则规定中间值的可能。

a:如果系统配有中间导体,则有相导体和中间导体供电的电气设备选择,应使其绝缘适应其极间电压。

b:U 为装置的标称电压(V)。

7.7 防雷装置的材料

7.7.1 防雷装置使用的材料

(1)对于防雷装置使用的材料,根据其雷电高温、强电流特点和其使用场地的特殊性,以及对接闪器、引下线的相关导通性分析可知,防雷装置所用的材料有严格的特性要求。材料及其使用条件宜符合表 7.8 的规定。

表 7.8　防雷装置的材料及使用条件

材料	使用于大气中	使用于地中	使用于混凝土中	耐腐蚀情况		
				在下列环境中能耐腐蚀	在下列环境中增加腐蚀	与下列材料接触形成直流电耦合可能受到严重腐蚀
铜	单根导体，绞线	单根导体，有镀层的绞线，铜管	单根导体，有镀层的绞线	在许多环境中良好	硫化物 有机材料	—
热镀锌钢	单根导体，绞线	单根导体，钢管	单根导体，绞线	敷设于大气、混凝土和无腐蚀性的一般土壤中受到的腐蚀是可接受的	高氯化物含量	铜
电镀铜钢	单根导体	单根导体	单根导体	在许多环境中良好	硫化物	—
不锈钢	单根导体，绞线	单根导体，绞线	单根导体，绞线	在许多环境中良好	高氯化物含量	—
铝	单根导体，绞线	不适合	不适合	在含有低浓度硫和氯化物的大气中良好	碱性溶液	铜
铅	有镀铅层的单根导体	禁止	不适合	在含有高浓度硫酸化合物的大气中良好	—	铜不锈钢

注：1. 敷设于黏土或潮湿土壤中的镀锌钢可能受到腐蚀；

2. 在沿海地区，敷设于混凝土中的镀锌钢不宜延伸进入土壤中；

3. 不得在地中采用铅。

(2)做防雷等电位连接，各连接部件的最小截面，应符合表 7.9 的规定。连接单台或多台Ⅰ级分类试验或 D1 类电涌保护器的单根导体的最小截面，公式为：

$$S_{min} \geqslant I_{imp}/8 \tag{7.2}$$

式中：S_{min}为单根导体的最小截面，mm^2；I_{imp}为流入该导体的雷电流，kA。

表 7.9　防雷装置各连接部件的最小截面

<table>
<tr><th colspan="3">等电位连接部件</th><th>材料</th><th>截面(mm²)</th></tr>
<tr><td colspan="3">等电位连接带(铜、外表面镀铜的刚或热镀锌钢)</td><td>Cu(铜)、Fe(铁)</td><td>50</td></tr>
<tr><td colspan="3" rowspan="3">从等电位连接带至接地装置或各等电位连接带之间的连接导体</td><td>Cu(铜)</td><td>16</td></tr>
<tr><td>Al(铝)</td><td>25</td></tr>
<tr><td>Fe(铁)</td><td>50</td></tr>
<tr><td colspan="3" rowspan="3">从屋内金属装置至等电位连接带的连接导体</td><td>Cu(铜)</td><td>6</td></tr>
<tr><td>Al(铝)</td><td>10</td></tr>
<tr><td>Fe(铁)</td><td>16</td></tr>
<tr><td rowspan="5">连接电涌保护器的导体</td><td rowspan="3">电气系统</td><td>Ⅰ级试验的电涌保护器</td><td rowspan="5">Cu(铜)</td><td>6</td></tr>
<tr><td>Ⅱ级试验的电涌保护器</td><td>2.5</td></tr>
<tr><td>Ⅲ级试验的电涌保护器</td><td>1.5</td></tr>
<tr><td rowspan="2">电子系统</td><td>D1 类电涌保护器</td><td>1.2</td></tr>
<tr><td>其他类的电涌保护器(连接导体的截面可小于 1.2mm²)</td><td>根据具体情况确定</td></tr>
</table>

7.7.2　接闪器

接闪器是接闪杆、接闪带、接闪线、接闪网以及金属屋面、金属构件(自然接闪器)等的统称。

接闪杆是安装在建筑物突出部位或独立装设的针形导体。通常采用镀锌圆钢或镀锌钢管制成。

接闪线是通常用于装设在架空输电线路上的导线或避雷塔之间的导线,在用于第一类防雷建筑物的外部防雷时,也同样用于防雷保护。

对于保护水平要求较高的设备和场所一般要求使用独立的防雷系统。例如,油库或贮存爆炸物的仓库,又或者是火箭发射场。由于可燃物的易燃性,爆炸性气体蒸气或爆炸性固体材料,或者附近闪电的电磁场和磁场可能产生会进入敏感电子系统的有害的感应过电压波,在这种情况下,不允许在被保护场所附近产生感应火花。

一些金属屋面只要其表层金属板达到一定厚度,能承受雷击而不致熔化或烧毁,不会对其他物体造成损害的,都可以被当作接闪器来使用。

例如,近年来,常见一种夹有非易燃物保温层的双金属板做成的屋面板(彩钢板)。在这种情况下,只要上层金属板的厚度满足要求即可,因为雷击只会将上层金属板熔化穿孔,不会击到下层金属板,而且上层金属板的熔化物受到下层金属板的阻挡,不会滴落到下层金属板的下方。要强调的是,夹层的物质必须是非易燃物且选用高级别的阻燃类别。

7.7.3　接闪器材料特性要求

接闪器的材料、结构和最小截面的特性要求如表7.10所示。

表7.10　接闪线(带)、接闪杆和引下线的材料、结构与最小截面

材料	结构	最小截面(mm^2)	备注⑩
铜,镀锡铜①	单根扁铜	50	厚度2mm
	单根圆铜⑦	50	直径8mm
	铜绞线	50	每股线直径1.7mm
	单根圆铜③④	176	直径15mm
铝	单根扁铝	70	厚度3mm
	单根圆铝	50	直径8mm
	铝绞线	50	每股线直径1.7mm
铝合金	单根扁形导体	50	厚度2.5mm
	单根圆形导体③	50	直径8mm
	绞线	50	每股线直径1.7mm
	单根圆形导体	176	直径15mm
	外表面镀铜的单根圆形导体	50	直径8mm,径向镀铜厚度至少70μm,铜纯度99.9%
热浸镀锌钢②	单根扁钢	50	厚度2.5mm
	单根圆钢⑨	50	直径8mm
	绞线	50	每股线直径1.7mm
	单根圆钢③④	176	直径15mm
不锈钢⑤	单根扁钢⑥	50⑧	厚度2mm
	单根圆钢⑥	50⑧	直径8mm
	绞线	70	每股线直径1.7mm
	单根圆钢③④	176	直径15mm
外表面镀铜的钢	单根圆钢(直径8mm)	50	镀铜厚度至少70μm,铜纯度99.9%

注:①热浸或电镀锡的锡层最小厚度为1μm;

②镀锌层宜光滑连贯、无焊剂斑点,镀锌层圆钢至少22.7g/m^2、扁钢至少32.4g/m^2;

③仅应用于接闪杆。当应用于机械应力没达到临界值之处,可采用直径10mm、最长1m的接闪杆,并增加固定;

④仅应用于入地之处;

⑤不锈钢中,铬的含量等于或大于16%,镍的含量等于或大于8%,碳的含量等于或小于0.08%;

⑥对埋于混凝土中以及与可燃材料直接接触的不锈钢,其最小尺寸宜增大至直径10mm的78mm^2(单根圆钢)和最小厚度3mm的75mm^2(单根扁钢);

⑦在机械强度没有特别要求之处,50mm^2(直径8mm)可减为28mm^2(直径6mm)。并应减小固定支架间的间距;

⑧当温升和机械受力是重点考虑之处,50mm^2加大至75mm^2;

⑨避免在单位能量10MJ/Ω下熔化的最小截面是铜为16mm^2、铝为25mm^2、钢为50mm^2、不锈钢为50mm^2;

⑩截面积允许误差为−3%。

7.7.3.1 接闪杆

接闪杆的尺寸按热稳定检验，只要很小的截面就够了，且所采用的尺寸还要考虑机械强度和防腐蚀问题。在同样的风压和长度下，钢管所产生的挠度比圆钢的小。经计算，如果允许挠度采用 1/50。接闪杆宜采用热镀锌圆钢或钢管制成时，其直径应符合下列规定：

①杆长 1m 以下时，圆钢不应小于 12mm，钢管不应小于为 20mm；

②杆长 1～2m 时，圆钢不应小于 16mm；钢管不应小于 25mm；

③独立烟囱顶上的杆，圆钢不应小于 20mm；钢管不应小于 40mm。

7.7.3.2 接闪线

架空接闪线宜采用截面不小于 50mm^2 的热镀锌钢绞线或铜绞线。

7.7.3.3 接闪带

接闪带一般是指沿女儿墙敷设的带状接闪器，材料一般为圆钢或扁钢，材料规格如表 7.10。

当独立烟囱上采用热镀锌接闪环时，其圆钢直径不应小于 12mm；扁钢截面不应小于 100mm^2，其厚度不应小于 4mm。

7.7.3.4 接闪网

用接闪线、接闪带组合形成的接闪器，材料截面积如表 7.10。

7.7.3.5 自然接闪器

由金属屋面、金属罐体、金属栏杆、旗杆、装饰物等组成的接闪器。但不得利用安装在接收无线电视广播天线杆顶上的接闪器保护建筑物。

7.7.4 引下线

引下线是接闪器接闪后导引雷电流的主要装置，其材料和截面积与接闪器要求相同。一般宜选用热镀锌圆钢或扁钢，宜优先使用圆钢。

当独立烟囱上的引下线采用圆钢时，其直径不应小于 12mm；采用扁钢时，其截面不应小于 100mm^2，厚度不应小于 4mm。防腐措施同接闪器要求。

建筑物的钢梁、钢柱、消防梯等金属构件以及幕墙的金属立柱宜作为引下线，但其各部件之间均应连成电气贯通，可采用铜锌合金焊、熔焊、卷边压接、缝接、螺钉或螺栓连接，其截面应按表 7.10 的规定取值。各金属构件表面可覆绝缘材料。

7.7.5 接地装置

接地体的材料、结构和最小截面应符合表 7.11 的规定。利用建筑构件内钢筋作接地装置时，第二(三类)防雷建筑的基础钢筋作为接地极时，在周围地面以下距地面不应小于 0.5m，钢筋表面积总和用下式计算：

$$S \geqslant 4.24(1.89)k_c^2 \tag{7.3}$$

式中：S 为钢筋表面积总和，m^2；k_c 为分流系数，单根引下线应为 1，两根引下线即接闪器不成闭合环的多根引下线应为 0.66，接闪器成闭合环或网状的多根引下线应为 0.44。

表 7.11　接地体的材料、结构和最小尺寸

	结构	最小尺寸			备注⑦
		垂直接地体直径(mm)	水平接地体(mm^2)	接地板(mm)	
铜，镀锡铜①	铜绞线	—	50	—	每股直径 1.7mm
	单根圆铜	15	50	—	—
	单根扁铜	—	50	—	厚度 2mm
	铜管	20	—	—	壁厚 2mm
	整块铜板	—	—	500×500	厚度 2mm
	网格铜板	—	—	600×600	各网格边截面 25mm×2mm，网格网边总长度不少于 4.8m
热镀锌钢②	圆钢	14	78	—	—
	钢管	20	—	—	壁厚 2mm
	扁钢	—	90	—	厚度 3mm
	钢板	—	—	500×500	厚度 3mm
	网格钢板	—	—	600×600	各网格边截面 30mm×3mm，网格网边总长度不少于 4.8m
	型钢③	—	—	—	—
裸钢	钢绞线	—	70	—	每股直径 1.7mm
	圆钢	—	78	—	—
	扁钢	—	75	—	厚度 3mm
外表面镀铜的钢⑤	圆钢	14	50	—	镀铜厚度至少 250μm，铜纯度 99.9%
	扁钢	—	90(厚 3mm)	—	
不锈钢⑥	圆形导体	15	78	—	—
	扁形导体	—	100	—	厚度 2mm

注：①热镀锌层应光滑连贯、无焊剂斑点，镀锌层圆钢至少 22.7g/m^2、扁钢至少 32.4g/m^2；

②热镀锌之前螺纹应先加工好；

③不同截面的型钢，其截面不小于 290mm^2，最小厚度 3mm，可采用 50mm×50mm×3mm 角钢；

④当完全埋在混凝土中时才可采用裸钢；

⑤外表面镀铜的钢，铜应与钢结合良好；

⑥不锈钢中，铬的含量等于或大于 16%，镍的含量等于或大于 5%，钼的含量等于或大于 2%，碳的含量等于或小于 0.08%；

⑦截面积允许误差为−3%。

第二类防雷建筑物，当在建筑物周边的无钢筋的闭合条形混凝土基础内敷设人工基础接地体时，接地体的规格尺寸应按表 7.12 的规定确定。

表 7.12　第二类防雷建筑物环形人工基础接地体的最小规格尺寸

闭合条形基础的周长(m)	扁钢(mm)	圆钢，根数×直径(mm)
≥60	4×25	2×∅10
40～60	4×50	4×∅10 或 3×∅12
<40	钢材表面积总和≥4.24m²	

注：1. 当长度相同、截面相同时，宜选用扁钢；
2. 采用多根圆钢时，其敷设净距不小于直径的 2 倍；
3. 利用闭合条形基础内的钢筋作接地体时可按本表校验，除主筋外，可计入箍筋的表面积。

第三类防雷建筑物，当在建筑物周边的无钢筋的闭合条形混凝土基础内敷设人工基础接地体时，接地体的规格尺寸应按表 7.13 的规定确定。

表 7.13　第三类防雷建筑物环形人工基础接地体的最小规格尺寸

闭合条形基础的周长(m)	扁钢(mm)	圆钢，根数×直径(mm)
≥60	—	1×∅10
40～60	4×20	2×∅8
<40	钢材表面积总和≥1.89m²	

注：1. 当长度相同、截面相同时，宜选用扁钢；
2. 采用多根圆钢时，其敷设净距不小于直径的 2 倍；
3. 利用闭合条形基础内的钢筋作接地体时可按本表校验，除主筋外，可计入箍筋的表面积。

7.8　保护范围计算

7.8.1　滚球法概述

富兰克林在 1753 年发明避雷针，经历了几百年的发展，在避雷针的使用上积累了丰富的经验，又有多年的实验室模拟研究，收集了大量资料，逐渐建立了避雷针保护范围的概念。目前世界各国采用折线法、曲线法、保护角度法等。国际电工委员会(IEC)推荐使用“滚球法”，作为接闪器保护范围计算方法之一，已经被世界上一些国家作为国家防雷规范采用，我国《GB 50057—2010　建筑物防雷设计规范》也采纳“滚球法”作为接闪器保护范围计算法。

所谓“滚球法”是指以某一定半径的球体，在装有接闪器的建筑物上滚过，滚球被建筑物上所装的接闪器撑起，这时球体的弧与建筑物之间的范围，便是该接闪器保护范围，如图 7.22 中带斜纹的部分为接闪器的保护范围。装有同样接闪器的同一建筑物，使用不同半径的滚球，其保护的空间范围是不同的，即保护范围也不同。

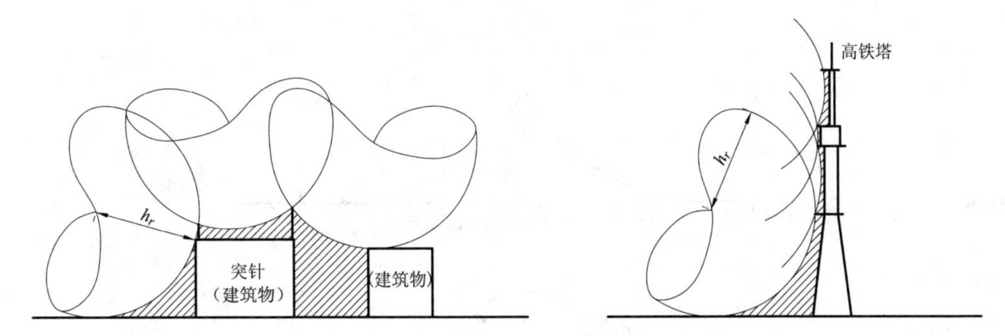

图 7.22　滚球法保护范围原理图

滚球法计算保护范围是基于雷闪数学模型（电气-几何模型），通过闪击距离来确定滚球的半径的，其关系式为：

$$h_r = 10 \cdot I^{0.65} \tag{7.4}$$

式中：h_r 为闪击距离；I 为峰值电流。

该公式是由雷电梯级先导理论确定的，梯级先导产生与临界电场和回击峰值电流有关。在电气一几何模型中，雷击闪电先导的发展起初是不确定的，直到先导头部电压足以击穿它与地面目标间的间隙时，也即先导与地面目标的距离等于击距时，才受到地面影响而开始定向。第一类防雷建筑物（$h_r=30$m），$I=5.4\approx5$kA；第二类防雷建筑物（$h_r=45$m），$I=10.1\approx10$kA；对第三类防雷建筑物（$h_r=60$m），$I=15.8\approx16$kA。即雷电流小于上述数值时，闪电有可能穿过接闪器击于被保护物上，而等于和大于上述数值时，闪电将击于接闪器。对于露天堆场滚球半径则选为 100m。一个半径 20m 的滚球保护水平可以达到 99%，而一个 60m 的半径可以达到 84%的保护水平。

在使用滚球半径的尺度上，我国与国际标准是有差异的，IEC 标准防雷等级分为Ⅰ—Ⅳ类，其滚球半径分别为 20m，30m，45m，60m。主要原因是出于经济考虑。

7.8.2　滚球法确定接闪器的保护范围

7.8.2.1　单支接闪杆的保护范围

单支接闪杆的保护范围应按下列方法确定，如图 7.23。

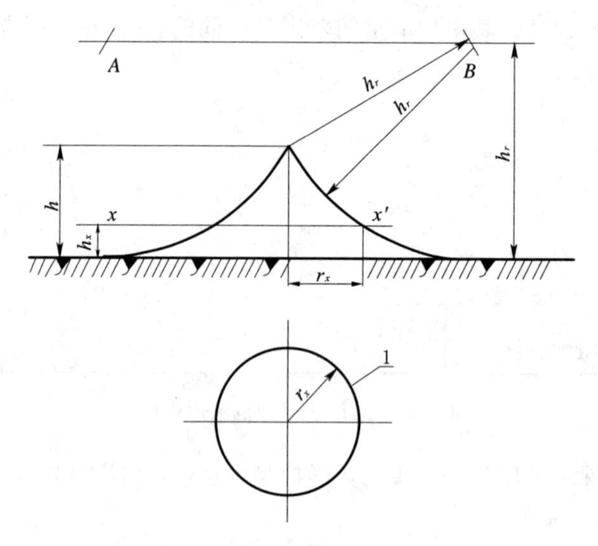

图 7.23　单支接闪杆保护范围

1:xx'平面上保护范围的截面

(1)当接闪杆高度 h 小于或等于 h_r 时:

①距地面 h_r 处作一平行于地面的平行线。

②以杆尖为圆心,h_r 为半径,作弧线交于平行线的 A,B 两点。

③以 A,B 为圆心,h_r 为半径作弧线,该弧线与杆尖相交并与地面相切。弧线到地面为其保护范围。保护范围是一个对称的锥体。

④接闪杆在 h_x 高度的 xx'平面上和在地面上的保护半径,按下列计算式确定:

$$r_x = \sqrt{h(2h_r - h)} - \sqrt{h_x(2h_r - h_x)} \tag{7.5}$$

$$r_0 = \sqrt{h(2h_r - h)} \tag{7.6}$$

式中:r_x 为接闪杆在 h_x 高度的 xx'平面上的保护半径,m;h_r 为滚球半径,m;h_x 为被保护物的高度,m;r_0 为接闪杆在地面上的保护半径,m。

(2)当接闪杆高度 h 大于 h_r 时,在接闪杆上取高度等于 h_r 的一点代替单支接闪杆杆件作为圆心。其余的做法应符合(1)条的规定。式(7.5)和式(7.6)中的 h 用 h_r 代入。

例:一个储存硝化棉的一类防雷仓库,高 4m,长 21m,宽 7.5m,要求设独立避雷针保护,请计算该仓库的避雷针 h 高度。(注:要求独立针离仓库不小于 3m)

解:计算避雷针与仓库最远端拐角的距离,利用勾股定理,设避雷针在 4m 高度的保护范围为避雷针与仓库最远端之间的距离为 r_x。

即　$$r_x = \sqrt{(21/2)^2 + (7.5 + 3)^2} = 14.85(\text{m})$$

代入数值得 $14.85 = \sqrt{h(2\times30-h)} - \sqrt{4(2\times30-4)}$

变换后为 $30.21 = \sqrt{h(2\times30-h)}$

两边平方得 $912.64 = 60h - h^2$

$h^2 - 60h + 912.64 = 0$

解得(负数根去掉) $h=26.7(\text{m})$

经计算该库房需 26.7m 高接闪杆才能将库房完全置于接闪器保护范围，如图 7.24。

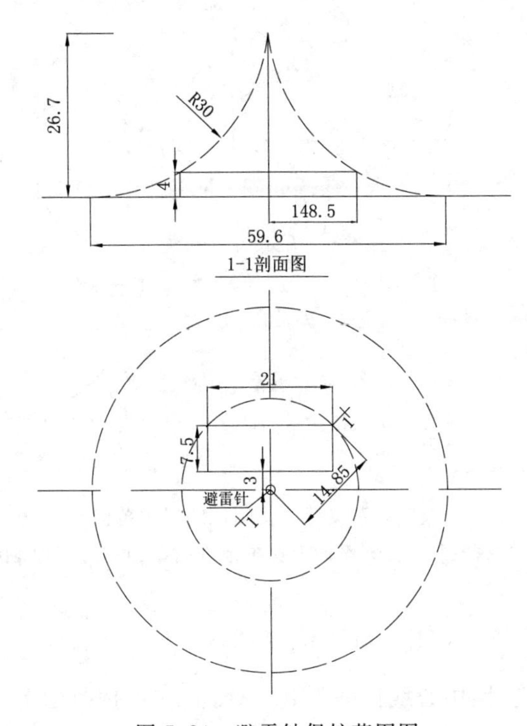

图 7.24 避雷针保护范围图

7.8.2.2 双支等高接闪杆的保护范围

双支等高接闪杆的保护范围，在接闪杆高度 h 小于或等于 h_r 的情况下，当两支接闪杆的距离 D 大于或等于 $2\sqrt{h(2h_r-h)}$ 时，应各按单支接闪杆的方法确定；当 D 小于 $2\sqrt{h(2h_r-h)}$ 时，应按下列方法确定，如图 7.25。

①$AEBC$ 外侧的保护范围，应按单支接闪杆的方法确定。

②C，E 点应位于两杆间的垂直平分线上。在地面每侧的最小保护宽度应按下式计算：

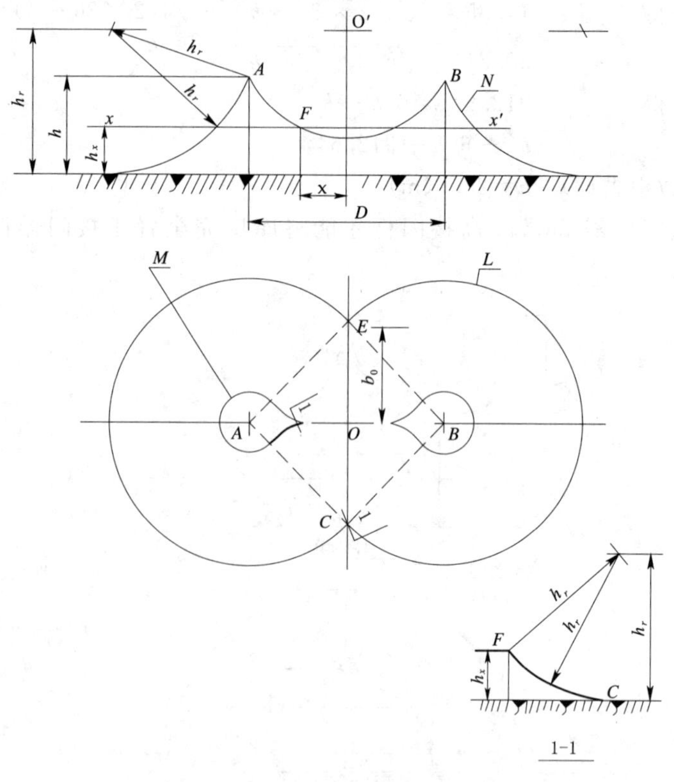

图 7.25　双支等高接闪杆的保护范围

L:地面上保护范围的截面;M:xx'平面上保护范围的截面;N:AOB 轴线的保护范围

$$b_0 = CO = EO = \sqrt{h(2h_r - h) - (\frac{D}{2})^2} \tag{7.7}$$

③在 AOB 轴线上,距中心线任一距离 x 处,其在保护范围上边线上的保护高度应按下式确定:

$$h_x = h_r - \sqrt{(h_r - h)^2 + (\frac{D}{2})^2 - x^2} \tag{7.8}$$

该保护范围上边线是以中心线距地面的 h_r 的一点 O' 为圆心,以 $\sqrt{(h_r - h)^2 + (\frac{D}{2})^2}$ 为半径所作的圆弧 AB。

④两杆间 $AEBC$ 内的保护范围,ACO 部分的保护范围按以下方法确定:

1)在任一保护高度 h_x 和 C 点所处的垂直平面上,以 h_x 作为假想接闪杆,并应按单支接闪杆的方法逐点确定(如图 7.23 的剖面图)。

2)确定 BCO,AEO,BEO 部分的保护范围的方法与 ACO 部分的相同。

⑤确定 xx' 平面上的保护范围截面的方法。以单支接闪杆的保护半径 r_x 为半径，以 A，B 为圆心作弧线与四边形 $AEBC$ 相交；以单支接闪杆的 (r_0-r_x) 为半径，以 E，C 为圆心作弧线与上述弧线相交（见图 7.25 中的粗虚线）。

7.8.2.3　双支不等高接闪杆的保护范围

双支不等高接闪杆的保护范围，在 A 接闪杆的高度 h_1 和 B 接闪杆的高度 h_2 均小于或等于 h_r 的情况下，当两支接闪杆距离 D 大于或等于 $\sqrt{h_1(2h_r-h_1)}+\sqrt{h_2(2h_r-h_2)}$ 时，应各按单支接闪杆所规定的方法确定；当 D 小于 $\sqrt{h_1(2h_r-h_1)}+\sqrt{h_2(2h_r-h_2)}$ 时，应按下列方法确定，如图 7.26。

①$AEBC$ 外侧的保护范围应按单支接闪杆的方法确定。

②CE 线或 HO' 线的位置应按下式计算：

$$D_1=\frac{(h_r-h_2)^2-(h_r-h_1)^2+D^2}{2D} \tag{7.9}$$

③在地面上每侧的最小保护宽度应按下式计算：

$$b_0=CO=EO=\sqrt{h_1(2h_r-h_1)-D_1^2} \tag{7.10}$$

④在 AOB 轴线上，A，B 间保护范围上边线按下式确定：

$$h_x=h_r-\sqrt{(h_r-h_1)^2+D_1^2-x^2} \tag{7.11}$$

式中：x 为距 CE 线或 HO' 线的距离。

该保护范围上边线是以 HO' 线上距地面 h_r 的一点 O' 为圆心，以 $\sqrt{(h_r-h)^2+D_1^2}$ 为半径所作的圆弧 AB。

⑤两杆间 $AEBC$ 内的保护范围，ACO 与 AEO 是对称的，BCO 与 BEO 是对称的，ACO 部分的保护范围按以下方法确定：

1）在 h_x 和 C 点所处的垂直平面上，以 h_x 作为假想接闪杆，按单支接闪杆的方法逐点确定（见图 7.23 的剖面图）。

2）确定 AEO，BCO，BEO 部分的保护范围的方法与 ACO 部分相同。

⑥确定 xx' 平面上保护范围截面的方法应与双支等高接闪杆相同。

7.8.2.4　四支等高接闪杆的保护范围

矩形布置的四支等高接闪杆的保护范围，在 h 小于或等于 h_r 的情况下，当 D_3 大于或等于 $2\sqrt{h(2h_r-h)}$ 时，应各按两支等高接闪杆所规定的方法确定；当 D_3 小于 $2\sqrt{h(2h_r-h)}$ 时，应按下列方法确定如图 7.27。

①四支接闪杆外侧的保护范围应按两支接闪杆的方法确定。

②B，E 接闪杆连线上的保护范围见图 7.27 的 1-1 剖面图，外侧部分应按单支接闪杆的方法确定。两杆间的保护范围按以下方法确定：

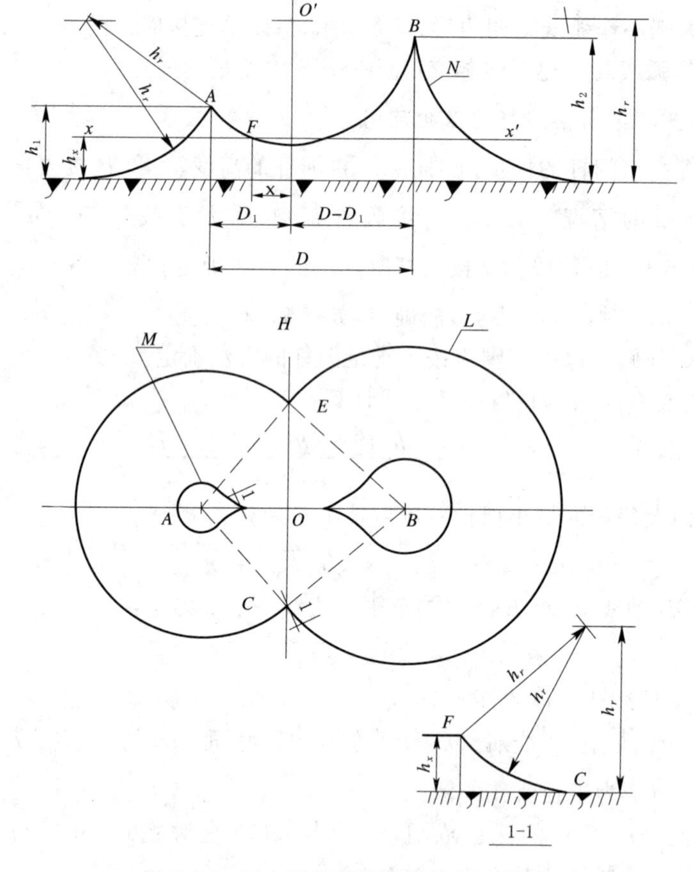

图 7.26　两支不等高接闪杆的保护范围

L:地面上保护范围的截面;M:xx'平面上保护范围的截面;N:AOB 轴线的保护范围

1)以 B,E 两杆杆尖为圆心、h_r 为半径作弧相交于 O 点,以 O 点为圆心、h_r 为半径作圆弧,该弧线与杆尖相连的这段圆弧即为杆间保护范围。

2)保护范围最低点的高度 h。按下式计算:

$$h_0 = \sqrt{h_r^2 - (\frac{D_3}{2})^2} + h - h_r \tag{7.12}$$

③图 7.27 中 2-2 剖面的保护范围,以 P 点的垂直线上的 O 点(距地面的高度为 $h_r + h_0$)为圆心、h_r 为半径作圆弧,与 B,C 和 A,E 两支接闪杆所做的在该剖面的外侧保护范围延长弧线相交于 F,H 点。

F 点(H 点与此类同)的位置及高度可按下列计算式确定:

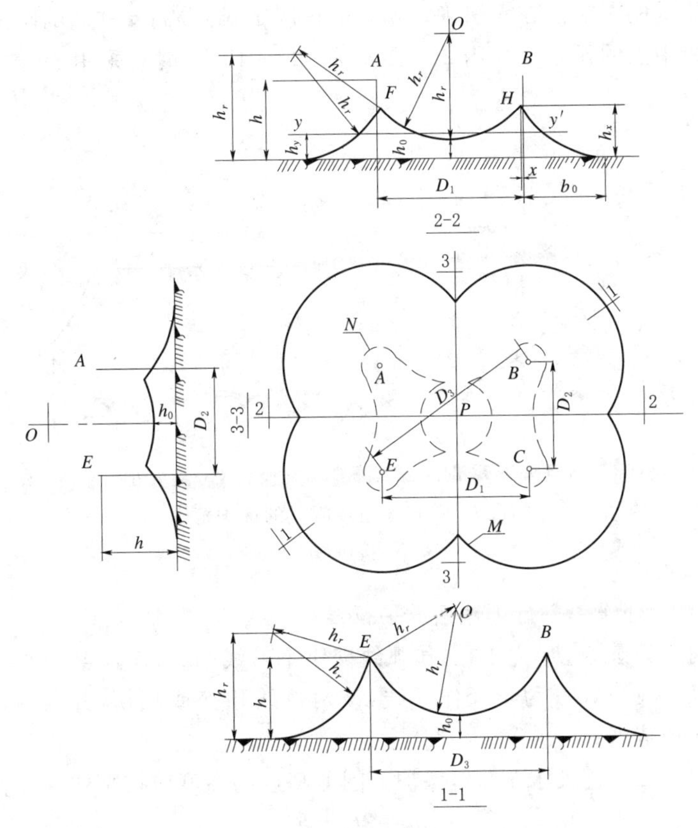

图 7.27 四支等高接闪杆的保护范围

M:地面上保护范围的截面;N:yy'平面上保护范围的截面

$$(h_r-h_x)^2=h_r^2-(b_0+x)^2 \tag{7.13}$$

$$(h_r+h_0-h_x)^2=h_r^2-(\frac{D_1}{2}-x) \tag{7.14}$$

④确定图 7.27 的 3-3 剖面保护范围的方法应符合本条③款的规定。

⑤确定四支等高接闪杆中间在 h_0 至 h 之间于 h_y,高度的 yy'平面上保护范围截面的方法为以 P 点(距地面的高度为 h_r+h_0 为)为圆心,$\sqrt{2h_r(h_y-h_0)-(h_y-h_0)^2}$ 为半径作圆或弧线,与各两支接闪杆在外侧所做的保护范围截面组成该保护范围截面见图 7.27 中的虚线。

7.8.2.5 单根接闪线的保护范围

单根接闪线的保护范围,当接闪线的高度 h 大于或等于 $2h_r$ 时,应无保护范围;当接闪线的高度 h 小于 $2h_r$ 时,应按下列方法确定如图 7.28。确定架空接闪线的高度时应计及弧垂的影响。在无法确定弧垂的情况下，当等高支柱间的距离小于 120m 时架空接闪线中点的弧垂宜采用 2m，距离为 120～150m 时宜采用 3m。

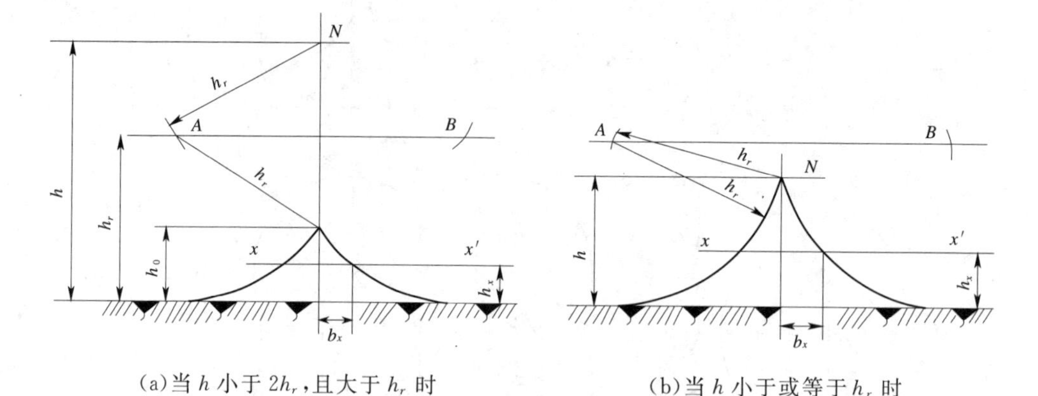

(a)当 h 小于 $2h_r$，且大于 h_r 时　　(b)当 h 小于或等于 h_r 时

图 7.28　单根架空接闪线的保护范围

N：接闪线

①距地面 h_r 处作一平行于地面的平行线；

②以接闪线为圆心、h_r 为半径，作弧线交于平行线的 A，B 两点；

③以 A，B 为圆心，h_r 为半径作弧线，该两弧线相交或相切，并与地面相切。弧线至地面为保护范围；

④当 h 小于 $2h_r$ 且大于 h_r 时，保护范围最高点的高度应按下式计算：

$$h_0 = 2h_r - h \tag{7.15}$$

⑤接闪线在 h_x 高度的 xx' 平面上的保护宽度，按下式计算：

$$b_x = \sqrt{h(2h_r - h)} - \sqrt{h_x(2h_r - h_x)} \tag{7.16}$$

式中：b_x 为接闪线在 h_x 高度的 xx' 平面上的保护宽度，m；h 为接闪线的高度，m；h_r 为滚球半径，m；h_x 为被保护物的高度，m。

⑥接闪线两端的保护范围应按单支接闪杆的方法确定。

7.8.2.6　两根等高接闪线的保护范围

两根等高接闪线的保护范围，应按下列方法确定。

①在接闪线高度 h 小于或等于 h_r 的情况下，当 D 大于或等于 $2\sqrt{h(2h_r - h)}$ 时，应各按单根接闪线所规定的方法确定；当 D 小于 $2\sqrt{h(2h_r - h)}$ 时，按下列方法确定如图 7.29。

1)两根接闪线的外侧，各按单根接闪线的方法确定；

2)两根接闪线之间的保护范围按以下方法确定：以 A，B 两接闪线为圆心，h_r 为半径作圆弧交于 O 点，以 O 点为圆心、h_r 为半径作弧线交于 A，B 点。

3)两接闪线之间保护范围最低点的高度 h_0 按下式计算：

$$h_0 = \sqrt{h_r^2 - (\frac{D}{2})^2} + h - h_r \tag{7.17}$$

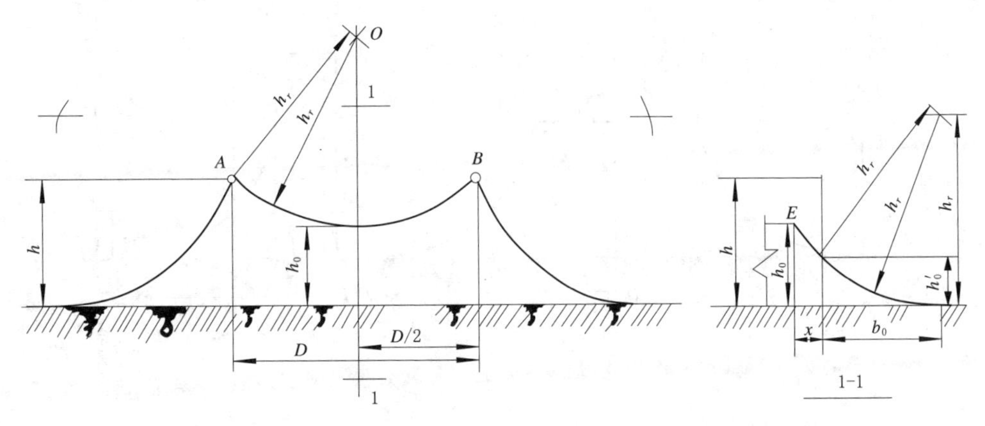

图7.29　两根等高接闪线在高度 h 小于或等于 h_r 时的保护范围

4)接闪线两端的保护范围按双支接闪杆的方法确定，但在中线上 h_0 线的内移位置按以下方法确定(图7.29的1-1剖面)：以双支接闪杆所确定的保护范围中点最低点的高度 $h'_0 = h_r - \sqrt{(h_r - h)^2 + (\frac{D}{2})^2}$ 作为假想接闪杆，将其保护范围的延长弧线与 h_0 线交于 E 点。内移位置的距离也可按下式计算：

$$x = \sqrt{h_0(2h_r - h_0)} - b_0 \tag{7.18}$$

式中：b_0 按式(7.7)确定。

②在接闪线高度 h 小于 $2h_r$ 且大于 h_r，且接闪线之间的距离 D 小于 $2h_r$ 且大于 $2[h_r - \sqrt{h(2h_r - h)}]$ 的情况下，应按下列方法确定如图7.30。

1)距地面 h_r 处作一与地面平行的线；

2)以接闪线 A、B 为圆心，h_r 为半径作弧线相交于 O 点并与平行线相交或相切于 C,E 点；

3)以 O 点为圆心、h_r 为半径作弧线交于 A,B 点；

4)以 C,E 为圆心，h_r 为半径作弧线交于 A,B 并与地面相切；

5)两接闪线之间保护范围最低点的高度按下式计算：

$$h_0 = \sqrt{h_r^2 - (\frac{D}{2})^2} + h - h_r \tag{7.19}$$

6)最小保护宽度 b_m 位于 h_r 高处，其值按下式计算：

$$b_m = \sqrt{h(2h_r - h)} + \frac{D}{2} - h_r \tag{7.20}$$

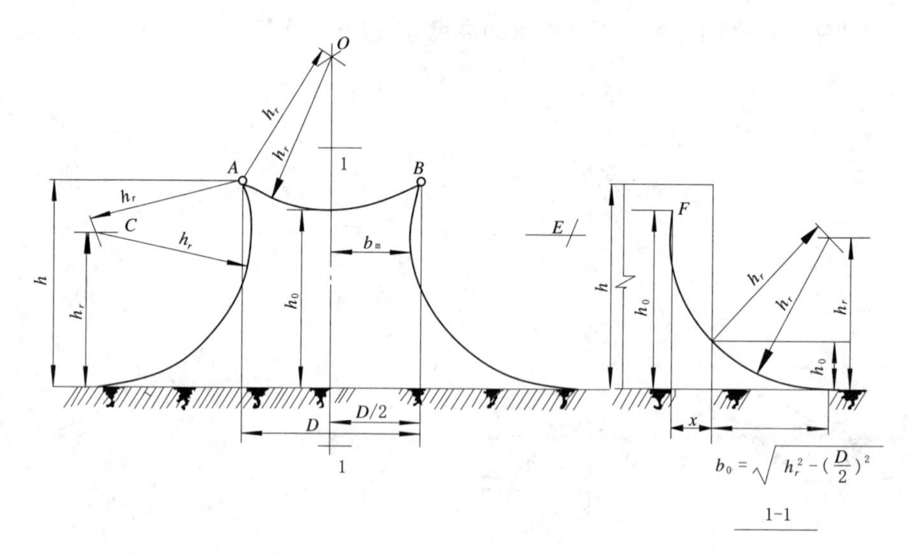

图 7.30　两根等高接闪线在高度 h 小于 2 且大于 h_r 时的保护范围

7)接闪线两端的保护范围按两支高度 h_r 的接闪杆确定，但在中线上线 h_0 线的内移位置按以下方法确定(图 7.30 的 1-1 剖面)：以两支高度 h_r 的接闪杆所确定的保护范围中点最低点的高度 $h_0{}'=h_r-D/2$ 作为假想接闪杆，将其保护范围的延长弧线与 h_0 线交于 F 点。内移位置的距离也可按下式计算：

$$x=\sqrt{h_0(2h_r-h_0)}-\sqrt{h_r^2-(\frac{D}{2})^2} \tag{7.21}$$

7.8.2.7　其他接闪器的保护范围

图 7.23—图 7.30 中所画的“地面”也是位于建筑物上的接地金属物、其他接闪器。当接闪器在“地面”上保护范围截面的外周线触及接地金属物、其他接闪器时，各图的保护范围均适用于这些接闪器；当接地金属物、其他接闪器是处在外周线之内且位于被保护部位的边沿时，应按下列方法所需断面的保护范围(图 7.31)。

①应以 A，B 为圆心、h_r 为半径做弧线相交于 O 点。

②应以 O 带你为圆心、h_r 为半径作弧线 AB，弧线 AB 应为保护范围的上边线。

图 7.23—图 7.30 中凡接闪器在“地面上保护范围的截面”的外周线触及的时屋面时，各图的保护范围仍有效，但外周线触及的屋面及其外部得不到保护，内部得到保护。

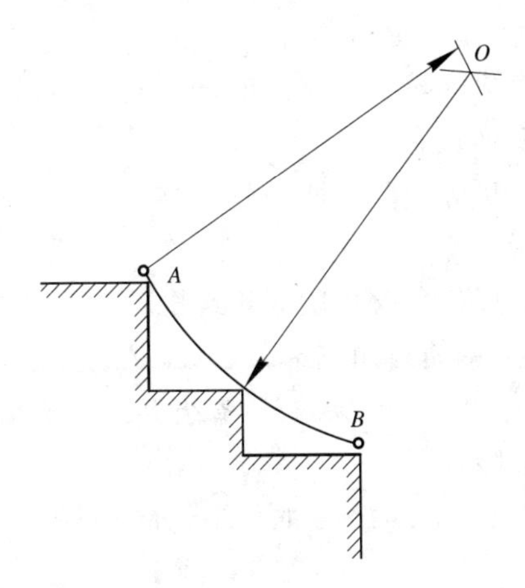

图 7.31　确定建筑物上任两接闪器所需断面上的保护范围
A:接闪器;B:接地金属物或接闪器

7.9　建筑物的防雷分类

建筑物应根据建筑物重要性、使用性质、发生雷电事故的可能性和后果,按防雷要求分为三类。

7.9.1　第一类防雷建筑物

在可能发生对地闪击的地区,遇下列情况之一时,应划为第一类防雷建筑物:

(1)凡制造、使用或贮存火炸药及其制品的危险建筑物,因电火花而引起爆炸、爆轰,会造成巨大破坏和人身伤亡者。

(2)具有 0 区或 20 区爆炸危险场所的建筑物。

(3)具有 1 区或 21 区爆炸危险场所的建筑物,因电火花而引起爆炸,会造成巨大破坏和人身伤亡者。

7.9.2　第二类防雷建筑物

在可能发生对地闪击的地区,遇下列情况之一时,应划为第二类防雷建筑物:

(1)国家级重点文物保护的建筑物。

(2)国家级的会堂、办公建筑物、大型展览和博览建筑物、大型火车站和飞机场、国宾馆,国家级档案馆、大型城市的重要给水泵房等特别重要的建筑物。

注:飞机场不含停放飞机的露天场所和跑道。

(3)国家级计算中心、国际通信枢纽等对国民经济有重要意义的建筑物。

(4)国家特级和甲级大型体育馆。

(5)制造、使用或贮存火炸药及其制品的危险建筑物，且电火花不易引起爆炸或不致造成巨大破坏和人身伤亡者。

(6)具有1区或21区爆炸危险场所的建筑物，且电火花不易引起爆炸或不致造成巨大破坏和人身伤亡者。

(7)具有2区或22区爆炸危险场所的建筑物。

(8)有爆炸危险的露天钢质封闭气罐。

(9)预计雷击次数大于0.05次/a的部、省级办公建筑物和其他重要或人员密集的公共建筑物以及火灾危险场所。

(10)预计雷击次数大于0.25次/a的住宅、办公楼等一般性民用建筑物或一般性工业建筑物。

7.9.3 第三类防雷建筑物

在可能发生对地闪击的地区，遇下列情况之一时，应划为第三类防雷建筑物：

(1)省级重点文物保护的建筑物及省级档案馆。

(2)预计雷击次数大于或等于0.01次/a，且小于或等于0.05次/a的部、省级办公建筑物和其他重要或人员密集的公共建筑物，以及火灾危险场所。

(3)预计雷击次数大于或等于0.05次/a，且小于或等于0.25次/a的住宅、办公楼等一般性民用建筑物或一般性工业建筑物。

(4)在平均雷暴日大于15d/a的地区，高度在15m及以上的烟囱、水塔等孤立的高耸建筑物；在平均雷暴日小于或等于15d/a的地区，高度在20m及以上的烟囱、水塔等孤立的高耸建筑物。

7.10 建筑物及其信息系统防雷等级确定

7.10.1 建筑物年预计雷击次数

建筑物年预计雷击次数应按下式计算：

$$N=k\times N_g\times A_e \tag{7.22}$$

式中：N为建筑物年预计雷击次数，次/a；N_g为建筑物所处地区雷击大地的年平均密度，次/(km^2·a)；A_e为与建筑物截收相同雷击次数的等效面积，km^2。

k为校正系数，在一般情况下取1；位于河边、湖边、山坡下或山地中土壤电阻率较小处、地下水露头处、土山顶部、山谷风口等处的建筑物，以及特别潮湿的建筑物取1.5；金属屋面没有接地的砖木结构建筑物取1.7；位于山顶上或旷野的孤立建筑物取2。

7.10.2　雷击大地的年平均密度

首先应按当地气象台、站资料确定;若无此资料,可按下式计算。

$$N_g = 0.1 \times T_d \tag{7.23}$$

式中:T_d 为年平均雷暴日,根据当地气象台、站资料确定,d/a。

7.10.3　建筑物的等效面积计算

与建筑物截收相同雷击次数的等效面积应为其实际平面面积向外扩大后的面积。其计算方法应符合下列规定:

(1)当建筑物的高度小于100m时,其每边的扩大宽度和等效面积应按式(7.24)、式(7.25)计算(图7.32):

$$D = \sqrt{H(200-H)} \tag{7.24}$$

$$A_e = \left[LW + 2(L+W)\sqrt{H(200-H)} + \pi H(200-H)\right] \times 10^{-6} \tag{7.25}$$

式中:D 为建筑物每边的扩大宽度,m;L,W,H 分别为建筑物的长、宽、高,m。

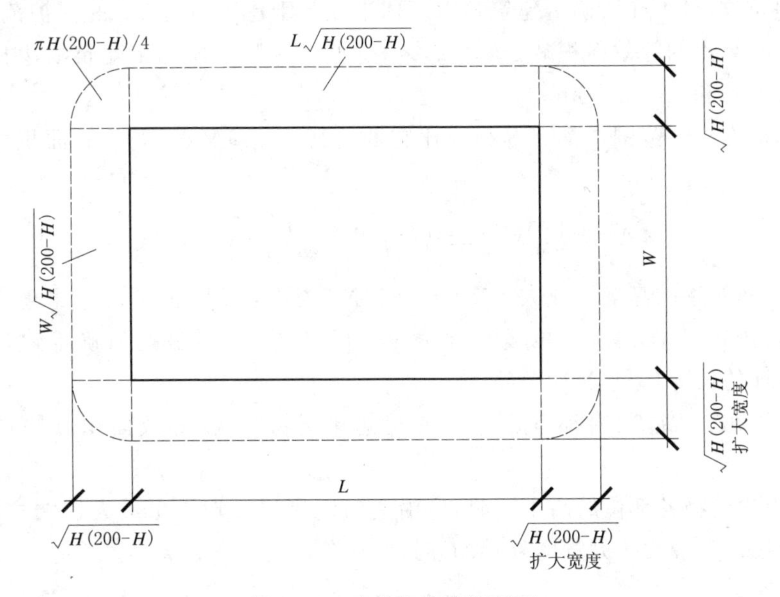

图7.32　建筑物的等效面积

(建筑物平面面积扩大后的等效面积如图7.23中周边虚线所包围的面积)

(2)当建筑物的高度小于100m,同时其周边在2D范围内有等高或比它低的其他建筑物,这些建筑物不在所考虑建筑物以 $h_r = 100$(m)的保护范围内时,按式

(7.25)算出的 A_e 减去 $(D/2)\times$(这些建筑物与所考虑建筑物边长平行以米计的长度总和)$\times 10^{-6}(km^2)$。

当四周在 $2D$ 范围内都有等高或比它低的其他建筑物时，其等效面积可按下式计算：

$$A_e=\left[LW+(L+W)\sqrt{H(200-H)}+\frac{\pi H(200-H)}{4}\right]\times 10^{-6} \tag{7.26}$$

(3)当建筑物的高度小于 100m，同时其周边在 $2D$ 范围内有比它高的其他建筑物时，按式(7.25)算出的等效面积减去 $D\times$(这些建筑物与所考虑建筑物边长平行以米计的长度总和)$\times 10^{-6}(km^2)$。

当四周在 $2D$ 范围内都有比它高的其他建筑物时，其等效面积可按下式计算：

$$A_e=LW\times 10^{-6} \tag{7.27}$$

(4)当建筑物的高度等于或大于 100m 时，其每边的扩大宽度应按等于建筑物的高计算；建筑物的等效面积应按下式计算：

$$A_e=[LW+2H(L+W)+\pi H^2]\times 10^{-6} \tag{7.28}$$

(5)当建筑物的高等于或大于 100m，同时其周边在 $2H$ 范围内有等高或比它低的其他建筑物，且不在所确定建筑物以滚球半径等于建筑物高(m)的保护范围内时，按式(7.28)算出的等效面积减去 $(H/2)\times$(这些建筑物与所确定建筑物边长平行以米计的长度总和)$\times 10^{-6}(km^2)$。

当四周在 $2H$ 范围内都有等高或比它低的其他建筑物时，其等效面积可按下式计算：

$$A_e=\left[LW+2H(L+W)+\frac{\pi H^2}{4}\right]\times 10^{-6} \tag{7.29}$$

(6)当建筑物的高等于或大于 100m，同时其周边在 $2H$ 范围内有比它高的其他建筑物时，按式(7.28)算出的等效面积减去 $H\times$(这些建筑物与所确定建筑物边长平行以米计的长度总和)$\times 10^{-6}(km^2)$。

当四周在 $2H$ 范围内都有比它高的其他建筑物时，其等效面积可按式(7.27)计算。

(7)当建筑物各部位的高不同时，应沿建筑物周边逐点算出最大扩大宽度，其等效面积应按每点最大扩大宽度外端的连接线所包围的面积计算。

7.10.4 建筑物信息系统雷电防护等级确定

对于重要的建筑物电子信息系统分别用定性和评估两种方法，按其中较高防护等级确定。重点工程或用户提出要求时，按照雷电防护风险管理方法确定雷电防护措施。

7.10.4.1 定性选择雷电防护等级

按建筑物电子信息系统的重要性、使用性质和价值确定雷电防护等级。根据表7.14选择信息系统雷电防护等级。

表7.14 建筑物电子信息系统雷电防护等级的选择表

雷电防护等级	电子信息系统
A级	1. 国家级计算中心、国家级通信枢纽、特级和一级金融设施、大中型机场、国家级和省级广播电视中心、枢纽港口、火车枢纽站、省级城市水、电、气、热等城市重要公用设施的电子信息系统； 2. 一级安全防范单位，如国家文物、档案库的闭路电视监控和报警系统； 3. 三级医院医疗设备。
B级	1. 中型计算中心、二级金融设施、中型通信枢纽、移动通信基站、大型体育场(馆)、小型机场、大型港口、大型火车站的电子信息系统； 2. 二级安全防范单位，如省级文物、档案库的闭路电视监控和报警系统； 3. 雷达站、微波站电子信息系统，高速公路监控和收费系统； 4. 二级医院医疗设备； 5. 五星及更高星级宾馆电子信息系统。
C级	1. 三级金属设施、小型通信枢纽电子信息系统； 2. 大中型有线电视系统； 3. 四星及以下宾馆电子信息系统。
D级	除上述A、B、C级以外的一般用途的需防护电子信息设备

注：表中未列举的电子信息系统也可参照本表选择防护等级。

7.10.4.2 计算确定雷电防等级

(1)入户设施年预计雷击次数 N_2 按下式确定：

$$N_2 = N_g \times A'_e = (0.1 \times T_d) \times (A'_{e1} + A'_{e2})(\text{次}/\text{a}) \tag{7.30}$$

式中：N_g 为建筑物所处地区雷击大地密度，次/(km^2·a)；T_d 为年平均雷暴日，d/a，根据当地气象台、站资料确定；A'_{e1} 为电源线缆入户设施的截收面积，km^2，按表7.15确定；A'_{e2} 为信号线缆入户设施的截收面积，km^2，按表7.15确定。

(2)建筑物及入户设施年预计雷击次数 N 值可按下式确定：

$$N = N_1 + N_2 \tag{7.31}$$

(3)可接受的最大年平均雷击次数 N_c 的计算

建筑物电子信息系统设备，因直击雷和雷电电磁脉冲损坏可接受的年平均最大雷击次数 N_c 可按下式计算：

$$N_c = 5.8 \times 10^{-1}/C \tag{7.32}$$

式中：N_c 为直击雷和雷击电磁脉冲引起信息系统设备可能损坏的可接受的最大年平

均雷击次数;C 为各类因子 C_1,C_2,C_3,C_4,C_5,C_6 之和。

表 7.15　入户设施的截收面积

线路类型	有效截收面积 A'_e(km^2)
低压架空电源电缆	$2000\times L\times 10^{-6}$
高压架空电源电缆(至现场变电所)	$500\times L\times 10^{-6}$
低压埋地电源电缆	$2\times d_s\times L\times 10^{-6}$
高压埋地电源电缆(至现场变电所)	$0.1\times d_s\times L\times 10^{-6}$
架空信号线	$2000\times d_s\times L\times 10^{-6}$
埋地信号线	$2\times d_s\times L\times 10^{-6}$
无金属铠装和金属芯线的光纤电缆	0

注:1. L 是线路所考虑建筑物至网络的第一个分支点或相邻建筑物的长度,单位为 m,最大值为 1000m,当 L 未知时,应取 $L=1000$m。

2. d_s 表示埋地引入线缆计算截收面积时的等效宽度,单位为 m,其数值等于土壤电阻率的值,最大值取 500。

C_1. 信息系统所在建筑物材料结构因子,当建筑物屋顶和主体结构均为金属材料时,C_1 取 0.5;当建筑屋顶和主体结构均为钢筋混凝土材料时,C_1 取 1.0;当建筑物为砖混结构时,C_1 取 1.5;当建筑物为砖木结构时,C_1 取 2.0;当建筑物为木结构时,C_1 取 2.5。

C_2. 信息系统重要程度因子,表 7.14 中的 C、D 类电子信息系统 C_2 取 1;B 类电子信息系统 C_2 取 2.5;A 类电子信息系统 C_2 取 3.0;

C_3. 电子信息系统设备耐冲击类型和抗冲击能力因子,一般,C_3 取 0.5,较弱,C_3 取 1.0;相当弱,C_3 取 3.0;

注:"一般"指现行国家标准《GB/T 16935.1　低压系统内设备的绝缘配合　第 1 部分　原理、要求和实验》中所指的 I 类安装位置的设备,且采取了较完善的等电位连接、接地、线缆屏蔽措施;"较弱"指现行国家标准《GB/T 16935.1　低压系统内设备的绝缘组合　第 1 部分　原理、要求和实验》中所指 I 类安装位置的设备,但使用架空线缆,因而风险大;"相当弱"指集成化程度很高的计算机、通信或控制等设备。

C_4. 电子信息系统设备所在雷电防护区(LPZ)的因子,设备在 LPZ2 等后续雷电防护区时,C_4 取 0.5;设备在 LPZ1 区内时,C_4 取 1.0;设备在 $LPZ0_B$ 区内时,C_4 取 1.5～2.0;

C_5. 信息系统发生雷击事故的后果因子,信息系统业务中断不会产生不良后果时,C_5 取 0.5;信息系统业务原则上不允许中断,但在中断后无严重后果时,C_5 取 1.0;信息系统业务不允许中断,中断后会产生严重后果时,C_5 取 1.5～2.0;

C_6. 表示区域雷暴等级因子,少雷区 C_5 取 0.8;中雷区 C_5 取 1;多雷区 C_5 取 1.2;

强雷区 C_5 取1.4。

(4)确定电子信息系统设备是否需要安装雷电防护装置时,应将 N 和 N_c 进行比较:

①当 $N \leqslant N_c$ 时,可不安装雷电防护装置;

②当 $N > N_c$ 时,应安装雷电防护装置。

(5)安装雷电防护装置时,可按下式计算防雷装置拦截效率 E:

$$E = 1 - N_c / N \tag{7.33}$$

(6)电子信息系统雷电防护等级应按防雷装置拦截效率 E 确定,并应符合下列规定:

①当 $E > 0.98$ 时,定为A级;

②当 $0.90 < E \leqslant 0.98$ 时,定为B级;

③当 $0.80 < E \leqslant 0.90$ 时,定为C级;

④当 $E \leqslant 0.80$ 时,定为D级。

7.10.5 智能建筑防雷分级

根据《智能建筑设计标准》中规定,建筑设备自动化系统(BAS)根据使用功能、管理要求、建设投资等划分为A,B,C,D级。应根据建筑物的重要性,结合风险评估计算结果,综合考虑各方面因素以确定合适的雷电防护等级。

表7.16和表7.17将各类机房的防雷由高到低划分为ABCD四个防雷等级。

表7.16 信息设施系统和信息化应用系统防雷防雷等级选择表

机房	二类防雷建筑物				三类防雷建筑物			
	A	B	C	D	A	B	C	D
信息中心设备机房	○	●				○	●	
数字程控电话交换机系统设备机房	○	●				○	●	
通信系统总配线设备机房	○	●				○	●	
智能化系统设备总控室	○	●				○	●	
通信接入设备机房		○	●				○	●
有线电视前端设备机房		○	●				○	●
应急指挥中心机房	●				○	●		
其他智能化系统设备机房		○					○	●

注:●通常情况;○规模较大或重要场所。

表 7.17　公共安全系统机房防雷等级选择表

机房		二类防雷建筑物				三类防雷建筑物			
		A	B	C	D	A	B	C	D
消防控制中心机房	控制中心系统	●				○	●		
	集中报警系统								
	区域报警系统		○	●				○	●
安防监控中心机房	一级安防系统	●				○	●		
	二级安防系统	○	●				○	●	
	三级安防系统		○	●				○	●

注:●通常情况;○规模较大或重要场所。

复习思考题

一、选择题

1. 在民用建筑防雷工程勘测时,从建筑总平面图可以了解项目中单体工程数量、建筑间相对位置关系、判断雷电可能出现(　　)。
   A. 直击建筑物或在建筑物附近相邻建筑落雷情况
   B. 所在区域闪电密度
   C. 侧击及考虑建筑物初级屏蔽设计
   D. 行走路径和可能袭击对象
2. 坡度大于1/10且小于1/2的屋面,不易受雷击的部位是(　　)。
   A. 屋角　　B. 窗户　　C. 檐角　　D. 屋檐
3. 接地装置是指埋入土壤或混凝土中起散流作用的金属导体,包括(　　)两种。
   A. 水平接地体和垂直接地体　　B. 接闪器和引下线
   C. 人工接地体和自然接地体　　D. 引下线和离子接地棒
4. 接地装置在离电流注入点愈远的地方,土壤中的电流密度愈(　　),电场愈(　　)。
   A. 小,强　　B. 大,强　　C. 小,弱　　D. 大,弱
5. 将接地体埋设在土壤(　　)的地方,比较容易满足对接地电阻值的要求。
   A. 电阻率低　　B. 电阻率高　　C. 含水量高　　D. 含水量低
6. 第一类、二类、三类防雷建筑物滚球半径分别为30m、45m和60m,对于露天堆场滚球半径则选为(　　)m。
   A. 45　　B. 60　　C. 80　　D. 100
7. 对于防雷装置使用的材料,根据其雷电高温、强电流特点和其使用场地的特殊性,

以及接闪器、引下线的相关导通性分析，有严格的特性要求。按照使用条件，不适合同时使用于大气、土壤及混凝土中的是(　　)。

A. 热镀锌钢　　B. 电镀铜钢　　C. 不锈钢　　D. 铝

二、简答题

1. 防雷工程设计前的准备工作都是什么？
2. 防雷工程勘测一般都收集哪些资料？
3. 简述TN，TT，IT系统的各自特点？

第8章　建筑物的防雷设计

建筑物防雷措施是从建筑物的结构来考虑的外部与内部防雷措施，应根据建筑物的防雷类别，新建或改建情况分别采取合理有效的措施。本章从基本防护措施、第一、第二、第三类防雷建筑防护设计、特殊防护措施设计进行讲解。

8.1　基本防护措施

8.1.1　外部防雷措施

建筑物外部防雷包括接闪、引下、接地三个部分，接闪主要指防直击雷、侧击雷和雷电反击等内容。

各类防雷建筑物的防直击雷的外部防雷装置，采用滚球法计算接闪杆、接闪线的保护范围，采用接闪带的屋面部分不用滚球法计算，对于采取防侧击措施的需用滚球法计算保护范围，各类防雷建筑物均应采取防闪电电涌侵入的措施。对于第一类和第二类防雷建筑物中下列3条所规定的建筑物应采取防闪电感应的措施。

(1)制造、使用或贮存火炸药及其制品的危险建筑物，且电火花不易引起爆炸或不致造成巨大破坏和人身伤亡的；

(2)具有1区或21区爆炸危险场所的建筑物，且电火花不易引起爆炸或不致造成巨大破坏和人身伤亡的；

(3)具有2区或22区爆炸危险场所的建筑物。

8.1.2　内部防雷措施

建筑物的内部防雷措施有等电位连接和隔离措施。

(1)在建筑物的地下室或地面层处，以下物体应与防雷装置做防雷等电位连接：

①建筑物金属体；

②金属装置；

③建筑物内系统；

④进出建筑物的金属管线。

(2)外部防雷装置与建筑物金属体、金属装置、建筑物内系统之间，尚应满足间隔距离的要求，其间隔距离需用相关计算公式计算后确定，如计算机室内计算机与建筑外墙的引下线无法隔离的情况下采用等电位连结。间隔距离 S 可用下式来计算：

$$S = K_i \frac{K_c}{K_m} l \tag{8.1}$$

式中：K_i 为选择的 LPS 类型，一类防雷建筑 0.1，二类防雷建筑 0.075，三类防雷建筑 0.05；K_c 为流经引下线的雷电流，1 根取 1，2 根取 0.66，4 根及以上取 0.44；K_m 为电气绝缘材料，空气中取 1，混凝土及砖取 0.5；l 为长度(m)，沿接闪器或引下线，从考虑的间隔距离的起点算起，直至最近的等电位连接点。

8.1.3 雷电电磁脉冲措施

第二类防雷建筑物中规定的非易燃易爆场所应采取防雷击电磁脉冲的措施。其他各类防雷建筑物，当其建筑物内系统所接设备的重要性高，以及所处雷击磁场环境和加于设备的闪电电涌无法满足要求时，也应采取防雷击电磁脉冲的措施(详见第九章)。

8.2 第一类防雷建筑物的防雷措施

8.2.1 直击雷防护措施

8.2.1.1 接闪器的设计

直击雷防护措施中接闪器的安装位置以及高度用滚球法确定接闪器的高度，对于独立接闪器需根据现场勘查、被保护物、消防救援、交通等综合因素确定安装位置。其接闪杆、线、带，作为第一类防雷建筑的外部防雷装置与被保护物是互相脱离的，一般安装在建筑物的突出部位或独立安装，该防雷装置称为独立的外部防雷装置，其接闪器称为独立接闪器。被保护建筑物采用滚球法计算保护范围，采用独立接闪杆或架空接闪线或网保护，将被保护建筑物(包括风帽、放散管等突出屋面的物体)置于接闪器的有效保护范围内。架空接闪网的网格尺寸不应大于 5m×5m 或 6m×4m。

排放爆炸危险气体、蒸气或粉尘的放散管、呼吸阀、排风管等的管口外的以下空间是考虑到气体的比重导致气体扩散形式等，应处于接闪器的保护范围内：

(1)有管帽时应按表 8.1 的规定确定；

(2)无管帽时，应为管口上方半径 5m 的半球体；

(3)接闪器与雷闪的接触点应设表 8.1 以及管口上方 5m 的半球体所规定的空

间之外。

表 8.1　有管帽的管口外处于接闪器保护范围内的空间

装置内的压力与周围空气压力的压力差(kPa)	排放物对比于空气	管帽以上的垂直距离(m)	距管口处的水平距离(m)
<5	重于空气	1	2
5~25	重于空气	2.5	5
≤25	轻于空气	2.5	5
>25	重或轻于空气	5	5

排放爆炸危险气体、蒸气或粉尘的放散管、呼吸阀、排风管等，当其排放物达不到爆炸浓度、长期点火燃烧、一排放就点火燃烧，以及发生事故时排放物才达到爆炸浓度的通风管、安全阀，接闪器的保护范围可仅保护到管帽，无管帽时可仅保护到管口。

树木邻近建筑物且不在接闪器保护范围之内时，树木与建筑物之间的净距不应小于 5m。

一些特殊需要保护的建筑物、设备等虽然为非易燃易爆装置，但由于其设备的特殊性或元器件的敏感性需要按一类防雷建筑物设计防护，比如某些高山、雷电频数较高的地区安装的雷达等。

8.2.1.2　引下线设计

引下线是连接接闪器和接地装置的导线。其作用是将雷电流引入接地装置。引下线可以是两根或多根并联的电流通路，其电流通路的长度宜越短越好，但是由于与被保护装置的高低有关，所以引下线数量和间距的布置是设计的重点。

(1)独立接闪杆的杆塔、架空接闪线的端部和架空接闪网的每根支柱处应至少设一根引下线。对用金属制成或有焊接、绑扎连接钢筋网的杆塔、支柱，宜利用金属杆塔或钢筋网作为引下线。

(2)为了防止雷击电流流过防雷装置时所产生的高电位对被保护的建筑物或与其有联系的金属物发生反击，应使防雷装置与这些物体之间保持一定的间隔距离。独立接闪杆和架空接闪线或网的支柱及其接地装置至被保护建筑物及与其有联系的管道、电缆等金属物之间的间隔距离(图 8.1)，应按式(8.2)—式(8.4)计算，但不得小于 3m。

①地上部分

$$S_{a1} \geqslant 0.4(R_i + 0.1h_x) \tag{8.2}$$

$$S_{a1} \geqslant 0.1(R_i + 0.1h_x) \tag{8.3}$$

②地下部分

$$S_{e1} \geqslant 0.4R_i \tag{8.4}$$

式中：S_{a1} 为空气中的间隔距离，m；S_{e1} 为地中的间隔距离，m；R_i 为独立接闪杆、架空接闪线或网支柱处接地装置的冲击接地电阻，Ω；h_x 为被保护建筑物或计算点的高度，m。

根据计算，当在接闪线立杆高度为 20m、接闪线长度为 50～150m、冲击接地电阻为 3～10Ω 的条件下，当接闪线立杆顶点受雷击时，流经该立杆的雷电流为全部雷电流的 63%～90%，S_{a1} 和 S_{e1} 可相应减小，但计算起来很繁杂，为了简化计算，故 S_{a1} 和 S_{e1} 仍按照独立接闪杆的方法进行计算。

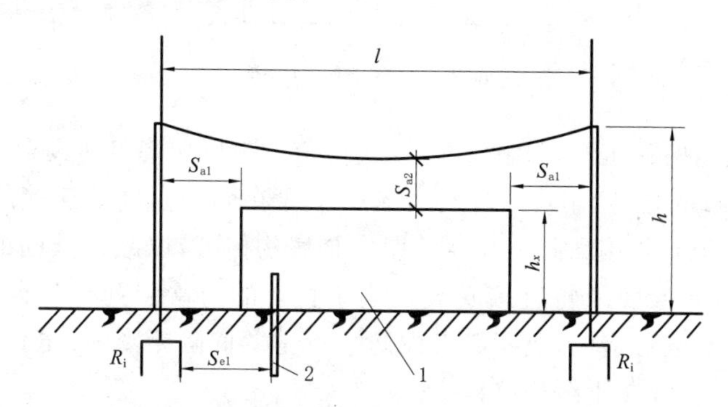

图 8.1　防雷装置至被保护物的间隔距离

1. 被保护建筑物；2. 金属管道

(3)架空接闪线至屋面和各种突出屋面的风帽、放散管等物体之间的间隔距离(图 8.1)，按式(8.5)、式(8.6)计算，且不应小于 3m。

①当 $(h+l/2)<5R_i$

$$S_{a2}\geqslant 0.2R_i+0.03(h+l/2) \tag{8.5}$$

②当 $(h+l/2)\geqslant 5R_i$

$$S_{a2}\geqslant 0.05R_i+0.06(h+l/2) \tag{8.6}$$

式中：S_{a2} 为接闪线至被保护物在空气中的间隔距离，m；h 为接闪线的支柱高度，m；l 为接闪线的水平长度，m。

(4)架空接闪网至屋面和各种突出屋面的风帽、放散管等物体之间的间隔距离，应按式(8.7)、式(8.8)计算，但不应小于 3m。

①当 $(h+l/2)<5R_i$

$$S_{a2}\geqslant 1/n[0.4R_i+0.06(h+l_1)] \tag{8.7}$$

②当 $(h+l/2)\geqslant 5R_i$

$$S_{a2}\geqslant 1/n[[0.1R_i+0.12(h+l_1)] \tag{8.8}$$

式中：S_{a2} 为接闪网至被保护物在空气中的间隔距离，m；l_1 为从接闪网中间最低点沿导体至最近支柱的距离，m；n 为从接闪网中间最低点沿导体至最近不同支柱并有同

一距离 l_1 的个数。

架空接闪网的一个例子如图 8.2。

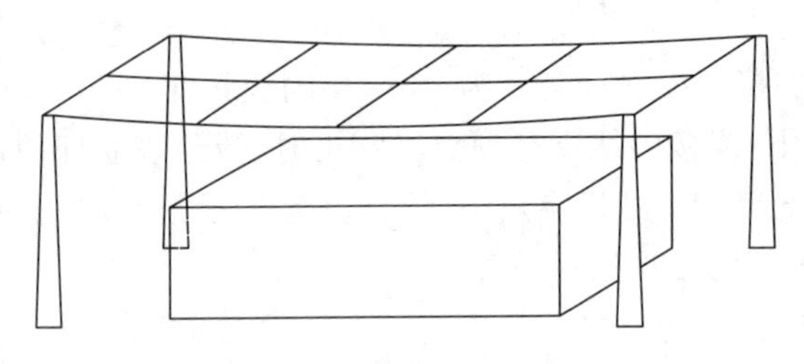

图 8.2　架空接闪网的例子

(5)对于较高的建筑物,引下线很长,雷电流的电感压降将达到很大的数值,需要在每隔不大于 12m 之处,用均压环将各条引下线在同一高度处连接起来,环间垂直距离不应大于 12m,并接到同一高度的屋内金属物体上,以减小其间的电位差,避免发生火花放电。由于要求将直接安装在建筑物上的防雷装置与各种金属物互相连接,并采取若干等电位措施,故不必考虑防止反击的间隔距离,等电位连接环可利用电气设备的等电位连接干线环路。

8.2.1.3　接地装置设计

独立接闪杆、架空接闪线或架空接闪网应设独立的接地装置,每一引下线的冲击接地电阻不宜大于 10Ω。在土壤电阻率高的地区,可适当增大冲击接地电阻,但在 3000Ω·m 以下的地区,冲击接地电阻不应大于 30Ω。

一般情况下,规定冲击接地电阻不宜大于 10Ω 是适宜的,但在高土壤电阻率地区,要求低于 10Ω,可能给施工带来很大的困难,一味追求低的冲击接地电阻对于实际工作意义并不是很大,应做好等电位联结。在满足间隔距离的前提下,允许提高接地电阻值。此时,虽然支柱距建筑物远一点,接闪器的高度也相应增高,但可以给施工带来很大方便而仍保证安全。在高土壤电阻率地区,这是一个因地制宜而定的数值,它应综合接闪器增加的安装费用和可能做到的电阻值来考虑。

防直击雷接地装置应围绕建筑物敷设成环形接地体,每根引下线的冲击接地电阻不应大于 10Ω,并应和电气设备接地装置及所有进入建筑物的金属管道相连,此接地装置兼做防雷电感应之用。

当每根引下线的冲击接地电阻大于 10Ω 时,外部防雷的环形接地体宜按以下方法敷设:

①土壤电阻率小于或等于 500Ω·m 时,对环形接地体所包围面积的等效圆半径小于 5 m 的情况,每一引下线处应补加水平接地体或垂直接地体。

②当补加水平接地体时,其最小长度应按下式计算:

$$l_r = 5 - \sqrt{\frac{A}{\pi}} \tag{8.9}$$

式中：$\sqrt{\frac{A}{\pi}}$ 为环形接地体包围面积的等效圆半径，m；l_r 为补加水平接地体的最小长度，m；A 为环形接地体所包围的面积，m^2。

③当补加垂直接地体时，其最小长度应按下式计算：

$$l_v = \frac{5 - \sqrt{\frac{A}{\pi}}}{2} \tag{8.10}$$

④当土壤电阻率大于 500Ω，小于或等于 3000Ω·m，且对环形接地体所包围面积的等效圆半径符合下式的计算值时，每一引下线处应补加水平接地体或垂直接地体，按下式计算：

$$\sqrt{\frac{A}{\pi}} <= \frac{11\rho - 3600}{380} \tag{8.11}$$

⑤补加水平接地体时，其最小总长度应按下式计算：

$$l_r = \left(\frac{11\rho - 3600}{380}\right) - \sqrt{\frac{A}{\pi}} \tag{8.12}$$

⑥补加垂直接地体时，其最小总长度应按下式计算：

$$l_v = \frac{\left(\frac{11\rho - 3600}{380}\right) - \sqrt{\frac{A}{\pi}}}{2} \tag{8.13}$$

注：按本款方法敷设接地体以及环形接地体所包围的面积的等效圆半径等于或大于所规定的值时，每根引下线的冲击接地电阻可不作规定。共用接地装置的接地电阻按 50Hz 电气装置的接地电阻确定，应为不大于按人身安全确定的接地电阻值。

8.2.2　防侧击雷措施

由于建筑物太高或其他原因，不能或无法装设独立接闪杆或架空接闪线或网时，才允许采用附设于建筑物上的防雷装置进行保护，即可将接闪杆或网格不大于 5m×5m 或 6m×4m 的接闪网或由其混合组成的接闪器直接装在建筑物上，当建筑物高度超过 30m 时，首先应沿屋顶周边敷设接闪带，接闪带应设在外墙外表面或屋檐边垂直面上，也可设在外墙外表面或屋檐垂直面外，并按以下方法进行设计：

(1)安装在屋面的接闪杆、接闪带、接闪网以及接闪线之间应互相连接。

(2)引下线不应少于 2 根，并应沿建筑物四周和内庭院四周均匀或对称布置，其间距沿周长计算不宜大于 12m。

(3)排放爆炸危险气体、蒸气或粉尘的管道的防护，管道应处于接闪器的保护范围内：

①有管帽时应按表 8.1 的规定确定；

②无管帽时，应为管口上方半径 5m 的半球体；

③接闪器与雷闪的接触点应设表 8.1 及管口上方 5m 的半球体所规定的空间之外。

④排放爆炸危险气体、蒸气或粉尘的管道，当其排放物达不到爆炸浓度、长期点火燃烧、一排放就点火燃烧，以及发生事故时排放物才达到爆炸浓度的管道，接闪器的保护范围可仅保护到管帽，无管帽时可仅保护到管口。

(4)当建筑物高于 30m 时，尚应采取下列防侧击的措施：

①应从 30m 起每隔不大于 6m 沿建筑物四周设水平接闪带并与引下线相连。

②30m 及以上外墙上的栏杆、门窗等较大的金属物应与防雷装置连接。

8.2.3　防闪电感应措施

(1)建筑物内的设备、管道、构架、电缆金属外皮、钢屋架、钢窗等较大金属物和突出屋面的放散管、风管等金属物在发生闪电或附近发生雷击时，由于前述雷电的危害途径可知，将会在这些金属物上感应到电流，此时如果不进行等电位连接和接地处理将有可能发生火花放电，对于第一类防雷建筑物来说将有可能发生爆炸和火灾。图 8.3 为防止闪电感应措施的例子。

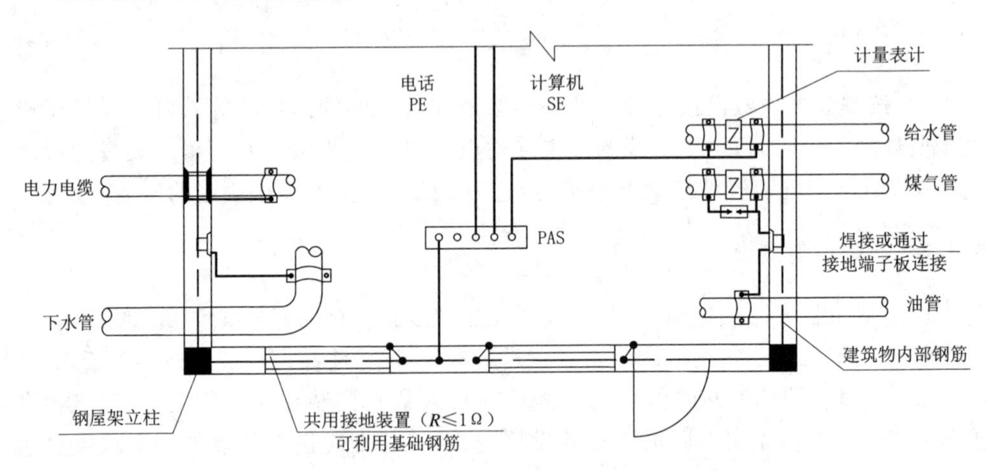

图 8.3　防闪电感应的例子

现场浇灌或用预制构件组成的钢筋混凝土屋面，其钢筋网的交叉点应绑扎或焊接，并应每隔 18～24m 采用引下线接地一次，将感应到的雷电流尽快进行泄流也有屏蔽的作用，即使该建筑物有独立的接闪杆接闪线。

(2)平行敷设的管道、构架和电缆金属外皮等长金属物，其净距小于 100mm 时，应采用金属线跨接，跨接点的间距不应大于 30m；交叉净距小于 100mm 时，其交叉处也应跨接。当长金属物的弯头、阀门、法兰盘等连接处的过渡电阻大于 0.03Ω 时，连接处应用金属线跨接。对有不少于 5 根螺栓连接的法兰盘，在非腐蚀环境下，可不跨接。这样的规定是考虑到电磁感应所造成的电位差只能将几厘米的空隙击穿。当管道间距超过 100mm 时，就不会发生危险。交叉管道也做同样处理。

(3)防雷电感应的接地装置应与电气和电子系统的接地装置共用，其工频接地电阻不宜大于 10Ω，这是因为由于已设有独立接闪器，因此，流过防闪电感应接地装置的只是数值很小的感应电流。在金属物已普遍等电位连接和接地的情况下，电位分布均匀。在共用接地装置的场合下，工频接地电阻只要满足 50Hz 电气装置从人身安全，即从接触电压和跨步电压要求所确定的电阻值。防闪电感应的接地装置与独立接闪杆、架空接闪线或架空接闪网的接地装置之间的间隔距离应按公式(8.2)—(8.4)计算，且不得小于 3m。

当屋内设有等电位连接的接地干线时，其与防闪电感应接地装置的连接不应少于 2 处。

8.2.4 防闪电电涌侵入措施

(1)为防止雷击线路时高电位侵入建筑物造成危险，室外低压配电线路应全线采用电缆直接埋地引入。在入户处应将电缆的金属外皮、钢管接到等电位连接带或防闪电感应的接地装置上。图 8.4 为防止闪电电涌入侵的等电位连接措施。

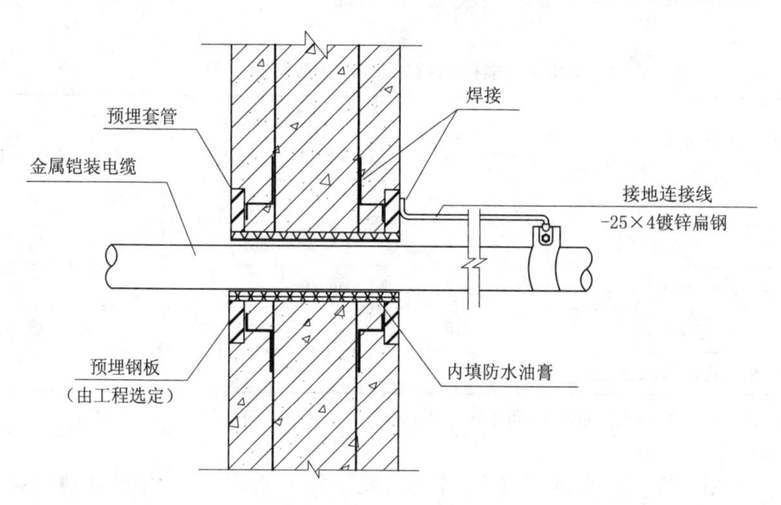

图 8.4 等电位连接的例子

(2)当全线采用电缆有困难时,不得将架空线路直接引入屋内,应采用钢筋混凝土杆和铁横担的架空线,并应使用一段金属铠装电缆或护套电缆穿钢管直接埋地引入。架空线与建筑物的距离不应小于15m,这是考虑架空线距离爆炸危险环境至少为杆高的1.5倍,杆高一般为10m。

电缆金属外皮、铠装、钢管等具有散流接地体的作用,所以当架空线转换成一段金属铠装电缆或护套电缆穿钢管直接埋地引入时,其在接地体冲击电流下有效长度即埋地长度可按下式计算:

$$l \geqslant 2\sqrt{\rho} \tag{8.14}$$

式中:l为电缆铠装或穿电缆的钢管埋地直接与土壤接触的长度,m;ρ为埋电缆处的土壤电阻率,Ω·m。

当土壤电阻率过高时,电缆埋地长度过长时,可采用换土及其他降阻措施,使ρ值降低,从而缩短埋地电缆的长度。

在电缆与架空线连接处,尚应装设户外型电涌保护器。电涌保护器、电缆金属外皮、钢管和绝缘子铁脚、金具等应连在一起接地,其冲击接地电阻不宜大于30Ω。所装设的电涌保护器应选用Ⅰ级试验产品,其电压保护水平应小于或等于2.5kV,其每一保护模式应选冲击电流等于或大于10kA;若无户外型电涌保护器,应选用户内型电涌保护器,其使用温度应满足安装处的环境温度,并应安装在防护等级IP54的箱内。

当电涌保护器的接线形式为表8.2中的接线形式时,接在中性线和PE线间电涌保护器的冲击电流,当为三相系统时不应小于40kA,当为单相系统时不应小于20kA。

表8.2 根据系统特征安装电涌保护器

电涌保护器接于	电涌保护器安装处的系统特征		
	TT系统	TN−S系统	引出中性线的IT系统
每根相线与中性线间	○	○	○
每根相线与PE线间	不适用	不适用	不适用
中性线与PE线间	○	○	○
每根相线与PEN线间	不适用	不适用	不适用
各相线之间	+	+	+

注:○表示必须,+表示非强制性的,可附加选用。

(3)电子系统的室外金属导体线路宜全线采用有屏蔽层的电缆埋地或架空敷设,其两端的屏蔽层、加强钢线、钢管等应等电位连接到入户处的终端箱体上。

(4)当通信线路采用钢筋混凝土杆的架空线时,应使用一段护套电缆穿钢管直接埋地引入，其埋地长度应按式(8.14)计算，且不应小于 15m。在电缆与架空线连接处，尚应装设户外型电涌保护器。电涌保护器、电缆金属外皮、钢管和绝缘子铁脚、金属等应连在一起接地，其冲击接地电阻不宜大于 30Ω。每台电涌保护器的短路电流应等于或大于 2kA；若无户外型电涌保护器，可选用户内型电涌保护器，但其使用温度应满足安装处的环境温度，并应安装在防护等级 IP54 的箱内。

(5)架空金属管道，在进出建筑物处，应与防闪电感应的接地装置相连。距离建筑物 100m 内的管道，应每隔 25m 接地一次，其冲击接地电阻不应大于 30Ω，并应利用金属支架或钢筋混凝土支架的焊接、绑扎钢筋网作为引下线，其钢筋混凝土基础宜作为接地装置。

埋地或地沟内的金属管道，在进出建筑物处应等电位连接到等电位连接带或防闪电感应的接地装置上。

(6)在电源引入的总配电箱处应装设Ⅰ级试验的电涌保护器。电涌保护器的电压保护水平值应小于或等于 2.5kV。每一保护模式的冲击电流值，当无法确定时，冲击电流应取等于或大于 12.5kA。

(7)电源总配电箱处所装设的电涌保护器，其每一保护模式的冲击电流值 I_{imp}，当电源线路无屏蔽层时宜按式(8.15)计算，当有屏蔽层是宜按式(8.16)计算：

$$I_{imp}=\frac{0.5I}{nm} \tag{8.15}$$

$$I_{imp}=\frac{0.5IR_s}{n(mR_s+R_c)} \tag{8.16}$$

式中：I 为雷电流，取 200kA；n 为地下和架空引入的外来金属管道和线路的总数；m 为每一线路内导体芯线的总根数；R_s 为屏蔽层每千米的电阻，Ω/km；R_c 为芯线每千米的电阻，Ω/km。

(8)当电子系统的室外线路采用金属线时，在其引入的终端箱处应安装 D1 类高能量试验类型的电涌保护器，其短路电流当无屏蔽层时，宜按式(8.15)计算，当有屏蔽层时宜按式(8.16)计算；当无法确定时应选用 2kA。

(9)当电子系统的室外线路采用光缆时，在其引入的终端箱处的电气线路侧，当无金属线路引出本建筑物至其他有自己接地装置的设备时，可安装 B2 类慢上升率试验类型的电涌保护器，其短路电流宜选用 100A。

(10)输送火灾爆炸危险物质的埋地金属管道，当其从室外进入户内处设有绝缘段时，应在绝缘段处跨接符合要求的电压开关型电涌保护器或隔离放电间隙。

(11)具有阴极保护的埋地金属管道，在其从室外进入户内处宜设绝缘段，应在绝缘段处跨接符合要求的电压开关型电涌保护器或隔离放电间隙。

(12)根据调查的几个案例，雷击树木引起的反击，其距离均未超过 2m，例如，重庆某结核病医院、南宁某矿山机械厂、广东花县某学校及海南岛某中学等由于雷击树木而产生的反击，其距离均未超过 2m。考虑安全系数后，当树木邻近建筑物且不在接闪器保护范围之内时，树木与建筑物之间的净距不应小于 5m。

8.3　第二类防雷建筑物的防雷措施

8.3.1　直击雷防护措施

8.3.1.1　接闪器的设计

(1)第二类防雷建筑物外部防雷的措施，宜采用装设在建筑物上的接闪网、接闪带或接闪杆，也可采用由接闪网、接闪带或接闪杆混合组成的接闪器。接闪网、接闪带应沿屋角、屋脊、屋檐和檐角等易受雷击的部位敷设，并应在整个屋面组成不大于 10m×10m 或 12m×8m 的网格。当建筑物高度超过 45m 时，首先应沿屋顶周边敷设接闪带，接闪带应设在外墙外表面或屋檐边垂直面上，也可设在外墙外表面或屋檐边垂直面外。接闪器之间应互相连接。

(2)对突出屋面的放散管、风管、烟囱等物体的直击雷类保护：

①排放爆炸危险气体、蒸气或粉尘的放散管、呼吸阀、排风管等管道的防护措施与第一类防雷建筑物的接闪器布置原则相同，由于第一类和第二类防雷建筑物的接闪器的保护范围是不同的(因 h_r 不同)，因此，实际上保护措施的做法是不同的。

②排放无爆炸危险气体、蒸气或粉尘的放散管、烟囱，1 区、21 区、2 区和 22 区爆炸危险场所的自然通风管，0 区和 20 区爆炸危险场所的装有阻火器的放散管、呼吸阀、排风管，以及符合第一类防雷建筑物规定的管、阀及煤气和天然气放散管等，其防雷保护应符合下列规定：

1)金属物体可不装接闪器，但应和屋面防雷装置相连。

2)不安装接闪器的两种规定是：一是不处在接闪器保护范围内的非导电性屋顶物体，当它没有突出由接闪器形成的平面 0.5m 以上时，可不要求附加增设接闪器的保护措施。二是没有得到接闪器保护的屋顶孤立金属物的尺寸不超过以下数值时，可不要求附加的保护措施：高出屋顶平面不超过 0.3m；上层表面总面积不超过 1.0m^2；上层表面的长度不超过 2.0m。

3)在屋面接闪器保护范围之外的非金属物体应装接闪器，并和屋面防雷装置相连。图 8.5 中冷却塔为非金属物体，且水箱间屋顶的接闪带不能保护冷却塔，故需在冷却塔顶安装接闪器。

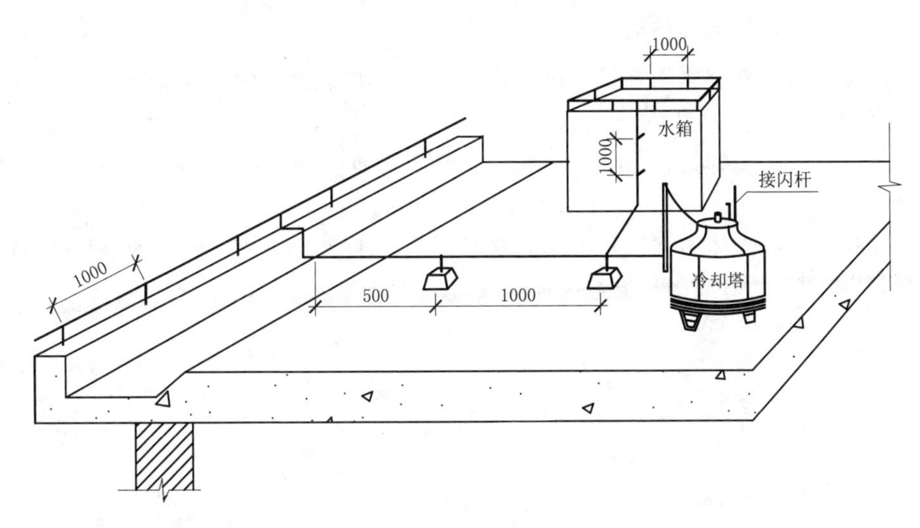

图 8.5　金属、非金属物体与屋面防雷装置相连的例子

③自然接闪器的运用

1)金属屋面做接闪器(图 8.6、图 8.7)

除第一类防雷建筑物外，金属屋面的建筑物宜利用其屋面作为接闪器，并应符合下列规定：板间的连接应是持久的电气贯通，可采用铜锌合金焊、熔焊、卷边压接、缝接、螺钉或螺栓连接；金属板下面无易燃物品时，铅板的厚度不应小于 2mm，不锈钢、热镀锌钢、钛和铜板的厚度不应小于 0.5mm，铝板的厚度不应小于 0.65mm，锌板的厚度不应小于 0.7mm；金属板下面有易燃物品时，不锈钢、热镀锌钢和钛板的厚度不应小于 4mm，铜板的厚度不应小于 5mm，铝板的厚度不应小于 7mm；金属板无绝缘被覆层。

注：薄的油漆保护层或 1mm 厚沥青层或 0.5mm 厚聚氯乙烯层均不属于绝缘被覆层。

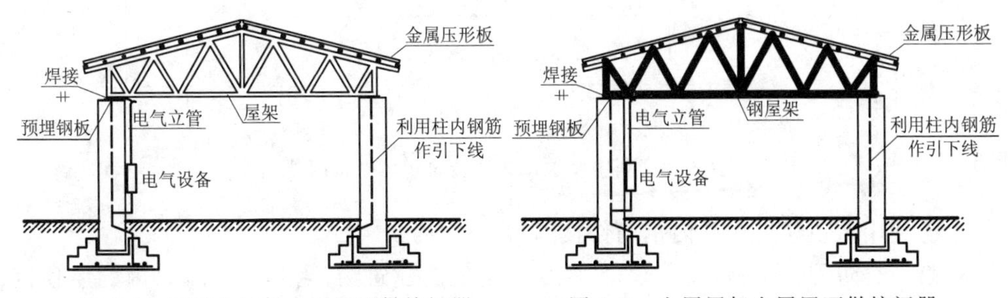

图 8.6　混凝土屋架金属屋面做接闪器　　图 8.7　金属屋架金属屋面做接闪器

2)永久性金属物做接闪器(图 8.8)

屋顶上永久性金属物宜作为接闪器,但其各部件之间均应连成电气贯通,并应符合下列规定:

旗杆、栏杆、装饰物、女儿墙上的盖板等,其截面不小于对标接闪器部所规定的截面。

输送和储存物体的钢管和钢罐的壁厚不应小于 2.5mm;当钢管、钢罐一旦被雷击穿,其内的介质对周围环境造成危险时,其壁厚不应小于 4mm。

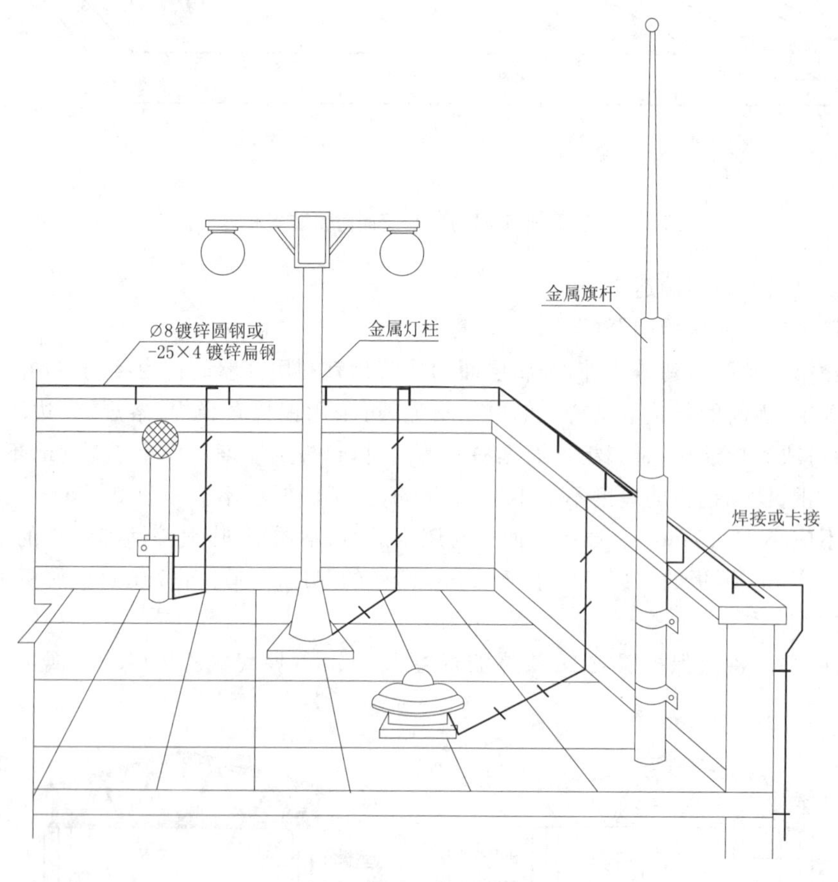

图 8.8　利用屋顶永久性金属物体做接闪器

④利用屋顶建筑构件内钢筋作接闪器。

第二类防雷建筑物若属于非易燃易爆场所的建筑物,当其女儿墙以内的屋顶钢筋网以上的防水和混凝土层允许不保护时,宜利用屋顶钢筋网作为接闪器;当其建筑物为多层建筑物,且周围很少有人停留时,宜利用女儿墙压顶板内或檐口内的钢筋作为接闪器。敷设在混凝土内的金属体，由于受到混凝土的保护，不需要采取防腐措施。但金属体从混凝土内向外引出处要适当采取防腐措施。

8.3.1.2　引下线设计

引下线分为专设引下线与自然引下线。专设（指专门敷设，区别于利用建筑物的金属体）引下线不应少于 2 根，并应沿建筑物四周和内庭院四周均匀对称布置，其间距沿周长计算不宜大于 18m。我国工业建筑物的柱距一般均为 6m，因此，按不小于 6m 的倍数考虑，故第二类建筑引下线为 18m。

专设引下线是指明敷或暗敷的引下线，是由于建筑物用途改变或屋内设备要求需在其屋面安装接闪器而需要设置的引下线。专设引下线一般沿建筑物外墙表面明敷，并按最短路径接地；建筑外观要求较高时可暗敷，但其圆钢直径不应小于 10mm，扁钢截面不应小于 $80mm^2$。明敷引下线一般是指砖混建筑或经过后期改造的建筑物。

自然引下线是利用了建筑物附属的金属构件，如爬梯、钢柱、混凝土柱内主筋等金属体作为引下线。建筑物的钢梁、钢柱、消防梯等金属构件，以及幕墙的金属立柱宜作为引下线，但其各部件之间均应连成电气贯通，可采用铜锌合金焊、熔焊、卷边压接、缝接、螺钉或螺栓连接；其截面符合规范要求；各金属构件可覆有绝缘材料。引下线一般采用建筑施工的绑扎法，严禁使用焊接方法将柱内主筋焊接。

目前多层、高层以及超高层建筑、工业厂房等利用建筑物的柱内主筋作为引下线。

一般自然引下线无需另水平环形连接导体，也无需安装断接卡。否则在建筑外另设引下线时，每根引下线在与接地装置连接处需安装断接卡。

8.3.1.3　接地装置设计

(1)共用接地装置设计

①外部防雷装置的接地应和防闪电感应、内部防雷装置、电气和电子系统等接地共用接地装置，并应与引入的金属管线做等电位连接。

②共用接地装置的接地电阻值应按 50Hz 电气装置的接地电阻确定，不应大于按人身安全所确定的接地电阻值。在土壤电阻率小于等于 3000Ω · m，外部防雷装置接地体补加了接地时，可不计及冲击接地电阻；但当每根专设引下线的冲击接地电阻不大于 10Ω 时，不再补加设接地体。

③当接地装置利用基础内钢筋、基础含水量以及基础钢筋均达到要求时，利用槽形、板形或条形基础的钢筋作为接地体或在基础下面混凝土垫层内敷设人工环形基础接地体，当槽形、板形基础钢筋网在水平面的投影面积或成环的条形基础钢筋或人工环形基础接地体所包围的面积符合下列规定时，可不补加接地体：

1)当土壤电阻率小于或等于 800Ω·m 时,所包围的面积应大于或等于 79m²;

2)当土壤电阻率大于 800Ω·m 且小于等于 3000Ω·m 时,所包围的面积应大于或等于按下式的计算值:

$$A \geqslant \pi\left(\frac{\rho-550}{50}\right)^2 \tag{8.17}$$

(2)利用建筑物金属体接地装置设计

①当基础采用硅酸盐水泥和周围土壤的含水量不低于 4% 及基础的外表面无防腐层或有沥青质防腐层时,宜利用基础内的钢筋作为接地装置。当基础的外表面有其他类的防腐层且无桩基可利用时,宜在基础防腐层下面的混凝土垫层内敷设人工环形基础接地体。

②敷设在混凝土中作为防雷装置的钢筋或圆钢,当仅为一根时,其直径不应小于 10mm。被利用作为防雷装置的混凝土构件内有箍筋连接的钢筋时,其截面积总和不应小于一根直径 10mm 钢筋的截面积。

③利用基础内钢筋网作为接地体时,在周围地面以下距地面不应小于 0.5m,每根引下线所连接的钢筋表面积总和应按下式计算:

$$S \geqslant 4.24k_c^2 \tag{8.18}$$

式中:S 为钢筋表面积总和,m^2;k_c 为分流系数,为流入该引下线所连接接地体的分流系数,见附录 F。

在高层建筑中,利用柱子和基础内的钢筋作为引下线和接地体,具有经济、美观和有利于雷电流流散以及不必维护和寿命长等优点。将设在建筑物钢筋混凝土桩基和基础内的钢筋作为接地体时,此种接地体常称为基础接地体。利用基础接地体的接地方式称为基础接地。基础接地体可分为以下两类:

自然基础接地体,利用钢筋混凝土基础中的钢筋或混凝土基础中的金属结构作为接地体时,这种接地体称为自然基础接地体。

人工基础接地体。把人工接地体敷设在没有钢筋的混凝土基础内时,这种接地体称为人工基础接地体。有时候,在混凝土基础内虽有钢筋但由于不能满足利用钢筋作为自然基础接地体的要求(如由于钢筋直径太小或钢筋总表面积太小),也有在这种钢筋混凝土基础内加设人工接地体的情况,这时所加入的人工接地体也称为人工基础接地体。

利用基础接地体时,对建筑物地梁的处理是很重要的一个环节。地梁内的主筋要和基础主筋连接起来,并要把各段地梁的钢筋连成一个环路,这样才能将各个基础连成一个接地体,而且地梁的钢筋形成一个很好的水平接地环,综合组成一个完整的接地系统。

④当在建筑物周边的无钢筋的闭合条形混凝土基础内敷设人工基础接地体时,

接地体的规格尺寸应按表 8.3 的规定确定。

表 8.3　第二类防雷建筑物环形人工基础接地体的最小规格尺寸

闭合条形基础的周长(m)	扁钢(mm)	圆钢,根数×直径(mm)
$L\geqslant 60$	4×25	2×∅10
$60<L\leqslant 40$	4×50	4×∅10 或 3×∅12
$L<40$	钢材表面积总和≥4.24m²	

注:1. 当长度相同、截面相同时,宜选用扁钢;

2. 采用多根圆钢时,其敷设净距不小于直径的 2 倍;

3. 利用闭合条形基础内的钢筋作接地体时可按本表校验,除主筋外,可计人箍筋的表面积。

(3)确定环形人工基础接地体尺寸的几条原则:

①在相同截面(即在同一长度下,所消耗的钢材质量相同)下,扁钢的表面积总是大于圆钢的,优先选用扁钢,可节省钢材;

②在截面积相等之下,多根圆钢的表面积总是大于一根的,所以在满足所要求的表面积前提下,选用多根或一根圆钢;

③圆钢直径选用 8mm、10mm、12mm 三种规格,选用大于 12mm 的圆钢,一是浪费材料,二是施工时不易于弯曲;

④混凝土电阻率取 100Ω·m,这样,混凝土内钢筋体有效长度为 $2\rho^{1/2}=20\text{m}$,即从引下线连接点开始,散流作用按各方向 20m 考虑;

⑤周长≥60m,按 60m 考虑,设三根引下线,此时,$k_c=0.44$,另外还有 56%的雷电流从另两根引下线流走,每根引下线各占 28%;40～60m 周长时按长度考虑,$k_c=1$,即按 40m 长流走全部雷电流考虑;

⑥周长<40m 时无法预先定出规格和尺寸,只能按 $k_c=1$,由设计者根据具体长度计算,并按以上原则选用。表 8.4 为环形人工基础接地体的计算。

表 8.4　确定环形人工基础接地体的计算结果

周长(m)	k_c 值	第二类防雷建筑物环形人工接地体的表面积
$L\geqslant 60$	0.72	$4.24k_c^2=2.2\text{m}^2$
		4mm×25mm 扁钢 40m 长的表面积=2.32m²,2×∅10mm 圆钢 40m 长表面积总和 2.513m²
$40\leqslant L<60$	1	$4.24k_c^2=4.24\text{m}^2$
		4mm×25mm 扁钢 40m 长的表面积=4.32m²,4×∅10mm 圆钢 40m 长表面积总和 5.03m²,3×∅12mm 圆钢 40m 长表面积总和 4.52m²,

注:1. 采用一根圆钢时,其直径不应小于 10mm;

2. 整栋建筑物的槽型、板型、块形基础的钢筋表面积总是能满足钢筋表面积的要求。

(4)当基础钢筋符合接地装置的要求时，对 6m 柱距或大多数柱距为 6m 的单层工业建筑物，利用柱子基础的钢筋作为外部防雷装置的接地体并同时符合下列规定时，可不另加接地体：

①利用全部或绝大多数柱子基础的钢筋作为接地体；

②柱子基础的钢筋网通过钢柱，钢屋架，钢筋混凝土柱子、屋架、屋面板、吊车梁等构件的钢筋或防雷装置互相连成整体；

③在周围地面以下距地面不小于 0.5m，每一柱子基础内所连接的钢筋表面积总和大于或等于 $0.82m^2$。

关于基础钢筋表面积的计算，现举一个实际设计例子。

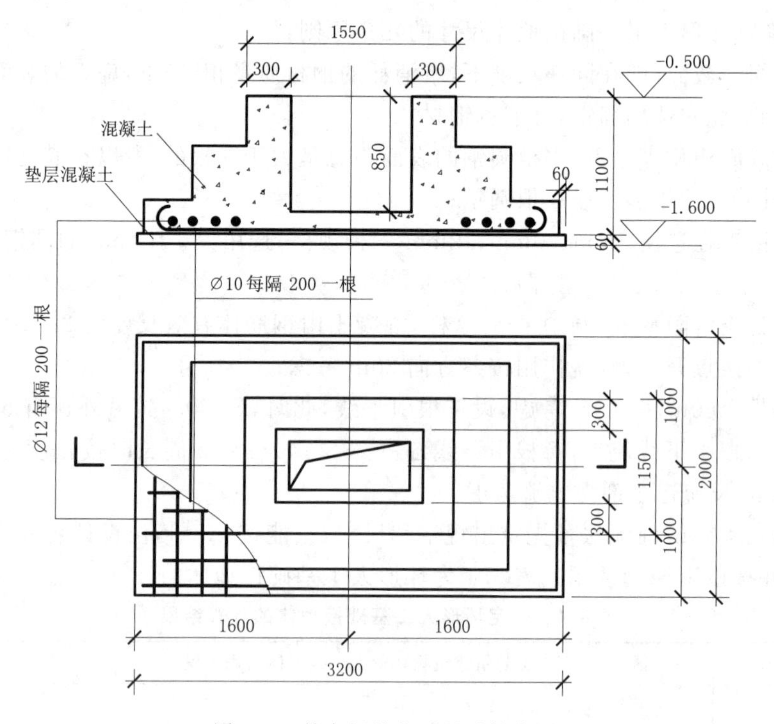

图 8.9　某车间的柱子基础结构图

图 8.9 为某车间一根柱子基础的结构设计。∅10 钢筋周长为 $0.01\pi m$，每根长 2m，每根的表面积为 $0.02\pi m^2$，共计 2000/200＝10 根，故 10 钢筋的总表面积为 $0.2\pi m^2$。∅12 钢筋周长为 $0.012\pi m$，每根长 3.2m，每根的表面积为 $3.2\times0.012\pi=0.0384\pi m^2$，共计 3200/200＝16 根，故∅12 钢筋的总表面积为 $16\times0.0384\pi=0.6144m^2$。

因此，基础钢筋的总表面积为上述两项之和，即 $0.2\pi+0.6144\pi=0.8144\pi=2.56(m^2)$。

8.3.2　侧击雷防护措施

较高的建筑物安装有接闪杆、接闪带，但底层亦有被雷击的事故记载，根据滚球法原理对高层建筑的侧面进行保护。

高度超过 45m 的建筑物，除屋顶须敷设接闪器外，尚应符合下列规定：

(1)对水平突出外墙的物体，当滚球半径 45m 球体从屋顶周边接闪带外向地面垂直下降接触到突出外墙的物体时，应采取相应的防雷措施。

(2)高于 60m 的建筑物，其上部占高度 20%并超过 60m 的部位应防侧击，防侧击应符合下列规定：

①在建筑物上部占高度 20%并超过 60m 的部位，各表面上的尖物、墙角、边缘、设备以及显著突出的物体，应按屋顶的保护措施考虑；

②在建筑物上部占高度 20%并超过 60m 的部位，布置接闪器应符合对本类防雷建筑物的要求，接闪器应重点布置在墙角、边缘和显著突出的物体上；

③外部金属物，当其最小尺寸符合作为接闪器的规定时，可利用其作为接闪器，还可利用布置在建筑物垂直边缘处的外部引下线作为接闪器；

④钢筋混凝土内钢筋和建筑物金属框架符合要求时，当作为引下线或与引下线连接时，均可利用其作为接闪器。

(3)外墙内、外竖直敷设的金属管道及金属物的顶端和底端，应与防雷装置等电位连接。

8.3.3　防护闪电感应措施

(1)建筑物内的设备、管道、构架等主要金属物，应就近接到防雷装置或共用接地装置上。

(2)除第二类防雷建筑物所规定具有 2 区或 22 区爆炸危险场所的建筑物外，平行敷设的管道、构架和电缆金属外皮等长金属物，其净距小于 100mm 时，应采用金属线跨接，跨接点的间距不应大于 30m；交叉净距小于 100mm 时，其交叉处也应跨接。当长金属物的弯头、阀门、法兰盘等连接处的过渡电阻大于 0.03Ω 时，连接处应用金属线跨接。对有不少于 5 根螺栓连接的法兰盘，在非腐蚀环境下，可不跨接。这样的规定是考虑到电磁感应所造成的电位差只能将几厘米的空隙击穿。当管道间距超过 100mm 时，就不会发生危险。交叉管道也做同样处理。但长金属物连接处可不跨接。

(3)建筑物内防闪电感应的接地干线与接地装置的连接，不应少于 2 处。

8.3.4　防止高电位反击措施

防止雷电流流经引下线和接地装置时产生的高电位对附近金属物或电气和电子

系统线路的反击引下线的设计应符合下列要求：

（1）在金属框架的建筑物中，或在钢筋连接在一起、电气贯通的钢筋混凝土框架的建筑物中，金属物或线路与引下线之间的间隔距离可无要求；在其他情况下，金属物或线路与引下线之间的间隔距离应按下式计算：

$$S_{a3} \geqslant 0.06k_c l_x \tag{8.19}$$

式中：S_{a3}为空气中的间隔距离，m；l_x为引下线计算点到连接点的长度，m，连接点即金属物或电气和电子系统线路与防雷装置之间直接或通过电涌保护器相连之点。

（2）当金属物或线路与引下线之间有自然或人工接地的钢筋混凝土构件、金属板、金属网等静电屏蔽物隔开时，金属物或线路与引下线之间的间隔距离可无要求。

（3）当金属物或线路与引下线之间有混凝土墙、砖墙隔开时，其击穿强度应为空气击穿强度的1/2。当间隔距离不能满足第1款的规定时，金属物应与引下线直接相连，带电线路应通过电涌保护器与引下线相连。

（4）在电气接地装置与防雷接地装置共用或相连的情况下，应在低压电源线路引入的总配电箱、配电柜处装设Ⅰ级试验的电涌保护器。电涌保护器的电压保护水平值应小于或等于2.5kV。每一保护模式的冲击电流值，当无法确定时应取等于或大于12.5kA。

（5）当Yyn0型或Dyn11型接线的配电变压器设在本建筑物内或附设于外墙处时，应在变压器高压侧装设避雷器；在低压侧的配电屏上，当有线路引出本建筑物至其他有独自敷设接地装置的配电装置时，应在母线上装设Ⅰ级试验的电涌保护器，电涌保护器每一保护模式的冲击电流值，当无法确定时冲击电流应取等于或大于12.5kA；当无线路引出本建筑物时，应在母线上装设Ⅱ级试验的电涌保护器，电涌保护器每一保护模式的标称放电电流值应等于或大于5kA。电涌保护器的电压保护水平值应小于或等于2.5kV。

（6）低压电源线路引入的总配电箱、配电柜处装设Ⅰ级实验的电涌保护器，以及配电变压器设在本建筑物内或附设于外墙处，并在低压侧配电屏的母线上装设Ⅰ级实验的电涌保护器时，电涌保护器每一保护模式的冲击电流值，当电源线路无屏蔽层时可按式（8.15）计算，当有屏蔽层时可按式（8.16）计算，式中的雷电流应取等于150kA。

（7）在电子系统的室外线路采用金属线时，其引入的终端箱处应安装D1类高能量试验类型的电涌保护器，其短路电流当无屏蔽层时，可按式（8.15）计算，当有屏蔽层时可按式（8.16）计算，式中的雷电流应取等于150kA；当无法确定时应选用1.5kA。

（8）在电子系统的室外线路采用光缆时，其引入的终端箱处的电气线路侧，当无金属线路引出本建筑物至其他有自己接地装置的设备时，可安装B2类慢上升率试验类型的电涌保护器，其短路电流宜选用 75A。

(9)输送火灾爆炸危险物质和具有阴极保护的埋地金属管道，当其从室外进入户内处设有绝缘段时应在绝缘段处跨接符合要求的电压开关型电涌保护器或隔离放电间隙。具有阴极保护的埋地金属管道，在其从室外进入户内处宜设绝缘段，应在绝缘段处跨接符合电压开关型电涌保护器或隔离放电间隙。

8.3.5　对有爆炸危险的露天钢质封闭气罐的规定

有爆炸危险的露天钢质封闭气罐，在其高度小于或等于 60m 的、罐顶壁厚不小于 4mm 时，或其高度大于 60m 的条件下、罐顶壁厚和侧壁壁厚均不小于 4mm 时，可不装设接闪器，但应接地，且接地点不应少于 2 处，两接地点间距离不宜大于 30m，每处接地点的冲击接地电阻不应大于 30Ω。当防雷的接地装置为共用接地装置且土壤电阻率为小于 3000Ω · m，不需补加接地体的条件时，可不计及其接地电阻值，接地电阻值可设计为 30Ω。放散管和呼吸阀的保护同前述二类防雷要求。

8.4　第三类防雷建筑物的防雷措施

8.4.1　直击雷防护措施

8.4.1.1　接闪器设计

(1)第三类防雷建筑物外部防雷的措施宜采用装设在建筑物上的接闪网、接闪带或接闪杆，也可采用由接闪网、接闪带或接闪杆混合组成的接闪器。接闪网、接闪带应沿屋角、屋脊、屋檐和檐角等易受雷击的部位敷设，并应在整个屋面组成不大于 20m×20m 或 24m×16m 的网格；当建筑物高度超过 60m 时，首先应沿屋顶周边敷设接闪带，接闪带应设在外墙外表面或屋檐边垂直面上，也可设在外墙外表面或屋檐边垂直面外。接闪器之间应互相连接。

(2)突出屋面的物体的保护措施参考第二类防雷措施中突出屋面的放散管、风管、烟囱等物体的保护方式。

(3)利用建筑物钢筋混凝土屋面、梁、柱、基础内的钢筋作为引下线和接地装置，当其女儿墙以内的屋顶钢筋网以上的防水和混凝土层允许不保护时，宜利用屋顶钢筋网作为接闪器。当建筑物为多层建筑，其女儿墙压顶板内或檐口内有钢筋且周围除保安人员巡逻外通常无人停留时，宜利用女儿墙压顶板内或檐口内的钢筋作为接闪器。

8.4.1.2　引下线设计

专设引下线不应少于 2 根，并应沿建筑物四周和内庭院四周均匀对称布置，其间距沿周长计算不宜大于25m。当建筑物的跨度较大,无法在跨距中间设引下线时,应在跨距两端设引下线并减小其他引下线的间距,专设引下线的平均间距不应大于25m。

宜利用建筑物钢筋混凝土屋面、梁、柱、基础内的钢筋作为引下线时,亦设计引下线间距不应大于25m。

8.4.1.3　接地装置设计

(1)共用接地装置设计

①防雷装置的接地应与电气和电子系统等接地共用接地装置,并应与引入的金属管线做等电位连接。外部防雷装置的专设接地装置宜围绕建筑物敷设成环形接地体。

②共用接地装置的接地电阻应按50Hz电气装置的接地电阻确定,不应大于按人身安全所确定的接地电阻值。在土壤电阻率小于或等于3000Ω·m时,外部防雷装置接地体补加了接地时,可不计及冲击接地电阻;当每根专设引下线的冲击接地电阻不大于30Ω,但第三类防雷建筑物规定的省级文物及档案馆则不大于10Ω时,可不考虑增加环形接地体。

(2)利用建筑基础作为接地体

利用槽形、板形或条形基础的钢筋作为接地体或在基础下面混凝土垫层内敷设人工环形基础接地体,当槽形、板形基础钢筋网在水平面的投影面积或成环的条形基础钢筋或人工环形基础接地体所包围的面积大于或等于79m² 时,可不补加接地体。

①利用基础内钢筋网作为接地体时,在周围地面以下距地面不小于0.5m深,每根引下线所连接的钢筋表面积总和应按下式计算:

$$S \geqslant 1.89 k_c^2 \tag{8.20}$$

确定环形人工基础接地体尺寸的原则同二类防雷接地装置,其计算结果见表8.5。

表8.5　确定环形人工基础接地体的计算结果

周长(m)	k_c 值	第三类防雷建筑物环形人工接地体的表面积
$L \geqslant 60$	0.72	$1.89k_c^2 2 = 0.98\text{m}^2$
		1×∅10mm 圆钢40m长表面积=1.257m²
$60 > L \geqslant 40$	1	$4.24k_c^2 = 4.24\text{m}^2$
		4mm×20mm 扁钢40m长的表面积=1.92m²,2×∅8mm 圆钢40m长表面积总和2.01m²

注:1. 采用一根圆钢时,其直径不应小于10mm;

2. 整栋建筑物的槽型、板型、块形基础的钢筋表面积总是能满足钢筋表面积的要求。

②当在建筑物周边的无钢筋的闭合条形混凝土基础内敷设人工基础接地体时，接地体的规格尺寸应按表 8.6 的规定确定。

表 8.6 第三类防雷建筑物环形人工基础接地体的最小规格尺寸

闭合条形基础的周长(m)	扁钢(mm)	圆钢，根数×直径(mm)
$L\geqslant 60$	—	1×∅10
$60>L\geqslant 40$	4×20	2×∅8
$L<40$	钢材表面积总和≥1.89m²	

注：1. 当长度相同、截面相同时，宜选用扁钢；
2. 采用多根圆钢时，其敷设净距不小于直径的 2 倍；
3. 利用闭合条形基础内的钢筋作接地体时可按本表校验，除主筋外，可计入箍筋的表面积。

利用建筑基础作为接地体时，对 6m 柱距或大多数柱距为 6m 的单层工业建筑物，当利用柱子基础的钢筋作为外部防雷装置的接地体，利用全部或绝大多数柱子基础的钢筋作为接地体；柱子基础的钢筋网通过钢柱，钢屋架，钢筋混凝土柱子、屋架、屋面板、吊车中等构件的钢筋或防雷装置互相连成整体；在周围地面以下距地面不小于 0.5m 深，每一柱子基础内所连接的钢筋表面积总和大于或等于 $0.37m^2$ 时可不另加接地体。

基础采用硅酸盐水泥和周围土壤的含水量不低于 4%及基础的外表面无防腐层或沥青防腐层时，宜利用基础内的钢筋作为接地装置，当基础的外表面有其他类的防腐层且无桩基础可利用时，宜在基础防腐层下面的混凝土垫层内敷设人工环形接触接地体

敷设在混凝土中作为防雷装置的钢筋或圆钢，当仅为一根时，其直径不应小于 10mm。被利用作为防雷装置的混凝土构件内有箍筋连接的钢筋时，其截面积总和不应小于一根直径 10mm 钢筋的截面积。

8.4.2 侧击雷防护措施

除屋顶的外部防雷装置按照第一条直击雷防护措施外，尚应符合下列规定：

(1)对水平突出外墙的物体，当滚球半径 60m 球体从屋顶周边接闪带外向地面垂直下降接触到突出外墙的物体时，应采取相应的防雷措施。

(2)高于 60m 的建筑物，其上部占高度 20%并超过 60m 的部位应防侧击，防侧击应符合下列要求：

①在建筑物上部占高度 20%并超过 60m 的部位，各表面上的尖物、墙角、边缘、设备以及显著突出的物体，应按屋顶的保护措施考虑；

②在建筑物上部占高度 20%并超过 60m 的部位，布置接闪器应符合对本类防雷建筑物的要求，接闪器应重点布置在墙角、边缘和显著突出的物体上；

③外部金属物，当其最小尺寸符合利用屋顶金属物做接闪导体时，还可利用布置在建筑物垂直边缘处的外部引下线作为接闪器；

④利用建筑物的钢筋混凝土内钢筋做接闪器、引下线和接地装置的建筑物金属框架，当其作为引下线或与引下线连接时均可利用作为接闪器。

(3)外墙内、外竖直敷设的金属管道及金属物的顶端和底端，应与防雷装置等电位连接。

8.4.3 防止高电压反击措施

雷电流流经引下线和接地装置时产生的高电位对附近金属物或电气和电子系统线路的反击，应符合下列规定：

(1)具体措施应与第二类建筑物的防高电位反击(1)～(5)的措施相同，用下式计算：

$$S_{a3} \geqslant 0.04 k_c l_x \tag{8.21}$$

(2)低压电源线路引入的总配电箱、配电柜处装设Ⅰ级实验的电涌保护器，以及配电变压器设在本建筑物内或附设于外墙处，并在低压侧配电屏的母线上装设Ⅰ级实验的电涌保护器时，电涌保护器每一保护模式的冲击电流值，且电源线路无屏蔽层时可按式(8.15)计算，当有屏蔽层时可按式(8.16)计算，式中的雷电流应取等于100kA。

(3)在电子系统的室外线路采用金属线时，在其引入的终端箱处应安装D1类高能量试验类型的电涌保护器，其短路电流当无屏蔽层时，可按式(8.15)计算，当有屏蔽层时可按式(8.16)计算，式中的雷电流应取等于100kA；当无法确定时应选用1kA。

(4)在电子系统的室外线路采用光缆时，其引入的终端箱处的电气线路侧，当无金属线路引出本建筑物至其他有自己接地装置的设备时，可安装B2类慢上升率试验类型的电涌保护器，其短路电流宜选用50A。

(5)输送火灾爆炸危险物质和具有阴极保护的埋地金属管道，当其从室外进入户内处设有绝缘段时，同第二类防雷建筑物防护措施。

8.4.4 烟囱的防护措施

(1)砖烟囱、钢筋混凝土烟囱，宜在烟囱上装设接闪杆或接闪环保护。多支接闪杆应连接在闭合环上。

(2)当非金属烟囱无法采用单支或双支接闪杆保护时，应在烟囱口装设环形接闪带，并应对称布置三支高出烟囱口不低于0.5m的接闪杆。

(3)钢筋混凝土烟囱的钢筋应在其顶部和底部与引下线和贯通连接的金属爬梯

相连。当符合利用钢筋混凝土作为引下线和接地装置的条件时，可不另设专用引下线。

(4)高度不超过 40m 的烟囱，可只设一根引下线，超过 40m 时应设两根引下线。可利用螺栓或焊接连接的一座金属爬梯作为两根引下线用。

(5)金属烟囱应作为接闪器和引下线。

8.5 建筑物外部的其他防雷措施

8.5.1 特殊建筑的防雷分类及防护措施

(1)当一座防雷建筑物中兼有第一、第二、第三类防雷建筑物时，其防雷分类和防雷措施宜符合下列规定：

①当第一类防雷建筑物部分的面积占建筑物总面积的 30%及以上时，该建筑物宜确定为第一类防雷建筑物。

②当第一类防雷建筑物部分的面积占建筑物总面积的 30%以下，且第二类防雷建筑物部分的面积占建筑物总面积的 30%及以上时，或当这两部分防雷建筑物的面积均小于建筑物总面积的 30%，但其面积之和又大于 30%时，该建筑物宜确定为第二类防雷建筑物。但对第一类防雷建筑物部分的防雷电感应和防闪电电涌侵入，应采取第一类防雷建筑物的保护措施。

③当第一、二类防雷建筑物部分的面积之和小于建筑物总面积的 30%，且不可能遭直接雷击时，该建筑物可确定为第三类防雷建筑物；但对第一、二类防雷建筑物部分的防雷电感应和防闪电电涌侵入，应采取各自类别的保护措施；当可能遭直接雷击时，宜按各自类别采取防雷措施。

(2)当一座建筑物中仅有一部分为第一、二、三类防雷建筑物时，其防雷措施宜符合下列规定：

①当防雷建筑物部分可能遭直接雷击时，宜按各自类别采取防雷措施。

②当防雷建筑物部分不可能遭直接雷击时，可不采取防直击雷措施，可仅按各自类别采取防闪电感应和防闪电电涌侵入的措施。

③当防雷建筑物部分的面积占建筑物总面积的 50%以上时，该建筑物宜其主要防雷建筑物的类别采取防雷措施。

8.5.2 特定建筑物外部防雷措施

(1)当采用接闪器保护建筑物、封闭气罐时，其外表面外的 2 区爆炸危险场所可不在滚球法确定的保护范围内。

(2)固定在建筑物上的节日彩灯、航空障碍信号灯及其他用电设备和线路应无金属外壳或保护网罩的用电设备应处在接闪器的保护范围内。

①无金属外壳或保护网罩的用电设备应处在接闪器的保护范围内。

②从配电箱引出的配电线路应穿钢管。钢管的一端应与配电箱和 PE 线相连；另一端应与用电设备外壳、保护罩相连，并应就近与屋顶防雷装置相连。当钢管因连接设备而中间断开时应设跨接线。

③在配电箱内应在开关的电源侧装设Ⅱ级试验的电涌保护器，其电压保护水平不应大于 2.5kV，标称放电电流值应根据具体情况确定。

(3)粮、棉及易燃物大量集中的露天堆场，当其年预计雷击次数大于或等于 0.05 时，应采用独立接闪杆或架空接闪线防直击雷。独立接闪杆和架空接闪线保护范围的滚球半径可取 100m。

在计算雷击次数时，建筑物的高度可按可能堆放的高度计算，其长度和宽度可按可能堆放面积的长度和宽度计算。

(4)在建筑物引下线附近保护人身安全需采取防接触电压和跨步电压措施。

(5)对第二类和第三类防雷建筑物，应符合下列规定：

①没有得到接闪器保护的屋顶孤立金属物的尺寸不超过以下数值时，可不要求附加的保护措施：出屋顶平面不超过 0.3m；层表面总面积不超过 1.0m^2；层表面的长度不超过 2.0m。

②不处在接闪器保护范围内的非导电性屋顶物体，当它没有突出由接闪器形成的平面 0.5m 以上时，可不要求附加增设接闪器的保护措施。

(6)以前在调查中发现，有的单位将电话线、广播线以及低压架空线等悬挂在独立接闪杆、架空接闪线立杆以及建筑物的防雷引下线上，这样容易造成高电位引入，是非常危险的，故在独立接闪杆、架空接闪线、架空接闪网的支柱上，严禁悬挂电话线、广播线、电视接收天线及低压架空线等。

复习思考题

一、选择题

1. 在建筑物的地下室或地面层处，以下无需与防雷装置做防雷等电位连接的物体是(　　)。

   A. 建筑物内的木质整体家具　　B. 建筑物金属体和金属装置

   C. 建筑物内系统　　D. 进出建筑物的金属管线

2. 独立接闪杆、架空接闪线或架空接闪网应设独立的接地装置，每一引下线的冲击接地电阻不宜大于(　　)Ω。

A. 10　　B. 20　　C. 30　　D. 40

3. 为防止雷击线路时高电位侵入建筑物造成危险，室外低压配电线路应全线采用电缆直接(　　)，这是防止电涌侵入的有效措施。

A. 接地引入　　B. 等电位连接　　C. 埋地引入　　D. 直接引入

4. 当建筑物高度超过 45m 时，首先应沿屋顶周边及外墙外表面或屋檐边垂直面上敷设(　　)，它们之间应互相连接。

A. 避雷针　　B. 接闪杆　　C. 接闪带　　D. 引下线

5. 北京火车站属于(　　)类防雷建筑物。

A. 一类　　B. 二类　　C. 三类　　D. 四类

6. 当长金属物的弯头、阀门、法兰盘等连接处的过渡电阻大于 0.03Ω 时，连接处应用金属跨接，对有不少于(　　)根螺栓连接的法兰盘，在非腐蚀环境下可不跨接。

A. 4　　B. 5　　C. 6　　D. 7

7. 第二类防雷建筑物中，高度超过(　　)米的钢筋混凝土结构建筑物，应采取防侧击雷和等电位保护措施。

A. 30m　　B. 40m　　C. 45m　　D. 50m

二、简答题

1. 简述第一类防雷建筑物接闪器的设计？
2. 简述第二类防雷建筑物的直击雷防护措施？
3. 简述第三类防雷建筑物利用建筑基础作为接地体的要求？

第9章　防雷击电磁脉冲

随着社会信息化进程的加快,各种微电子设备的应用越来越广泛。这些对雷电敏感的微电子设备的工作电压低,其受到电压特别是雷击电磁脉冲的侵袭而易遭受损坏,并造成整个系统的运行中断,带来的经济损失难以估量。因此,对低压配电系统、信号系统以及天线馈线系统采用外部防雷(防直击雷)和内部防雷(防雷电电磁脉冲)等措施进行综合防护。

9.1　雷电防护分区

9.1.1　地区雷暴日等级划分

(1)地区雷暴日等级应根据年平均雷暴日数划分。

(2)按年平均雷暴日数,地区雷暴日等级宜划分为少雷区、中雷区、多雷区、强雷区。

少雷区:年平均雷暴日在25d/a及以下的地区;

多雷区:年平均雷暴日大于25d/a,不超过40d的地区;

高雷区:年平均雷暴日大于40d/a,不超过90d的地区;

强雷区:年平均雷暴日超过90d/a以上的地区。

(3)地区雷暴日数应以国家公布的当地年平均雷暴日数为准。

9.1.2　雷电防护区划分

通常将需要保护的空间划分为不同的防雷区,以区分空间不同的雷击脉冲磁场强度严重程度和指明各区交界处的等电位连接点位置,并将各区在其交界处的电磁环境是否有明显改变作为划分不同防雷区的主要特征。

(1)雷电防护区的划分应根据需要保护和控制雷电电磁脉冲环境的建筑物,从外部到内部划分为不同的雷电防护区(lightning protection zone,LPZ)。

(2)雷电防护区(LPZ)应划分为:直击雷非防护区、直击雷防护区、第一防护区、

第二防护区、后续防护区(图 9.1),应符合下列规定:

①直击雷非防护区($LPZ0_A$):电磁场没有衰减,各类物体都可能遭到直接雷击,属完全暴露的不设防区。

②直击雷防护区($LPZ0_B$):电磁场没有衰减,各类物体很少遭受直接雷击,属充分暴露的直击雷防护区。

③第一防护区(LPZ1):由于建筑物的屏蔽措施,流经各类导体的雷电流比直击雷防护区($LPZ0_B$)区进一步减小,电磁场得到了初步的衰减,各类物体不可能遭受直接雷击。

④第二防护区(LPZ2):进一步减小所导引的雷电流或电磁场而引入的后续防护区。

⑤后续防护区(LPZn):需要进一步减小雷电电磁脉冲,以保护敏感度水平高的设备的后续防护区。

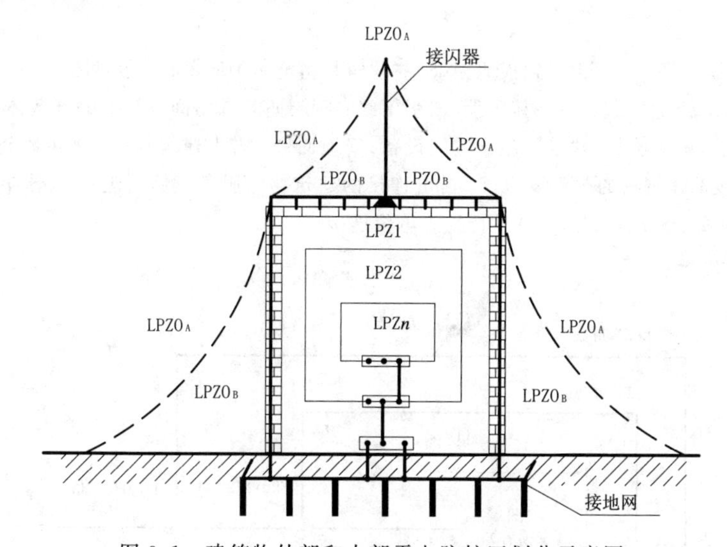

图 9.1　建筑物外部和内部雷电防护区划分示意图

(3)雷击致损原因(S)与建筑物雷电防护区划分如图 9.2。

(4)安装磁场屏蔽后续防雷区、安装组合好的多组电涌保护器,宜按照需要保护的设备的数量、类型和耐压水平及其所要求的磁场环境选择,如图 9.3。

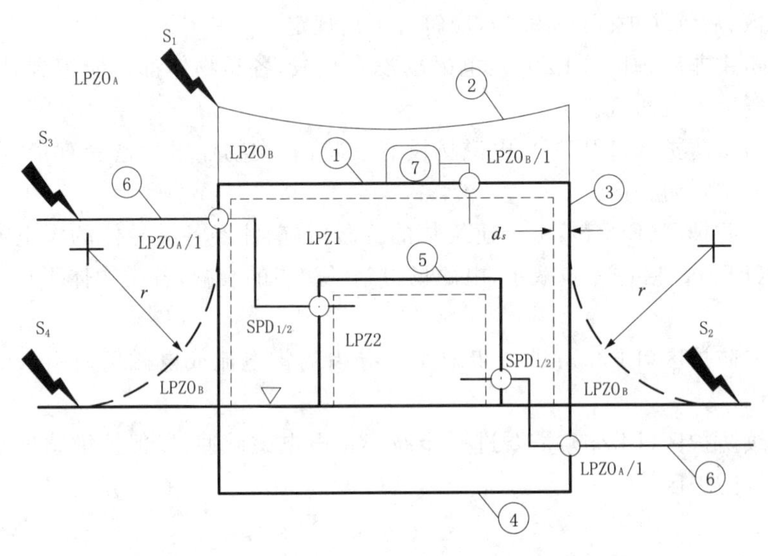

图 9.2 雷击致损原因(S)与建筑物雷电防护区(LPZ)示意图

①建筑物(LPZ1 的屏蔽体);②接闪器;③引下线;④接地体;⑤房间(LPZ2 的屏蔽体);⑥连接到建筑物的服务设施;⑦建筑物屋顶电气设备;▽地面;S1 雷击建筑物;S2 雷击附近建筑物;S3 雷击连接都建筑物的服务设施;S4 雷击连接的建筑物的服务设施附近;r 滚球半径;d_s 防过电磁场的安全距离;○用 SPD 进行的等电位连接。

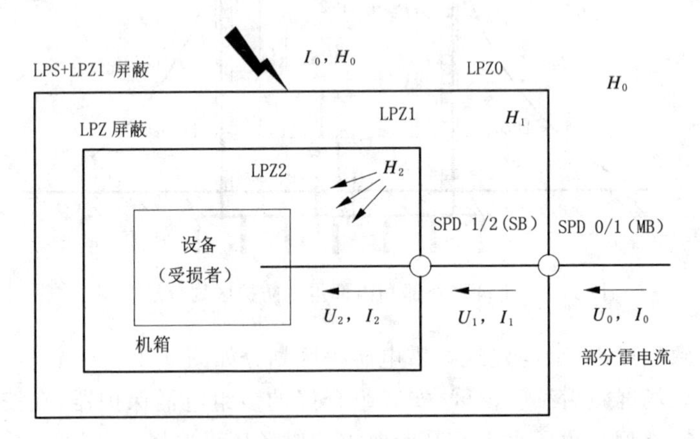

(a)采用大空间屏蔽和协调配合好的电涌保护器保护

(设备得到良好的防导入电涌的保护,$U_2 \ll U_0$ 和 $I_2 \ll I_0$,以及 $H_2 \ll H_0$ 防辐射磁场的保护)

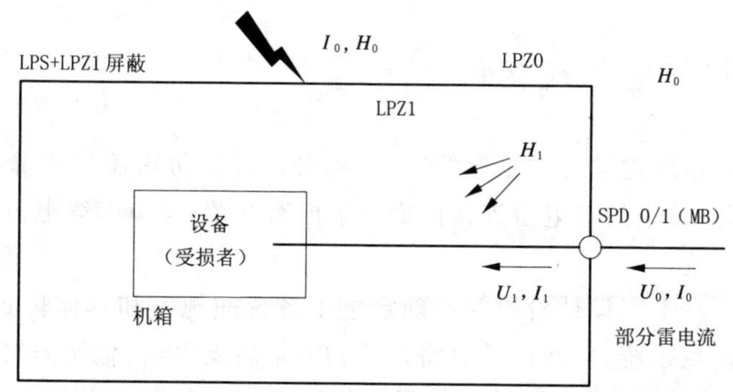

(b)采用 LPZ1 的大空间屏蔽和进户处安装电涌保护器的保护

（设备得到防导入电涌的保护，$U_1 < U_0$ 和 $I_1 < I_0$，以及 $H_1 < H_0$ 防辐射磁场的保护）

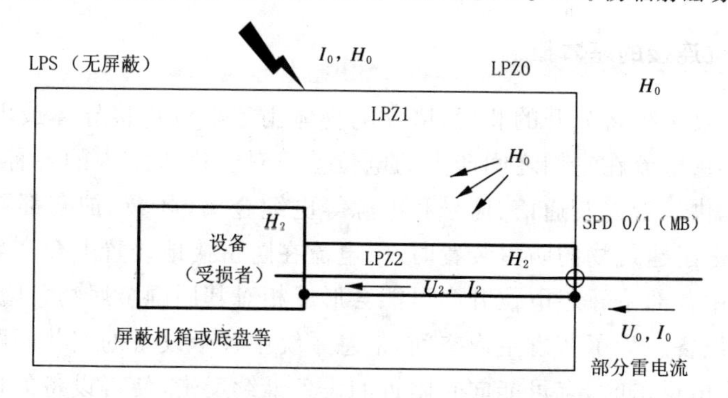

(c)屏蔽和在进入 LPZ1 处安装电涌保护器的保护

（设备得到防线路导入电涌的保护，$U_2 < U_0$ 和 $I_2 < I_0$，以及 $H_2 < H_0$ 防辐射磁场的保护）

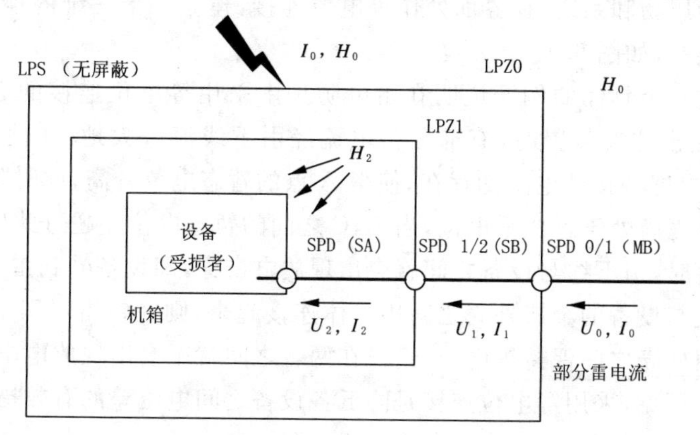

(d)采用协调配合好的电涌保护器保护

（设备得到防线路导入电涌的保护，$U_2 \ll U_0$ 和 $I_2 \ll I_0$，但不需防 H_0 辐射磁场的保护）

图 9.3　防雷击电磁脉冲

MB：总配电箱；SB：分配电箱；SA：插座

9.2 接地和等电位连接设计

等电位连接是防雷设计中重要的部分，不管是外部防雷还是内部防雷均需做等电位连接，外部防雷中的等电位连接前面章节已有介绍，本节的等电位连接主要针对室内电子信息系统。

一般情况下在工程设计阶段并不确定电子系统的规模和具体位置，如涉及防雷击电磁脉冲的信息系统，应在设计时将建筑物的金属支撑物、金属框架或钢筋混凝土的钢筋等自然构件、金属管道、配电的保护接地系统等与防雷装置组成一个接地系统，并应在需要之处预埋等电位连接板。

9.2.1 等电位连接的基本概念

等电位连接是指将分开的装置、诸导电物体用等电位连接导体或电涌保护器连接起来以减小雷电流在它们之间产生的电位差。对于进入室内的各种金属管道、如水管、供热管、供气管以及通信、信号和电源等电缆金属（屏蔽）护套都要进行等电位连接，当雷电击于建筑物的防雷装置时，雷电流在防雷接地装置上会产生暂态电位抬高，防雷装置中各部位暂态电位升高可能会形成相对其周围金属物危险的电位差，发生反击，损害设备。为了节省室内空间，信息系统中各个设备的安装间距紧凑。当一个设备遭到雷电反击时，有可能向它附近的设备继续反击，使得设备的损坏发生连锁反应。为了避免这种有危害的电位差产生，需要采取等电位连接措施来均衡电压，将各防雷区的金属物和系统，在界面处作等电位连接，建立一个三维的连接网络，即为防雷等电位连接，如图 9.4。

下面通过一个具体的例子说明在雷电防护中采用等电位连接的必要性。如图 9.5 所示，当雷击防雷装置时，有部分雷电流经引下线流入大地，在此过程中，由于 AB 段引下线电感和接地电阻的存在，使得 A 点的暂态电位升高，此时附近接地的电子设备金属外壳尚处于近似零电位，当 A，C 之间的暂态电位差超过此处空气间隙的绝缘耐受强度时，引下线与设备之间就会出现放电击穿，即设备受到雷电反击。如果预先在引下线与设备的金属外壳之间用导体连接起来，则在雷击时引下线的 B 点将与设备的金属外壳之间保持等电位，这样在两者之间就不会出现放电击穿，起到保护设备的作用。可见，采用等电位连接是降低各设备之间电位差的有效措施之一。

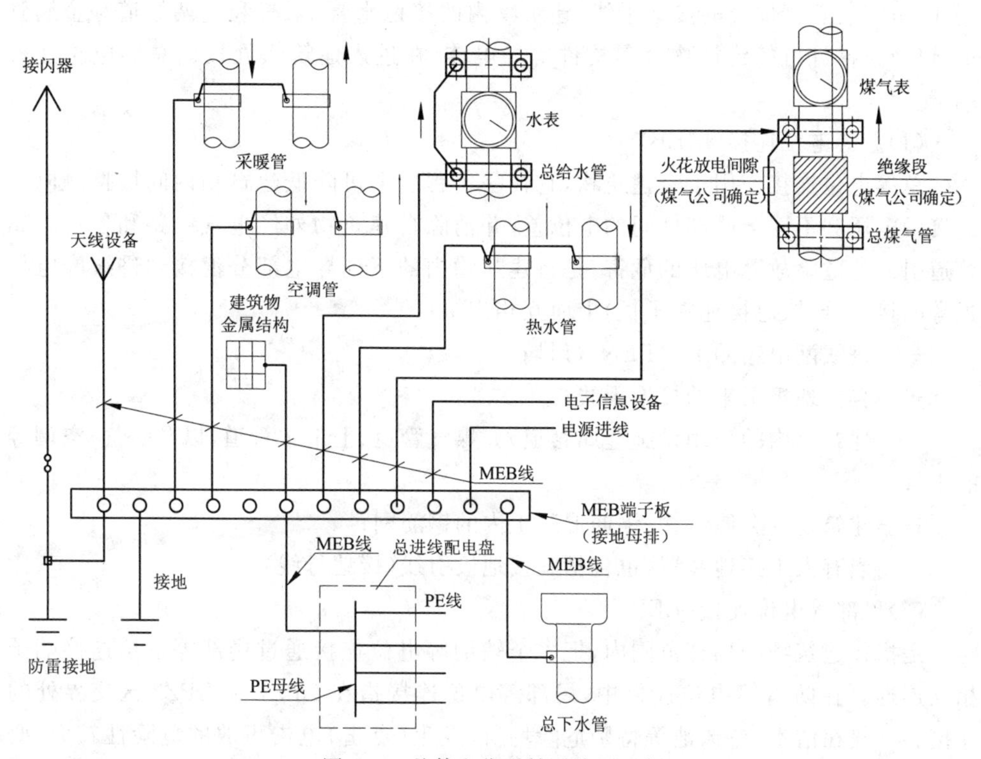

图 9.4　总等电位联结系统图示例

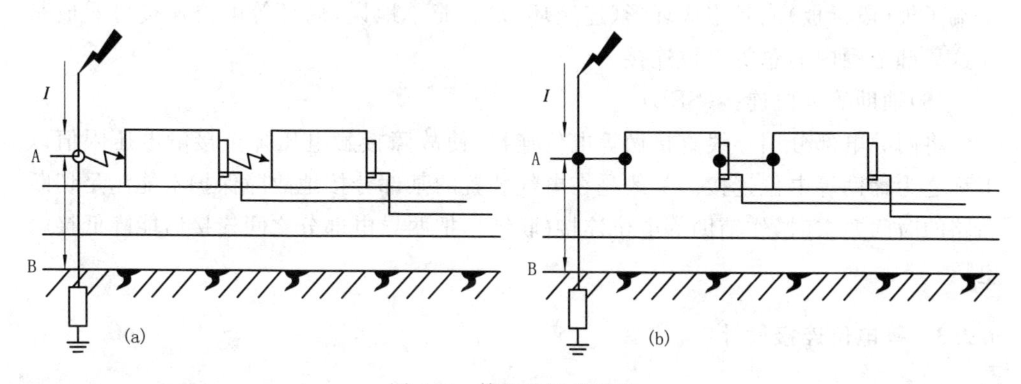

图 9.5　等电位连接举例

9.2.2　等电位连接的分类

等电位连接有总等电位连接、局部等电位连接和辅助等电位连接。

在《GB 50054—2011　低压配电设计规范》中，规定总等电位连接是把 PE、PEN

干线，电气装置接地极的接地干线，建筑物内的接地水管，采暖和空调管道等金属管道，以及条件许可的建筑物金属构件等导电体，在进入建筑物处接向总等电位连接端子。

(1)总等电位连接(MEB)

总等电位连接作用于全建筑物，它在一定程度上可降低建筑物内间接接触电击的接触电压和不同金属部件间的电位差，并消除自建筑物外经电气线路和各种金属管道引入的危险故障电压的危害；是将建筑物内的下列导电部分汇接到进线配电柜近旁的接地母排(总接地端子板)上而互相连接：

——进线配电箱的 PE(PEN)母排；

——自接地极引来的接地干线；

——建筑物内的公用设施金属管道，如煤气管道、上下水管道，以及暖气、空调等的干管；

——建筑物的金属结构、钢筋混凝土内的钢筋网；

——当有人工接地装置，也包括其接地极引线(接地母线)。

(2)局部等电位连接(LEB)

是指在建筑物的局部范围内，把多个辅助等电位连接通过局部等电位连接端子相互连通。在防雷等电位连接中，局部等电位连接指在 LPZ1 和 LPZ2 区交界处的连接。一般在浴室、游泳池等特别危险场所，发生(点击)电击事故的危险性较大，要求更低的接触电压，或为满足信息系统抗干扰的要求，一般局部等电位连接也都有一个端子板(段子板)或者连成环形(连城环形)。简单地说，局部等电位连接可看成是在这局部范围内的总等电位连接。

(3)辅助等电位连接(SEB)

将两导电部分用导线直接做等电位连接，使故障接触电压降至接触电压限值以下称之为辅助等电位连接。一般是在电气装置的某部分接地故障保护不能满足切断回路的时间要求时，作辅助等电位连接(联结)，把两导电部分之间连接后能降低接触电压。

9.2.3　等电位连接设计

9.2.3.1　等电位连接网络设计

所有进入建筑物的外来导电物均应在 $LPZ0_B$ 与 LPZ1，LPZ1 与 LPZ2，LPZ2 与 LPZ3 区的界面处做等电位连接。

机房内电子信息设备的金属外壳、机柜、机架、金属管、槽、屏蔽线缆金属外层、电子设备防静电接地、安全保护接地、功能性接地、电涌保护器接地端等均应以最短的距离与M型、S型和组合型的等电位连接网络连接，如图9.6、图9.7。当采用S型结构等电位连接网时，该信息系统的所有金属组件，均应与共用接地系统的各部件之间有足够的绝缘(大于10kV,1.2/50μs)，在这类信息系统中的信息设施电缆管线屏蔽层均必须经该点(ERP)进入该信息系统内。当电子系统为300kHz以下的模拟线路时，可采用S型等电位连接，且所有设施管线和电缆宜从ERP处附近进入该电子系统。

S型等电位连接仅通过唯一的ERP点，形成Ss型等电位连接。设备之间的所有线路和电缆当无屏蔽时，宜与成星形连接的等电位连接线平行敷设。用于限制从线路传导来的过电压的电涌保护器，其引线的连接点应使加到被保护设备上的电涌电压最小。S型等电位连接网络通常用于相对较小、限定于局部的系统，所有设施管线和电缆宜从一个点进入该信息系统。如一个楼层上的系统，甚至一个楼层的某一个部分系统，消防、BAS、扩声等系统。S型等电位连接网只允许单点接地，接地线可就近接至本机房或本楼层弱电竖井间内的接地端子板(或接地干线)，不必设专用接地线引下至总接地端子板。

当电子系统为兆赫级数字线路时，应采用M型等电位连接，系统的各金属组件不应与接地系统各组件绝缘。M型等电位连接应通过多点连接到等电位连接网络中去，形成Mm型连接方式。M型结构的等电位连接网络通常用于延伸较大和开环的系统，而且在设备之间敷设许多线路和电缆，服务性设施和电缆从几个点进入该信息系统。如计算机房、通信基站、各种网络系统。当采用M型结构的等电位连接网时，该信息系统的所有各金属组件，严禁与共用接地系统的各组件之间绝缘，M型等电位连接网应通过多点组合到共用接地系统中去并形成Mm型结构模式。而且在信息系统设备及其各分项设备(或分组设备)之间敷设有多条线路和电缆，这些系统设备及分项设备和电缆，可以在Mm结构中由各个点进入该系统内。M型网络用于各种高频也能得到一个低阻抗网络。这种网络所具有的多重短路环路对磁场将起到衰减环路的作用，从而在信息系统的邻近区使初始磁场减弱。每台设备的等电位连接线的长度有要求，并在设备的对角处与M型等电位连接系统相接，长度相差宜为20%。如一根为0.5m，另一根为0.44m。

组合型结构的等电位连接网络如图9.7所示，它是指在复杂系统中把S型等电位连接网络与M型等电位连接网络或M型与M型组合起来使用的方法。如图9.8、图9.9为S型和M等电位连接网络的设计实例。

9.2.3.2 接地和等电位连接的措施

(1)每幢建筑物本身应采用一个接地系统。

(2)当互相邻近的建筑物之间有电气和电子系统的线路连通时，宜将其接地装置互相连接，可通过接地线、PE线、屏蔽层、穿线钢管、电缆沟的钢筋、金属管道等连接。

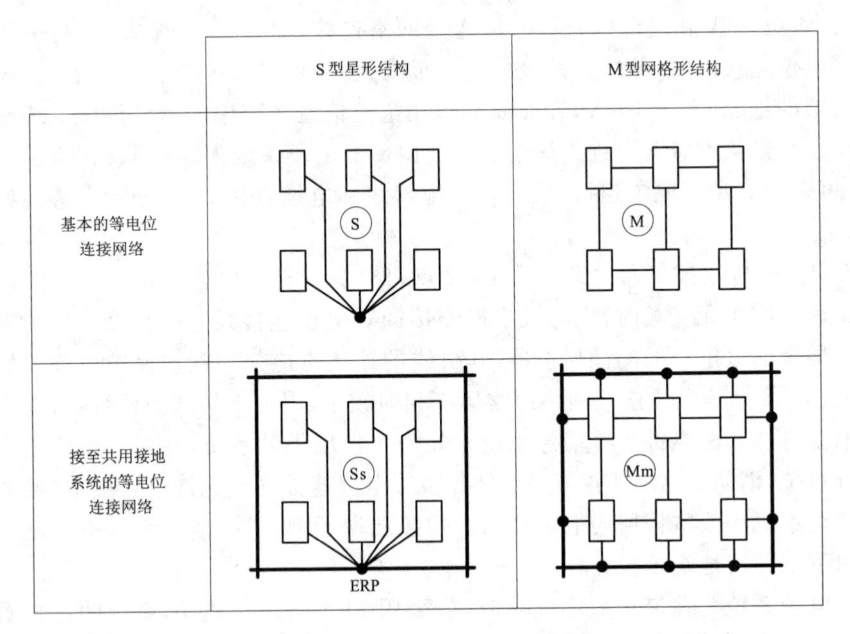

图 9.6　电子系统功能性等电位连接整合到等电位连接网络中

———:建筑物的共用接地系统;———:等电位连接网;□:设备;●:等电位连接网络与共用接地系统的连接;ERP:接地基准点;Ss:将星形结构通过 ERP 整合到等电位连接网络中;Mm:将网形结构通过网形连接整合到等电位连接网络中。

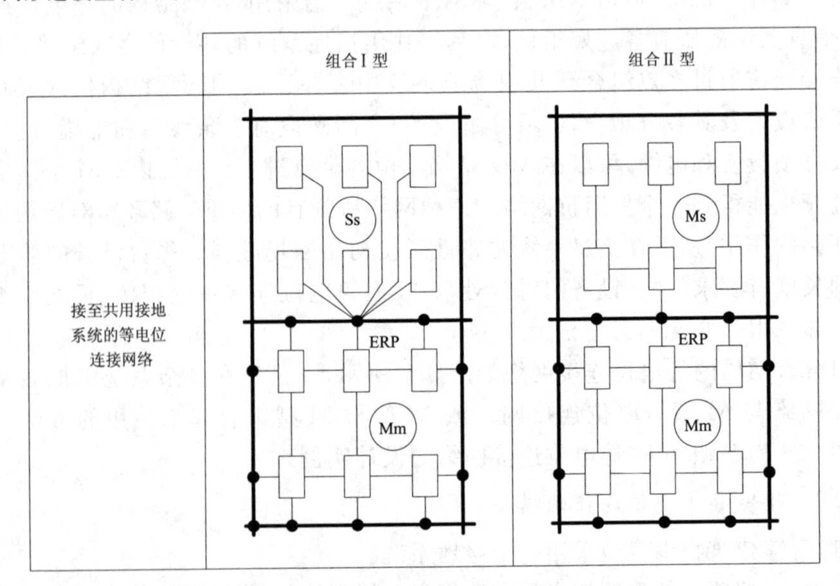

图 9.7　电子信息系统等电位连接方法组合

(图注同图 9.6)

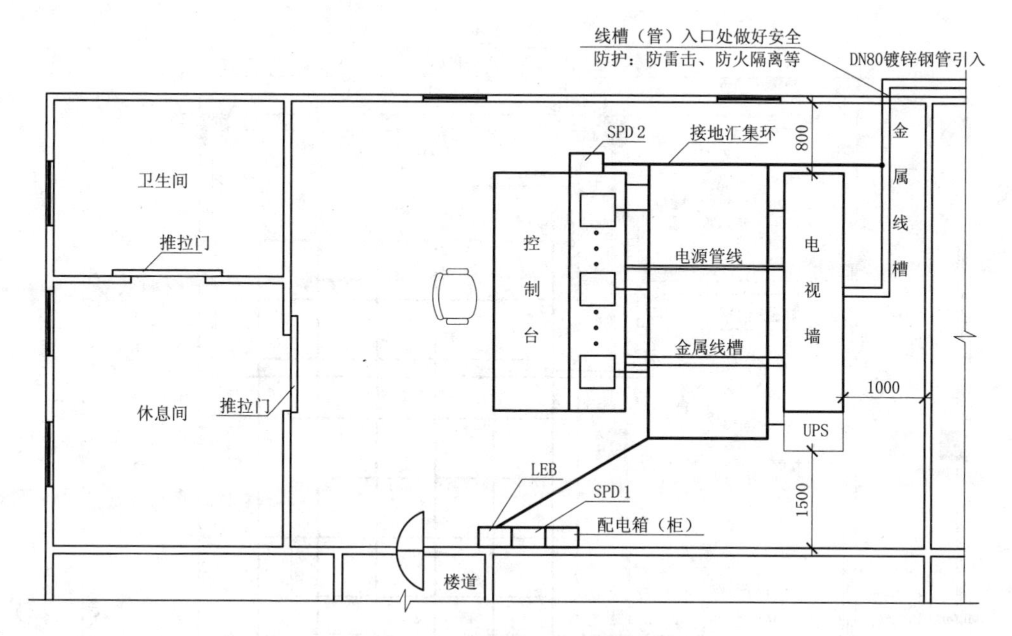

图 9.8　某监控室 S 型等电位连接网络设计图

(3)所有与建筑物组合在一起的大尺寸金属件都应等电位连接在一起，并应与防雷装置相连。但第一类防雷建筑物的独立接闪器及其接地装置除外。

(4)在需要保护的空间内，采用屏蔽电缆时其屏蔽层应至少在两端，并宜在防雷区交界处做等电位连接。系统要求只在一端做等电位连接时，应采用两层屏蔽或穿钢管敷设，外层屏蔽或钢管应至少在两端，并宜在防雷区交界处做等电位连接。

(5)分开的建筑物之间的连接线路，若无屏蔽层，线路应敷设在金属管、金属格栅或钢筋成格栅形的混凝土管道内。金属管、金属格栅或钢筋格栅从一端到另一端应是导电贯通，并应在两端分别连到建筑物的等电位连接带上；若有屏蔽层，屏蔽层的两端应连到建筑物的等电位连接带上。

(6)对由金属物、金属框架或钢筋混凝土钢筋等自然构件构成建筑物或房间的格栅形大空间屏蔽，应将穿入大空间屏蔽的导电金属物就近与其做等电位连接。

(7)电气和电子设备的金属外壳和机柜、机架、计算机直流地、防静电接地、金属屏蔽线缆外层、安全保护地及各种 SPD 接地端均应以最短的距离就近与等电位连接网络直接连接。

9.2.3.3　穿过各防雷区界面等电位连接措施

(1)所有进入建筑物的外来导电物均应在 $LPZ0_A$ 或 $LPZ0_B$ 与 LPZ1 区的界面处做等电位连接。当外来导电物、电气和电子系统的线路在不同地点进入建筑物时，宜

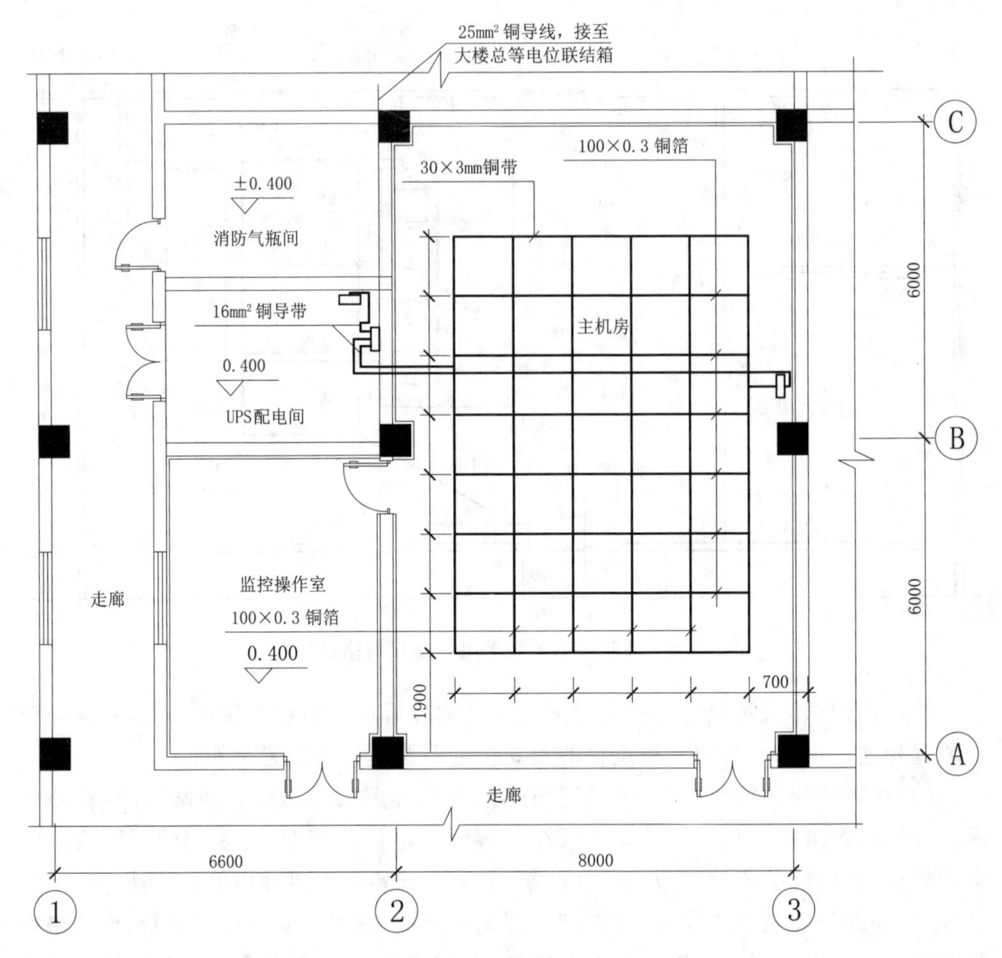

图 9.9　M 型等电位连接网络设计平面图

设若干等电位连接带，并应将其就近连到环形接地体、内部环形导体或在电气上是贯通的并连通到接地体或基础接地体的钢筋上。环形接地体和内部环形导体应连到钢筋或金属立面等其他屏蔽构件上，宜每隔 5m 连接一次。

对各类防雷建筑物，各种连接导体和等电位连接带的截面不应小于表 9.1 的规定。

当建筑物内有电子系统时，在已确定雷击电磁脉冲影响最小之处，等电位连接带宜采用金属板，并应与钢筋或其他屏蔽构件作多点连接。

(2)所有电梯轨道、起重机、金属地板、金属门框架、设施管道、电缆桥架等大尺寸的内部导电物，其等电位连接应以最短路径连到最近的等电位连接带或其他已做了等电位连接的金属物或等电位连接网络，各导电物之间宜附加多次互相连接。

(3)电子系统的所有外露导电物应与建筑物的等电位连接网络做功能性等电位连接。电子系统不应设独立的接地装置。向电子系统供电的配电箱的保护地线(PE线)应就近与建筑物的等电位连接网络做等电位连接。

(4)各后续防雷区界面处的等电位连接也应采用第 1 条的规定。穿过防雷区界面的所有导电物、电气和电子系统的线路均应在界面处做等电位连接。宜采用局部等电位连接带做等电位连接,各种屏蔽结构或设备外壳等其他局部金属物也连到局部等电位连接带。

9.2.3.4 机房内电子信息设备等电位连接

(1)在 $LPZ0_A$ 或直 $LPZ0_B$ 区与 LPZ1 区交界处应设置总等电位接地端子板,总等电位接地端子板与接地装置的连接不应少于两处;每层楼宜设置楼层等电位接地端子板;电子信息系统设备机房应设置局部等电位接地端子板。各类等电位接地端子板之间的连接导体宜采用多股铜芯导线或铜带。连接导体最小截面积应符合表 9.1 的规定。各类等电位接地端子板宜采用铜带,其导体最小截面积应符合表 9.2 的规定。

表 9.1 各类等电位连接导体最小截面积

名 称	材 料	最小截面积(mm^2)
垂直接地干线	多股铜芯导线或铜带	50
楼层端子板与机房局部端子板之间的连接导体	多股铜芯导线或铜带	25
机房局部端子板之间的连接导体	多股铜芯导线	16
设备与机房等电位连接网络之间的连接导体	多股铜芯导线	6
机房网络	铜箔或多股铜芯导体	25

表 9.2 各类等电位接地端子板最小截面积

名 称	材 料	最小截面积(mm^2)
总等电位接地端子板	铜带	150
楼层等电位接地端子板	铜带	100
机房局部等电位接地端子板	铜带	50

(2)等电位连接网络应利用建筑物内部或其上的金属部件多重互连,组成网络状低阻抗等电位连接网络,并与接地装置构成一个接地系统,如图 9.10。电子信息设备机房的等电位连接网络可直接利用机房内墙结构柱主钢筋引出的预留接地端子接地。

(3)某些特殊重要的建筑物电子信息系统可设专用垂直接地干线。垂直接地干线由总等电位接地端子板引出,同时与建筑物各层钢筋或均压带连通。各楼层设置

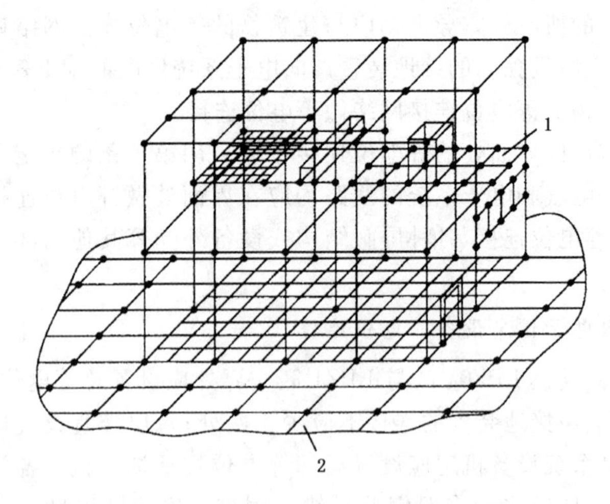

图 9.10　等电位连接网络与接地装置组合

1. 等电位连接网络；2. 接地装置

的接地端子板应与垂直接地干线连接。垂直接地干线宜在竖井内敷设，通过连接导体引入设备机房与机房局部等电位接地端子板连接。音、视频等专用设备工艺接地干线应通过专用等电位接地端子板独立引至设备机房。

(4)防雷接地应与交流工作接地、直流工作接地、安全保护接地共用一组接地装置，接地装置的接地电阻值必须按接入设备中要求的最小值确定。

(5)接地装置应优先利用建筑物的自然接地体，当自然接地体的接地电阻达不到要求时应增加人工接地体，如图 9.11。

(6)机房设备接地线不应从接闪带、铁塔、防雷引下线直接引入。

(7)进入建筑物的金属管线(含金属管、电力线、信号线)应在入口处就近接到等电位连接端子板上。在 LPZ1 入口处应分别设置适配的电源和信号电涌保护器，使电子信息系统的带电导体实现等电位连接。

(8)电子信息系统设计多个相邻建筑物时，宜采用两根水平接地体将各建筑物的接地装置相互连通。

(9)新建建筑物的电子信息系统在设计、施工时，宜在各楼层、机房内墙结构柱主钢筋处引出和预留等电位接地端子。

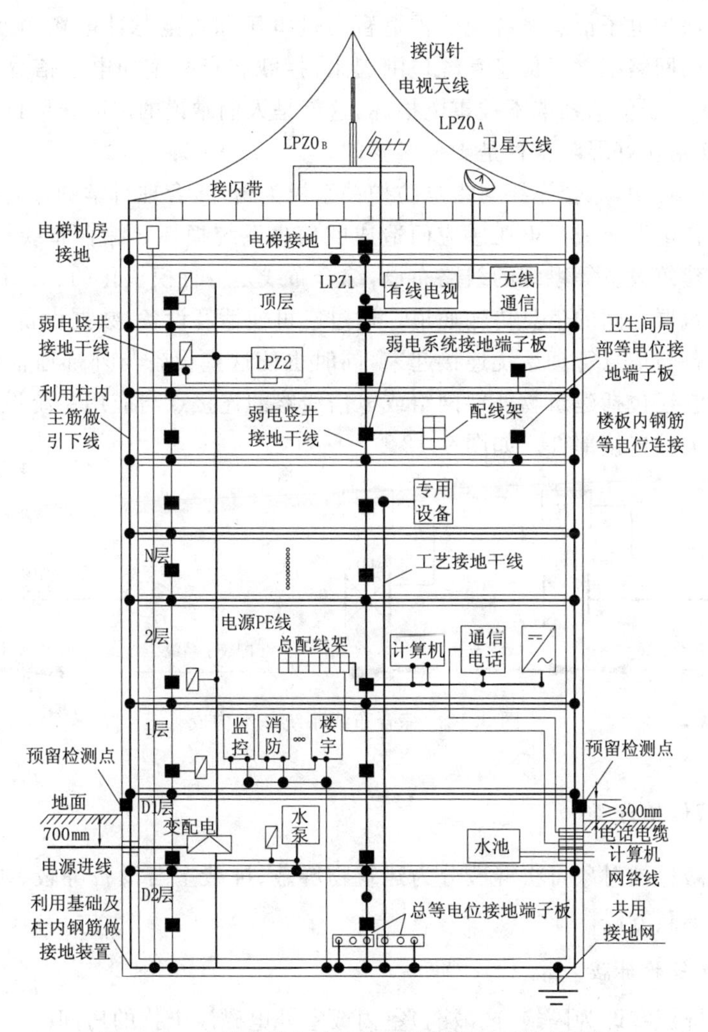

图 9.11　建筑物等电位连接及共用接地系统示意图

□:配电箱;■:楼层等电位接地端子板;PE:保护接地线;MEB:总等电位接地端子板

9.3　屏蔽及综合布线设计

微电子设备对电磁干扰极为敏感,对雷电暂态电涌过电压的耐受能力很差。一般电子设备都承受不了正负 5V 的电压波动。以各种微机为例,当雷电电磁脉冲的磁场强度超过 0.02Gs(高斯)时,计算机会误动作;雷电电磁脉冲的磁场强度超过 0.75Gs 时,计算机会假性损坏;当磁场强度超过 2.4Gs 时,就会造成微机的永久性损坏。为了保护电子信息系统免受雷电暂态过电压和雷电脉冲电场的侵害，需要用金属板或金属网络把电子信息系统包围起来，拦截和衰减施加电子信息系统上的雷电脉冲，保护电子信息系统不被雷电损坏，这就是人们常说的屏蔽。因此在现代防雷工程中，切实落实好屏蔽工程是十分必要的。

在防雷工程中，综合布线与雷电防护关系极为密切，合理科学的综合布线可有效地规避由于雷电泄放或高电压感应而造成的信息系统损坏。综合布线包含了通信、网络、安防、建筑设备等系统的线路布设，综合布线是一种模块化的、灵活性极高的建筑物内或建筑群之间的信息传输通道。通过它可使话音设备、数据设备、交换设备及各种控制设备与信息管理系统连接起来，同时也使这些设备与外部通信网络相连的综合布线。它还包括建筑物外部网络或电信线路的连接点与应用系统设备之间的所有线缆及相关的连接部件。如图 9.12。

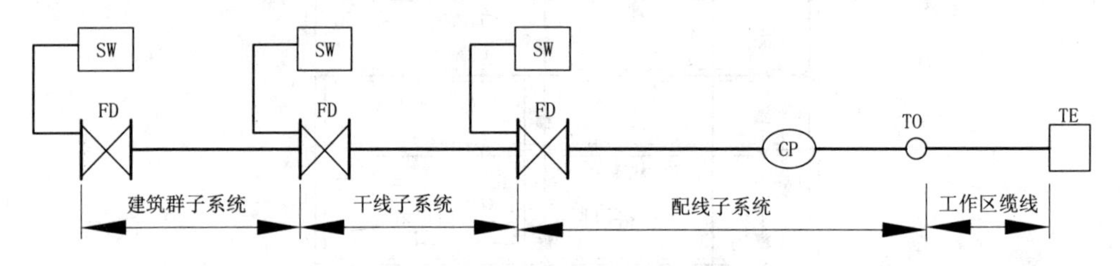

图 9.12　综合布线系统基本构成

9.3.1　屏蔽保护分类

按照屏蔽保护对象可将屏蔽分为建筑物屏蔽、屏蔽室与设备屏蔽、线缆屏蔽、机房的屏蔽等屏蔽方法。

9.3.1.1　建筑物屏蔽

建筑物屏蔽室即为隔绝(或减弱)室内或室外电磁波干扰的房间。

电磁屏蔽技术是 20 世纪 40 年代发展起来，到 50 年代日趋完善。其作用一是防止外来电磁波干扰，二是防止室内电磁波外泄。电磁波按照干扰作用的特性分为静电感应、磁力线和电磁波干扰。根据他们的特性对建筑空间采取相应的构造措施。按空间的构成形式分为固定式、活动房间式、装配笼式、挂贴式(即在室内表面挂贴金属板材)和外套屏蔽层房间式。金属外壳的构造可采用金属平板、带孔金属板单层或双层金属网、金属板与金属丝网复合层及蜂巢形金属网。

为防止静电或电磁的相互感应所采取的方法，称为屏蔽。在无线电技术中，为了满足研发、生产和测试的要求，使在室内工作时，免受室外磁场的干扰或防止自身辐射的信号泄漏到室外，常需要将工作室进行屏蔽。

9.3.1.2　屏蔽室和设备屏蔽

电子设备中大量采用半导体器件和集成电路，这些电子和微电子元器件是十分脆弱的。由雷击产生的瞬态电磁脉冲可以直接辐射到这些元器件上，也可以在电源或信号线上感应出瞬态过电压波，沿线路侵入电子设备，使电子设备工作失灵或损坏。利用屏蔽体来阻挡或衰减电磁脉冲的能量传播是一种有效的防护措施，电子设备常用的屏蔽体有设备的金属外壳、屏蔽室的外部金属网和电缆的金属护套等，采用屏蔽措施对于保证电子设备的正常和安全运行来说是十分重要的。

随着科学技术的发展，对屏蔽室的要求是：具有较高的屏蔽效能和对频段较宽的适应能力，频率范围为10kHz～18GHz，屏蔽还应是多功能的(如反射、洁净等)。

由于电池、磁场以及电磁场的性质不同，因而屏蔽的机理也就不同。按屏蔽的要求不同可分别采用屏蔽室(或盒、管)的完整屏蔽体、金属网编织带、波导管及蜂窝结构的非完整屏蔽体屏蔽。

为降低雷击时辐射造成的计算机的工作失效概率和元器件损坏概率，就需要用建筑物屏蔽的方式使计算机得到良好的屏蔽保护。通常，应将计算机设备的金属外壳(相当屏蔽)有效接地，使其发挥一定的屏蔽作用。

(1)屏蔽室和设备屏蔽的布置位置

屏蔽室的布置首先应该考虑远离干扰源，因而必须了解屏蔽室的周围环境。在多层厂房或高层建筑中，屏蔽室可以优先布置在底层或地下室。好处是地面对电磁波有吸收作用，可以缩短接地引线即降低接地电阻值等。

屏蔽室在楼层中应注意要远离电梯间、通风机房和空压机房等。

在电子、仪表及轻工业的多层厂房中，由于屏蔽室尺寸一般不大，常可布置在楼层元件车间或装配车间中，使其尽量靠近服务的生产工段。

为减少建造费用，在工艺许可条件下，尽量使屏蔽室集中布置。

屏蔽室布置要避免与潮湿房间相邻，防止屏蔽材料受潮损坏。

为了减少电磁波的泄漏，屏蔽室不应设在有变形缝和多管穿行的部位。

(2)屏蔽室的材料选用

屏蔽材料对屏蔽效能起决定性作用，应通过计算后在行选用。屏蔽室的类型按照使用的材料可分为金属板密闭式屏蔽室、穿孔金属板或单层金属网屏蔽室、双层或多层金属网屏蔽室及金属薄膜屏蔽室等。

不同的金属材料具有不同的导电率和磁导率，在满足电磁屏蔽效能情况下，要使选择的材料具有厚度小和一定的机械强度。

在一般情况下宜采用各种外表镀锌、镀镍或镀塑的钢丝网。微波屏蔽时常采用磷铜丝网或紫铜丝网，其网目为20～22目/inch。

但由于所使用材料的规格及建筑结构的限制，必须将屏蔽材料进行拼接，拼接的质量直接关系到屏蔽效能,施工中应引起重视。

除上述和厂房建筑结合在一起的屏蔽室外,当所需空间不大时,可采用装配式屏蔽室。它是由轻钢骨架或木构架承重,外围覆盖金属网片或金属板材所组成,具有维修拆装方便和布置灵活的优点,更能适应生产工艺更改变动的需要。

(3)室内屏蔽措施

建筑物室内电子系统(尤其是那些高精尖电子设备)对雷电产生的电磁脉冲干扰是十分敏感的,需要特别注意它们的屏蔽问题。由于配备于各种室内电子系统的功能、组成、结构和安装位置不同,所采取的屏蔽措施也因具体情况而异,难以概括为一个比较统一的模式,这里仅就一个较为典型的室内数据处理系统的屏蔽问题加以讨论。

如图 9.13 所示,室内数据处理系统含四个数字设备,系统中既有电源线,又有未屏蔽和屏蔽的数据信号线,这些线路与各设备相连,同时又进出房间内外。该房间还开有门窗,房间混凝土墙中的结构钢筋及门窗的金属框尚未有效电气连接而构成完整的屏蔽笼。因此,由雷电产生的电磁脉冲能比较容易地通过电源线、信号线或通过直接辐射侵害系统中各数字设备。对于该数据处理系统将采取以下屏蔽措施:

①将房屋墙壁中的结构钢筋在相交处电气连接,并与金属门窗框焊接,如图 9.13 所示,初步构成一个带门窗开口的屏蔽笼,其中的门窗开口将是电磁脉冲进入室内的直接空间途径。

②门窗的开口几何尺寸对整个房间屏蔽效果有一定的影响,为了改善房间的屏蔽效果,在门窗上分别加装金属网并与门窗框实施有效的电气连接,这样就构成了一个完整的屏蔽笼。该屏蔽笼在导体结构上虽然是稀疏的,但它毕竟可以构成对电磁脉冲辐射的初级屏蔽。

③在室内沿墙壁四周再做一圈保护接地环,沿该接地环每隔一定距离与屏蔽笼上的结构钢筋进行有效的电气连接。

④将各数字设备的外壳就近与接地环连接,交流电源的保护地线(PE)也要与接地环相连,并保持与电源线平行。

⑤另外,将室内屏蔽信号电缆的护套与接地环和保护地线以及设备外壳等就近相连接,在未屏蔽信号线上加装短路环,短路环的两端也要与设备外壳、保护地线和接地环等相连接,如图 9.13 所示。

通过以上屏蔽措施,使得室内数据处理系统具有抗拒来自室内外雷电电磁脉冲的屏蔽能力,但从综合防护的角度来看,还需要采取瞬态过电压防护措施与之相配合,即在各电源进线或信号进线的出入口处加装相应的电源或信号保护装置,在各数字设备的输入与输出端加装保护元件,以便从整体上构成对雷电危害的系统保护。

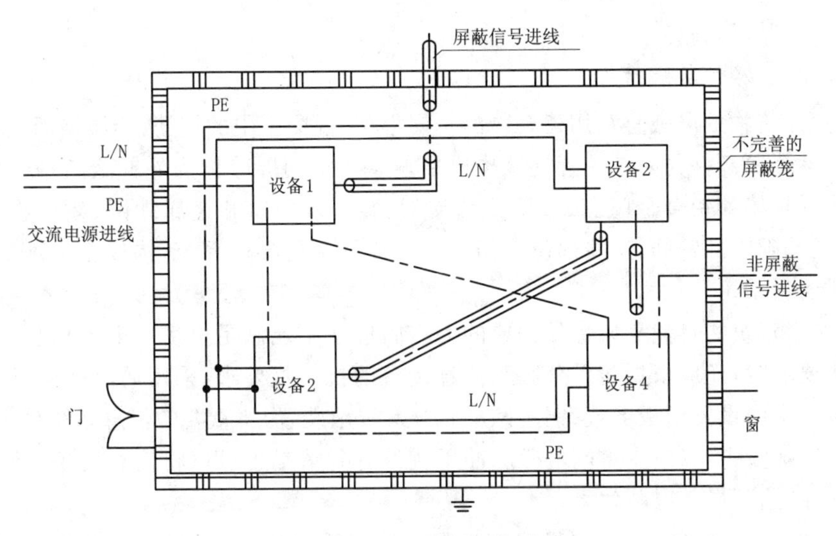

图 9.13　室内数据处理系统

9.3.1.3　线缆屏蔽

在分开的各建筑物之间的非屏蔽电缆应敷设在金属管道(或桥架)内,如敷设在金属管、金属格栅或钢筋成栅格形的混凝土管道内,这些金属物从一端到另一端应是导电贯通的,并分别连接到各分开的建筑物的等电位连接带上。在需要保护的空间内,当采用屏蔽电缆时其屏蔽层应至少在两端并宜在防雷区交界处做等电位连接,当系统要求只在一端做等电位连接时,应采用两层屏蔽,外层屏蔽按前述要求处理,电缆屏蔽层应分别连到这些带上。

对于从隔离变压器或稳压装置到机房配电盒的电源线应采用屏蔽电缆或穿金属管屏蔽。

为了降低雷击计算机的工作失效概率和元器件损坏概率,就需要对计算机采取良好的屏蔽措施。通常,应将计算机设备的金属外壳有效接地,使其发挥一定屏蔽作用,对于从隔离变压器或稳压装置到机房配电盒的电源线应采用屏蔽电缆或穿金属管屏蔽。在机房中,空调设备的电源线和控制线也要穿金属管屏蔽,对于重要的计算机系统要采取对设备进行屏蔽乃至对整个计算机房进行屏蔽。

屏蔽是减少电磁干扰的基本措施。屏蔽层仅一端做等电位连接和另一端悬浮式,只能防静电感应,防不了磁场强度变化所感应的电压。为减少屏蔽芯线的感应电压,在屏蔽层仅一端做等电位连接的情况下,应采用有绝缘隔开的双层屏蔽,外层屏蔽应至少在两端做等电位连接。在这种情况下外屏蔽层与其他同样做了等电位连接的导体构成环路,感应出电流,产生减低源磁场强度的磁通,基本上抵消无外屏蔽层时所感应的电压。

9.3.1.4　机房的屏蔽措施

(1)建筑物的屏蔽宜利用建筑物的金属框架、混凝土中的钢筋、金属墙面、金属屋顶等自然金属部件与防雷装置连接构成格栅型大空间屏蔽作为外屏蔽的一部分;而将金属外护墙和铝合金门窗、玻璃幕墙支架、金属板门窗和金属纱网、建筑物的梁、板、柱及基础内的钢筋,这些部位均相互连接成统一的导电系统,构成全屏蔽的法拉第笼式防雷系统。

(2)当建筑物自然金属部件构成的大空间屏蔽不能满足机房内电子信息系统电磁环境要求时,还应根据防雷分区和信息设备的抗干扰要求,采用局部屏蔽,即在信息设备机房内设置钢板屏蔽、铜丝网屏蔽笼等屏蔽装置,将重要的信息系统放置在这些内部屏蔽室中,以减少雷电电磁脉冲干扰。有些情况也可以将信息设备加装金属屏蔽外壳,达到局部屏蔽效果。

(3)电子信息系统设备主机房宜选择在建筑物低层中心部位,其设备应配置在LPZ1区之后的后续防雷区内,并与相应的雷电防护区屏蔽体及结构柱留有一定的安全距离。

(4)当信息系统设备为非金属外壳,且建筑物屏蔽未达到要求时,根据信息系统设备的重要性,可对设备加装金属屏蔽网或金属屏蔽室,金属屏蔽网应与等电位连接带连连接。

(5)磁场强度的衰减应按下列方法确定。

①闪电击于建筑物以外附近时,磁场强度应按下列方法计算。

1)当建筑物和房间无屏蔽时所产生的无衰减磁场强度,相当于处于 $LPZ0_A$ 和 $LPZ0_B$ 区内的磁场强度,应按下式计算:

$$H_0 = i_0/(2\pi s_a) \tag{9.1}$$

式中:H_0 为无屏蔽时产生的无衰减磁场强度,A/m;i_0 为最大雷电流,A,按表 9.4 的规定取值;s_a 为雷击点与屏蔽空间之间的平均距离,m,如图 9.14,按式(9.6)或式(9.7)计算。

2)当建筑物或房间有屏蔽时,在格栅大空间屏蔽内,即在 LPZ1 区内的磁场强度,应按下式计算:

$$H_1 = H_0/10^{SF/20} \tag{9.2}$$

式中:H_1 为栅格形大空间屏蔽内的磁场强度,A/m;SF 为屏蔽系数,dB,按表 9.3 中的公式计算。

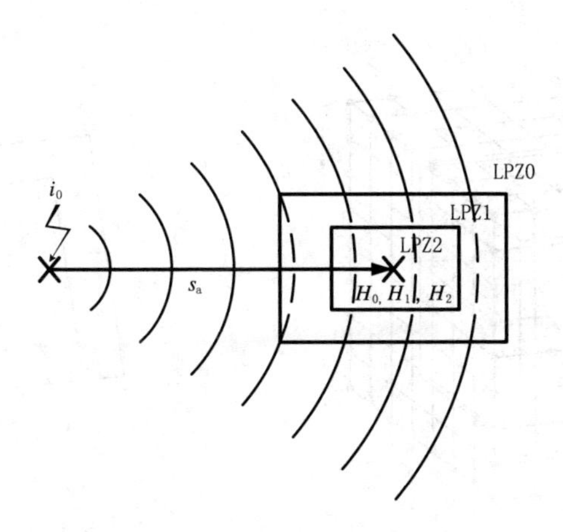

图 9.14　附近雷击时的环境情况

表 9.3　格栅形大空间屏蔽的屏蔽系数

材料	SF(dB)	
	25kHz①	1MHz②或 250kHz
铜/铝	$20\times\lg(8.5/w)$	$20\times\lg(8.5/w)$
钢③	$20\times\lg[(8.5/w)/(1+18\times10^{-6}/r^2)^{1/2}]$	$20\times\lg(8.5/w)$

注:①适用于首次雷击的磁场;

②1MHz 适用于后续雷击的磁场,250kHz 适用于首次负极性雷击的磁场;

③相对磁导系数 $\mu r\approx200$。

1. w 为栅格形屏蔽的网格宽(m);r 为栅格形屏蔽网格导体的半径(m);

2. 当计算公式得出的值为负数时,取 $SF=0$;若建筑物具有栅格形等电位连接网络,SF 可增加 6dB。

②表 9.3 的计算取值应仅对在各 LPZ 区内距屏蔽层有一安全距离的安全空间内才有效(图 9.15),安全距离应按下列公式计算:

当 $SF\geqslant10$ 时:

$$d_{s/1}=w^{SF/10} \tag{9.3}$$

当 $SF<10$ 时:

$$d_{s/1}=w \tag{9.4}$$

式中:$d_{s/1}$ 为安全距离,m;w 为栅格形屏蔽的网格宽度,m;SF 为按表 9.3 计算的屏蔽系数,dB。

③在闪电击在建筑物附近磁场强度最大的最坏情况下,按建筑物的防雷类别、高度、宽度或长度可确定可能的雷击点与屏蔽空间之间平均距离的最小值(图 9.16),可按下列方法确定:

1)对应三类建筑物最大雷电流的滚球半径应符合表 9.4 的规定。滚球半径可按

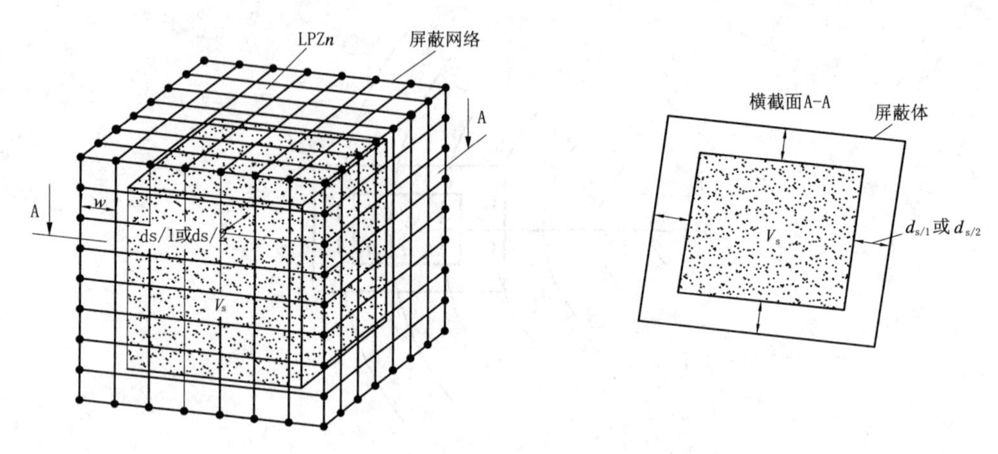

图 9.15 在 LPZn 区内供安放电气和电子系统的空间

（空间 V_s 为安全空间）

下式计算：

$$R=10(i_0)^{0.65} \tag{9.5}$$

式中：R 为滚球半径，m；i_0 为最大雷电流，kA，按表 7.3—表 7.5 的规定取值。

表 9.4 与最大雷电流对应的滚球半径

防雷建筑物类别	最大雷电流 i_0(kA)			对应的滚球半径 R(m)		
	正极性首次雷击	负极性首次雷击	负极性后续雷击	正极性首次雷击	负极性首次雷击	负极性后续雷击
第一类	200	100	50	313	200	127
第二类	150	75	37.5	260	165	105
第三类	100	50	25	200	127	81

2)雷击点与屏蔽空间之间的最小平均距离，应按下列公式计算：

当 $H<R$ 时：

$$s_a=[H(2R-H)]^{1/2}+L/2 \tag{9.6}$$

当 $H\geqslant R$ 时：

$$s_a=R+L/2 \tag{9.7}$$

式中：H 为建筑物高度，m；L 为建筑物长度，m。

根据具体情况建筑物长度可用宽度代入。对所取最小平均距离小于式(9.6)或式(9.7)计算值的情况，闪电将直接击在建筑物上。

④在闪电直接击在位于 $LPZ0_A$ 区的格栅形大空间屏蔽层或与其连接的接闪器上的情况下，其内部 LPZ1 区内安全空间内某点的磁场强度应按下式计算(图 9.17)：

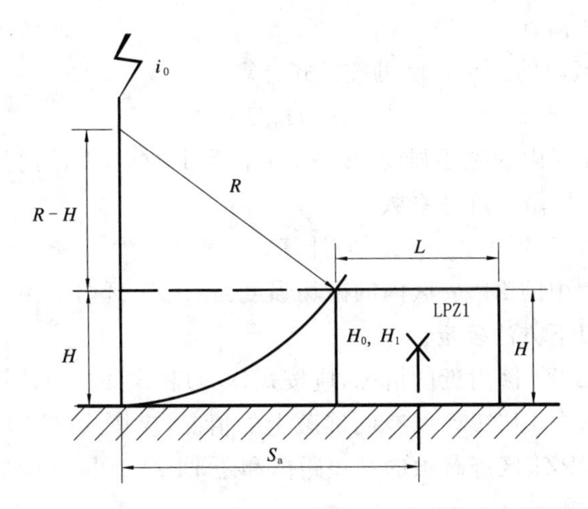

图 9.16　取决于滚球半径和建筑物尺寸的最小平均距离

$$H_1 = k_H \cdot i_0 \cdot w/(d_w \cdot d_r^{1/2}) \tag{9.8}$$

式中：H_1 为安全空间内某点的磁场强度，A/m；d_r 为所确定的点距 LPZ1 区屏蔽顶的最短距离，m；d_w 为所确定的点距 LPZ1 区屏蔽壁的最短距离，m；k_H 为形状系数，$1/m^{1/2}$，通常取 $k_H = 0.01$；w 为 LPZ1 区格栅形屏蔽的网格宽度，m。

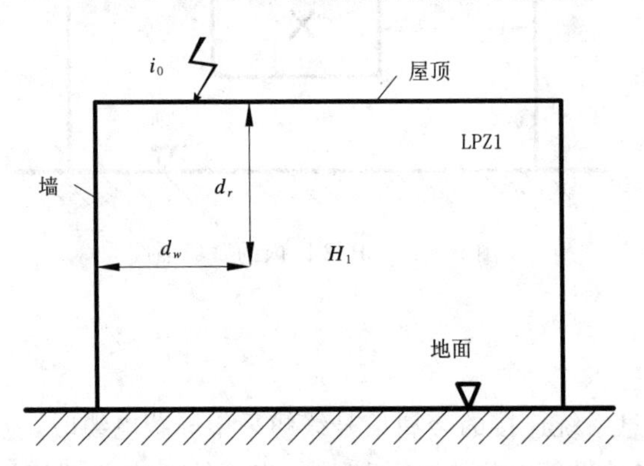

图 9.17　闪电直接击于屋顶接闪器时 LPZ1 区内的磁场强度

⑤式(9.8)的计算值仅对距屏蔽格栅有一安全距离的安全空间内有效，安全距离应按式(9.9)或式(9.10)计算，电子系统应仅安装在安全空间内：

当 $SF \geqslant 10$ 时：

$$d_{s/2} = w \cdot SF/10 \tag{9.9}$$

当 $SF < 10$ 时：

$$d_{s/2} = w \tag{9.10}$$

式中：$d_{s/2}$为安全距离，m。

⑥LPZn+1 区内的磁场强度可按下式计算：

$$H_{n+1}=H_n/10^{SF/20} \tag{9.11}$$

式中：H_n 为 LPZn 区内的磁场强度，A/m；H_{n+1}为 LPZn+1 区内的磁场强度，A/m；SF 为 LPZn+1 区屏蔽的屏蔽系数。

安全距离应按式(9.9)或式(9.10)计算。

⑦当式(9.11)中的 LPZn 区内的磁场强度为 LPZ1 区内的磁场强度时，LPZ1 区内的磁场强度按以下方法确定。

1)闪电击在 LPZ1 区附近的情况，应按式(9.9)和式(9.10)计算确定。

2)闪电直接击在 LPZ1 区大空间屏蔽上的情况，应按式(9.9)计算确定，但式中的所确定的点距 LPZ1 区屏蔽顶的最短距离和距 LPZ1 区屏蔽壁的最短距离应如图 9.18 确定。

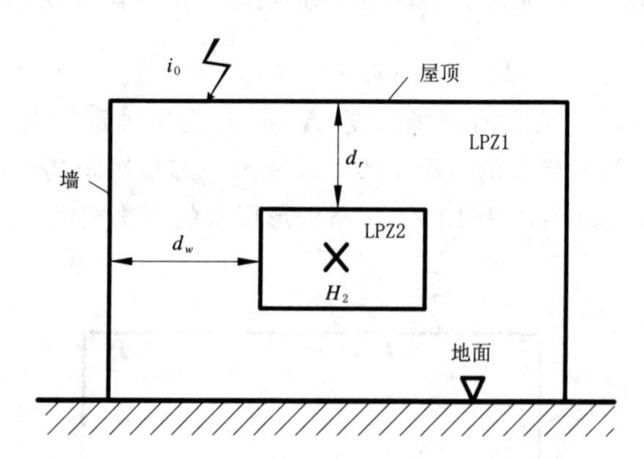

图 9.18　LPZ2 区内的磁场强度

9.3.2　线缆屏蔽

(1)与电子信息系统连接的金属信号线缆采用屏蔽电缆时，应在屏蔽层两端并宜在雷电防护区交界处做等电位连接并接地。当系统要求单端接地时，宜采用两层屏蔽或穿钢管敷设，外层屏蔽或钢管按前述要求处理。

(2)当户外采用非屏蔽电缆时，从人孔井或手孔井到机房的引入线应穿钢管埋地引入，埋地长度可按公式(9.12)计算，但不宜小于 15m；电缆屏蔽槽或金属管道应在入户处进行等电位连接。

$$l \geqslant 2\sqrt{\rho} \tag{9.12}$$

式中：ρ 为埋地电缆处的土壤电阻率，Ω·m。

(3)光缆的所有金属接头、金属护层、金属挡潮层、金属加强芯等，应在进入建筑物处直接接地。

(4)两栋定为 LPZ1 区的独立建筑物用电气线路或信号线路的屏蔽电缆或穿钢管的无屏蔽线路连接时,屏蔽层流过的部分雷电流在其上所产生的电压降不应对线路和所接设备引起绝缘击穿,同时屏蔽层的截面应满足通流能力(图 9.19)。

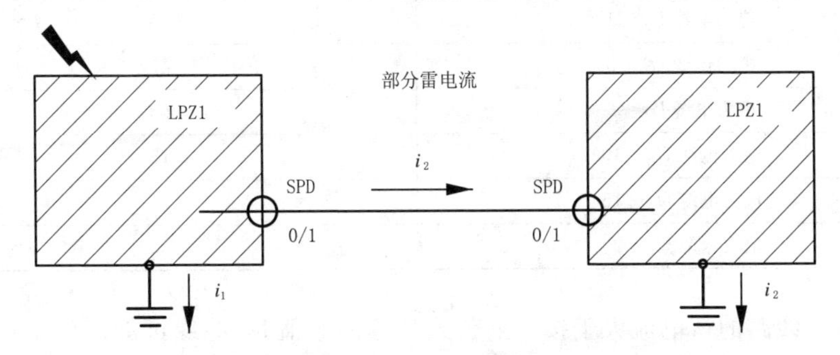

图 9.19　用屏蔽电缆或穿钢管线路将两栋独立的 LPZ1 区连接在一起

屏蔽的在屏蔽线路从室外 $LPZ0_A$ 或 $LPZ0_B$ 区进入 LPZ1 区的情况下,线路屏蔽层的截面应按下式计算:

$$S_c \geqslant \frac{I_f \times \rho_c \times L_c \times 10^{-6}}{U_w} \tag{9.13}$$

式中:S_c 为线路屏蔽层的截面,mm^2;I_f 为流入屏蔽层的雷电流,kA,按式(8.16)计算;ρ_c 为屏蔽层的电阻率,Ω·m,20℃时铁为 138×10^{-9} Ω·m,铜为 17.24×10^{-9} Ω·m,铝为 28.264×10^{-9} Ω·m;L_c 为线路长度,m,按表 9.5 的规定取值;U_w 为电缆所接的电气或电子系统的耐冲击电压额定值,kV,线路按表 9.6 的规定取值,设备按表 9.7 的规定取值。

表 9.5　按屏蔽层敷设条件确定的线路长度

屏蔽层敷设条件	L_c(m)
屏蔽层与电阻率 ρ(Ω·m)的土壤直接接触	当实际长度≥8 时取 $L_c=8$; 当实际长度<8 时取 L_c=线路实际长度
层蔽层与土壤隔离或敷设在大气中	L_c=建筑物与屏蔽层最近接地点之间的距离

表 9.6　电缆绝缘的耐冲击电压额定值

设备类型	耐冲击电压额定值 U_w(kV)
电子设备	1.5
用户的电气设备(U_n<1kV)	2.5
电网设备(U_n<1kV)	6

表 9.7　设备的耐冲击电压额定值

电缆种类及其额定电压 U_n(kV)	耐冲击电压额定值 U_w(kV)
纸绝缘通信电缆	1.5
塑料绝缘通信电缆	5
电力电缆 $U_n \leqslant 1$	15
电力电缆 $U_n = 3$	45
电力电缆 $U_n = 6$	60
电力电缆 $U_n = 10$	75
电力电缆 $U_n = 15$	95
电力电缆 $U_n = 20$	125

当流入线路的雷电流大于按下列公式计算的数值时，绝缘可能产生不可接受的温升。

对屏蔽线路：

$$I_f = 8 \times S_c \tag{9.14}$$

对无屏蔽的线路：

$$I_f' = 8 \times n' \times S_c' \tag{9.15}$$

式中：I_f' 为流入无屏蔽线路的总雷电流，kA；n' 为线路导线的根数；S_c' 为每根导线的截面，mm^2。

对于钢管屏蔽的线路，对此，式(9.14)和式(9.15)中的 S 为钢管壁厚的截面。

(5)LPZ1 区内两个 LPZ2 区之间用电气线路或信号线路的屏蔽电缆或屏蔽的电缆沟或穿钢管屏蔽的线路连接在一起，当有屏蔽的线路没有引出 LPZ2 区时，线路的两端可不安装电涌保护器(图 9.20)。

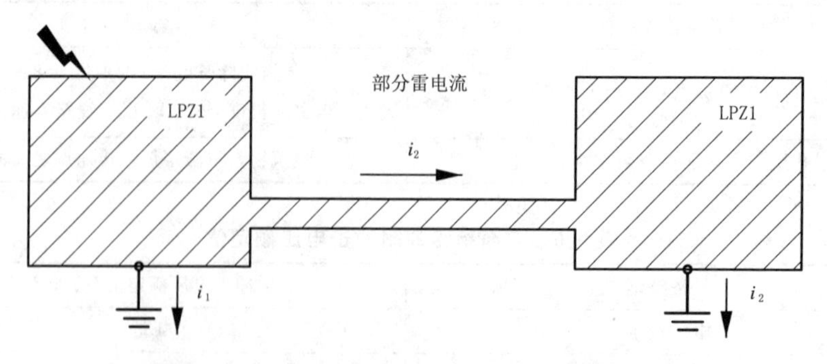

图 9.20　用屏蔽的线路将两个 LPZ2 区连接在一起

9.3.3 线缆敷设应符合下列规定

(1)电子信息系统线缆宜敷设在金属线槽或金属管道内。电子信息系统线缆宜靠近等电位连接网络的金属部件敷设,不宜贴近雷电防区的屏蔽层;

(2)布置电子信息系统线缆路由走向时,应尽量减小由线缆自身形成的电磁感应环路面积,如图9.21。

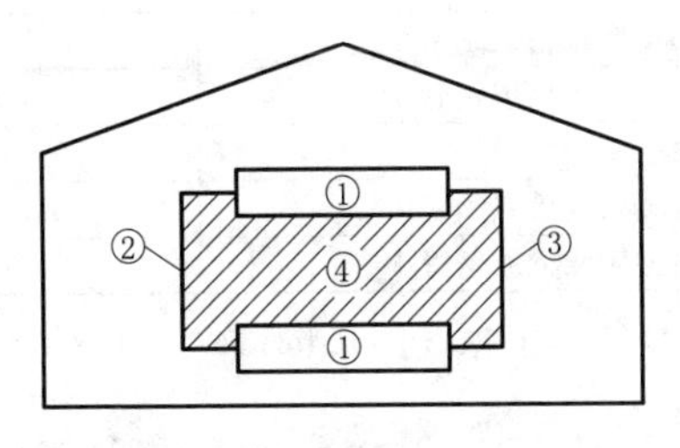

(a)不合理布线系统

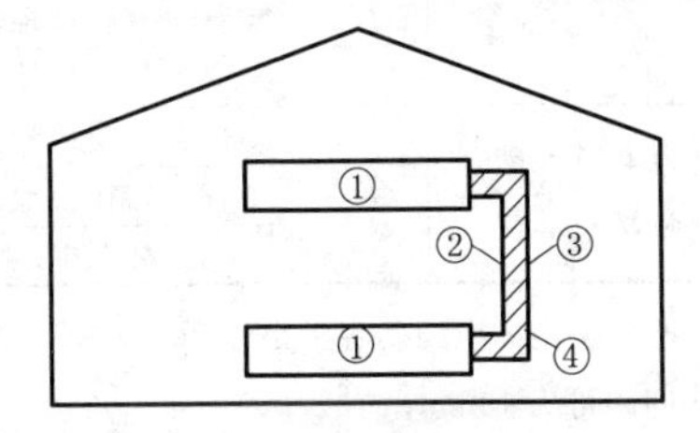

(b)合理布线系统

图9.21 合理布线减少感应环路面积

①设备;②a线(电源线);③b线(信号线);④感应环路面积

(3)当综合布线路由上存在干扰源,且不能满足最小净距要求时,应采取屏蔽措施。

①一般情况下,建筑物内敷设各种电气线路的总干线金属线槽应敷设在建筑物的中心部位的弱电竖井处,并应避开靠近作为引下线的柱子附近。

②220/380V电源线(包括照明、动力及插座),与信息系统的管线走向(垂直或水平)应合理,尽量保持一定的距离,电子信息系统线缆与其他管线的间距应符合表9.8的规定。

表9.8 电子信息系统线缆与其他管线的间距

其他管线类别	电子信息系统线缆与其他管线的净距	
	最小平行净距(mm)	最小交叉净距(mm)
防雷引下线	1000	300
保护地线	50	20
给水管	150	20
压缩空气管	150	20
热力管(不包封)	500	500
热力管(包封)	300	300
燃气管	300	20

注:当线缆敷设高度超过6000mm时,与防雷引下线的交叉净距应大于或等于0.05H(H为交叉处防雷引下线距离地面的高度)。

(4)电子信息系统信号电缆与电力电缆的间距应符合表 9.9 的规定。

表 9.9 电子信息系统信号电缆与电力电缆的间距

类别	与电子信息系统信号线缆接近状况	最小净距(mm)
380V 电力电缆容量小于 2kV · A	与信号线缆平行敷设	130
	有一方在接地的金属线槽或钢管中	70
	双方都在接地的金属线槽或钢管中	10
380V 电力电缆容量 2～5kV · A	与信号线缆平行敷设	300
	有一方在接地的金属线槽或钢管中	150
	双方都在接地的金属线槽或钢管中	80
380V 电力电缆容量大于 5kV · A	与信号线缆平行敷设	600
	有一方在接地的金属线槽或钢管中	300
	双方都在接地的金属线槽或钢管中	150

注:1. 当 380V 电力电缆的容量小于 2kV · A,双方都在接地的线槽中,且平行长度小于或等于 10mm 时,最小间距可为 10mm;

2. 双方都在接地的线槽中,系指两个不同的线槽,也可在同一线槽中用金属板隔开。

(5)信息系统布线电缆与附近可能产生高电平电磁干扰的电动机、电力变压器等电气设备之间应保持必要的距离(图 9.22)。信息综合布线电缆与电气设备的间距应符合表 9.10 相关规定。

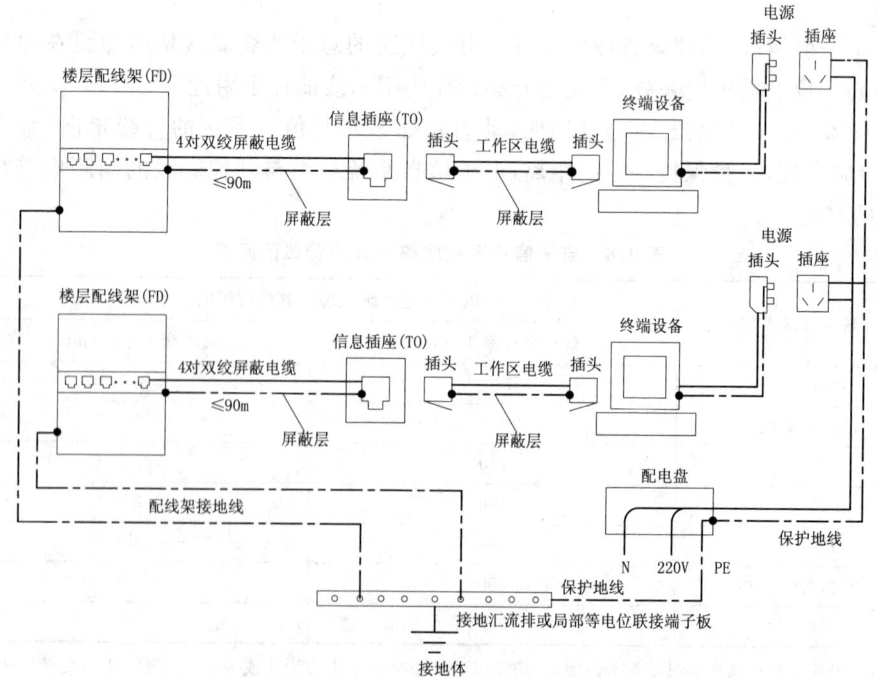

图 9.22 综合布线图接地示意图 1

表 9.10　信息系统信号线缆与电气设备间的间距

电气设备	与信号线缆接近情况	最小间距(m)
配电箱	与配线设备接近	1
变电室	尽量远离	2
电梯机房	尽量远离	2
空调机房	尽量远离	2

(6)综合布线系统采用屏蔽措施时(图 9.23),应有良好的接地系统,屏蔽层的配线设备(FD 或 BD)端应接地,用户(终端设备)端视具体情况宜接地,两端的接地应尽量连接同一接地体。若接地系统中存在两个不同的接地体时,其接地电位不应大于 1V。信息插座的接地可利用电缆屏蔽层连至每层的配线柜上。

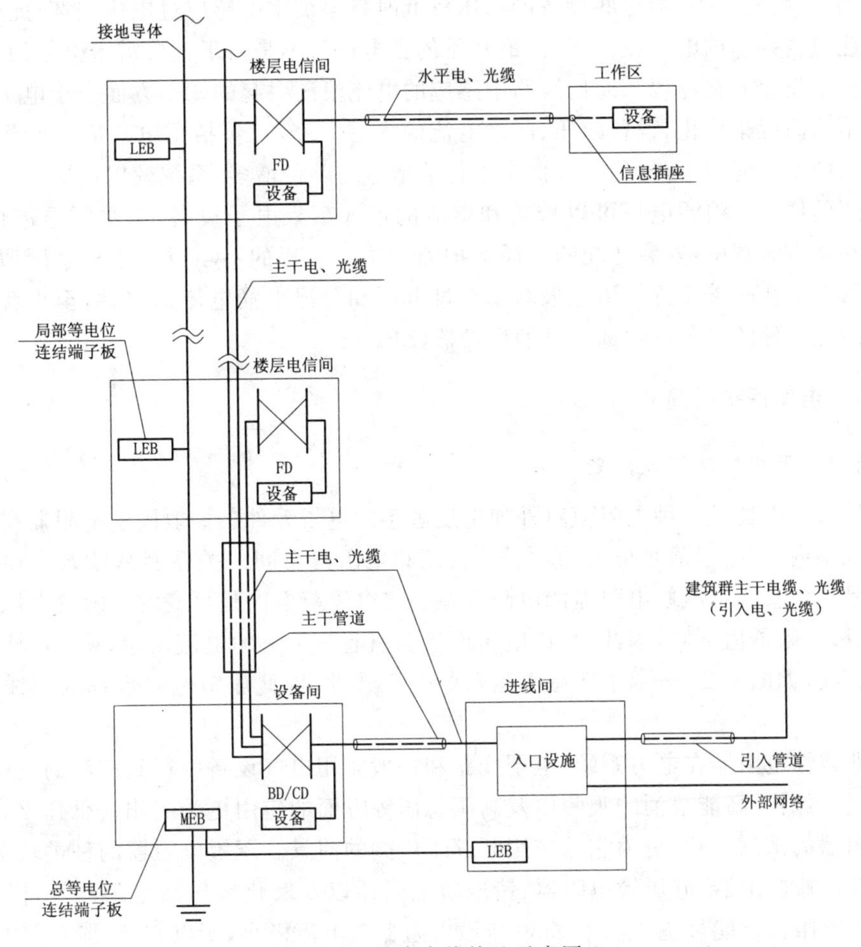

图 9.23　综合布线接地示意图 2

(7)综合布线的电缆采用金属槽道或钢管敷设时，或钢管应保持连续的电气连接并在两端应有良好的接地。

(8)综合布线系统有源设备的正极或外壳、电缆屏蔽层及连通接地线均应接地，应采用联合接地方式，如同层有避雷带及均压网(高于 30m 时每层都设置)时应与此相接，使整个大楼的接地系统组成一个笼式均压体。

9.4　电涌保护器设计

在高压线获得保护后，与高压线连接的发、配电设备仍然被过电压损坏，人们发现这是由于“雷电感应”在作怪。雷电在高压线上感应起电涌，并沿导线传播到与之相连的发、配电设备，当这些设备的耐压较低时就会被雷电感应过电压损坏；此外，对现代建筑物内部的电子设备而言，最常见的雷电危害不是由于直接雷击引起的，而是由于雷击发生时在电源和通信线路中感应的电流浪涌引起的。一方面由于电子设备内部结构高度集成化，设备耐压、耐过电流的水平下降，对包括雷电感应和操作过电压浪涌的承受能力下降，另一方面由于传输信号的路径增多，系统较以前更容易遭受过电压的损坏。浪涌电压可以传播和感应的形式窜入电子设备，遭受雷电波侵入。因此在防雷装置中，安装适配的电涌保护器是防雷工程的一项重要指标。所谓电涌保护器就是在防雷装置中用于限制瞬态过电压和分泄电涌电流的器件，至少含有一个非线性元件的电子器件称为电涌保护器(SPD)。

9.4.1　电涌保护器简介

9.4.1.1　氧化锌压敏电阻器

压敏电阻器是一种电阻值对外加电压敏感的电子元件。一般固定电阻器在工作电压范围内，其电阻值是恒定的，电压、电流和电阻三者间的关系服从欧姆定律，*V-I* 特性是一条直线。压敏电阻器的电阻值在一定电流范围内是可变的。随着电压的增高，压敏电阻器值下降，因此，少许电压增量会引起一个大的电流增量，*V-I* 特性不是一条直线，如图 9.24 表示了压敏电阻器的 *V-I* 特性，因此压敏电阻也称为非线性电阻器。

非线性电阻器在电力系统、电子线路和一般家用电气设备中得到广泛的应用，尤其在过压保护、高能浪涌的吸收以及高压稳压等方面的应用更为突出。低压 ZnO 压敏电阻器的试制成功，更为它的应用开辟了广阔的前景。压敏电阻器的种类较多，有碳化硅压敏电阻器、硅压敏电阻器、锗压敏电阻器以及氧化锌压敏电阻器等，以氧化锌压敏电阻器性能最优。由于 ZnO 压敏电阻器漏电流极小，所以它还具有平均功耗低，在高能吸收的使用中温升很小，用不着强迫通风等优点。

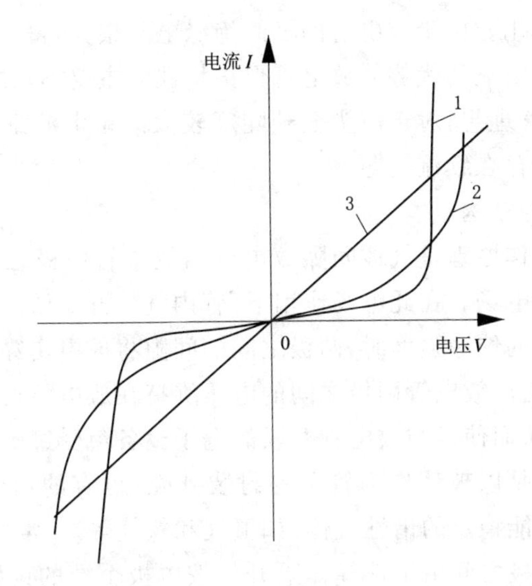

1－ZnO 压敏电阻器；2－SiC 压敏电阻器；3－线性电阻器

图 9.24　压敏电阻器 V-I 特性示意图

表征金属氧化物压敏电阻片特性的主要参数有：

(1)参考电流。通常把金属氧化物压敏电阻片伏安特性上拐点(即小电流区和非线性区的交界处)附近的某一电流值称为电阻片的参考电流，一般取 1mA。

(2)直流参考电压。在参考电流下测得的电阻片上的电压称为电阻片的直流参考电压，也称直流 1mA 电压。当作用在电阻片上的电压超过其参考电压时，流过电阻片的电流将迅速增大。

(3)额定电压。指施加到电阻片上的最大允许工频电压有效值。通常额定电压的峰值就等于直流参考电压。

(4)标称放电电流。用于划分由金属氧化物压敏电阻片组成的电涌保护器等级的，波形为 8/20μs 的放电电流峰值(以 kA 为单位)。

(5)残压。指规定的放电电流通过电阻片时，电阻片两端的最大电压值。

为便于比较金属氧化物压敏电阻片的特性，常把残压和直流 1mA 电压的比值称为压比，金属氧化物压敏电阻片的压比一般在 3 左右。显然残压比愈小，电阻片的特性愈好。

(6)持续运行电压。允许持久地施加在电阻片上的工频电压有效值。

9.4.1.2　气体放电管(GDT)

气体放电管是一种间隙性的防雷保护元件，它在通信系统的防雷保护中已获得了广泛应用。放电管常用于多级保护电路中的第一级或前两级，起泄放雷电暂态过电流和限制过电压作用。由于放电管的极间绝缘电阻很大,寄生电容很小,对高频信号线缆的雷电防护有明显的优势。放电管保护特性的主要不足之处在于其放电时延较大,动作灵敏度不够理想,对于波头上升陡度较大的雷电波难以有效地抑制,在电源系统的雷电防护中存在续流问题。

(1)气体放电管的结构

气体放电管的工作原理是气体间隙放电。当放电管两极之间施加一定电压时,便在极间产生不均匀电场。在此电场作用下,管内气体开始游离,当外加电压增大到使极间场强超过气体的绝缘强度时,两极之间的间隙将放电击穿,由原来的绝缘状态转化为导电状态,导通后放电管两极之间的电压维持在放电弧道所决定的残压水平。这种残压一般很低,从而使得与放电管并联的电子设备免受过电压的损坏。

气体放电管有的是以玻璃作为管子的封装外壳,也有的用陶瓷作为封装外壳。放电管内充入电气性能稳定的惰性气体(如氩气和氖气等)。常用放电管的放电电极一般为两个、三个,电极之间由惰性气体隔开。按电极个数的设置来划分,放电管可分为二极、三极放电管。

(2)伏安特性

气体放电管的伏安特性是电极间施加电压与响应电流的关系。现以一个直流放电电压为150V的二极放电管为例,来说明放电管伏安特性的基本特征。如图9.25是150V的二极放电管的伏安特性曲线。由于电流的范围很大,其变化常达几个数量级,所以电流用对数坐标表示。

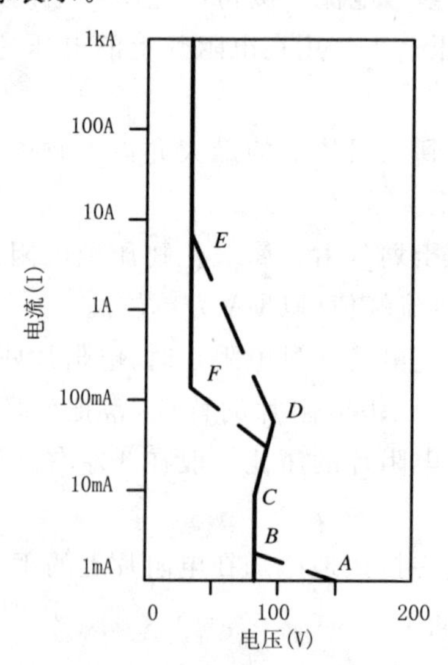

图9.25　放电管伏安特性

图 9.25 所示的伏安特性，当逐渐增加两电极间的电压时，放电管在 A 点放电，A 点的电压称为放电管的直流放电电压。在 A 到 B 之间的这段伏安特性上，其斜率(即动态电阻 du/dt)是负的，称为负阻区。如果 200V 的直流电压源经 1MΩ 的电阻加到放电管上，放电管即工作在此区间，这时的放电具有闪变特征。BC 段为正常辉光放电区，在此区间内电压基本不随电流而变，当辉光覆盖整个阴极表面时，电流再增加，电压也不增加。CD 段称为异常辉光放电区。直流放电电压为 90～300V 的放电管，其辉光放电区 BD 的最大电流一般为 0.2～1.5A。当电流增加到足够大时，放电在 E 点突然进入电弧放电区，即使是同一放电管，放电由辉光转入电弧时的电流值也是不能精确重复的。在电弧放电时，处在电场中加速了的正离子轰击阴极表面，阴极材料被溅射到管壁上，阴极被烧蚀，使间隙距离增加，管壁绝缘变坏。在采用合适的材料后，放电管可以做到导通 10kA，8/20μs 电流数百次。在电弧区，放电管两端的电压基本上与通过的电流无关，在管内充以不同惰性气体并具有不同的气压，电弧压降常在 10～30V。管子工作在电弧区就可以将电压箝制在较低的水平，从而达到过电压保护的目的。

当电流下降到比开始燃弧时的数值低的电弧熄灭电流值(F 点)时，放电由电弧转为辉光，电弧熄灭电流通常在 0.1～0.5A。

按照过电压保护的要求，在过电压作用下放电后，放电管应能自动恢复到非导通状态，否则在电弧区的续流可能会烧坏管子，甚至使通过续流的导线或电源也受到损坏。在辉光区，毫安培级的续流长期流过，也会使放电管损坏。因此，系统中加在放电管两端的系统正常运行电压应低于维持辉光放电的电压。在一般信号电路中，电源内阻较大，维持放电的电压是维持辉光放电的电压。在试验时，将直流电源与放电管之间串联 5kΩ 电阻，慢慢升压使放电管动作，然后再慢慢降低电压，测出放电管停止放电时的电压。例如，测得直流放电电压为 350V 的放电管的维持放电电压为 68～184V。实际上，随着放电管品种的不同，其维持放电电压值的差异是比较大的。在被放电管保护的系统中，只要直流电源电压低于维护放电电压或交流电源电压的幅值低于管子的直流放电电压，过电压过去后就不会有续流，但在某些情况下可能会在电弧区产生续流，对此需要采取限流措施。

(3)响应时间

在具有一定波头上升陡度(陡度 du/dt 在 1kV/μs 以上)的瞬时过电压作用下，当放电管上电压上升到其直流放电电压值时，管子并不能立即放电，而是要等到管子上电压上升到一个比直流放电电压值高出很多的数值时，管子才会放电。也就是说，从瞬时过电压开始作用于放电管两端的时刻到管子实际放电时刻之间有一个延迟时间，该时间即称为响应时间。响应时间由两部分组成：一是管子中随机产生初始电子—离子对带电粒子所需要的时间，即统计时延；二是初始带电粒子形成电子崩所需要的时间，即形成时延。为了测得放电管的响应时间，常用一个具有固定波头上升陡度 du/dt 的电压源加于放电管上来测取响应时间值，试验表明，在陡度 du/dt 大于 0.5kV/μs 时，所测出的放电管实际放电电压明显高于其直流放电电压。

(4)气体放电管主要技术参数

在保护设计中，放电管的技术参数是选用放电管的依据，描述放电管电气特性的技术参数有许多项，这里主要介绍放电管的常用技术参数和经验选用方法。

①直流放电电压

在上升陡度低于 100V/s 的电压作用下，放电管开始放电的平均电压值称为其直流放电电压。由于放电具有分散性，围绕着这个平均值还需要同时给出允许的偏差上限和下限值。

②冲击放电电压

在具有规定上升陡度的瞬时电压脉冲作用下，放电管开始放电的电压值称为其冲击放电电压。由于放电管的响应时间或动作时延与电压脉冲的上升陡度有关，对于不同的上升陡度，放电管的冲击放电电压是不相同的。一些制造厂通常是给出在上升陡度为 1kV/μs 的冲击放电电压值，实际上，出于一般应用的考虑，还应给出放电管在 100V/μs，500V/μs，1V/μs，5kV/μs 和 10kV/μs 等不同上升陡度下的冲击放电电压，以尽量包括在各种保护应用环境中可能遇到的瞬时过电压上升陡度范围。

③工频耐受电流

放电管通过工频电流 5 次，使管子的直流放电电压及绝缘电阻无明显变化的最大电流称为其工频耐受电流。当应用于一些交流供电线路或易于受到供电线路感应作用的通信线路上时，应注意放电管的工频耐受问题。经验表明，感应工频电流较小，一般不大于 5A，但其持续时间却很长；供电线路上的过电流很大，可高达数百安培，但由于继电保护装置的动作，其持续时间却很短，一般不超过 5s。

④冲击耐受电流

将放电管通过规定波形和规定次数的脉冲电流，使其直流放电电压和绝缘电阻不会发生明显变化的最大值电流峰值称为管子的冲击耐受电流。这一参数总是在一定波形和一定通流次数下给出的，制造厂常给出在 8/20μs 波形下通流 10 次的冲击耐受电流，也有给出在 10/1000μs 波形下通流 300 次的冲击耐受电流。

⑤绝缘电阻和极间电容

放电管的绝缘电阻很大，制造厂给出的该参数值一般为绝缘电阻的初始值，约为数千兆欧，在放电管的不断使用过程中，绝缘电阻值将会降低。阻值的降低会造成在被保护系统正常运行时管子中泄漏电流的增大，也可能产生噪声干扰。

放电管的极间寄生电容很小，两极放电管的极间电容一般在 1～5pF 范围，极间电容值可以在很宽的频率范围内保持近似不变，且同型号放电管的极间电容值分散性很小。

9.4.1.3　半导体过电压保护器件

齐纳二极管与雪崩二极管的工作原理：

(1)伏安特性

齐纳二极管与雪崩二极管都是工作在反向击穿区的二极管，他们具有形状相似的伏安特性曲线，如图 9.26 给出了它们一般伏安特性的示意图，该伏安特性可划分为三个工作区，即正、反向区和击穿区。在正向区，齐纳二极管和雪崩二极管与普通二极管一样，在很低的正向电压作用下，就能够有大量的多数载流子流过结区。在反向区，管子上承受的反向电压低于击穿电压，管子中流过很小的反向泄漏电流。当管子上的反向电压达到击穿电压值后，它就击穿导通，进入击穿区。

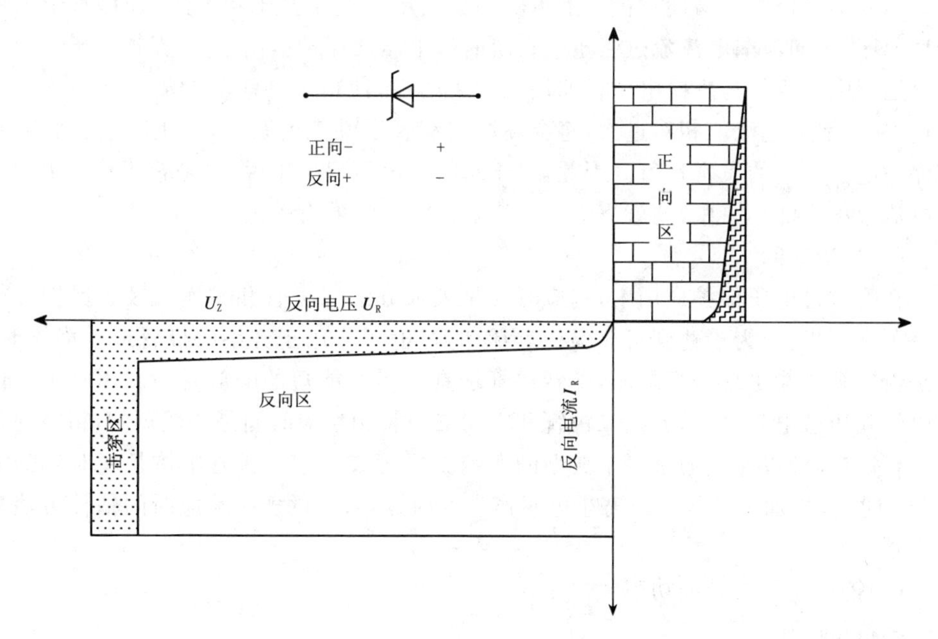

图 9.26　伏安特性示意图

在伏安特性上，击穿电压 U_Z 是特性曲线由反向区击穿区转折处的电压。齐纳二极管的额定击穿电压(规定为 1mA 时的击穿电压)一般为 2.9～4.7V，由于击穿电压较低，这种管子比较适合于那些耐压水平低的微电子器件(如高速 CMOS 集成电路)的瞬时过电压保护。雪崩二极管的额定击穿电压常为 5.6～200V，一般用于多级保护电路的最末级，保护那些比较脆弱的电子器件。

(2)反向击穿

从原理上讲，虽然用于反向击穿的二极管均可称为齐纳二极管，但实际上只有反向击穿电压小于5V的二极管才具有齐纳击穿过程。在齐纳击穿过程中，二极管在外加反向电压作用下，其结区电场强度增强到足以从原子的束缚力下释放出载流子，从而产生击穿导通。反向击穿电压大于8V的二极管具有雪崩击穿过程，在雪崩击穿过程中，当外加反向电压达到一定数值后，少量的自由载流子得到足够的速度去碰撞价电子并给它们以足够的能量，使它们离开各自的原子，新增的载流子参与到这种游离过程中去，使游离以雪崩方式发展。而反向击穿电压为5～8V的二极管可能同时具有齐纳和雪崩击穿过程。由于这两种二极管的反向击穿过程不一样，温度对各自击穿电压的影响也是不同的。对于齐纳二极管，当温度升高时，其击穿电压会下降；对于雪崩二极管，当温度升高时，其击穿电压则会上升。

(3)泄漏电流

当齐纳二极管和雪崩二极管上承受的反向电压小于其击穿电压值时，管子工作于反向区，反向泄漏电流流过管子。在瞬时过电压的保护应用中，被保护电子系统的正常运行电压将作为反向电压长期加于管子两端，使得这种泄漏电流长期在管子中流过，如果泄漏电流值相对过大，将会逐渐引起管子性能的衰退，严重时还会影响到被保护电子系统的正常运行。因此，对于瞬时过电压保护来说，总是希望管子中的泄漏电流应尽可能小一些，这就需要讨论影响泄漏电流的有关因素。

(4)响应时间

在瞬时过电压保护应用中，响应时间是表征齐纳二极管和雪崩二极管保护性能的一项重要指标，为了达到可靠保护，当瞬时过电压作用于齐纳二极管或雪崩管时，总是希望管子能尽早击穿限压，即希望管子具有尽可能短的响应时间。相对于气体放电管和压敏电阻来说，齐纳二极管和雪崩二极管的响应时间是比较短的，粗略地估算，当过电压波以光速通过一个典型的齐纳二极管或雪崩二极管本体长度时就需要30ps① 时间，再加上管子引线寄生电感产生的时延，管子的实际响应时间估计可达数十皮秒。

(5)箝位电压与脉冲功率

①箝位电压

齐纳二极管和雪崩二极管的击穿限压主要是用反向击穿电压U_Z和击穿电流I_Z来表征的。对于专用于抑制暂态过电压的暂态抑制二极管(后面将要介绍)，其I_Z约为1mA，而对于普通的齐纳二极管和雪崩二极管，其I_Z于U_Z的乘积I_ZU_Z通常不超过管子最大稳定耗散功率的25%。实测表明，管子击穿电压U_Z值具有一定的偏差，其偏差范围一般在±5%～±10%。在通过高达10～200A暂态脉冲电流期间，管子两端的箝位电压U_C可能会比其击穿电压U_Z值高一些，这主要是因为在较大电流作

① p(皮)$=10^{-12}$

用下管子半导体材料的体电阻起了作用。对于一些暂态抑制二极管，其最大箝位电压可能会高出其击穿电压 U_Z 值得 40%（以 U_Z 为基准值）。

②脉冲功率

脉冲功率是齐纳二极管和雪崩二极管的另一项比较重要的保护性能参数。对于大多数齐纳二极管和雪崩二极管，其稳态耗散功率常为 0.4～5W，但在遇到持续时间为几十微秒的暂态脉冲冲击时，管子能够吸收的暂态脉冲功率将会比这种稳态耗散功率值大几百倍。管子的脉冲功率通常是在 10/1000μs 脉冲波形下定义为最大脉冲电流峰值 I_{pk} 与最大箝位电压 U_{cm} 的乘积。实际的最大箝位电压有可能低于管子的标称最大箝位电压 U_{cm}（U_{cm} 本身具有一定的分散性），且由于管子中热效应的影响，管子实际最大箝位电压可能会出现在电流峰值 I_{pk} 之后，而不是与其同时出现，脉冲功率只有一个标称数据，而不是管子实际脉冲功率的最大值。管子额定脉冲功率由制造厂的使用说明手册给出，其值大致为 600～1500W。在暂态过电压保护设计中，当使用管子的额定脉冲功率参数时，要注意实际的暂态脉冲波形，管子在实际保护场合所遇到的脉冲波形一般不会正好是 10/1000μs，如果实际脉冲的持续时间比 10/1000μs 的短（8/20μs 脉冲），则管子可以吸收比额定脉冲功率值更大的暂态功率，而管子自身不会被破坏。

9.4.2　供电系统防雷要求

（1）信息系统交流电源部分的防雷设计是指采用屏蔽和防雷等电位连接的方法，消除或减弱过电压沿电源线路引入，以确保信息系统设备和工作人员的安全。

（2）室外进、出电子信息系统机房的电源电缆不宜采用架空线路。

（3）从交流电力网高压线路开始，到信息设备直流电源入口端，信息系统电源自身除根据其雷击电磁脉冲防护等级采取分级协调的防护外，还应与信号系统的防雷、建筑物的防雷、建筑物及设备的接地以及系统电磁兼容要求协调配合。

（4）信息设备交流配电系统的接地方式，应采用 TN-S 系统供电。当采用 TN-C 系统时，应在进入信息系统机房前将 N 线重复接地，通过等电位连接转换成 TN-C-S 系统。

9.4.3　低压供配电系统 SPD 的位置确定

（1）进入建筑的交流供电线路，在线路的总配电箱等 $LPZ0_A$ 或 $LPZ0_B$ 与 LPZ1 区交界处，应设置Ⅰ类试验的电涌保护器或Ⅱ类试验的电涌保护器作为第一级保护；在配电线路分配电箱、电子设备机房配电箱等后续防护区交界处，可设置Ⅱ类或Ⅲ类试验的电涌保护器作为后级保护（图 9.27）；特殊重要的电子信息设备电源端口可安装Ⅱ类或Ⅲ类试验的电涌保护器作为精细保护。使用直流电源的信息设备，视其工作电压要求，宜安装适配的直流电源线路电涌保护器。

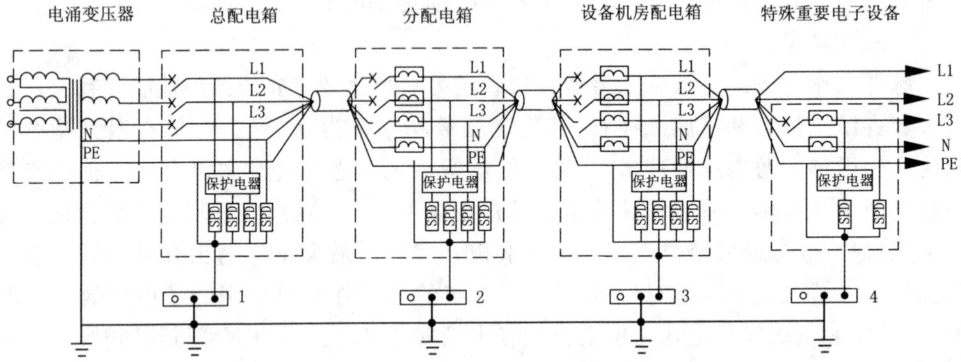

图 9.27　TN-S 系统的配电线路电涌保护器安装位置示意图

1：总等电位接地端子板；2：楼层等电位接地端子板；3，4：局部等电位接地端子板

（2）信息系统的低压配电系统应根据信息系统雷击电磁脉冲防护等级进行验算，当超出设备的耐浪涌过电压能力时，应装设相应的 SPD。

（3）入户为低压架空线路的应安装三相电压开关型 SPD 或限压型 SPD，埋地电缆引入的应安装限压型 SPD 作为第一级保护；分配电柜线路输入端应安装限压型 SPD 作为第二级保护；在电子信息设备电源进线端应安装限压型的 SPD 作为第三级保护，亦可安装串接式限压型 SPD 对于使用直流电源的信息设备，视其工作电压的需要，应分别选用适配的直流电源 SPD，作为末级保护。

9.4.4　电源线路 SPD 的选择

（1）电源线路电涌保护器的选择应符合下列规定：

①配电系统中设备的耐冲击电压额定值 U_w，220V/380V 三相系统电气设备耐冲击类别可分为Ⅰ、Ⅱ、Ⅲ、Ⅳ类（表 9.11）。

表 9.11　220/380V 三相系统电气设备绝缘耐冲击电压额定值

设备位置	电源处的设备	配电线路和最后分支线路的设备	用电设备	特殊需要保护的设备
耐冲击电压类别	Ⅳ类	Ⅲ类	Ⅱ类	Ⅰ类
耐冲击电压额定值 U_w（kV）	6	4	2.5	1.5

注：Ⅰ类—含有电子电路的设备，如计算机、有电子程序控制的设备；

Ⅱ类—如家用电器和类似负荷；

Ⅲ类—如配电盘，断路器，包括线路、母线、分线盒、开关、插座等固定装置的布线系统，以及应用于工业的设备和永久接至固定装置的固定安装的电动机等的一些其他设备；

Ⅳ类—如电气计量仪表、一次线过流保护设备、滤波器。

②通信、信息网络交流电源设备耐冲击特性见表 9.12。

表 9.12　通信、信息网络交流电源设备耐冲击特性

设备名称	冲击电压额定值(kV)	冲击电流额定值(kA)	说明
电源设备机架交流电源入口(由 UPS 供电)	0.5	0.25	
通信、信息网络中心设备交流电源端口	0.5	0.25	适用于相—相
	1.0	0.5	适用于相—地
非信息网络中心交流电源端口	1.0	0.5	适用于相—相
	2.0	1.0	适用于相—地

注:1. 交流电源额定电压均为 220V/380V;
2. 使用混合波(1.2/50μs,8/20μs)进行试验。

(2)直流电气设备耐冲击特性

①直流电源设备耐冲击过电压额定值,见表 9.13。

表 9.13　直流电源设备耐冲击电压额定值

设备名称	额定电压 V_{DC}(V)	混合冲击波	
		冲击电压(kV)	冲击电流(kA)
DC/AC 逆变器	−24,−48,−60	0.5	0.25
DC/AC 变换器			
机架直流电源入口			
直流配电屏	−24,−48,−60	1.5	0.75

注:混合波开路电压为 1.2/50μs,短路电流为 8/20μs。

表 9.14　信息网络设备耐冲击过电压额定值

设备名称	冲击电压额定值	试验波形	说明
信息网络中心 DC 电源端口	0.5kV	1.2/50μs(8/20μs)	适用于极—极
	1.0kV		适用于极—地
非信息网络中心 DC 电源端口	1.0kV	1.2/50μs(8/20μs)	适用于极—极
	2.0kV		适用于极—地

注:非信息网络中心的地点指设备不再信息网络中心运行,如无保护措施的本地远端站。

②信息网络设备耐冲击过电压额定值见表,见表 9.14。

③测量、控制和试验室内直流电源冲击抗扰度试验的最低要求,见表 9.15。

表 9.15　冲击抗扰度试验的最低要求

端口	试验项目	实验值	说明
直流电源	冲击试验	0.5kV	适用于极—极
		1.0kV	适用于极—地

注:仅适用于线路长度超过 3m 的情况。

(3)用于电气系统的电涌保护器的最大持续运行电压值,以及用于电子系统的电涌保护器的最大持续运行电压值。

电涌保护器的最大持续运行电压不应小于表 9.16 所规定的最小值;在电涌保护器安装处的供电电压偏差超过所规定的 10%以及谐波使电压幅值加大的情况下,应根据具体情况对限压型电涌保护器提高表 9.16 所规定的最大持续运行电压最小值。

表 9.16　电涌保护器的最小 U_C 值

电涌保护器安装位置	配电网络的系统特征				
	TT 系统	TN-C 系统	TN-S 系统	引出中性线的 IT 系统	无中性线引出的 IT 系统
每一相线与中性线间	$1.15U_0$	不适用	$1.15U_0$	$1.15U_0$	不适用
每一相线与 PE 线间	$1.15U_0$	不适用	$1.15U_0$		线电压*
中性线与 PE 线间	U_0*	不适用	U_0*	U_0*	不适用
每一相线与 PEN 线间	不适用	$1.15U_0$	不适用	不适用	不适用

注:1. 标有 * 的值是故障下最坏的情况,所以不需计及 15%的允许误差;

2. U_0 是低压系统相线对中性线的标称电压,即相电压 220V;

3. 此表适用于符合现行国家标准《GB 18802.1—2011　低压电涌保护器(SPD)第 1 部分　低压配电系统的电涌保护器　性能要求和试验方法》中的电涌保护器产品。

(4)并联在电源回路中的避雷器其熄弧能力应大于安装处的工频最大预期短路电流值,否则应在电涌保护器回路中加装短路保护电器,该短路保护电器应能承受该处的最大雷电冲击电流值。

(5)电涌保护器设置级数应综合考虑保护距离、电涌保护器连接导线长度、被保护设备耐冲击电压额定值 U_w 等因素。各级电涌保护器应能承受在安装点上预计的放电电流,其有效保护水平 $U_{p/f}$ 应小于相应类别设备的 U_w。

①有效保护水平的确定

1)对限压型电涌保护器:

$$U_{p/f}=U_p+\Delta U \tag{9.16}$$

2)对电压开关型电涌保护器,应取下列公式中的较大者:

$$U_{p/f}=U_p \text{ 或 } U_{p/f}=\Delta U \tag{9.17}$$

式中:$U_{p/f}$为电涌保护器的有效电压保护水平,kV;U_p为电涌保护器的电压保护水平,kV;ΔU为电涌保护器两端引线的感应电压降,即$L\times(di/dt)$,户外线路进入建筑物处可按1kV/m计算,在其后的可按$\Delta U=0.2U_p$计算,仅是感应电涌时可略去不计。

3)为取得较小的电涌保护器有效电压保护水平,应选用有较小电压保护水平值的电涌保护器,并应采用合理的接线,同时应缩短连接电涌保护器的导体长度。

②确定从户外沿线路引入雷击电涌时,电涌保护器的有效电压保护水平值的选取应符合下列规定:

1)当被保护设备距电涌保护器的距离沿线路的长度小于或等于5m时,或在线路有屏蔽并两端等电位连接下沿线路的长度小于或等于10m时,应按下式计算:

$$U_{p/f}\leqslant U_w \tag{9.18}$$

式中:U_w为被保护设备的设备绝缘耐冲击电压额定值,kV。

2)当被保护设备距电涌保护器的距离,沿线路的长度大于10m时,应按下式计算:

$$U_{p/f}\leqslant\frac{U_w-U_i}{2} \tag{9.19}$$

式中:U_i为雷击建筑物附近,电涌保护器与被保护设备之间电路环路的感应过电压,kV。

3)对本条第2款,当建筑物或房间有空间屏蔽和线路有屏蔽或仅线路有屏蔽并两端等电位连接时,可不考虑电涌保护器与被保护设备之间电路环路的感应过电压,但应按下式计算:

$$U_{p/f}\leqslant\frac{U_w}{2} \tag{9.20}$$

4)当被保护的电子设备或系统要求按现行国家标准《GB/T 17626.5—2019 电磁兼容 试验和测量技术 浪涌(冲击)抗扰度试验》确定的冲击电涌电压小于U_w时,式(9.18)、式(9.20)中的U_w应用前者代入。

(6)LPZ0和LPZ1界面处每条电源线路的电涌保护器的冲击电流I_{imp},当采用非屏蔽线缆时按公式(8.15)估算确定;采用屏蔽线缆时按公式(8.16)估算确定;当无法计算确定时应取I_{imp}大于或等于12.5kA。

(7)在确定电源系统雷电防护等级后,用于电源线路的电涌保护器的冲击电流和标称放电电流参数推荐宜符合表9.17的规定,TN,TT,IT系统的安装示例见图9.28—图9.31。

表 9.17　电源线路电涌保护器冲击电流和标称放电电流参数推荐值

雷电保护分级	总配电箱		分配电箱	设备机房配电箱和需要特殊保护的电子信息设备端口处	
	LPZ0 区与 LPZ1 边界		LPZ1 区与 LPZ2 边界	后续防护区的边界	
	10/350μs Ⅰ类试验	8/20μs Ⅱ类试验	8/20μs Ⅱ类试验	8/20μs Ⅱ类试验	1.2/50μs 和 8/20μs 复合波Ⅲ类试验
	I_{imp}(kA)	I_{in}(kA)	I_{in}(kA)	I_{in}(kA)	U_{oc}(kV)I_{sc}(kA)
A 级	≥20	≥80	≥40	≥5	≥10/≥5
B 级	≥15	≥60	≥30	≥5	≥10/≥5
C 级	≥12.5	≥50	≥20	≥3	≥6/≥3
D 级	≥12.5	≥50	≥10	≥3	≥6/≥3

注:SPD 分级应根据保护距离,SPD 连接导线长度、被保护设备耐冲击电压额定值 U_w 等因素确定。

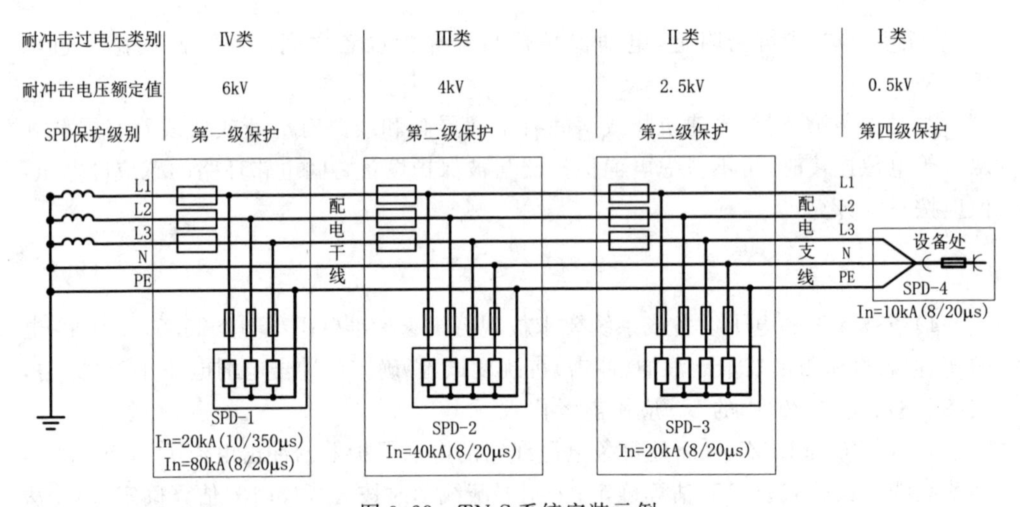

图 9.28　TN-S 系统安装示例

(8)电源线路电涌保护器在各个位置安装时,电涌保护器的连接导线应短直,其总长度不宜大于 0.5m。有效保护水平 $U_{P/f}$ 应小于等于耐冲击电压额定值 U_w(图 9.32)。

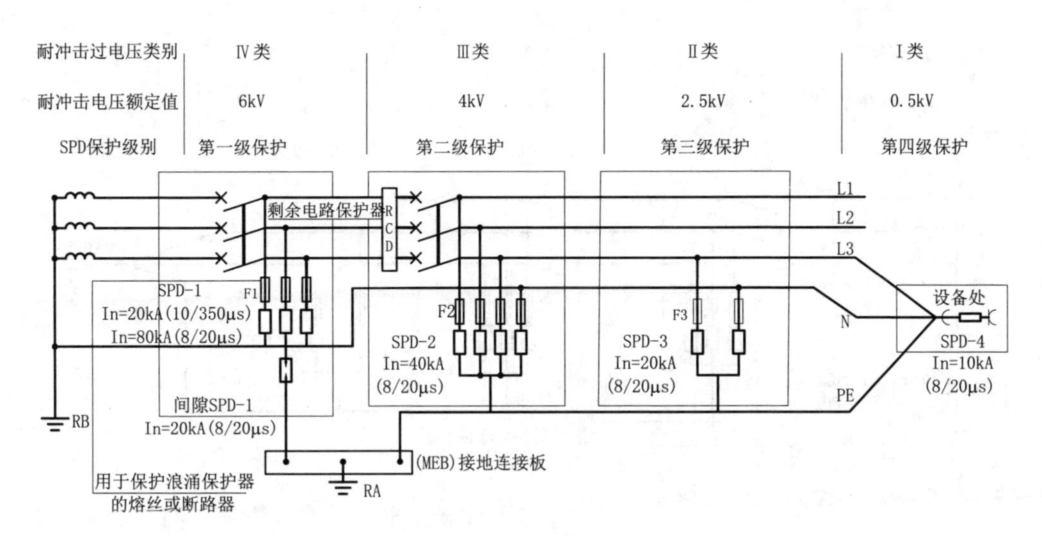

图 9.29 TN-C-S系统安装示例

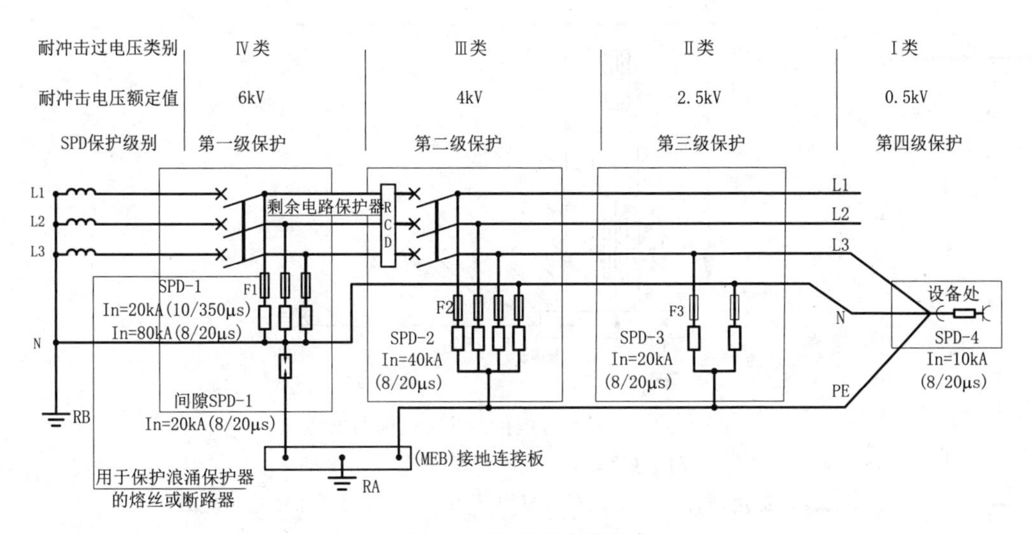

图 9.30 TT系统安装示例

(9)电源线路电涌保护器安装位置与被保护设备间的线路长度大于10m且有效保护水平大于$U_w/2$时,应按公式(9.21)和公式(9.22)估算振荡保护距离L_{PO};当建筑物位于多雷区或强雷区且没有线路屏蔽措施时,应按公式(9.23)和公式(9.24)估算感应保护距离L_{Pi}。

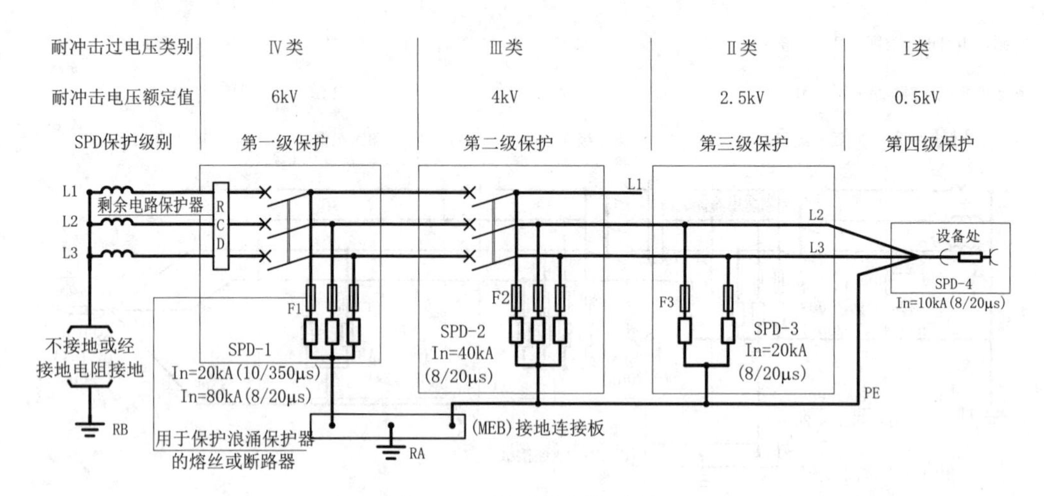

图 9.31　IT 系统安装示例

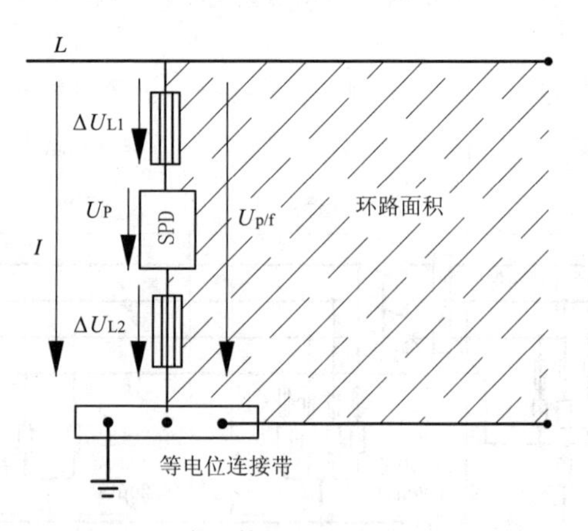

图 9.32　相线与等电位连接带之间的电压

I:局部雷电流;$U_{p/f}=U_p+\Delta U$:有效保护水平;

U_p:SPD 的电压保护水平;$\Delta U=\Delta U_{L1}+\Delta U_{L2}$:连接导线上的感应电压

$$L_{PO}=(U_w-U_{P/f})/k(\mathrm{m}) \tag{9.21}$$

$$k=25(\mathrm{V/m}) \tag{9.22}$$

$$L_{Pi}=(U_w-U_{P/f})/h(\mathrm{m}) \tag{9.23}$$

$$h=3000\times K_{s1}\times K_{s2}\times K_{s3}(\mathrm{V/m}) \tag{9.24}$$

式中:U_w 为设备耐冲击电压额定值;$U_{P/f}$为有效保护水平,即连接导线的感应电压降与电涌保护器的 U_P 之和;$K_{s1}\times K_{s2}\times K_{s3}$为屏蔽效能因子。

(10)入户处第一级电源电涌保护器与被保护设备间的线路长度大于 L_{PO} 或 L_{Pi}

值时，应在配电线路的分配电箱处或在被保护设备处增设电涌保护器。当分配电箱处电源电涌保护器与被保护设备间的线路长度大于 L_{PO} 或 L_{Pi} 值时，应在被保护设备处增设电涌保护器。被保护的电子信息设备处增设电涌保护器时，U_P 应小于设备耐冲击电压额定值 U_w，宜留有 20% 裕量。在一条线路上设置多级电涌保护器时应考虑他们之间的能量协调配合。

9.4.5 信号线路 SPD 的选择

(1)电子信息系统信号线路电涌保护器应根据线路的工作频率、传输速率、传输带宽、工作电压、接口形式和特性阻抗等参数，选择插入损耗小、分布电容小、并与纵向平衡、近端串扰指标适配的电涌保护器。U_C 应大于线路上的最大工作电压 1.2 倍，U_P 应低于被保护设备的耐冲击电压额定值 U_w。

(2)电子信息系统信号线路电涌保护器宜设置在雷电防护区界面处(图 9.33)。根据雷电过电压、过电流幅值和设备端口耐冲击电压额定值，可设单级电涌保护器，也可设能力配合的多级电涌保护器。

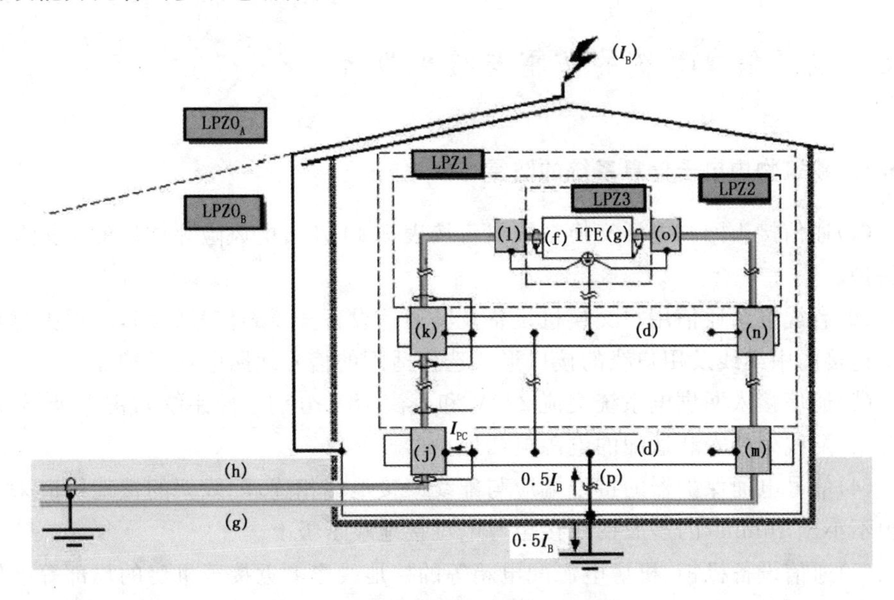

图 9.33 信号线路电涌保护器的设置

(d)雷电防护区边界的等电位连接端子板；(m,n,o)符合Ⅰ、Ⅱ或Ⅲ类试验要的电源电涌保护器；(f)信号接口；(p)接地线；(g)电源接口；(h)信号线路或网络；(j,k,l)不同防雷区边界的信号线路电涌保护器；I_{PC}：部分雷电流；I_B：直击雷电流；LPZ：雷电防护区。

(3)信号线缆电涌保护器的参数宜符合表 9.18 的规定。

表 9.18　信号线缆电涌保护器的参数推荐值

雷电防护区		LPZ0/1	LPZ1/2	LPZ2/3
电涌范围	10/350μs	0.5～2.5kA	—	—
	1.2/50μs 8/20μs	—	0.5～10kA 0.25～5kA	0.5～1kA 0.25～0.5kA
	10/700μs 5/300μs	4kA 100A	0.5～4kA 25～5kA	—
电涌保护器的要求	SPD(j)	D_1、B_2	—	—
	SPD(k)	—	C_2，B_2	—
	SPD(l)	—	—	C_1

注：1. SPD(j，k，l)见图 9.33；

2. 浪涌范围为最小的耐受要求，可能设备本身具备 LPZ2/3 栏标注的耐受能力；

3. B_2，C_1，C_2，D_1 等是本规范附录 E 规定的信号线缆电涌保护器冲击试验类型。

9.5　电子信息系统的防雷与接地设计

9.5.1　建筑物内电子信息系统的防雷与接地

（1）通信接入网和电话交换系统机房按表 7.14 及雷电风险评估后的防护等级进行保护。

（2）有线电话通信用户交换机设备及其通信设备金属芯信号线路，应根据总配线架所连接的中继线及用户线的接口形式选择适配的信号线路电涌保护器。

（3）通信接入网供电系统交流 220V 和直流 48V 分别按照系统防雷等级，分别在配电箱、配线架处安装适配的电源电涌保护器。

（4）信号电涌保护器的接地端应与配线架接地端相连，配线架的接地线应采用截面积不小于 $16mm^2$ 的多股铜线接至等电位接地端子板上。

（5）通信设备机柜、机房电源配电箱等的接地线应就近接至机房的局部等电位接地端子板上；在通信机房总体规划时，总配线架宜安装在一楼进线室附近，总配线架必须就近接地（从地网、建筑物预留的接地端子或从接地汇集线上引入），接地引入线应从地网两个方向就近分别引入。

（6）引入建筑物的室外铜缆宜穿钢管敷设，钢管两端应接地，引入建筑物的光缆或电缆，应在进入室内时将金属铠装外护层一端与室内等电位端子板连接。

（7）机房内的局部等电位端子板与共用接地系统连接。

9.5.2　信息网络系统的防雷与接地

(1)信息网络系统机房按表 7.14 及雷电风险评估后的防护等级进行保护。

(2)信息网络系统的防雷与接地,应以中心机房网络设备为主要保护对象。实施屏蔽、综合布线、等电位连接、共用接地系统,并设置防雷电电磁脉冲适配的 SPD。

(3)进、出建筑物的传输线路上,在 $LPZ0_A$ 或 $LPZ0_B$ 与 LPZ1 的边界处应设置适配的信号线路电涌保护器。被保护设备的端口处宜设置适配的信号电涌保护器。网络交换机、集线器、光电端机的配电箱内,应加装电压电涌保护器。计算机网络中的各类通信接口、计算机主机、服务器、网络交换机、路由器、中继器各类集线器、调制解调器、各类配线柜等设备的输入/输出端口处,装设适配的计算机信号 SPD。

(4)入户处电涌保护器的接地线应就近接至等电位接地端子板;设备处信号电涌保护器的接地线宜采用截面积不小于 $1.5mm^2$ 的多股铜导线连接到机架或机房等电位连接网络上。计算机网络的安全保护接地、信号工作地、屏蔽接地、防静电接地和电涌保护器的接地等均应与局部等电位连接网络连接,并与共用接地系统连接,其共用接地装置的接地电阻按最小值确定。

(5)当多个电子计算机系统共用一组接地装置时,各电子计算机系统应分别采用 M 型或 Mm 组合型等电位接地网络连接。

(6)各类网络设备的信号线路端口配置计算机信号 SPD 的具体情况主要有如下八类:

①进入室内与计算机网络连接的信号线路端口应装设适配的 SPD。

②数字数据网(DDN)的外引数据线路端口及与公众电话交换网(PSTN)相连的端口应装设信号线路 SPD。

③网络系统中各类集线器(HUB)的输入/输出端口应分别装设数据线路 SPD;当终端设备与集线器之间的距离超过 30m 时,重要终端设备的信息插座内也应加装一个 SPD。

④网络系统中各类调制解调器(Modern)的输入/输出端口应分别装设数据线路 SPD。

⑤网络系统中路由器的输出端应装设 SPD。

⑥网络多路中继器的每路输入/输出端口,应分别装设一个数据信号 SPD。

⑦网络系统使用含有金属部件的光缆时,应在光缆的终端将金属部件直接或通过开关型 SPD 连接到等电位连接带上。

⑧对综合业务数据网(SDN)网络交换设备的输入/输出端应分别装设一个适配的数据信号 SPD。

(7)计算机网络数据信号线路 SPD 应根据被保护设备的工作电压、接口形式、特性阻抗、信号传输速率、频带宽度及传输介质等参数选用插入损耗小、限制电压不超过设备端口耐压的 SPD。

9.5.3 安全防范系统的防雷与接地

(1)安防系统机房按表 7.14 及雷电风险评估后的防护等级进行保护。

(2)置于户外的摄像机的输出视频接口应设置视频信号线路电涌保护器。摄像机控制信号线接口处(如 RS485、RS424 等)应设置信号线路电涌保护器,解码箱处供电线路应设置线路电涌保护器(图 9.34)。

(3)主控机、分控机的信号控制线、通信线、各监控器的报警信号线,宜在线路进出建筑物 $LPZ0_A$ 或 $LPZO_B$ 与 LPZ1 边界处设置适配的线路电涌保护器。

(4)系统视频、控制信号线路及供电线路的电涌保护器,应分别根据视频信号线路、解码控制信号线路及摄像机供电线路的性能参数来选择,信号电涌保护器应满足设备传输速率、带宽要求,并与被保护设备接口兼容。电涌保护器具体要求如下:

①视频信号线路应根据摄像头连接形式、线路特性阻抗、工作电压等参数选择插入损耗小、驻波比小的 SPD;

②编、解码器控制信号线路应根据编、解码器连接形式、线路特性阻抗、工作电压等参数选择插入损耗小,回波损耗大的 SPD;

③对集中供电的电源线路应根据摄像头工作电压选择适配的 SPD;

④在摄像头视频信号输出端和控制室视频切换器输入端应分别安装视频信号线路 SPD;

⑤在摄像头侧解码控制信号输入端和微机控制室信号输出端应分别安装控制信号 SPD;

⑥在摄像头侧供电线路输入端应安装一个电源 SPD;

⑦摄像头侧 SPD 的接地端可连接到云台金属外壳的保护接地线上,再从云台金属外壳保护接地端连接至摄像头支撑杆地网上;微机控制室一侧的工作机房应设局部等电位连接端子板,各个 SPD 的接地端应分别连接到机房接地端子板上,再从端子板引至共用地网。

(5)系统的户外的交流供电线路、视频信号线路、控制信号线路应有金属屏蔽层并穿钢管埋地敷设,屏蔽层及钢管两端应接地。视频信号线屏蔽层应单端接地,钢管应两端接地。信号线与供电线路应分开敷设。

(6)系统的接地应宜采用共用接地。主机房应设置等电位连接网络,系统接地干线宜采用多股铜芯绝缘导线,其截面积应符合表 9.1 的规定。

(7)工作机房所有设备的金属外壳、金属机架和构件,均应与机房接地端子板或共用接地网连接(图 9.35)。安防系统的接地应采用共用接地系统,共用接地装置的 $R \leqslant 1\Omega$,直接接至机房内的等电位连接端子板或本楼层竖井内的接地端子板。

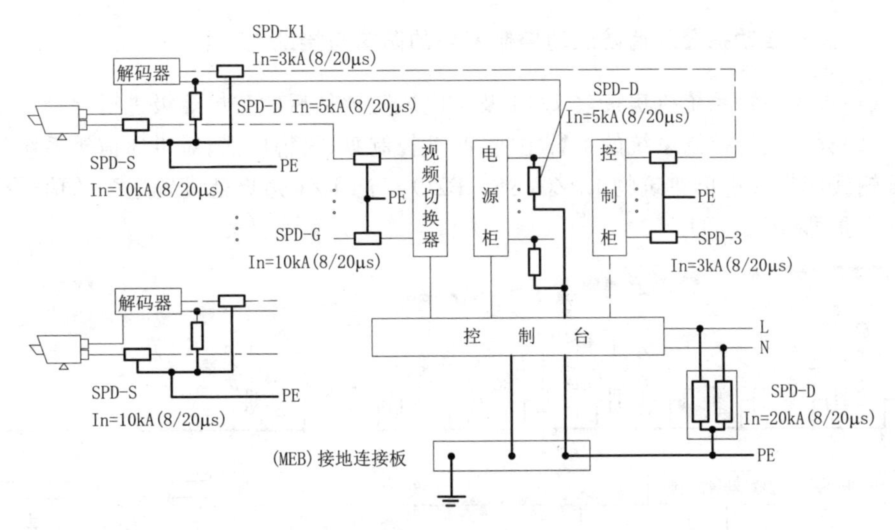

图 9.34　视频监控系统 SPD 设置示意图

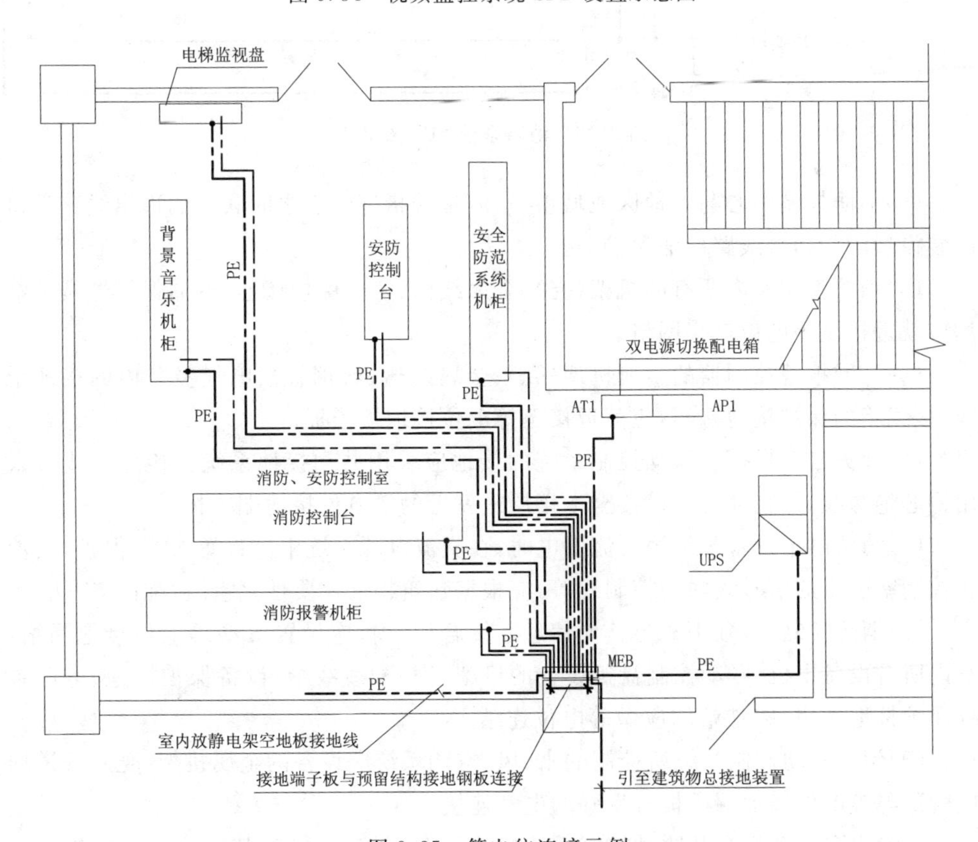

图 9.35　等电位连接示例

9.5.4 火灾自动报警及消防联动控制系统的防雷与接地

(1)火灾报警系统机房按表7.14及雷电风险评估后的防护等级进行保护。

(2)火灾报警控制系统的报警主机、联动控制盘、火警广播、对讲通信等系统的信号传输线缆宜在进出建筑物 $LPZ0_A$ 或 $LPZO_B$ 与LPZ1边界处设置适配的信号线路电涌保护器(图9.36)。

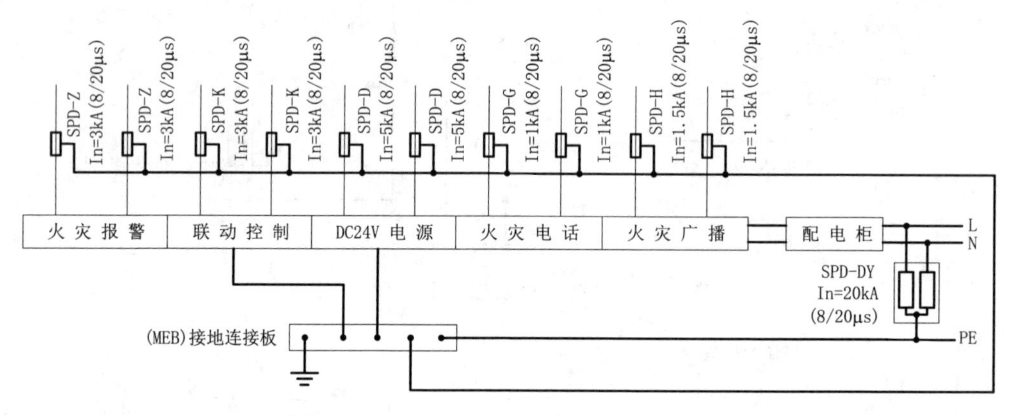

图9.36　消防系统SPD安装图

(3)消防控制中心与本地区或城市"119"报警指挥中心之间联网的进出线路端口应装设适配的信号线路电涌保护器。

(4)消防控制室内所有的机架(壳)、金属线槽、安全保护接地、电涌保护器接地端均应就近接至等电位连接网络。

(5)区域报警控制器的金属机架(壳)、金属线槽(或钢管)、电气竖井内的接地干线、接线箱的保护接地端等,应就近接至等电位接地端子板。

(6)火灾自动报警及联动控制系统的接地应采用共用接地系统。接地干线应采用铜芯绝缘线,并宜穿管敷设接至本楼层或就近的等电位接地端子板。

(7)消防电子设备凡采用交流供电时,在交流电源系统中应设置SPD保护,由消防控制室引出的信号线联动控制线等,应根据建筑物的重要性,装设适配的SPD。

(8)消防控制室(独用或与其他信息系统合用)内,应设置S型等电位接地网络,室内所有设备主机、联动控制盘等设备的机架(壳)配线线槽、设备保护接地、电源系统保护接地、SPD接地端均应做等电位连结。

(9)消防联动控制系统所控制的水、风、空调系统等设备的金属机架(壳)、管道均应就近与等电位接地端子板有良好的电气连接。

(10)火灾自动报警及联动控制系统应采用共用接地系统,其接地装置的接地电阻值不应大于 1Ω。采用专用接地装置时，其接地电阻值不应大于 4Ω。由 S 型网络的基准点(ERP)处，采用专用接地干线，其线芯截面应符合表 9.1 的规定。绝缘线，应穿硬质塑料管埋设接至本层(或就近)的等电位接地端子板。

9.5.5 建筑设备管理系统的防雷与接地

(1)建筑设备管理系统按表 7.14 及雷电风险评估后的防护等级进行保护。

(2)由建筑物外引人(出)中控室内的信号电缆、电源线、控制线网络总线等，应在 $LPZ0_A$ 或 $LPZO_B$ 区与 LPZ1 区的防雷分区界面处装设相适配的信号电涌保护器及电源电涌保护器。

(3)系统中央控制室宜在机柜附近设等电位连接网络。室内所有设备金属机架(壳)、金属线槽、保护接地和电涌保护器的接地端等均应做等电位连接并接地。

(4)系统的接地应采用共用接地，其接地干线应采用铜芯绝缘导线穿管敷设，并就近接至等电位接地端子板，其截面积应符合表 9.1 的规定。

(5)当 BAS 系统的中央控制与消防报警系统、公共广播系统、闭路监控系统、BAS 系统等设置在一个总控制中心时，中心内部应做适当分隔。即对控制中心内的各个系统设置各自的 S 型等电位连接网络。若机房内设有与建筑物结构钢筋相连接的等电位接地端子板时，BAS 系统和其他信息系统的接地干线，可直接由各基准点(ERP)处引至等电位接地端子板。若只有机房所在楼层电气竖井间内才设有等电位连接端子板时，应将各系统的接地干线接至设在合用机房内的等电位连接用网络母排。再由等电位母排用总接地干线接至就近楼层电气竖井间内的等电位接地端子板。

(6)BAS 系统中央控制室(独用或与其他信息系统合用)内，应敷设有 S 型等电位连接网络。在控制机房内设置等电位接地端子板，系统所有设备机架(壳)、走线架(或线槽)、设备保护接地、现场终端设备保护接地、电源系统保护接地、SPD 的接地端等均应作等电位连接。

(7)BAS 系统的网络总线应按计算机网络系统的设计要求，配置信号系统的 SPD，各信号 SPD 的接地端应就近接至各现场分站的等电位连接端子板。

(8)BAS 系统各种信号传输线缆的敷设要求，与 9.3 节要求相同。

(9)现场智能控制器到各类被控设备的线缆金属外护套(或穿线钢管)，应同被控设备的金属架(壳)，一起接至就近的等电位连接端子板。

(10)BAS 系统的接地系统应采用共用接地系统，其接地装置的接地电阻应不大于 1Ω，由 S 型网络的基准点(ERP)处，采用专用接地干线，其线芯截面不应小于 $16mm^2$ 的铜芯绝缘线。若另设置专用接地体时，接地电阻应不大于 4Ω，且与其他接地体的距离不应小于 15m。

(11)当中控室设有屏蔽笼(层)时,屏蔽设施的接地端应采用接地线与等电位连接端子板相连接,当中控室设有防静电架空地板时,防静电地板支架应接地。

9.5.6 有线电视、广播系统的防雷与接地

(1)有线电视、广播系统的规模分类,按国家相关标准分为大型、大中型、中型、小型四类,雷电防护分级时应对应参照表 7.14 及雷电风险评估后的防护等级进行保护。

(2)进、出有线电视系统前端机房的金属芯信号传输线宜在入、出口处安装适配的电涌保护器。

(3)有线电视网络前端机房内应设置局部等电位接地端子板,并采用截面积不小于 $25mm^2$ 的铜芯导线与楼层接地端子板相连。机房内电子设备的金属外壳、线缆金属屏蔽层、电涌保护器的接地以及 PE 线都应接至局部等电位接地端子板上。

(4)有线电视信号传输线路宜根据其干线放大器的工作频率范围、接口形式以及是否需要供电电源等要求,选用电压驻波比和插入损耗小的适配的电涌保护器。地处多雷区、强雷区的用户端终端放大器应设置电涌保护器。

(5)有线电视信号传输网络的光缆、同轴电缆的承重钢绞线在建筑物入户处应进行等电位连接并接地。光缆内的金属加强芯及金属护层均应良好接地。

(6)有线电视系统的接收天线(包括各类竖杆天线、微波卫星天线等)装置,不论装设在建筑物屋顶上,还是装设在地面铁塔上,天线装置均应在所装设的避雷针的保护范围内,避雷针和天线竖杆均应可靠接地。

(7)出入建筑物的有线电视信号传输线(同轴电缆或光缆),均按各规定装设 SPD 电涌保护器。

(8)有线电视系统的防雷系统应采用共用接地系统,共用接地装置的接地电阻 $R \leqslant 1\Omega$,在前端设备机房内,应设置专用接地端子板,采用单点接地方式应采用铜芯绝缘线($16mm^2$)穿管保护,就近接至等电位接地端子板。

(9)有线电视(CATV)信号传输线路,应根据传输线路干线放大器的工作频率范围、接口形式以及是否需要信号线路供电等条件,选用电压驻波比和插入损耗小的适配的 SPD,有线电视(CATV)信号传输线路的防雷与接地应按如下方法实施:

①CATV 系统中放大器的输入、输出端应安装适配的干线放大器 SPD。

②系统设备机房内各 SPD 的接地端应按 9.3 节的要求处理;室外的 SPD 接地端可连接至信号电缆吊线的钢纹绳上。若吊线分段敷设时,在分段处应采用截面积大于 $10mm^2$ 的多股铜线将前、后段吊线连接起来,接头处应作防腐处理。吊线两端均应接地,接地电阻 $R \leqslant 4\Omega$。

(10)扩声系统的信号传输线,应采用屏蔽(或非屏蔽)平衡式电缆线,其前端声源设有天线信号输入时,应在前端每路输入信号线上装设(串接式)SPD。对 A,B 类信

息系统，每路出线信号线上应装设 SPD，对屏蔽电缆应作好接地处理。

(11)有线广播系统的信号传输线，应采用双绞线穿钢管暗设，在每路输出信号线上应装设 SPD，钢管应作好保护接地。

(12)有线广播及扩声系统的工作接地系统，应采用单点接地系统，广播系统接地应以专用线与建筑物共用接地端子板相连，专用导线应采用铜芯 16mm² 绝缘线。系统应采用共用接地系统，接地电阻值 $R \leqslant 1\Omega$。

(13)广播机房、扩声控制室内，均应设置保护接地和工作接地系统。

9.5.7　移动通信基站的防雷与接地

通信基站包括移动通信(GSM，CDMA)基站、800MHz 集群通信基站、数字微波通信站、雷达站及其他无线通信站。

9.5.7.1　通信基站基本防雷接地措施

(1)通信基站的雷电防护分级，应符合表 7.14 及雷电风险评估后采取防护措施。

(2)基站的天线应设置于直击雷防护区($LPZ0_B$)内。

(3)基站天馈线应从铁塔中心部位引下，同轴电缆在其上部、下部和经走线桥架进入机房前，屏蔽层应就近接地。当铁塔高度大于或等于 60m 时，同轴电缆金属屏蔽层还应在铁塔中部增加一处接地。

(4)机房天馈线入户处应设室外接地端子板作为馈线和走线桥架入户处的接地点，室外接地端子板应直接与地网连接。馈线入户下端接地点不应接在室内设备接地端子板上，亦不应接在铁塔一角上或接闪带上。

(5)当采用光缆传输信号时，金属接头、金属护层、金属挡潮层、金属加强芯等直接在进户处接地。

(6)移动基站的地网应由机房地网、铁塔地网和变压器地网相互连接组成。机房地网由机房建筑基础和周围环形接地体组成，环形接地体应与机房建筑物四角主钢筋焊接连通。

(7)进出通信基站的信号电缆应由地下进出基站，信号电缆应在入户处加装(串接式)SPD 信号避雷器，SPD 和电缆内的空线对均应作保护接地，站区内严禁布放架空缆线。信号电缆应采用有金属护套的电缆或光缆，以防雷击。对于机房内的信号电缆，可根据需要在设备接口处安装合适的 SPD。

(8)基站的低压供电线路应埋地引入机房，埋地长度不应小于 50m。电源进线应安装 SPD。

(9)基站机房及天线塔顶部的旗杆、广告牌、彩灯、航空障碍灯的供电电源线应使用屏蔽电缆(或电缆穿钢管屏蔽)，其两端应做等电位连接，供电线路应安装 SPD 进行保护。

(10)微波、移动通信、无线寻呼设备的保护地线系统直接连到接地线总汇流排，并严禁与其他各保护地或工作地系统连接。

9.5.7.2 通信基站内地线汇流排的防雷与接地

(1)地线总汇流排(MGB)应安装在通信大楼的电力室内，挂墙安装并与墙面绝缘。距离地面 300mm 左右为宜。楼内所有地线、分汇流排均汇接到此总地排。

(2)地线总汇流排应通过接地引入线就近与地网连接，接地引入线应采用不小于 5mm×5mm 镀锌扁钢或截面积不小于 150mm^2 的多股铜导线。引入点尽量远离接闪器的下地点，特别是作为主引下线的柱子。

(3)地线总汇流排的大小和螺栓孔的数目应根据局内主要机房、设备的数目而定，一般不小于 800mm×80mm 的铜排，铜排的厚度不应小于 10mm。

(4)所有接地线与总汇流排连接时，均要用铜线饵、铜螺栓用弹簧垫片紧固，严禁接地线用螺栓固定在总汇流排上。一个铜螺栓只能接一根地线。

(5)所有主要机房均设置地线分汇流排，用不小于 95mm^2 的多股铜导线连接到总汇流排。

(6)除了各保护地线分汇流排、直流电源整流器正极、交流配电屏保护地线排外，其他地线均应通过自己的分汇流排再连接到地线总汇流排。

(7)所有地线分汇流排到地线总汇流排的接地线在总汇流排端均应作明显标志，以方便日后维护。

(8)48V 直流电源整流器正极必须用不小于 95mm^2 的多股铜导线与总汇流排直接相连。

(9)如果有多套 48V 直流电源整流器，则应设一直流正极地分汇流排，各直流电源整流器的正极先连接到该地分汇流排，再由该分汇流排连接到地线总汇流排。

(10)各通信设备直流电源正极严禁与保护地线相连，即严格保证工作地线单点接地。

(11)其他电压的直流电源整流器的接地参照第(8)条直流电源执行。

(12)机房内各交换、传输设备的保护地用不小于 95mm^2 多股铜导线连接到地线总汇流排，或用于不小 50mm^2 多股铜导线连接到该机房的地线分汇流排，分汇流排用不小于 95mm^2 多股铜导线就近连接到地线总汇流排。

9.5.7.3 微波机房的防雷接地

(1)微波机房内用截面积不小于 40mm×4mm 扁铜排作一保护地线分汇排，此分汇流排用不小于 95mm^2 多股铜导线直接连接至地线总汇流排。

(2)微波机房内所有设备(特别是发射接收机)的保护地均用不小于 50mm^2 多股铜导线就近连接到保护地线分汇流排。

(3)进入微波机房的波导管线或其他馈线的外导体应在入口处就近连接至保护地线分汇流排。

(4)微波用波导、移动用同轴电缆及其他无线通信缆线(如寻呼用同轴电缆等)的外导体在楼顶应与铁塔或其他避雷地线连接,在进机房前必须接地。

(5)除微波机房设备的保护地线和进入机房的波导管或其他馈线的外导体应与该保护地线分汇流排连接外,其他一切地线严禁与该分汇流排相连。

(6)微波机房所有设备的工作电源由直流电源整流器直接引出,电源工作地严禁与保护地相连。

9.5.7.4　移动机房的防雷接地

(1)移动机房内用截面积不小于 40mm×4mm 扁铜排作一保护地线分汇流排,此分汇流排用不小于 95mm^2 多股铜导线直接连接至地线总汇流排。

(2)移动机房所有设备的保护地线均用不小于 50mm^2 多股铜导线就近连接到保护地线分汇流排。

(3)进入移动机房的所有天线馈线的外导体应在入口处就近连接至地线分汇流排。

9.5.7.5　总配线架的接地

(1)总配线架(MDF)的保护地线汇流排用不小于 95mm^2 多股铜导线直接连接至地线汇流排。

(2)MDF 的保护地线汇流排用不小于 30mm×3mm 的铜排,也可以直接用 MDF 金属支架作为汇流排,此时应注意保证线排与机架接触的可靠性。

(3)所有用户线均应在 MDF 上通过信号 SPD 装置后,再与通信设备相连。信号 SPD 装置的地线应可靠地连接到 MDF 地线汇流排。

9.5.7.6　通信基站的接地系统

通信基站的接地系统应按均压、等电位连接的原理,将站内各种接地网,如机房接地网铁塔接地网、变压器地网和建筑基础地网等组合成联合共用接地系统。

(1)铁塔地网:铁塔基础内的钢筋可作为其接地装置,同时在铁塔基础四角外 1.5m 的范围内,应设置网格尺寸不大于 3m×3m 的封闭式地网,当铁塔位于机房屋顶时,铁塔四角应与机房楼顶避雷带就近不少于 2 处接焊接相连通,同时应在机房地网四角设置辐射式接地体,延伸接地体的长度应限制在 10～30m 以内,以利于雷电流泄放。

(2)机房接地网:应沿机房建筑物散水线外设置环形接地体,同时应充分利用机房建筑物基础(桩基、条基、板箱式基础)的钢筋与环形地网可靠连通。

(3)基站联合地网的接地电阻应不大于 4～5Ω,对于雷电日小于 20d/a 的少雷区,接地电阻不大于 10Ω。

(4)在沿海盐碱蚀性较强或大地土的电阻率较高的地区,难以达到规定的接地电阻值时,接地体宜采用其他新型接地体。接地体及铁塔、接地网之间应采用多股裸铜线相连接并应采用放热式熔接方式相连接。

(5)微波站无源中继站和直放中继站的接地电阻不应大于20Ω。

(6)联合接地网通过接地引入线与各机房接地干线网(汇集排)、工作地、保护地在此汇集。接地引入线的截面积:当采用铜材时,截面为35～95mm^2;当采用钢材时,截面为40mm×4mm镀锌扁钢,接地引入线不应少于两根。从地网中心部就近的两侧引入与机房内接地汇集排连通,接地引入线长度不宜超过30m,如联合地网未在地下连通时,则各地网应分别用接地引入线引至总汇集排。

(7)在基站的每个机房内,应设环形接地干线网或接地排。接地干线可敷设在防静电活动地板下面,也可安装在墙面或地沟内。室内接地干线网按M型网络设置。

(8)对于建立在高山的通信基站,为了预防来自四周的飘雷(或滚地雷)入侵,宜采用防雷保护收集网措施加以保护。

(9)建立在高山的微波站、无线通信台站及雷达站等,由于所处地势高,又增加了天线铁塔的高度,不仅常常遭遇来自上空的雷击,而且还可能遭遇来自通信台站机房及天线铁塔侧四周的侧击雷(或滚地雷)的侵袭,造成人员伤亡和设备损坏。因此,可采取沿地面周边架设防雷保护收集网(lightning protection collector)加以保护。用∅450mm、长3m的钢管沿台站地面周边每间隔3m竖直安装一根顶端分叉的金属杆其根部埋入地下0.5m,金属杆的上、下部用25mm×4mm镀锌扁钢逐根焊接连通,再从LPC网埋地钢带的四个方向与台站接地网作等电位连接。

9.5.8 卫星通信系统防雷与接地

(1)在卫星通信系统的接地装置设计中,应将卫星天线基础接地体、电力变压器接地装置及站内各建筑物接地装置互相连通组成共用接地装置。

(2)设备通信和信号端口设置电涌保护器,并采用等电位连接和电磁屏蔽措施,必要时可改用光纤连接。站外引入的信号电缆屏蔽层应在入户处接地。

(3)卫星天线的波导管应在天线架和机房入口外侧接地。

(4)卫星天线伺服系统的控制线及电源线,应采用屏蔽电缆,屏蔽层应在天线处和机房入口外接地,并应设置适配的电涌保护器。

(5)卫星通信天线应设置防直击雷的接闪装置,使天线处于$LPZ0_B$防护区内。

(6)当卫星通信系统具有双向(收/发)通信功能且天线架设在高层建筑物的屋面时,天线架应通过专引接地线(截面积大于或等于25mm^{2}绝缘铜芯导线)与卫星通信机房等电位接地端子板连接,不应与接闪器直接连接。

(7)天馈线路SPD串接于天馈线与被保护设备之间,应安装在机房内设备附近或机架上，也可以直接连接在设备馈线接口上。

(8)应根据被保护设备的工作频率、平均输出功率、连接器形式及特性阻抗等参数选用插入损耗小，电压驻波比小，适配的天馈线电涌保护器。

(9)天馈线路电涌保护器应安装在收/发通信设备的射频出/入端口处。其参数应符合表9.19规定。

表9.19 天馈线路电涌保护器的主要技术参数推荐表

工作频率(MHz)	传输功率(W)	电压驻波比	插入损耗(dB)	接口方式	特性阻抗(Ω)	U_C(V)	I_{imp}(kA)	U_P(V)
1.5～6000	≥1.5倍系统平均功率	≤1.3	≤0.3	应满足系统接口要求	50/70	大于线路上最大运行电压	≥2kA或按用户要求确定	小于设备端口U_W

(10)具有多副天线的天馈传输系统，每副天线应安装适配的天馈线路电涌保护器。当天馈线路传输系统采用波导管传输时，波导管的金属外壁应与天线架、波导管支撑架及天线反射器电气连通，其接地端应就近接在等电位接地端子板上。

(11)天馈线路电涌保护器接地端应采用能承载预期雷电流的多股绝缘铜导线连接到$LPZ0_A$或$LPZ0_B$与LPZ1边界处的等电位接地端子板上，导线截面积不应小于$6mm^2$。同轴电缆的前后端及进机房前应将金属屏蔽层就近接地。

9.5.9 石化系统信息设备的防雷与接地

石油化工系统因其特殊的生产环境条件，对信息设备的防雷与接地设计有些特殊的要求。由于其防爆防火环境要求很严格，因此还应参照下列国家标准进行设计。

(1)GB 50058—2014 爆炸和火灾危险环境电力装置设计规范；

(2)GB 50074—2014 石油库设计规范；

(3)GB 50160—2008 石油化工企业设计防火规范(2018年版)；

(4)GB 50253—2014 输油管道工程设计规范；

(5)GB 50156—2012 汽车加油加气站设计与施工规范；

(6)GB 50093—2013 自动化仪表工程施工及验收规范。

9.5.9.1 爆炸和火灾危险区域划分

划分爆炸危险区域的意义在于，确定易燃油品设备周围可能存在爆炸性气体混合物的范围，以便要求布置在这一区域内的电气设备具有防爆功能以及使可能出现的明火或火花避开这一区域。将爆炸危险区域划分为不同的等级，是为了对防爆电气提出不同程度的防爆要求(附录A)。

9.5.9.2 石油及石油产品火灾危险分类

对危险品的火灾危险性予以分类，是为了针对危险品火灾危险性的特点，制定相应的安全规定。不同的工程建设标准由于所涉及的危险品不同，对危险品火灾危险性分类也有所不同，下面列举常用的有关国家标准对危险品的火灾危险分类。

(1)国家标准《GB 50074—2014　石油库设计规范》的分类(表 9.20)

表 9.20　石油库储存油品的火灾危险性分类

类别		油品闪点 F_t(℃)	举例
甲		$F_t<28$	汽油
乙	A	$28\leqslant F_t\leqslant 45$	煤油
	B	$45< F_t<60$	轻柴油
丙	A	$60\leqslant F_t\leqslant 120$	柴油
	B	$F_t>120$	润滑油

(2)生产的火灾危险性应根据生产中使用或产生的物质性质及其数量等因素分，可分为甲、乙、丙、丁、戊类，国家标准《GB 50016—2014　建筑设计防火规范》(2018年版)的分类见表 9.21 和表 9.22。

表 9.21　储存物品的火灾危险性分类

储存物品类别	火灾危险性的特征
甲	1. 闪点 $F_t<28$℃的液体 2. 爆炸下限<10%的气体，以及受到水或空气中水蒸汽的作用，能产生爆炸下限<10%气体的固体物质 3. 常温下能自行分解或在空气中氧化即能导致迅速自燃或爆炸的物质 4. 常温下受到水或空气中水蒸汽的作用能产生可燃气体并引起燃烧或爆炸的物质 5. 遇酸、受热、撞击、摩擦以及遇有机物或硫磺等易燃的无机物，极易引起燃烧或爆炸的强氧化剂 6. 受撞击、摩擦或与氧化剂、有机物接触时能引起燃烧或爆炸的物质
乙	1. 闪点：28℃$\leqslant F_t<$60℃的液体 2. 爆炸下限≥10%的气体 3. 不属于甲类的氧化剂 4. 不属于甲类的化学易燃危险固体 5. 助燃气体 6. 常温下与空气接触能缓慢氧化，积热不散引起自燃的物品
丙	1. 闪点 $F_t\geqslant$60℃的液体 2. 可燃固体
丁	难燃烧物品
戊	非燃烧物品

注：难燃物品、非燃物品的可燃包装重量超过物品本身重量 1/4 时，其火灾危险性应为丙类。

表 9.22　储存物品的火灾危险性分类举例

储存物品类别	举例
甲	1. 已烷、戊烷，石脑油，环戊烷，二硫化碳，苯，甲苯，甲醇，乙醇，乙醚，蚁酸甲酯，醋酸甲酯，硝酸乙酯，汽油，丙酮，丙烯，60 度以上的白酒 2. 乙炔，氢，甲烷，乙烯，丙烯，丁二烯，环氧乙烷，水煤气，硫化氢，氯乙烯，液化石油气，电石，碳化铝 3. 硝化棉，硝化纤维胶片，喷漆棉，火胶棉，赛璐珞棉，黄磷 4. 金属钾，钠，锂，钙，锶，氢化锂，四氢化锂铝，氢化钠 5. 氯酸钾，氯酸钠，过氧化钾，过氧化钠，硝酸铵 6. 赤磷，五硫化磷，三硫化磷
乙	1. 煤油，松节油，丁烯醇，异戊醇，丁醚，醋酸丁酯，硝酸戊酯，乙酰丙酮，环己胺，溶剂油，冰醋酸，樟脑油，蚁酸 2. 氨气，液氯 3. 硝酸铜，铬酸，亚硝酸钾，重铬酸钠，铬酸钾，硝酸，硝酸汞，硝酸钴，发烟硫酸，漂白粉 4. 硫磺，镁粉，铝粉，赛璐珞板（片），樟脑，萘，生松香，硝化纤维漆布，硝化纤维色片 5. 氧气，氟气 6. 漆布及其制品，油布及其制品，油纸及其制品，油绸及其制品
丙	1. 动物油，植物油，沥青，蜡，润滑油，机油，重油，闪点≥60℃的柴油，糖醛，＞50 度至＜60 度的白酒 2. 化学、人造纤维及其织物，纸张，棉，毛，丝，麻及其织物，谷物，面粉，天然橡胶及其制品，竹，木及其制品，中药材，电视机，收录机等电子产品，计算机房已录数据的磁盘储存间，冷库中的鱼、肉间
丁	自熄性塑料及其制品，酚醛泡沫塑料及其制品，水泥刨花板
戊	铝材，玻璃及其制品，瓷制品，陶瓷制品，不燃气体，玻璃棉，岩棉，陶瓷棉，硅酸铝纤棉，石膏及其无纸制品，水泥，石，膨胀珍珠岩

9.5.9.3　*石油设施的防雷设计*

(1)油罐防雷总体要求

①钢油罐必须做防雷接地，接地点不应少于 2 处；

②油罐接地电阻不宜大于 10Ω；

③钢油罐不应装设避雷针，应符合下列规定：

1)装有阻火器的地上卧式油罐的壁厚等于或大于 4mm 时，不应装设避雷针。

2)覆土油罐的罐体以及呼吸阀、量油孔等金属附件，应做电气连接并接地，接地电阻不宜大于 10Ω。

④信息系统应做防雷接地。

(2)爆炸性环境中的接地设计要求

①爆炸性气体环境接地设计应符合下列要求：

1)按有关电力设备接地设计技术规程规定不需要接地的下列部分，在爆炸性气体环境内仍应进行接地。

在不良导电地面处，交流额定电压为380V及以下和直流额定电压为440V及以下电气设备正常不带电的金属外壳；

在干燥环境，交流额定电压为127V及以下，直流电压为110V及以下的电气设备正常不带电的金属外壳；

安装在已接地的金属结构上的电气设备。

2)在爆炸危险环境内，电气设备的金属外壳应可靠接地。爆炸性气体环境1区内的所有电气设备以及爆炸性气体环境2区内除照明灯具以外的其他电气设备，应采用专门的接地线。该接地线若与相线敷设在同一保护管内时，应具有与相线相等的绝缘。此时爆炸性气体环境的金属管线，电缆的金属包皮等，只能作为辅助接地线。

爆炸性气体环境2区内的照明灯具，可利用有可靠电气连接的金属管线系统作为接地线，但不得利用输送易燃物质的管道。

3)接地干线应在爆炸危险区域不同方向不少于两处与接地体连接。

4)电气设备的接地装置与防止直接雷击的独立避雷针的接地装置应分开设置，与装设在建筑物上防止直接雷击的避雷针的接地装置可合并设置；与防雷电感应的接地装置亦可合并设置。接地电阻值应取其中最低值。

②爆炸性粉尘环境接地设计应符合下列要求：

1)按有关电力设备接地设计技术规程，不需要接地的下列部分，在爆炸性粉尘环境内仍应进行接地。

在不良导电地面处，交流额定电压为380V及以下和直流额定电压440V及以下的电气设备正常不带电的金属外壳；

在干燥环境，交流额定电压为127V及以下，直流额定电压为110V及以下的电气设备正常不带电的金属外壳；

安装在已接地的金属结构上的电气设备。

2)爆炸性粉尘环境内电气设备的金属外壳应可靠接地。爆炸性粉尘环境10区内的所有电气设备，应采用专门的接地线，该接地线若与相线敷设在同一保护管内时，应具有与相线相等的绝缘。电缆的金属外皮及金属管线等只作为辅助接地线，爆炸性粉尘环境11区内的所有电气设备，可利用有可靠电气连接的金属管线或金属构件作为接地线，但不得利用输送爆炸危险物质的管道。

3)为了提高接地的可靠性，接地干线宜在爆炸危险区域不同方向且不少于两处与接地体连接。

4)电气设备的接地装置与防止直接雷击的独立避雷针的接地装置应分开设置，与装设在建筑物上防止直接雷击的避雷针的接地装置可合并设置；与防雷电感应的接地装置亦可合并设置。接地电阻值应取其中最低值。

③火灾危险环境接地设计应符合下列要求：

1)在火灾危险环境内的电气设备的金属外壳应可靠接地；

2)接地干线应有不少于两处与接地体连接。

④爆炸危险环境里仪表的接地设计：

用电仪表的外壳、仪表盘、柜、箱、盒和电缆槽、保护管、支架、底座等正常不带电的金属部分，由于绝缘破坏而有可能带危险电压者，均应做保护接地。对于供电电压不高于 36V 的就地仪表、开关等，当设计文件无特殊要求时，可不做保护接地；

仪表及控制系统应做工作接地，工作接地包括信号回路接地和屏蔽接地，以及特殊要求的本质安全电路接地，接地系统的连接方式和接地电阻值应符合设计文件规定；

仪表及控制系统的信号回路接地、屏蔽接地应共用接地装置，各仪表回路只应有一个信号回路接地点，除非使用隔离器将两个接地点之间的直流信号回路隔离开；

信号回路的接地点应在显示仪表侧，当采用接地型热电偶和检测元件作为接地的仪表时，不应再在显示仪表侧接地；

仪表电缆电线的屏蔽层，应在控制室仪表盘柜侧接地，同一回路的屏蔽层应具有可靠的电气连续性，不应悬空或重复接地；

当有防干扰要求时，多芯电缆中的备用芯线应在一点接地，屏蔽电缆的备用芯线与电缆屏蔽层，应在同一侧接地；

仪表盘、柜、箱内各回路的各类接地，应分别由各自的接地支线引至接地汇流排或接地端子板，由接地汇流排或接地端子板引出接地干线，再与接地总干线和接地极相连。各接地支线、汇流排或端子板之间在非连接处应彼此绝缘；

接地系统的连线应使用铜芯绝缘电线或电缆，采用镀锌螺栓紧固，仪表盘、柜、箱内的接地汇流排应使用铜材，并有绝缘支架固定。接地总干线与接地体之间应采用焊接。

(3)石化库的防雷设计

钢油罐必须做防雷接地，接地点不应少于 2 处。钢油罐接地点沿油罐周长的间距，不宜大于 30m，接地电阻不宜大于 10Ω。储存易燃油品的油罐防雷设计，应符合下列规定：

①装有阻火器的地上卧式油罐的壁厚和地上固定顶钢油罐的顶板厚度等于或大于 4mm 时，不应装设避雷针，铝顶油罐和顶板厚度小于 4mm 的钢油罐，应装设避雷

针(网)。避雷针(网)应保护整个油罐。

②浮顶油罐或内浮顶油罐不应装设避雷针,但应将浮顶与罐体用2根导线做电气连接。浮顶油罐连接导线应选用横截面不小于25mm² 的软铜复绞线。对于内浮顶油罐,钢质浮盘油罐连接导线应选用横截面不小于16mm² 的软铜复绞线;铝质浮盘油罐连接导线应选用直径不小于1.8mm的不锈钢钢丝绳。

③覆土油罐的罐体及罐室的金属构件以及呼吸阀、量油孔等金属附件,应做电气连接并接地,接地电阻不宜大于10Ω。

④储存可燃油品的钢油罐,不应装设避雷针(线),但必须做防雷接地。

⑤装于地上钢油罐上的信息系统的配线电缆应采用屏蔽电缆。电缆穿钢管配线时,其钢管上下2处应与罐体做电气连接并接地以使钢管对电缆产生电磁封锁,以减少雷电波沿配线电缆传输到控制室,将信息系统装置击坏。

⑥石油库内信息系统的配电线路首端需与电子器件连接时,应装设与电子器件耐压水平相适应的过电压保护(电涌保护器),是为了防止雷电电磁脉冲过电压损坏信息装置的电子器件。过电压保护(电涌保护器)必须具有符合相应场所防爆等级要求。

⑦石油库内的信息系统配线电缆,宜采用铠装屏蔽电缆,且宜直接埋地敷设。电缆金属外皮两端及在进入建筑物处应接地。当电缆采用穿钢管敷设时,钢管两端及在进入建筑物处应接地。建筑物内电气设备的保护接地与防感应雷接地应共用一个接地装置,接地电阻值应按其中的最小值确定。为了尽可能减少雷电波的侵入,避免建筑物内发生雷电火花,发生火灾事故,将建筑内电气设备保护接地与防感应雷接地共用,达到等电位连接,以防止雷电过电压火花。

⑧油罐上安装的信息系统装置,其金属的外壳应与油罐体做电气连接。使信息系统装置与油罐体达到等电位连接,以防止信息装置被雷电过电压损坏。

⑨石油库的信息系统接地,宜就近与接地汇流排连接。因信息系统连线存在电阻和电抗,若连线过长,在其上的压降过大,会产生反击,将信息系统装置的电子元件损坏。

⑩储存易燃油品的人工洞石油库,应采取下列防止高电位引入的措施。

⑪易燃油品泵房(棚)的防雷,参照第8.2、8.3节。

⑫可燃油品泵房(棚)的防雷,参照第8.2、8.3节。

⑬装卸易燃油品的鹤管和油品装卸栈桥(站台)的防雷应符合下列规定:

1)露天装卸油作业的,可不装设避雷针(带);

2)在棚内进行装卸油作业的,应装设避雷针(带)。避雷针(带)的保护范围应为爆炸危险1区;

3)进入油品装卸区的输油(油气)管道在进入点接地,接地电阻不应大于20Ω;

4)露天进行装卸油作业的,雷雨天不应也不能进行装卸油作业,不进行装卸油作业,爆炸危险区域将不存在,所以可不装设避雷针(带)防直击雷;

5)当在棚内进行装卸油作业时,雷雨天可能要进行装卸油作业,这样就存在爆炸危险区,所以要安装避雷针(带)防直击雷。雷击中棚是有概率的,爆炸危险区域内存在爆炸危险混合物也是有概率的。1区存在的概率相对2区存在的概率要高些,所以避雷针(带)只保护1区。

6)装卸油作业区属爆炸危险场所,进入装卸油作业区的输油(油气)管道在进入点接地,可将沿管传输过来的雷电流泄入地中,减少作业区雷电流的侵入,防止反击雷电火花。

⑭在爆炸危险区域内的输油(油气)管道,应采取下列防雷措施:

1)输油(油气)管道的法兰连接处应跨接。当不少于5根螺栓连接时,在非腐蚀环境下可不跨接;

2)平行敷设于地上或管沟的金属管道,其净距小于100mm时,应用金属线跨接,跨接点的间距不应大于30m。管道交叉点净距小于100mm时,其交叉点应用金属线跨接。

⑮石油库生产区的建筑物内400V/230V供配电系统的防雷,应符合下列规定:

1)当电源采用TN系统时,从建筑物内总配电盘(箱)开始引出的配电路和分支线路必须采用TNS系统。

2)建筑物的防雷区,应根据现行国家标准《GB 50057—2010 建筑物防雷设计规范》划分。工艺管道,配电线路的金属外壳(保护层或屏蔽层),在各防雷区的界面处应做等电位连接。在各被保护的设备处,应安装与设备耐压水平相适应的过电压(电涌)保护器。过电压保护(电涌保护器)必须具有符合相应场所防爆等级要求。

3)当电源采用TN系统时,在建筑物内总配电盘(箱)开始引出的配电线路和分支线路线,PE线与N线必须分开。使各用电设备形成等电位连接,对人身设备安全都有好处;

4)在建筑物的防雷区,所有进出建筑物的金属管道、配电线路的金属外壳(保护层或屏蔽层),在各防雷区界面做等电位连接,主要是为均压各金属管道电位,防止雷电火花。在各被保护设备处,安装过电压(电涌)保护器,是为箝制过电压,使其过电压限制在设备所能耐受的数值内,使设备受到保护,避免雷电损坏设备。

(4)输油管道的防雷接地设计

①输油站场爆炸危险区域的划分及电气装置的选择,应符合国家现行行业标准《SY 0025—1995 石油设施电气装置场所分类》和现行国家标准《GB 50058—2014 爆炸和火灾危险环境电力装置设计规范》。

②输油站场的变配电所、工艺装置等建(构)筑物的防雷、防静电设计,应符合现

行国家标准《GB 50058—2014 爆炸和火灾危险环境电力装置设计规范》《GBJ64—1983 工业与民用电力装置的过电压保护设计规范》《GB 50074—2011 石油库设计规范》和《GB 50057—2010 建筑物防雷设计规范》的规定。

③输油站的工业控制计算机、通信、控制系统等电子信息系统设备的防雷击电磁脉冲设计应符合下列规定：

1)信息系统设备所在建筑物，应按第三类防雷建筑物进行防直击雷设计。

2)应将进入建筑物和进入信息设备安装房间的所有金属导电物(如电力线、通信线、数据线、控制电缆等的金属屏蔽层和金属管道等)，在各防雷区界面处做等电位连接，并宜采取屏蔽措施。

3)在全站低压配电母线上和UPS电源进线侧，应分别安装电涌保护器。

4)当数据线、控制电缆、通信线等采用屏蔽电缆时，其屏蔽层应做等电位连接。

5)在一个建筑物内，防雷接地、电气设备接地和信息系统设备接地宜采用共用接地系统，其接地电阻值不应大于1Ω。

(5)汽车加油加气站的防雷与接地设计

①油罐、液化石油气罐和压缩天然气储气瓶组必须进行防雷接地，接地点不应少于2处。

②加油加气站的防雷接地、防静电接地、电气设备的工作接地、保护接地及信息系统的接地等，应采用有共用接地装置，其接地电阻不应大于4Ω。

③当各自单独设置接地装置时，油罐、液化石油气罐和压缩天然气储气瓶组的防雷接地装置的接地电阻、配线电缆金属外皮两端和保护钢管两端的接地装置的接地电阻不应大于10Ω；保护接地电阻不应大于4Ω；地上油品、液化石油气和天然气管道始、末端和分支处的接地装置的接地电阻不应大于30Ω。

④当液化石油气罐的阴极防腐采取相关措施时，可不再单独设置防雷和防静电接地装置。

⑤埋地油罐、液化石油气罐应与露出地面的工艺管道相互做电气连接并接地。

⑥当加油加气站的站房和罩棚需要防直击雷时，应采用避雷带(网)保护。

⑦加油加气站的信息系统应采用铠装电缆或导线穿钢管配线。配线电缆金属外皮两端、保护钢管两端均应接地。

⑧加油加气站信息系统的配电线路首、末端与电子器件连接时，应装设与电子器件耐压水平相适应的过电压(电涌)保护器。

⑨380/220V供配电系统宜采用TNS系统，供电系统的电缆金属外皮或电缆金属保护管两端均应接地，在供配电系统的电源端应安装与设备耐压水平相适应的过电压(电涌)保护器。

⑩地上或管沟敷设的油品、液化石油气和天然气管道的始、末端和分支处应设防

静电和防感应雷的联合接地装置，其接地电阻不应大于30Ω。

⑪加油加气站的汽油罐车和液化石油气罐车卸车场地，应设罐车卸车时用的防静电接地装置，并宜设置能检测跨接线及监视接地装置状态的静电接地仪。

⑫在爆炸危险区域内的油品、液化石油气和天然气管道上的法兰、胶管两端等连接处应用金属线跨接。当法兰的连接螺栓不少于5根时，在非腐蚀环境下，可不跨接。

⑬防静电接地装置的接地电阻不应大于100Ω。

⑭加油加气线路宜采用电缆并直埋敷设。电缆穿越行车道部分，应穿钢管保护

⑮电气装置的接地应以单独的接地线与接地干线相连接，不得采用串接方式。

⑯设备和管道的静电接地应符合设计文件的规定。

⑰爆炸及火灾危险环境电气装置和施工除应执行现行国家标准《GB 50257—2017 电气装置安装工程爆炸和火灾危险环境电气装置施工及验收规范》外，尚应符合下列规定：

1)接线盒、接线箱等的隔爆面上不应有砂眼、机械伤痕；

2)电缆线路穿过不同危险区域时，在交界处的电缆沟内应充砂、填阻火堵料或加设防火隔墙，保护管两端的管口处应将电缆周围用非燃性纤维堵塞严密，再填塞密封胶泥；

3)钢管与钢管、钢管与电气设备、钢管与钢管附件之间的连接，应采用螺纹连接方式丝扣处应涂以电力复合脂或导电性防锈脂。

⑱仪表的安装调试除应执行国家现行行业标准《SH/T 3521—2007 石油化工仪表工程施工技术规程》规定外，尚应符合下列规定：

1)仪表设备外壳、仪表盘(箱)、接线箱等，当其在正常情况下不带电，但有可能接触到危险电压的裸露金属部件时，均应作保护接地。

2)电缆的屏蔽单端接地宜在控制室一侧接地，电缆现场端的屏蔽层不能露出保护层外，应与相邻金属体保持绝缘，同一线路屏蔽层应有可靠的电气连续性。

(6)石化系统信息系统的防雷设计

①信息系统防雷措施：

1)罐上的液位、温度控制等配线应采用钢管配线；钢管上下两端与油罐体相连，实行电磁封锁措施。

2)配线与电子装置及元件连接的端部，应安装与其耐压水平相适应的过电压保护器。

3)电源变压器两侧应分别装设过电压保护器。

4)信息系统的防雷，需层层设防，采取分流、屏蔽、电磁脉冲封锁、等电位连接等多项防护措施，才能减少或消除信息系统雷电事故，确保信息系统安全运行。

5)过电压保护(电涌保护)器必须具有符合相应场所防爆等级要求。

②在电源系统,信息检测,报警,计算机控制网络系统中应选择适配的各类SPD,各类SPD应安装在相关的配电箱(柜),端子箱内。满足防爆环境施工安装要求(不选用火花间隙的SPD),确保安全可靠性。

③采用共用接地系统,$R\leqslant 1\Omega$。

④应作好防静电接地施工。

⑤电源系统,信息系统,通信网络,计算机网络,火灾报警系统,电视监控系统等部分的SPD选择原则,参见9.4节,具有防火防爆等级要求的还需符合表9.23。

表9.23 具有防火防爆等级的电源过电压保护(电涌保护)器选型表

序号	名称	型号	技术参数				
			工作电压 U_n(V)	最大持续运行电压 U_c(V)	电压保护水平(含过压)U_p(V)	标称放电电流 I_n(kA)	防爆标志
1	配电系统过电压保护装置	ExDSOP-VI-001	220/380	$1.55U_n$	<1000	40	ExdIIBT6
2	配电系统过电压保护装置	ExDSOP-VI-002	220/380	$1.55U_n$	<1000	20	ExdIIBT6

复习思考题

一、选择题

1. 雷电防护区(LPZ)的划分应根据需要保护和控制雷电电磁脉冲环境的建筑物,从外部到内部划分为不同的LPZ。电信基站的天线应设置于(　　)内。

   A. $LPZ0_A$　　B. $LPZ0_B$　　C. LPZ1　　D. LPZ2

2. 以下属于总等电位连接的是(　　)。

   A. 在建筑物局部范围内,把多个辅助等电位连接通过局部等电位连接端子相互连通

   B. 将建筑物内的公用设施金属管道连接(如煤气管道、上下水管道、暖气管道等)

   C. 将建筑物内的钢筋混凝土中钢筋网等导电部分汇接到进线配电柜近旁的接地母排的连接

   D. 将建筑物内两导电部分用导线直接做等电位连接

3. 以下(　　)等电位连接网络用于相对较小的、限定于局部的信息系统。

   A. S型　　B. M型　　C. 组合型　　D. 复合型

4. 主动屏蔽是采用屏蔽体包围电磁干扰源,以抑制电磁干扰源对其周围空间存在的接收器的干扰。屏蔽是防止(　　)对电子设备影响的最有效方法。

A. 雷电电磁脉冲辐射　B. 感应雷脉冲
C. 直击雷脉冲　D. 回击脉冲

5. 当户外采用非屏蔽电缆时，从人孔井或手孔井到机房的引入线应穿钢管埋地引入，埋地长度不宜小于(　　)m。
A. 5　B. 10　C. 12　D. 15

6. 在平均雷暴日大于 40d/a 的地区，可燃油品泵房（棚）宜装设避雷带（网）防直击雷，避雷带（网）的引下线不应少于(　　)根，其间距不应大于(　　)m。
A. 1,12　B. 2,18　C. 3,20　D. 4,25

7. LPZ0 和 LPZ1 界面处每条电源线路的电涌保护器的冲击电流 I_{imp}，当采用非屏蔽线缆时估算确定，当无法计算确定时应取 I_{imp} 大于或等于(　　)。
A. 2.5kA　B. 5kA　C. 10kA　D. 12.5kA

二、简答题

1. 等电位连接的作用？
2. 屏蔽保护对象分类是什么？
3. 简述安防系统的防雷设计？

第10章　接地装置设计

理想的接地装置(包括从接闪器到地面的引线)是没有电阻的,那么当雷击的时候,不论雷电流有多大,接地装置上任何一点对大地的电压都为零,对人来讲是绝对安全的,但实际上,受环境、土壤、地质、材料等多方面因素影响,这样的接地装置是不存在的,因此接地技术难度较大。

10.1　土壤电阻率

10.1.1　土壤电阻率与温度、湿度的关系

土壤电阻率 ρ 和它沿地层深度的变化规律是选择接地装置型式和决定它的尺寸的主要根据。土壤电阻率的数值与土壤的结构(如黑土、黏土和沙土等),土质的紧密程度、湿度、温度等,以及土壤中含有可溶性的电解质(如酸、碱、盐等)有关。由于成分是多种多样的,因此不同土壤的土壤电阻率的数值往往差别很大。

影响土壤电阻率的最主要因素是湿度。实验表明,土壤含水量增加时,电阻率急剧下降;当土壤含水量增加到20%～25%时,土壤电阻率保持稳定。

土壤电阻率也受温度的影响。当土壤温度升高时,其电阻率下降,在0℃时土壤由于水分冻结而使电阻率迅速增加。土壤电阻率这些特性在接地装置设计中有重要的实用意义。一年之中,在同一地方,由于气温和天气的变化,土壤中含水量和温度都不相同,因此土壤电阻率也不断地在变化,其中以表层土最为显著。所以接地装置埋得深一些对稳定接地电阻有利。通常最少埋深为0.5～1m。至于是否应埋更深,那就要看更深的土壤电阻率的大小,很多地方深层土壤电阻率是很高的,这样埋得太深反而使接地电阻增加,或增加接地工程的费用。

计算接地装置的土壤电阻率时,应取雷雨季节中无雨水时最大的土壤电阻率,一般按下式计算:

$$\rho=\rho_0\varphi \tag{10.1}$$

式中:ρ 为土壤电阻率,Ω·m;ρ_0 为雷雨季节中无雨水时所测得的土壤电阻率,Ω·

m；φ为土壤干燥时的季节系数，按表10.1进行取值。

在计算接地电阻时，应考虑土壤干燥或冻结等季节变化的影响，从而使接地电阻在不同季节中均能保证达到所要求的值。但防雷接地装置的接地电阻，可只考虑在雷雨季节中土壤干燥状态的影响。

实测的接地电阻值或土壤电阻率，要乘以表10.1所列季节系数φ_1，φ_2或φ_3进行修正。

表10.1　季节修正系数

土壤性质	深度/m	φ_1	φ_2	φ_3
黏土	0.5～0.8	3	2	1.5
	0.8～3	2	1.5	1.4
陶土	0～2	2.4	1.4	1.2
砂砾盖陶土	0～2	1.8	1.2	1.1
园地	0～3		1.3	1.2
黄沙	0～2	2.4	1.6	1.2
杂以黄沙的砂砾	0～2	1.5	1.3	1.2
泥炭	0～2	1.4	1.1	1.0
石灰石	0～2	2.5	1.5	1.2

注：φ_1. 适用于测量前数天下过较长时间的雨，土壤很潮湿时；

φ_2. 适用于测量时土壤较潮湿，具有中等含水量时；

φ_3. 适用于测量时土壤干燥或测量前降雨不大时。

10.1.2　土壤致密性对土壤电阻率的影响

除了温度和含水量外，土壤致密与否对电阻率的影响也是很大的，例如当黏土的含水量为10%时，如温度不变，单位压力小于0.02kg/cm^{2}时，电阻率可下降到原来的65%，因此在施工时最好将回填于接地体四周的土壤压紧致密。土壤的压紧致密还可以保证接地体和土壤间的良好接触以降低接触电阻。

10.2　接地电阻的计算

10.2.1　均匀土壤中工频接地电阻的计算

接地工程中所遇到的接地极的几何形状是多种多样的。当接地极的形状简单而又比较规则时，可以在采取一定近似后用解析法直接导出计算公式。常见的简单接地极不外乎圆棒形、圆环形、圆盘形或其组合。常用的埋设方法主要有垂直埋设、水平埋设或其组合。

10.2.1.1　垂直接地极

单根垂直接地体常使用厚度不小于 2.5m 的∟ 50mm×5mm 的角钢，DN50 钢管或∅20mm 的圆钢，圆钢、钢管的端部加工成斜口或锻造成锥形；角钢的一端应做成尖头形状，尖点应保存在角钢的角脊线上并使两斜边对称。

如图 10.1 所示的单根垂直接地极，当 $l \gg d$ 时，其接地电阻的计算公式可以用解析法推导出，可表达为：

$$R = \frac{\rho}{2\pi l}\left(\ln \frac{4l}{d} - 0.31\right) \tag{10.2}$$

式中：ρ 为土壤电阻率，Ω·m；l 为接地体的长度，m；d 为圆棒接地体的直径，m。

如果用扁钢作接地体，则 $d=0.5b$（b 为扁钢宽度）；如果用等边角钢做接地体，则 $d=0.84b$（b 为角钢的等边宽度）；如果用不等边角钢做接地体，则 $d = 0.71\sqrt[4]{b_1 b_2 (b_1^2 + b_2^2)}$（$b_1$ 和 b_2 分别为角钢两个不等边的宽度）。

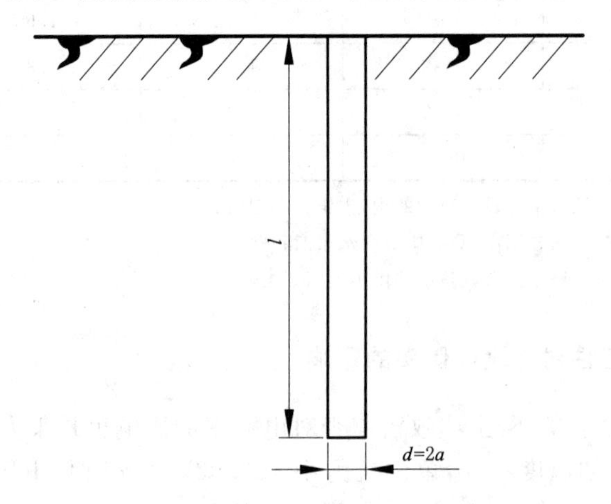

图 10.1　垂直埋于地中的圆棒接地极

10.2.1.2　水平接地极

如图 10.2 所示的有一定埋深的单根水平接地极，当 $l \gg 2h \gg d$ 时，其接地电阻的计算公式也可以用解析法推导出，可表达为：

$$R = \frac{\rho}{2\pi l}\left(\ln \frac{l^2}{dh} - 0.6\right) \tag{10.3}$$

式中：l 为接地体的长度，m；h 为接地体的埋深深度，m；d 为圆棒接地体的直径，m；ρ 为土壤电阻率，Ω·m。

如果用扁钢作接地体，则 $d=0.5b$（b 为扁钢宽度）；如果用等边角钢作接地体，则

$d=0.84b$（b 为角钢的等边宽度）；如果用不等边角钢作接地体，则 $d=0.71\sqrt[4]{b_1 b_2(b_1^2+b_2^2)}$（$b_1$ 和 b_2 分别为角钢两个不等边的宽度）。

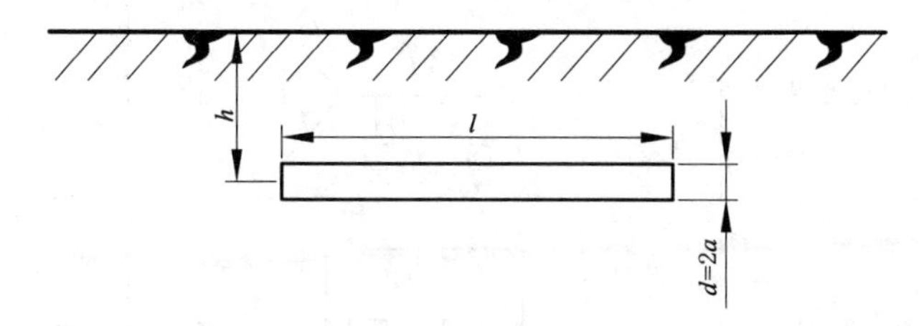

图 10.2　有一定埋深的水平接地极

考虑到当接地体的总长度相同时，直线形接地极将具有最小的接地电阻，其他各种水平接地极均会受到不同程度的屏蔽，因此，包括放射形接地极在内的各种水平接地极的接地电阻都可以在直线形接地极的基础上用一屏蔽系数进行修正，即可写成：

$$R=\frac{\rho}{2\pi L}\left(\ln\frac{L^2}{dh}-0.6+B\right) \tag{10.4}$$

或

$$R=\frac{\rho}{2\pi L}\left(\ln\frac{L^2}{dh}+A\right) \tag{10.5}$$

式中：L 为接地体的总长度，m；B 为屏蔽系数；A 为形状系数。

表 10.2 中列出了各种水平接地极的形状系数，其中除直线形和圆环形的形状系数是由解析法导出外，其他各种均系由计算机程序计算的大量结果回归所得。

采用《GB/T 50065—2011　交流电气装置的接地设计规范》推荐的计算水平接地装置的工频接地电阻时，也可用式（10.5）计算时接地体的总长度 L 和形状系数 A 按表 10.3 选取。

表 10.2　各种水平接地极的形状系数 A

序　号	1	2	3	4	5	6	7	8
水平接地体形式	—	L	人	○	┼	□	✕	✳
形状系数 A	−0.6	−0.18	0	0.48	0.89	1	3.03	5.65

表 10.3　A 值和 L 值的选取

接地装置种类	形状	参数
铁塔接地装置	l_1　l_2	$A=1.76$ $L=4(l_1+l_2)$

续表

接地装置种类	形状	参数
钢筋混凝土杆放射型接地装置	l_1 l_2	$A=2.0$ $L=4l_1+l_2$
钢筋混凝土杆杯型接地装置	l_1 l_2	$A=1.0$ $L=8l_2$(当 $l_1=0$ 时) $L=4l_1$(当 $l_1\neq 0$ 时)

10.2.2 接地电阻的简易计算公式

在上述分析的基础上表10.4列出了几种常用接地极工频接地电阻的简易计算公式。由表10.4可知,当 $\rho=100(\Omega\cdot m)$时,在土壤中打入一根3m左右的垂直接地极时,可得 $R=30\Omega$。当 $\rho=1000(\Omega\cdot m)$时,在土壤中埋人一根60m左右的水平接地极时,也可得 $R=30\Omega$。在 $\rho=100(\Omega\cdot m)$时,要敷设一根 $R=0.5\Omega$ 的地网,必须有 $S=100\times 100m^2$ 的面积。

表10.4 几种常用接地极工频接地电阻的简易计算公式

接地极形式	简易计算式	接地极形式	简易计算式
垂直接地(3m左右)	$R\approx 0.3\rho$ (Ω)	接地网	$R\approx 0.5\frac{\rho}{\sqrt{S}}$ (Ω)
水平接地(60m左右)	$R\approx 0.03\rho$ (Ω)		$R\approx\frac{\sqrt{\pi}}{4}\frac{\rho}{\sqrt{S}}+\frac{\rho}{L}$ (Ω)

10.2.3 复合接地极

当单根垂直接地体的接地电阻不满足要求时,可以用多根垂直接地体并联。n 根垂直接地体并联后的总接地电阻 R_n 并不是单根接地电阻 R 的 $1/n$,而是要大一些,这是因为当多根接地相互靠拢时,入地电流的散流相互受到排挤的缘故。如图10.3为入地电流流散受到排挤时的电流分布。这种影响称为屏蔽效应。屏蔽效应的存在会使接地装置的利用率下降。

通常把 R/n 与 R_n 的比称为利用系数 η,其值小于1,如表10.5。此时有:

$$R_n\approx\frac{R}{n\eta} \tag{10.6}$$

利用系数和接地体间距离 S 与接地体长度 L 之比相关。表10.5给出了不同 S/L

时,多根垂直接地体的利用系数。在工程实际中,S/L 通常应取 2 或 3。

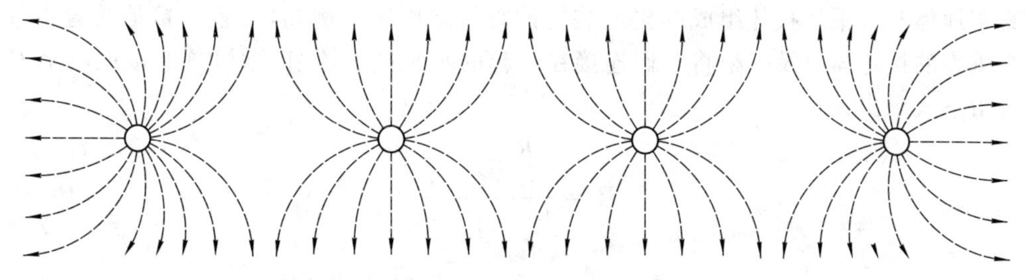

图 10.3　接地体之间的电流屏蔽效应

表 10.5　多根垂直管型接地体的利用系数 η

敷设方式	接地体间距离与接地体长度之比 S/L	接地体根数 n	利用系数 η
排形敷设	1	3	0.76～0.80
	2		0.85～0.88
	3		0.90～0.92
	1	5	0.67～0.72
	2		0.79～0.83
	3		0.85～0.88
	1	10	0.56～0.62
	2		0.72～0.77
	3		0.79～0.83
环形敷设	1	6	0.58～0.65
	2		0.71～0.75
	3		0.78～0.82
	1	10	0.52～0.58
	2		0.66～0.71
	3		0.74～0.78
	1	20	0.44～0.52
	2		0.61～0.66
	3		0.68～0.73
	1	30	0.41～0.47
	2		0.58～0.63
	3		0.66～0.71

当 n 根垂直接地体由埋设在地中的水平接地相连时，也可以用利用系数来求垂直接地体和水平连接体组成的接地装置的总接地电阻。例如，当整个接地装置由 n 个垂直的接地体以及一根将它们连接在一起的水平接地体组成时，总的接地电阻 R 可由下式求出：

$$R=\frac{\frac{R_1}{n}R_2}{\frac{R_1}{n}+R_2}\frac{1}{\eta} \tag{10.7}$$

式中：R_1 为一根垂直接地体的接地电阻；R_2 为水平接地体的接地电阻；η 为考虑到所有接地体互相屏蔽的利用系数。η 值可由表 10.6 查出。

表 10.6　由垂直接地体组成并以水平接地体的接地装置利用系数 η

序号	接地装置简图	s/l	垂直接地体数 n	利用系数 η
1	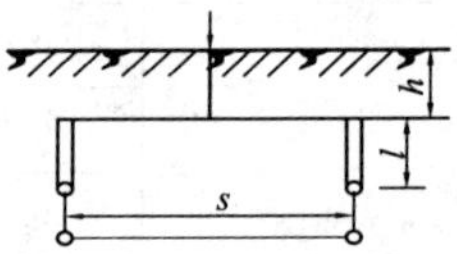 h, l, s	2 3	2 2	0.80 0.85
2	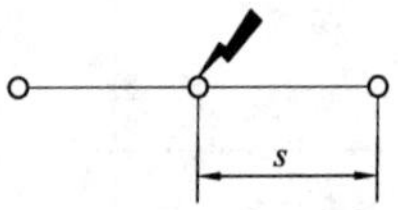 s	2 3	3 3	0.75 0.80
3	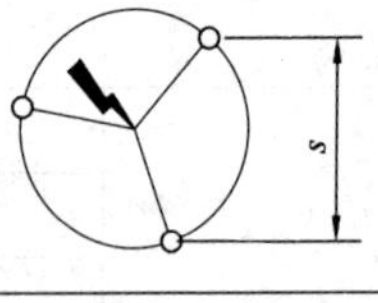 s	2 3	3 3	0.70 0.75
4	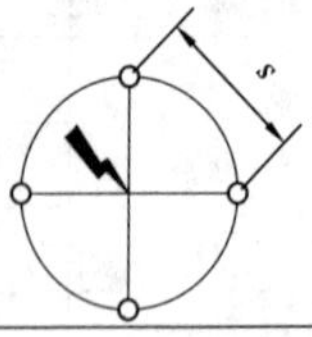 s	2 3	4 4	0.70 0.75
5	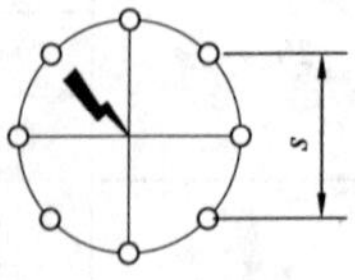 s	2 3	6 6	0.65 0.70

10.2.4　自然接地体

自然接地体指可以利用做接地装置的自然金属构件、管道或装置，如建筑物、构筑物的钢筋混凝土基础，金属管道等。

表 10.7 是各种形式自然接地装置的工频接地电阻的简易计算公式。

表 10.8 是单个基础接地极的接地电阻计算公式。表中形状系数 k_2—k_7 可从图 10.4—图 10.8 中查得。

表 10.7　各种型式自然接地装置的工频接地电阻简易计算公式

接地极型式		计算公式	备注
金属管道		$R=2\rho/L$	L 是金属管道的长度
钢筋混凝土基础		$R\approx 0.2\frac{\rho}{\sqrt[3]{V}}$	V 是钢筋混凝土基础的体积
装配式基础的自然接地极	铁塔	$R=0.1\rho$	
	门形杆塔	$R=0.06\rho$	
	带有 V 形拉线的门型杆塔	$R=0.09\rho$	
钢筋混凝土线杆的自然接地极	单杆	$R=0.3\rho$	
	双杆	$R=0.21\rho$	
	拉线的单、双杆	$R=0.1\rho$	
	一个拉线盘	$R=0.28\rho$	
沿装配式基础敷设的深埋式接地极	铁塔	$R=0.07\rho$	
	门形杆塔	$R=0.04\rho$	
	带有 V 形拉线的门型杆塔	$R=0.09\rho$	
深埋式接地与装配式基础自然接地的综合	铁塔	$R=0.005\rho$	
	门型杆塔	$R=0.03\rho$	
	带有 V 形拉线的门型杆塔	$R=0.04\rho$	

表 10.8　单个基础接地极的接地电阻计算公式

基础接地极的几何形状	计算式	形状系数数值
矩形基础板、敷设成闭合矩形的水平条状基础的钢筋体、开敞基础槽的钢筋体或整体加筋的块状基础的钢筋体	$R=1.1k_2\frac{\rho}{L_1}$	k_2 值从图 10.4 中查出
敷设成闭合圆形的水平条状基础的钢筋体	$R=1.1k_3\frac{\rho}{D_a}$	k_3 值从图 10.5 中查出
外墙不加钢筋的圆形基础板内的钢筋体	$R=1.1k_4\frac{\rho}{D}$	k_4 值从图 10.6 中查出

续表

基础接地极的几何形状	计算式	形状系数数值
外墙加钢筋的圆形基础板内的钢筋体	$R=1.1k_5\dfrac{\rho}{D}$	k_5 值从图 10.6 中查出
杯口形基础的底板钢筋体	$R=1.1k_6\dfrac{\rho}{L_1}$	k_6 值从图 10.7 中查出
桩基的钢筋体	$R=1.1k_7\dfrac{\rho}{L_P}$	k_7 值从图 10.8 中查出

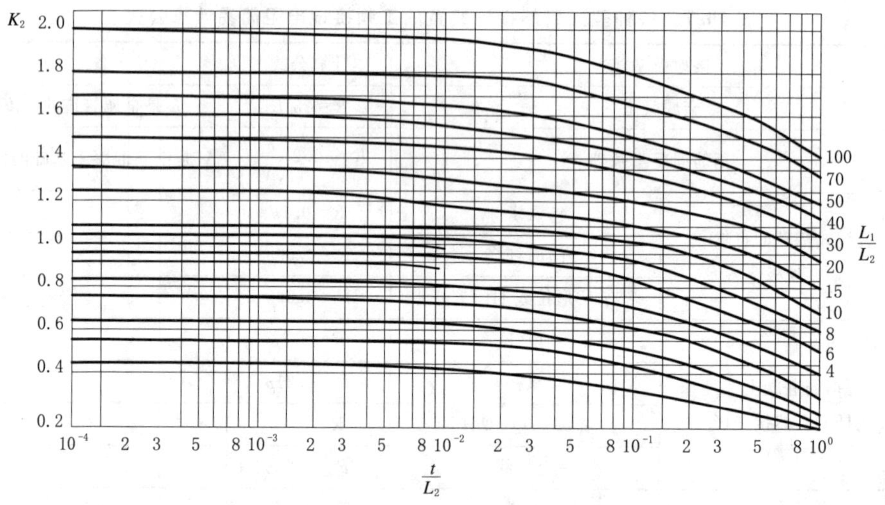

图 10.4　形状系数 k_2

L_1, L_2：钢筋体长边、短边的边长(m)；t：基础深度(m)

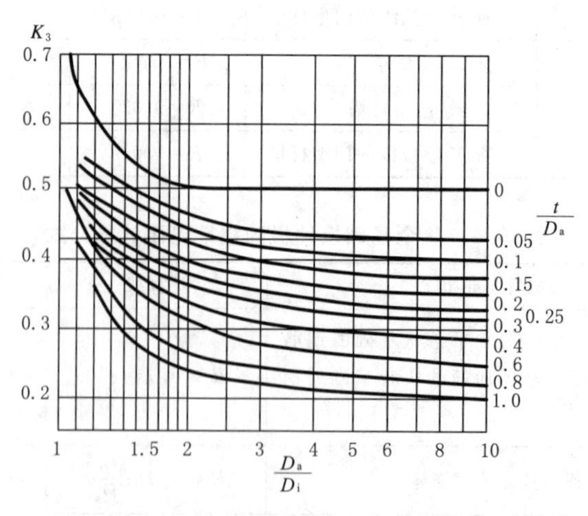

图 10.5　形状系数 k_3

D_i, D_a：钢筋体内、外直径(m)；t：基础深度(m)

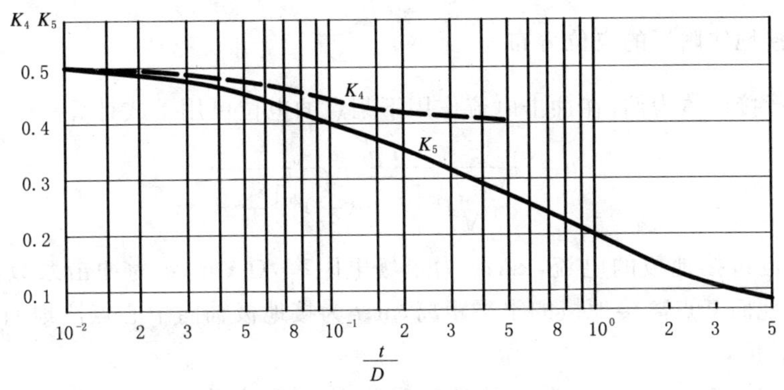

图 10.6　形状系数 k_4，k_5

D：钢筋体的直径(m)；t：基础深度(m)

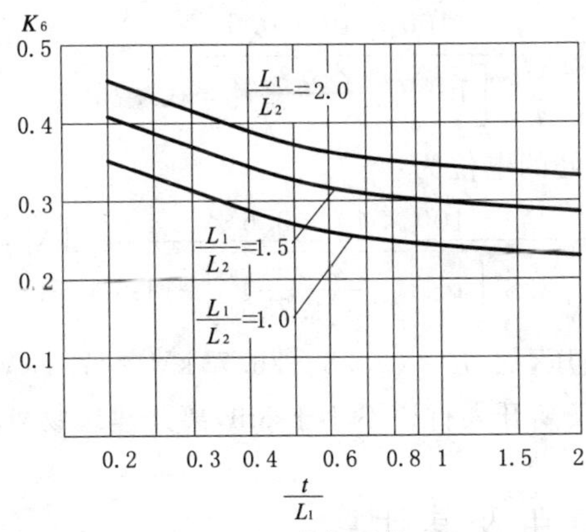

图 10.7　形状系数 k_6

L_1，L_2：底板钢筋体长边、短边的边长(m)；t：基础深度(m)

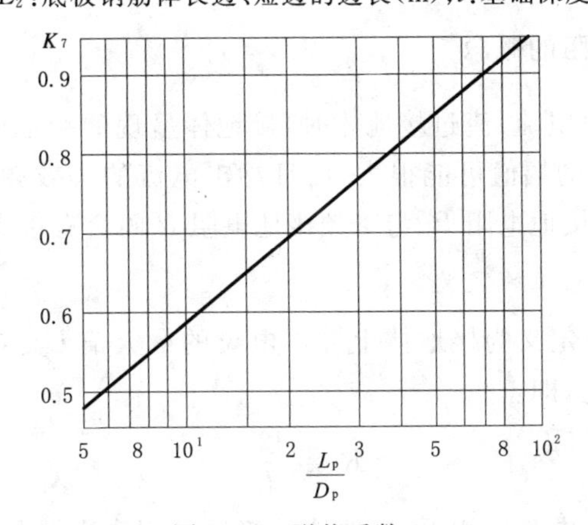

图 10.8　形状系数 k_7

L_p：桩基在土壤中的长度(m)；D_P：钢筋体的直径(m)

10.2.5 接地体附近的电位分布

以管形接地体为例，在冲击电流作用下某点的电位可用下式计算：

$$u = \frac{I\rho \quad a}{2\pi\sqrt{P_s^2\left[1+(\frac{l}{2t})^2\right]+x^2}} \tag{10.8}$$

式中：I 为流过接地极的电流，kA；ρ 为土壤电阻率，Ω·m；a 为冲击系数，取 0.5～0.6；P_s 为地面某点离接地极的水平距离，m；t 为接地极轴向中心点离地面距离，m；l 为接地极长度，m。

例：$\rho=100\Omega\cdot m$，$l=2.5m$，接地极顶至地面距离为 0.5m，则 $t=1.75m$；$I=40kA$。在离开接地极 3m 处的电位为：

$$u_3 = \frac{100\times 40\times 0.6}{2\pi\sqrt{3^2\left[1+(\frac{2.5}{2\times 1.75})^2\right]+1.75^2}} = 93.8kV$$

离开接地极 3.8m 处的电位为：

$$u_{3.8} = \frac{100\times 40\times 0.6}{2\pi\sqrt{3.8^2\left[1+(\frac{2.5}{2\times 1.75})^2\right]+1.75^2}}kV = 76.7kV$$

3～3.8m 为跨步电压，故 $u_k=(93.8-76.7)kV=17.1kV$，具有足够的安全度。因此，规范规定的接地极离开人行道不小于 3m，离开建筑物外墙也不小于 3m。

10.3 冲击接地电阻及其计算

10.3.1 冲击接地电阻的概念

冲击电流（或雷电电流）流过接地体时，接地体呈现的接地电阻称为冲击接地电阻 R_i。因为冲击电流的幅值可能很大，而且冲击电流的等效频率比工频高得多，所以在某些情况下冲击接地电阻 R_i 与工频接地电阻 R 间会有很大的差别。

10.3.1.1 冲击接地电阻的定义

冲击接地电阻 R_i 定义为接地体上冲击电位的最大值 U_m 对流入接地体的冲击电流的最大值 I_m 之比，即：

$$R_i = \frac{U_m}{I_m} \tag{10.9}$$

应当指出，在冲击电流作用下，接地体的接地电阻和电流的大小有关，不是一个常数。而是在考虑波过程时，电压最大值 U_m 与电流最大值 I_m 出现的时刻一般是不同的，所以严格地说，R_i 并无实际的物理意义。之所以人为地取二者之比作为 R_i，是因为这种定义可为使用带来方便；只是知道雷电流的幅值 I_m，则由 $R_i I_m$ 即可得出接地体上出现的最高电压 U_m，而后者是在防雷设计上最为适用。

10.3.1.2　冲击接地体的有效长度

(1)接地体的有效长度应按下式确定：

$$l_e = 2\sqrt{\rho} \tag{10.10}$$

式中：l_e 为接地体的有效长度，应如图 10.9 计量，m；ρ 为敷设接地体处的土壤电阻率，Ω·m)。

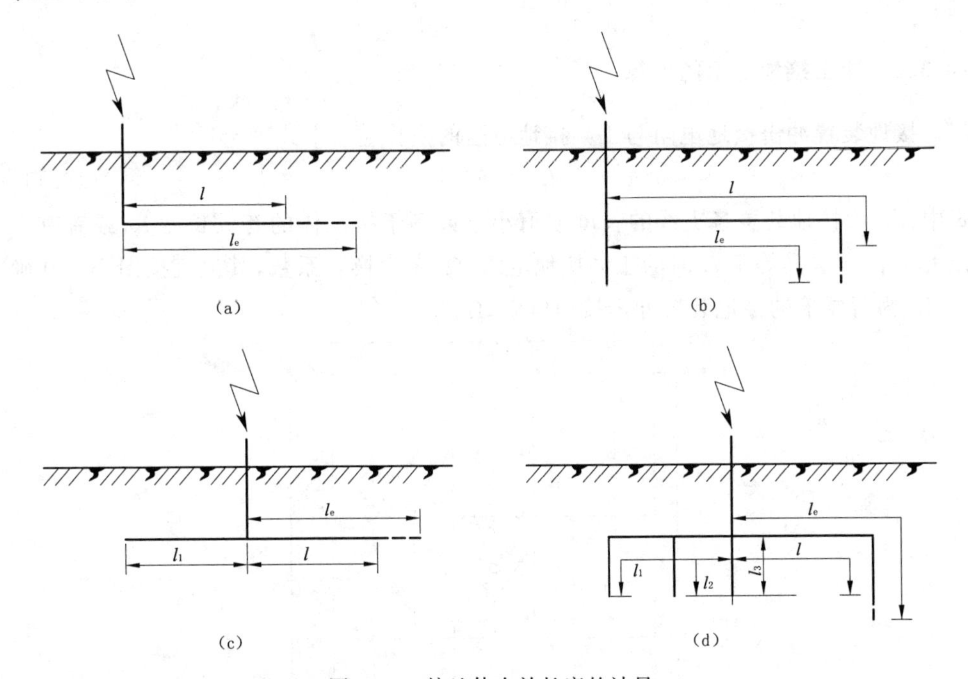

图 10.9　接地体有效长度的计量

(a)单根水平接地体；(b)末端接垂直接地体的单根水平接地体；

(c)多根水平接地体，$l_1 \leqslant l$；(d)接多根垂直接地体的多根水平接地体，$l_1 \leqslant l, l_2 \leqslant l, l_3 \leqslant l$

(2)环绕建筑物的环形接地体应按以下方法确定冲击接地电阻。

①当环形接地体周长的一半大于或等于接地体的有效长度时，引下线的冲击接地电阻应为从与引下线的连接点起沿两侧接地体各取有效长度算出工频接地电阻，换算系数应等于 1。

②当环形接地体周长的一半小于 l_e 时，引下线的冲击接地电阻应为以接地体的实际长度算出工频接地电阻再除以 A 值。

与引下线连接的基础接地体，当其钢筋从与引下线的连接点量起大于 20m 时，其冲击接地电阻应为以换算系数等于 l 和以该连接点为圆心、20m 为半径的半球体范围内的钢筋体的工频接地电阻。

为了使接地体能得到有效利用，《GB/T 50065—2011　交流电气装置的接地设计规范》中建议每根接地体的最大长度 l_{max} 不要超过表 10.9 中的值。

表 10.9　每根接地体最大长度 l_{max}

ρ(Ω·m)	≤500	≤2000	≤5000
l_{max}(m)	40	80	100

10.3.2　冲击接地电阻的计算

接地装置冲击接地电阻与工频接地电阻的换算应按下式确定：

$$R_{\sim}=A\times R_i \tag{10.11}$$

式中：$R_{\sim}$ 为接地装置各支线的长度取值小于或等于接地体的有效长度 l_e，或者有支线大于 l_e 而取其等于 l_e 时的工频接地电阻，Ω；A 为换算系数，其值宜按图 10.10 确定；R_i 为所要求的接地装置冲击接地电阻，Ω。

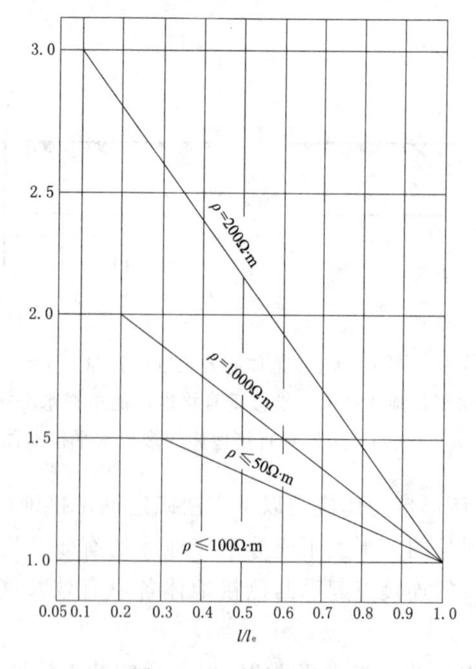

图 10.10　换算系数 A

（l 为接地体最长支线的实际长度，其计算与 l_e 类同。当 $l>l_e$ 时，取 $l=l_e$）

10.4 人工改善土壤电阻率的方法

常见人工改善接地极附近的土壤电阻率的方法是在接地极附近更换比原来的土壤电阻率更低的土壤，如黏土、泥炭、黑土、焦炭粉、碎木等，或在接地极的附近施加低电阻率的材料(俗称降阻剂)。

10.4.1 降阻剂

降阻剂按降阻方式不同可分为三种类型：

(1)盐或盐与木炭的混合物。这是一种靠电解质溶液中的离子渗透到土壤的孔隙中来降低土壤电阻率的方法。

(2)化学降阻剂。化学降阻剂是一种电解质与胶凝材料结合组成的凝胶状导电物质，即用脲醛树脂、丙烯树脂之类的高分子有机化合物作为主要胶凝材料加上食盐等盐类物质作为电解质，在引发剂的作用下发生聚合反应生成的一种具有网状分子结构的高分子共聚物。它靠包围于高分子网格中的电解质导电。

(3)无机降阻剂。无机降阻剂是以石墨等为导电材料，加上石灰、水泥、石膏或水玻璃等无机材料调制后固结而成的固体导电物质。

单纯用盐作电解质的降阻剂在雨水冲刷下容易流失，且盐对钢铁的腐蚀性较大，很少采用。化学降阻剂和无机降阻剂中的导电物质不易流失，是目前工程中常用的两种降阻剂，也称长效降阻剂。

降阻剂的埋设可采用置换法或浸渍法。置换法是用低电阻率的降阻来置换接地体附近小范围内的高电阻率土壤；浸渍法是用高压泵将低电阻率的化学溶液压入高电阻率的地层中。由于降阻剂在凝固前具有较好的可塑性，能和接地体以及土壤间保持良好的接触，因此降阻剂的使用还能达到降低接触电阻的效果。

某些研究报告指出，有些降阻剂具有很强的渗透能力，可渗入包围在降阻剂周围的土壤中，形成一个渗透了降阻剂的区域，可以使周围较大范围内的土壤得到改善，这种渗透作用也被称为细丝效应。

10.4.2 接地极的抗腐蚀

10.4.2.1 电解现象和腐蚀

如果两种不同金属材料的接地体一起埋在潮湿的土壤中，通常在这两个接地体间就可以测出电位差。这是由于两种材料所谓“电极电位”不同而产生的。表10.10给出了一些材料的电极电位值，铜的电极电位是＋0.337V，铁的电极电位是－0.44V。铜与铁混合组成的电极之间可以测得0.377－(－0.44)＝0.777V的电位差，且铜为正极，铁为负极。如果把两电极用铜线连接在一起，将有直流电流从铜经过连接导线流向铁；而在土壤中电流由铁流向铜，电流大小与两极间的电位差成正比，与两极的电阻成反比。这个电阻等于或小于这两个地极各自接地电阻之和。

由铁电极流向土壤的电流，使每个铁原子失去了两个电子而成为正离子。

$$Fe-2e=Fe^{2+}$$

因为离子离开铁电极，使铁电极的部分金属被带走了，这就是铁被腐蚀的机理。带走的铁可根据法拉第电化当量定律算出，铁电极损失量为2.084g/(A·h)。假定两电极间的电阻是10Ω，电流为0.087A，以10年计，从铁极带走的数量约为14kg。接地系统的作用就会大大地降低。由此可见，用不同的金属组成的接地极将会发生比较严重的后果，如果用铜作地极，同时又与镀锌的自来水管相接时，就会发生上述自来水管严重被腐蚀的现象。同理，任何两种不同的金属埋在地下，使他们有良好的电气连接也会发生同样的现象，即负电极很快被腐蚀。不过这种灾难性的后果，往往是多年以后才被注意到。

瑞典曾发生一起这样的事故。有一条钢筋水泥的电线杆，当初是将其基础直接埋在地中(自然接地)，后来考虑需要改善输电线的避雷性能，增加了扁铜接地极电极来减少其接地电阻，几年之后发现杆脚已经严重腐蚀。当时，如果接地极采用镀锌钢就可以避免这一事故。

表10.10　常用金属材料的电极电位

元素	符号	电位差	元素	符号	电位差
钙	Ca	−2.84	镍	Ni	−0.23
镁	Mg	−2.38	锡	Sn	−0.14
铝	Al	−1.66	铜	Cu	+0.337
锰	Mn	−1.05	银	Ag	+0.80
锌	Zn	−0.763	铅	Pb	+0.80
铁	Fe	−0.44	金	Au	+1.42

注：单位为V，在温度+25℃以及与标准氢电极比较离子活性为1时。

10.4.2.2　接地装置的防腐蚀措施

上面谈到两种不同的金属埋入地下，如果把他们作良好的电气连接，形成一个“电池”，其中较活泼的金属为负电极，由于它的原子失去了电子而成为带正电的阳离子而离开电极，使该电极失去一部分(受到腐蚀)，相反不甚活泼的金属电极由于带正电，不容易失去电子，不会成为游离的金属阳离子，因此它比不接地“电池”更难于受腐蚀，从而得到保护。

一般用钢作为接地极，接地连接线考虑其柔软性，往往采用热镀锌材料，这样接地极和接地连接线就不会形成“电池”效应，有效提高接地装置的使用寿命。

接地装置埋在土壤中的部分，其连接宜采用放热焊接；当采用通常的焊接方法时，应在焊接处做防腐处理。

复习思考题

一、选择题

1. 关于土壤电阻率 ρ 的描述，错误的是(　　)。

   A. 影响土壤电阻率的主要因素是湿度，当土壤含水量增加时，电阻率急剧下降；当土壤含水量增加到20%～25%时，土壤电阻率保持稳定

   B. 土壤电阻率也受温度的影响，当土壤温度升高时，其电阻率下降；在0℃时土壤由于水分冻结电阻率迅速增加

   C. 湿度、温度和土壤性质是影响土壤电阻率的主要因素，因此在计算接地装置的土壤电阻率时，应取冬季无雷雨时并且在0.5～1m深的最大土壤电阻率

   D. 防雷施工时应将回填于接地体四周的土壤压紧致密，主要目的是保证接地体和土壤间的良好接触以降低接触电阻

2. 常用的人工改善接地极附近土壤电阻率的方法是更换土壤或在其附近施加降阻剂，目前在防雷工程中称为长效降阻剂的是(　　)。

   A. 石灰和水泥　　B. 化学降阻剂

   C. 盐　　D. 盐与木炭的混合物

3. 已知某建筑物防雷装置敷设接地体处土壤电阻率 $\rho(\Omega \cdot m) \leqslant 500$，为使接地体能得到有效利用，则该建筑物每根接地体最大长度 l_{max} 不应超过(　　)。

   A. 40　　B. 80　　C. 100　　D. 200

4. 敷设于土壤中的接地体连接到混凝土基础内起基础接地作用的钢筋或钢材的情况下，土壤中的接地体宜采用(　　)或镀铜或不锈钢导体。

   A. 铜材　　B. 钢材　　C. 非金属　　D. 离子接地棒

5. 埋设接地装置在土壤中的深度不小于0.5m，主要考虑以下因素(　　)。

   A. 电阻率不稳定　　B. 湿度和温度　　C. 防腐蚀　　D. 增加接触

6. 下列可以利用作为接地装置的是(　　)。

   A. 砖混结构楼房墙体　　B. 金属下水管道

   C. 电力线缆　　D. 建筑物金属门窗

7. 两种不同金属材料的接地体一起埋在潮湿的土壤中，通常这两个接地体间电位值(　　)，这是由于两种材料的“电极电位”不同而产生的。

   A. 相同　　B. 增大　　C. 存在电位差　　D. 减小

二、简答题

1. 简述接地极的屏蔽效应?
2. 什么叫化学降阻剂?
3. 简述接地装置的防腐措施?

第 11 章　防雷工程施工

防雷工程施工是对防雷工程设计图纸的具体实施，在进入现场施工时需要办理相关管理手续，并服从现场管理单位的管理规定，工程质量管理由监理或甲方相关监督管理人员负责，监督施工质量。防雷装置需根据设计图纸及国家标准施工。本章将从施工的现场管理、质量要求和措施进行讲解。

11.1　施工管理

11.1.1　质量管理

施工现场的质量管理应有相应的施工技术标准、健全的质量管理体系、施工质量检验制度和综合施工质量水平判断评定考核制度。

施工时施工图纸为已批准的设计施工文件。防雷工程中采用的器材、材料，应符合国家、行业或地方现行有关标准的规定，并应具有合格证和材料检验报告等。

对于一类和二类防雷建筑物改扩建的项目需在现场施工时做好防火安全措施，并有相关部门的安全许可或建设单位的安全防护措施和应急措施。

电工、焊工和电气调试人员，必须持证上岗，按规范要求操作。

测试仪表、量具，应鉴定合格，必须在有效期内，检测操作须按规范要求进行。

施工现场质量管理检查记录应由施工单位按《GB 50601—2010　建筑物防雷工程施工与质量验收规范》规范填写，总监理工程师（建设单位项目负责人）进行检查，并出具检查结论，记录表见附录 D。

11.1.2　质量控制

防雷工程采用主要设备、材料、成品、半成品进场的检验结论应有记录，并应在确认符合《GB 50601—2010　建筑物防雷工程施工与质量验收规范》的规定，方可施工。对进入施工现场的新设备、器具和材料需进行验收，供应商应提供安装使用、维护和试验等技术文件。对进口设备、器具和材料，供应商还需提供商检（或国内检测机构)证明和中文质量合格证明文件,以及规格、型号、性能检验报告,中文的安装使用、维护和试验说明文件。

对防雷工程采用的主要设备、材料、成品、半成品存在异议时,应由法定检测机构实验室进行抽样检测,并出具检测报告。

主要防雷装置的材料、规格和试验要求详见第7.7节。

各工序应按照规范规定的工序进行质量控制,每道工序完成后,应进行检查,相关各专业工种之间应进行交接检验,并应形成记录,包括隐蔽工程记录。未经监理工程师或建设单位技术负责人检查确认,不得进行下道工序施工。

除设计要求外,兼做引下线的承力钢结构构件、混凝土梁、柱内钢筋与钢筋的连接,应采用土建施工的绑扎法或螺丝扣的机械连接,严禁热加工连接。单根钢筋、圆钢或外引预埋连接板、线与构件内钢筋的连接应焊接或采用螺栓紧固的卡夹器连接。构件之间必须连接成电气通路。

需要建筑单位在施工中随工完成的防雷装置需在施工文件中明确工作任务,并在施工过程做好检查记录。

11.2 接地装置施工

11.2.1 接地装置的施工工序

11.2.1.1 自然接地装置施工

自然接地体用底板或桩基内钢筋时,桩基应在安装前完成焊接,底板内钢筋敷设完成后按施工要求做接地,并经检查确认符合要求后,做隐蔽工程验收记录后再支模或浇捣混凝土。

11.2.1.2 人工接地装置施工

人工接地体应按设计要求位置开挖沟槽,打入或敷设人工垂直接地体、金属接地模块(管),并用水平接地体进行电气连接(电气焊接、放热焊接、卡夹器连接等),经检查确认符合要求后,做隐蔽工程验收记录。

接地装置隐蔽经检查验收合格后再进行回填覆土,使用降阻剂的,还需按设计文件要求将接地极包裹后再回填土,并夯实。

接地装置的引出线应在安装完成后用油漆或绑扎钢丝做好标记。

11.2.2　接地装置安装要求

11.2.2.1　焊接要求

(1)接地体的连接应采用焊接或螺栓连接,并宜采用放热焊接(热焊剂)。当采用通用焊接方法时,应在焊接处做防腐处理,钢材、铜材的焊接应符合下列规定:

①导体为钢材时,焊接时的搭接长度以及焊接方法应符合表 11.1 的规定。

表 11.1　防雷装置钢材焊接时的搭接长度及焊接方法

焊剂材料	搭接长度	焊接方法
扁钢与扁钢	不应少于扁钢宽度的 2 倍	两个大面不少于 3 各棱边焊接
圆钢与圆钢	不应少于圆钢直径的 6 倍	双面施焊
圆钢与扁钢	应少于圆钢直径的 6 倍	双面施焊
扁钢与钢管 扁钢与角钢	紧贴角钢外侧两面或紧贴 3/4 钢管表面,上、下两侧施焊,并应焊以由扁钢弯成的弧形(或直角形)卡子或直接由扁钢本身弯成弧形或直角形与钢管或角钢焊接。	

②导体为铜材与铜材或铜材与钢材时,连接工艺应采用放热焊接,熔接接头应将被连接的导体完全包裹在接头里,保证连接部位的金属完全熔化,使连接牢固。

11.2.2.2　防腐要求

(1)接地线连接要有防止化学腐蚀和发生机械损伤的措施,并符合《电气装置安装工程 接地装置施工及验收规范》中的以下 3 条规定:

①低压电气设备地面上外露的铜接地线的最小截面明敷的裸导体 $4mm^2$,绝缘导体 $1.5mm^2$,电缆的接地芯或与相线包含在同一保护壳内的多芯导线的接地芯为 $1mm^2$。

②接地体顶面埋设深度应符合设计规定。当无规定时,不应小于 0.6m。角钢、钢管、铜棒、铜管等接地体应垂直配置。除接地体外,接地体引出线的垂直部分和接地装置连接(焊接)部位外侧 100mm 范围内应做防腐处理;在做防腐处理前,表面必须除锈并去掉焊接处残留的焊药。

③接地线应采取防止发生机械损伤或化学腐蚀的措施。在与公路、铁路或管道等交叉及其他可能使接地线遭受损伤处,均应用钢管或角钢加以保护。接地线在穿过墙壁、楼板和地坪处应加装钢管或其他坚固的保护套,有化学腐蚀的部位还应采取防腐措施。热镀锌钢材焊接时将破坏热镀锌防腐,应在焊痕外 100mm 内做防腐处理。

(2)敷设于土壤中的接地体连接到混凝土基础内起基础接地体作用的钢筋或钢材的情况下,土壤中的接地体宜采用铜质或镀铜或不锈钢导体。

11.2.2.3 其他要求

做独立接地极时，最好敷设在人员活动较少、远离高温（如烟道等）的区域。埋设接地体时须将周围填土夯实，不得回填砖石、焦渣、炉灰之类的杂土。周圈式接地装置，可将接地体埋设在建筑施工基槽的最外边，不需为接地体另挖施工坑，以节约人工和土方量。

施工过程中测试接地电阻值，对接地电阻有一个整体把握，并随时调整，保证接地装置在施工完成后，接地电阻符合设计文件要求。

当工程设计文件对第一类防雷建筑物接地装置设计为独立接地时，独立接地体与建筑物基础地网及与其有联系的管道、电缆等金属物之间的间隔距离，应符合《50057—2010 建筑物防雷设计规范》中的相关要求。

11.2.3 接地体的加工与安装

11.2.3.1 利用建筑物桩基、梁、柱内钢筋做接地装置

对利用建筑物金属构件做防雷装置的施工，应根据其特点采取施工，无论哪种形式的基础均通过地梁、柱将基础内的钢筋互相连接形成整体接地网。

对于独立式基础，应根据柱网间距的具体情况区别对待。当柱网间距在6m以内时，基础底部一般为3～4m的正方形或矩形独立基础或承台，两基础之间只有2～3m可以用作接地装置。当柱网间距较大时，如建筑的首层地面中设有许多金属管线，仍可利用基础作为接地装置，将金属管线路与基础内钢筋连接成一体，起辅助降阻和均压作用。如首层地面无金属管线路或管线路很少，应另加接地装置。图11.1—图11.4是利用基础、梁、柱做接地装置的例子。

基础接地通过地脚螺栓与钢柱可靠连接，地脚螺栓与接地导体通过焊接完成，较小基础或条件具备的基础可在加工厂完成地脚螺栓与基础钢筋的焊接，现场浇筑即可。如果基础钢筋与地脚螺栓焊接有难度的，可用一段∅10钢筋或圆钢跨焊。

对于室内或室外需预留接地端子板或测试端子的接地装置，应采用一段钢筋从接地线焊接引出，具体位置视室内接地端子位置或室外测试点位置确定。预留端子或测试端子应预留接地螺栓或检测测试点，如图11.5。

11.2.3.2 人工接地极安装

埋入土壤中的人工垂直接地体宜采用热镀锌角钢、钢管、圆钢、铜棒等不易腐蚀的金属体；埋入土壤中的人工水平接地体宜采用热镀锌扁钢或圆钢。为便于施工和一致性，接地线应与水平接地体截面、埋地导体的截面相同。

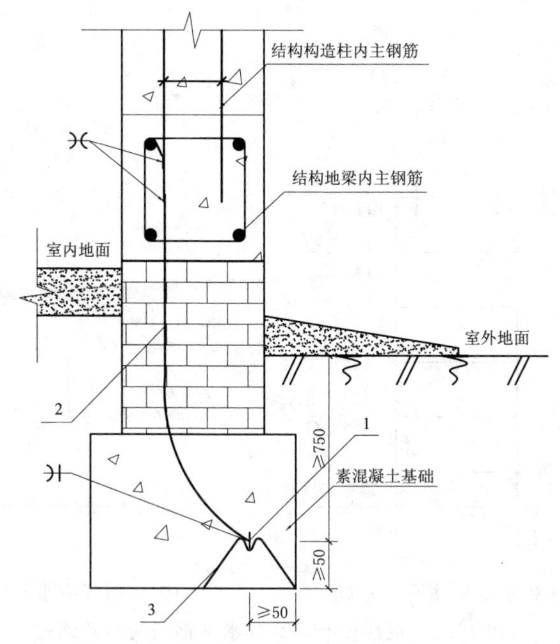

图 11.1　利用基础、梁、柱做接地装置安装

1. 接地极(钢筋≥∅10mm 或一扁钢－25×4mm);2. 接地线(同接地极);3. 接地线支持卡

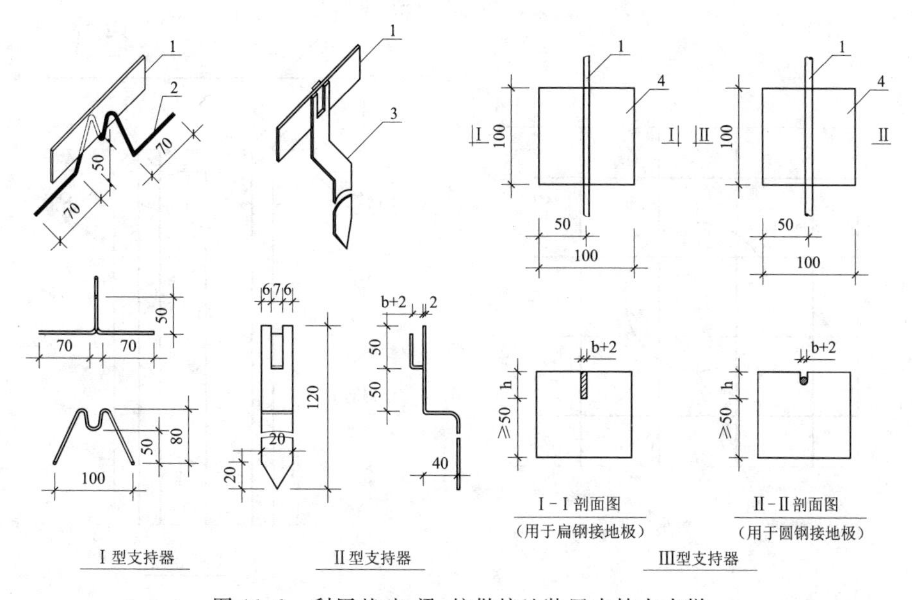

图 11.2　利用基础、梁、柱做接地装置支持卡大样

1. 接地极(钢筋≥∅10mm 或一扁钢－25×4mm);2. 圆钢支架;3. 扁钢支架;4. 板型支架

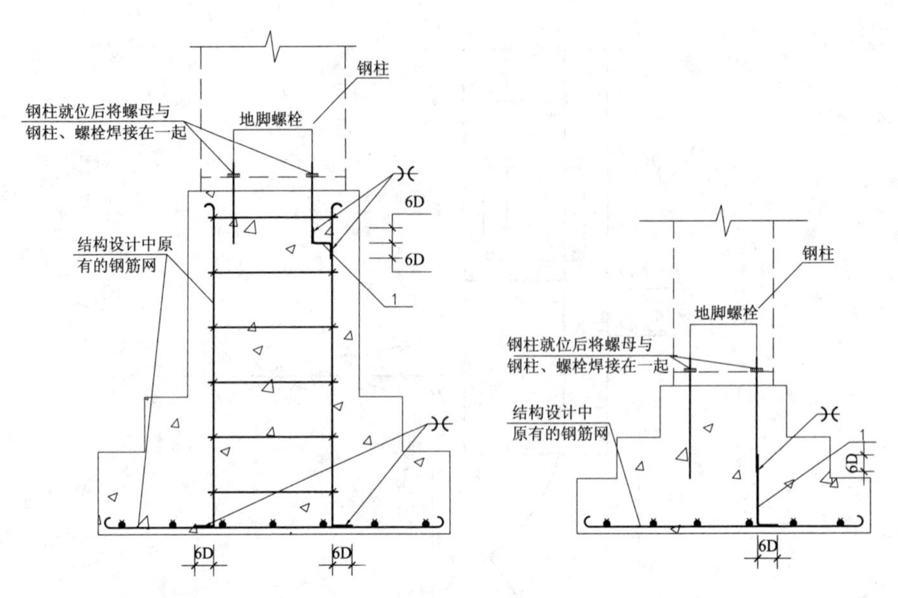

(a)钢柱型垂直和水平钢筋网的基础　　(b)钢柱型仅有水平钢筋网的基础

图 11.3　钢柱型有垂直和水平钢筋网的基础

1. 连接导体(钢筋≥∅10mm)

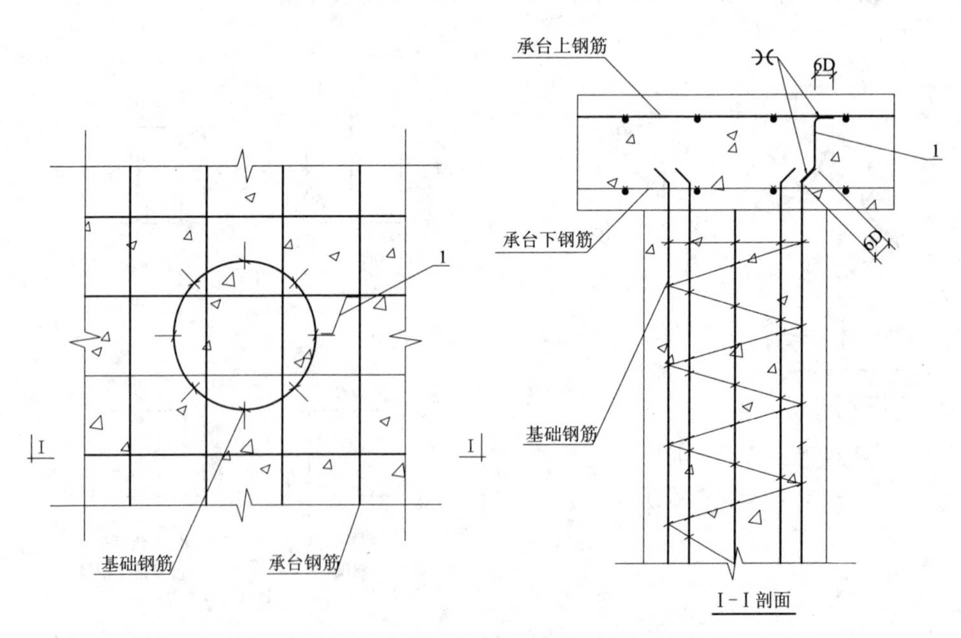

图 11.4　利用钢筋混凝土基础中的钢筋作接地极安装

1. 连接导体(钢筋≥∅10mm)

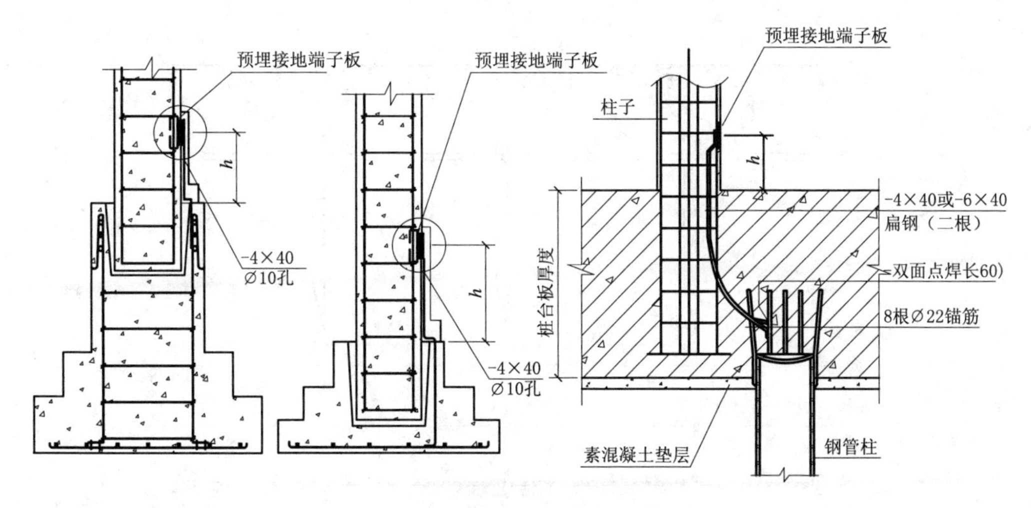

图 11.5　利用建筑物内钢筋连接大样

垂直接地体使用角钢、钢管、钢棒，水平接地体一般为扁钢、圆钢、扁铜带。当设计无要求时，人工接地体在土壤中的埋设深度不应小于 0.5m，人工接地体的长度宜为 2.5m，人工垂直接地体之间的间距不宜小于 5m。维修时不损坏到基础、墙，其距墙或基础应大于 1m。接地体宜埋设在冻土层以下，水平接地体应挖沟敷设，钢质垂直接地体宜直接打入地沟内，铜质和石墨材料接地体宜挖坑埋设。

将人工接地体埋设在混凝土基础内(一般位于底部靠近室外处，混凝土保护层的厚度大于或等于 50mm)，应受到混凝土的防腐保护，无需维修。但如果将人工接地体直接放在基础坑底与土壤接触，由于受土壤腐蚀，将无法维修，不推荐此方法。若基础有良好的防水层，可将人工水平接地体敷设在下方的素混凝土垫层内。

(1)角钢接地极安装

角钢接地极安装时需了解土壤地质状况，最好在地勘报告确认的情况下采取直接打入、挖坑等方式，直接打入的土壤与接地极接触良好，挖坑埋设的需将回填土夯实。所有接地极宜采用热镀锌防腐处理，现场焊接的需涂刷防御油漆 2 遍，焊渣宜清除干净。例如，图 11.6 角钢接地极安装，图 11.7 和图 11.8 接地极加工大样图。为防止角钢接地极打入地中时将接地极顶部打裂，制成保护帽，套在接地极顶部，如图 11.9。

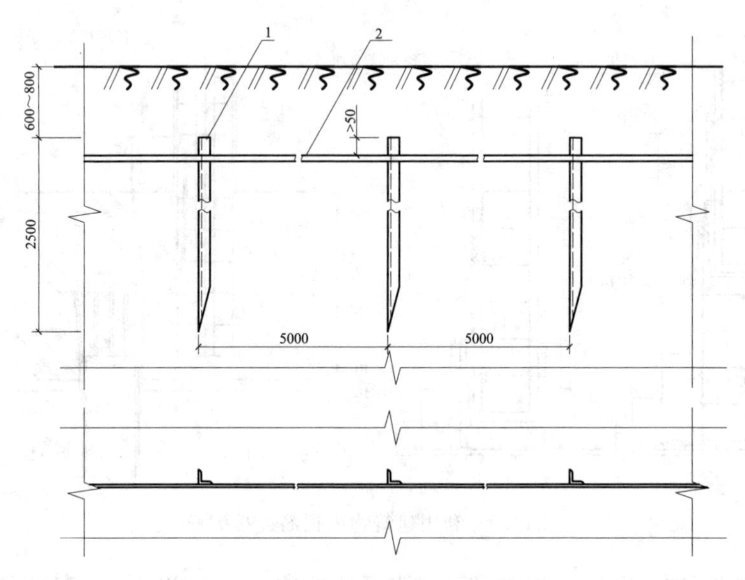

图 11.6　角钢接地装置安装
1. 接地极(∠50×5);2. 接地线(－25×4mm)

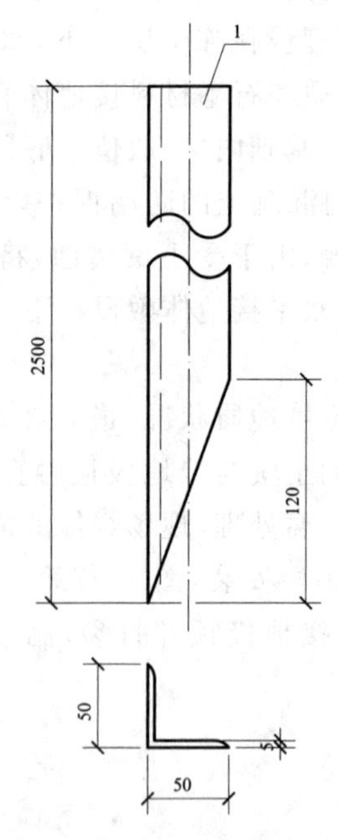

图 11.7　角钢接地极加工图
1. 接地极(∠50×5)

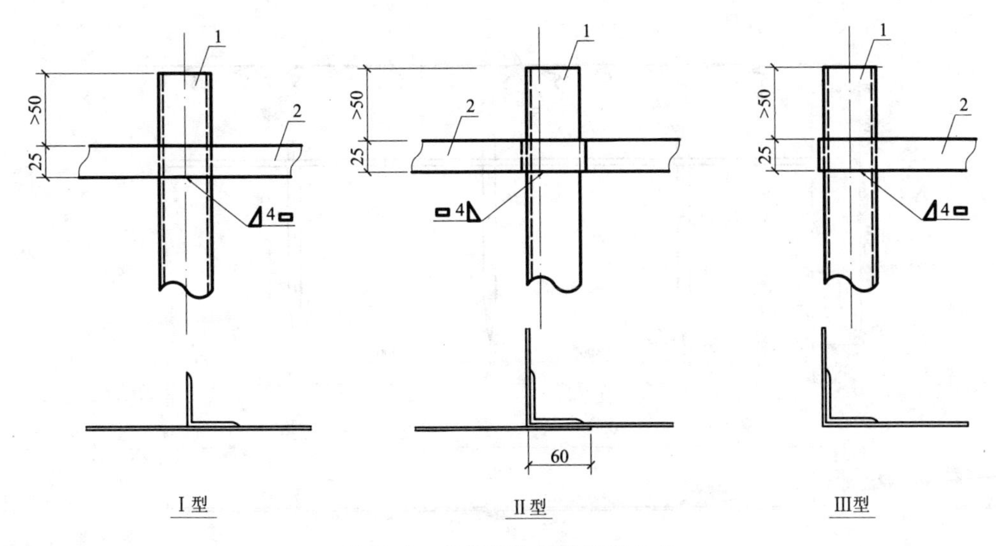

图 11.8　角钢接地极的连接方式

1. 接地极(∠50×5);2. 接地线(−25×4mm)

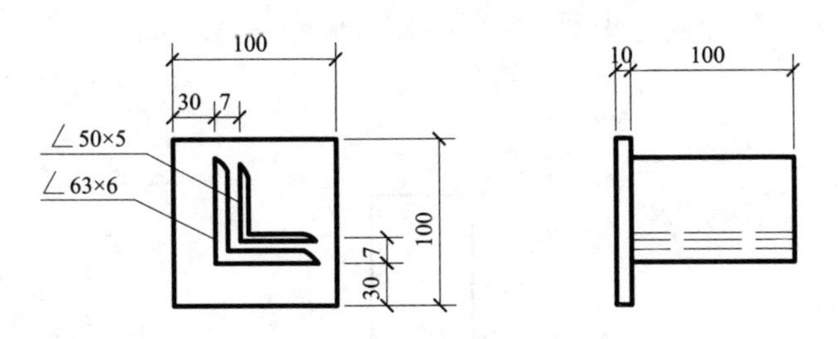

图 11.9　角钢接地装置护帽做法

(2)钢管接地极安装

钢管接地极安装时需了解土壤地质情况,最好在地勘报告确认的情况下采取直接打入、挖坑等方式,如图 11.10,钢管接地极在加工时不宜将切口做成楔形,如果土壤中无石头等硬物,且较为松软时可以将钢管尖端做成楔形,若土壤中有石头等硬物时需将接地极尖端如图 11.11 加工,其钢管接地极尖端在距离管口 120mm 长的一段,锯成四块锯齿形,尖端向内打合焊接而成。图 11.12 为接地极连接方式。

(3)钢棒接地极安装

钢棒接地极尖端可做成锥形,也可做成楔形,接地极与接地线的连接宜采用圆钢跨接连接。但这种连接在现场焊接时需双面焊接,难度较大,需预留充足的工作空间,待焊接完成后再继续打入土中。若土壤中有石头等应挖坑埋设,焊接处清除焊渣后涂刷防腐油漆 2 遍,如图 11.13 和图 11.14。

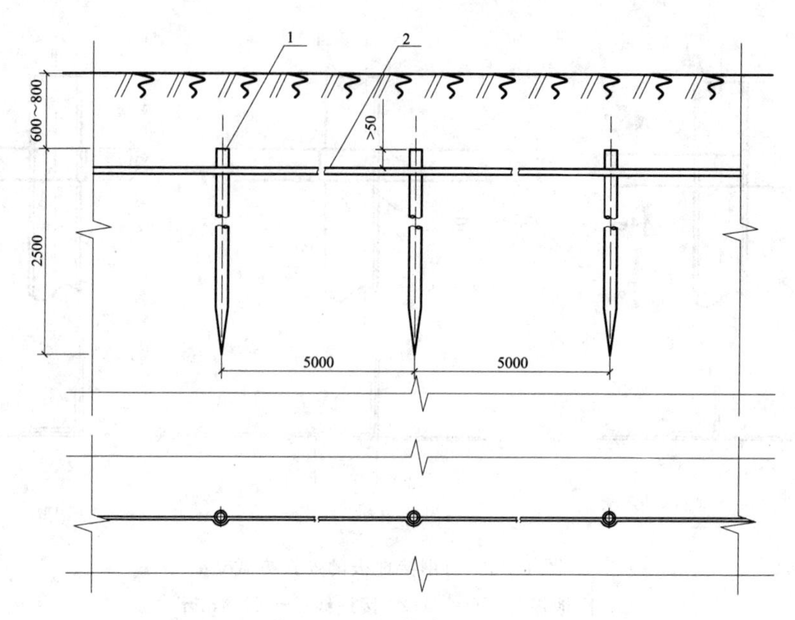

图 11.10 钢管接地极安装

1. 接地极(∅50×3.5);2. 接地线(−25×4mm)

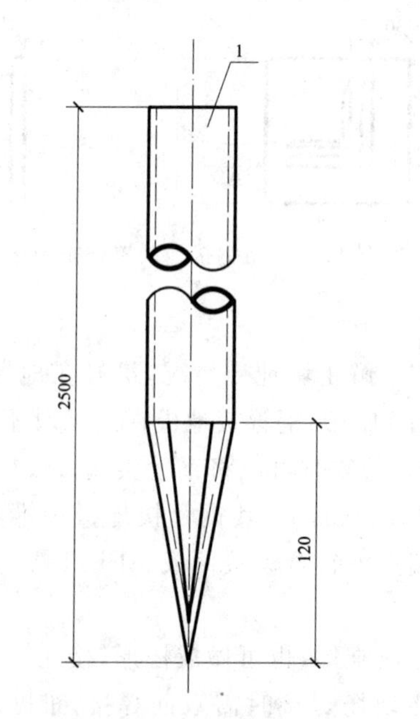

图 11.11 钢管接地极加工图

1. 接地极(∅50×5)

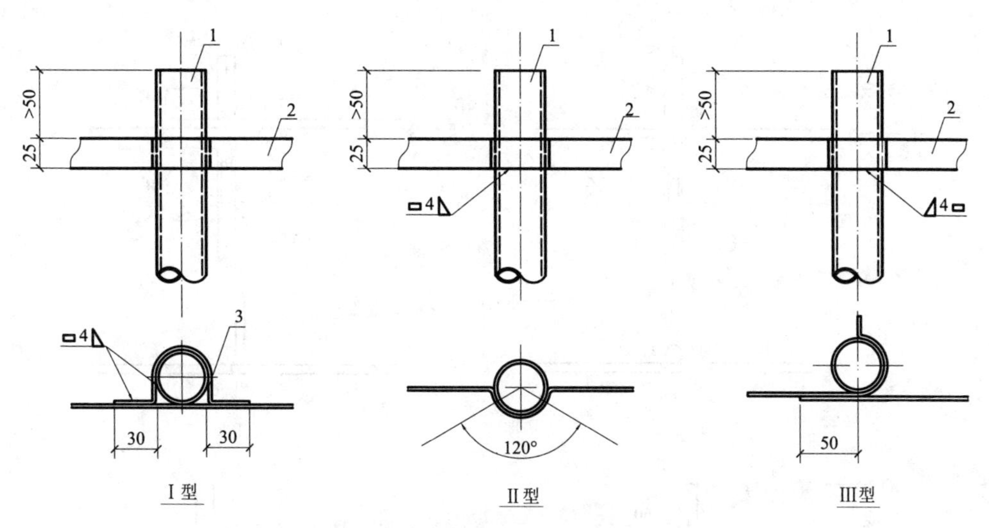

图 11.12　钢管接地极的连接方式

1. 接地极(DN40，δ=3.5mm)；2. 接地线(－25×4mm)；3. 卡箍(－25×4mm)

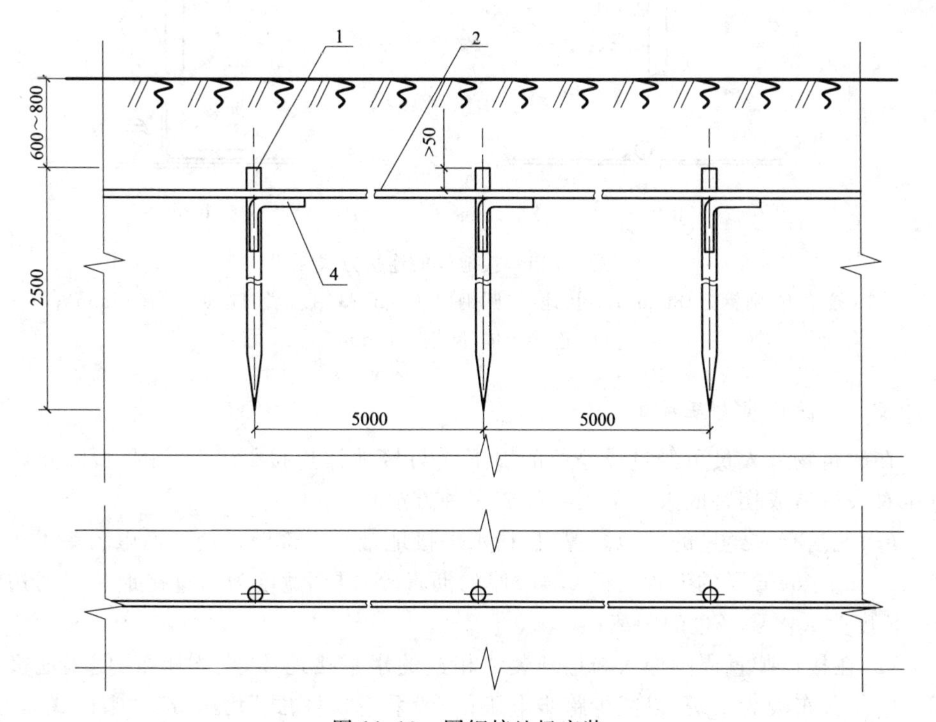

图 11.13　圆钢接地极安装

1. 接地极(圆钢∅18mm)；2. 接地线(圆钢∅10mm)；4. 连接导体(圆钢∅10mm)

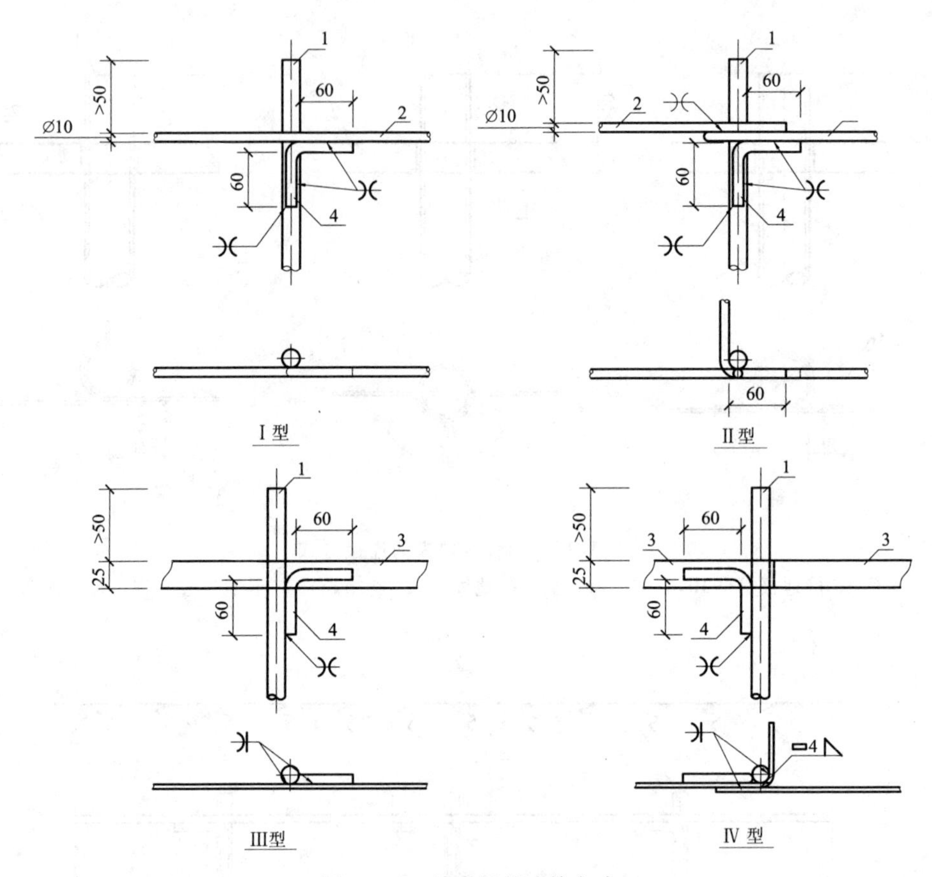

图 11.14　接地极的连接方式

1. 接地极(圆钢∅18mm);2. 接地线(圆钢∅10mm);3. 接地线(扁钢－4×25mm);
4. 连接导体(圆钢∅10mm)

11.2.3.3　防跨步电压施工

在建筑物外人员可经过或停留的引下线与接地体连接处3m范围内,防止跨步电压对人员造成伤害的采用下列一种或多种方法:

(1)凡是有人经过的接地装置(包括水平接地带),上部铺设使地面电阻率不小于50kΩ·m的5cm厚的沥青层或0.4m厚的沥青碎石层,宽度为超过接地装置两边各1m,长度为人需要经过的距离;

(2)在接地装置周围埋入与接地装置相连的水平接地体,做均压带,使接地极周围的电压分布较为平缓,以减少跨步电压;一般采用“帽檐式”均压带。“帽檐式”均压带与柱内避雷引下线的连接应采用焊接,其焊接面应不小于截面的6倍。地下焊接点应做防腐处理。“帽檐式”均压带的长度可依建筑物的出入口宽度确定。当接地装置的埋设地点距建筑物入口或人行道小于 3m 时，应在接地装置上面敷设 50～80mm 厚的沥青层，宽度应超过接地装置 2m，如图 11.15。

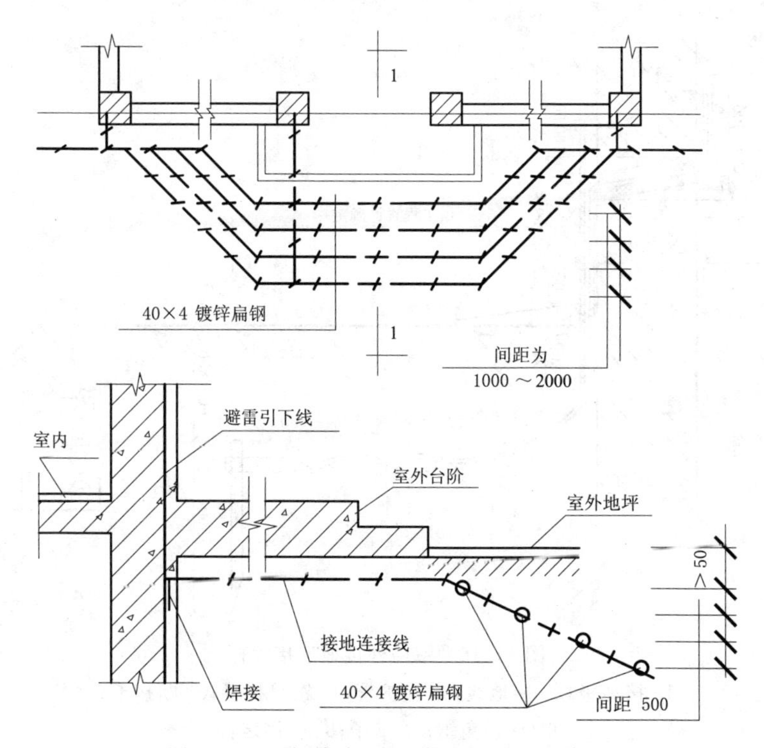

图 11.15　“帽檐式”均压带防跨步电压措施

(3)设立阻止人员进入的护栏或警示牌；

(4)将接地体敷设成水平网格。

11.2.3.4　接地端子及接地线施工

自然接地体和人工接地体应在地面以上设置可供测量、接人工接地体和做等电位连接用的连接板。如图 11.16 和图 11.17 是人工接地装置的例子。钢筋混凝土建筑物在施工时需在完成钢筋混凝土柱的支模前，将接地端子板与作为引下线的主筋做好可靠连接处理，方可进行混凝土浇筑，其端子板需符合下列 3 条要求：

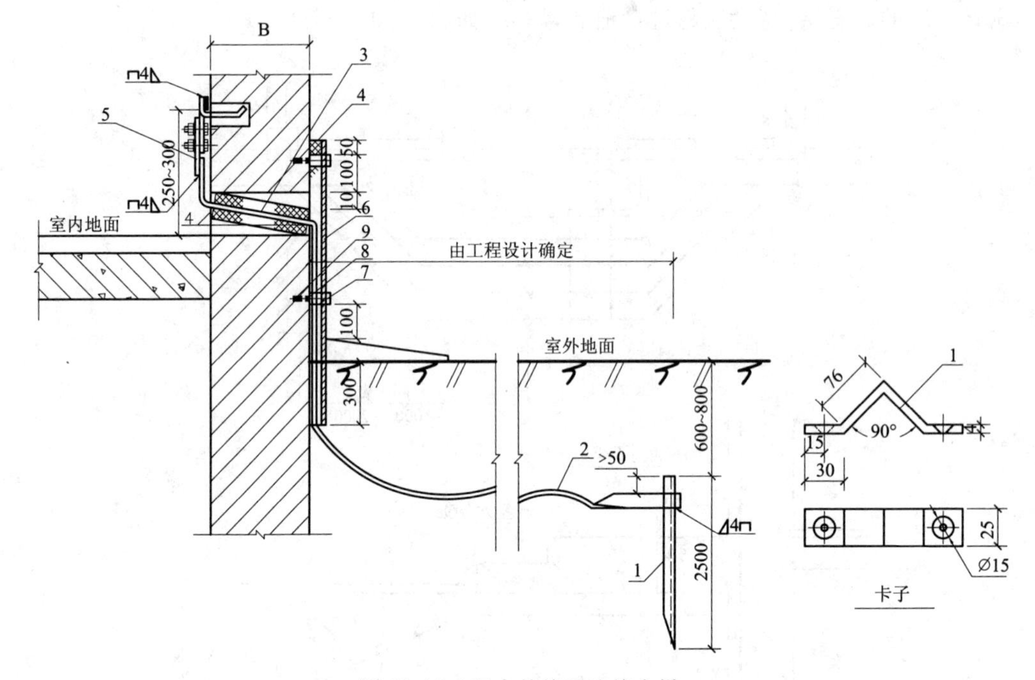

图 11.16　室内外接地连接大样

1. 接地极；2. 接地线；3. 保护管；4. 密封材料；5. 断接卡；

6. 保护角钢；7. 卡子；8、9. 固定件

(1)为便于测量，接地线引入室内后，须用螺栓与室内接地线连接；

(2)穿墙套管内、外管口应用沥青麻丝或建筑密封材料封堵；

(3)室外接地引出线采用镀锌角钢保护。

接地线的连接形式较多，宜根据其使用特点、材料等选用不同的连接形式，图 11.18 为不同形式的材料做连接的方法。

在成排的建筑中，接地线通过变形缝、沉降缝等时应防止建筑移动导致的接地装置损毁，做法如图 11.19。

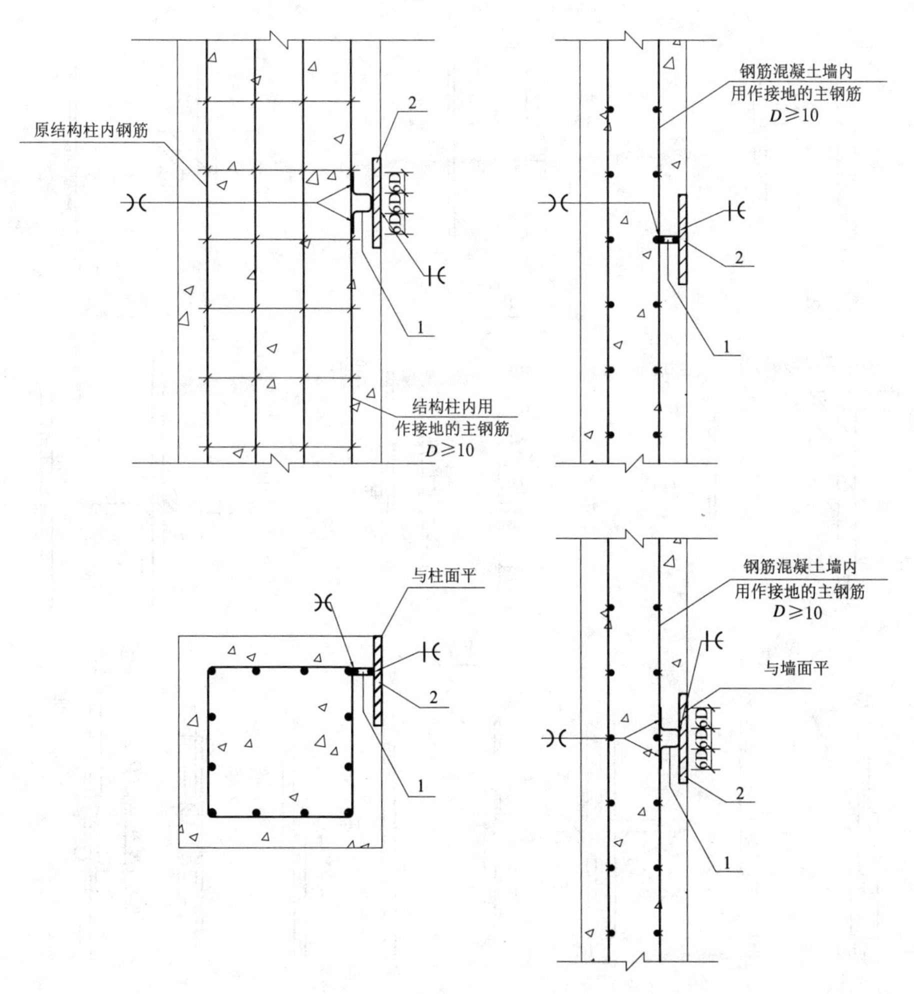

图 11.17　钢筋混凝土柱侧与接地板的连接

1. 连接导体；2. 预埋接地钢板（100mm×100mm，厚 6mm）

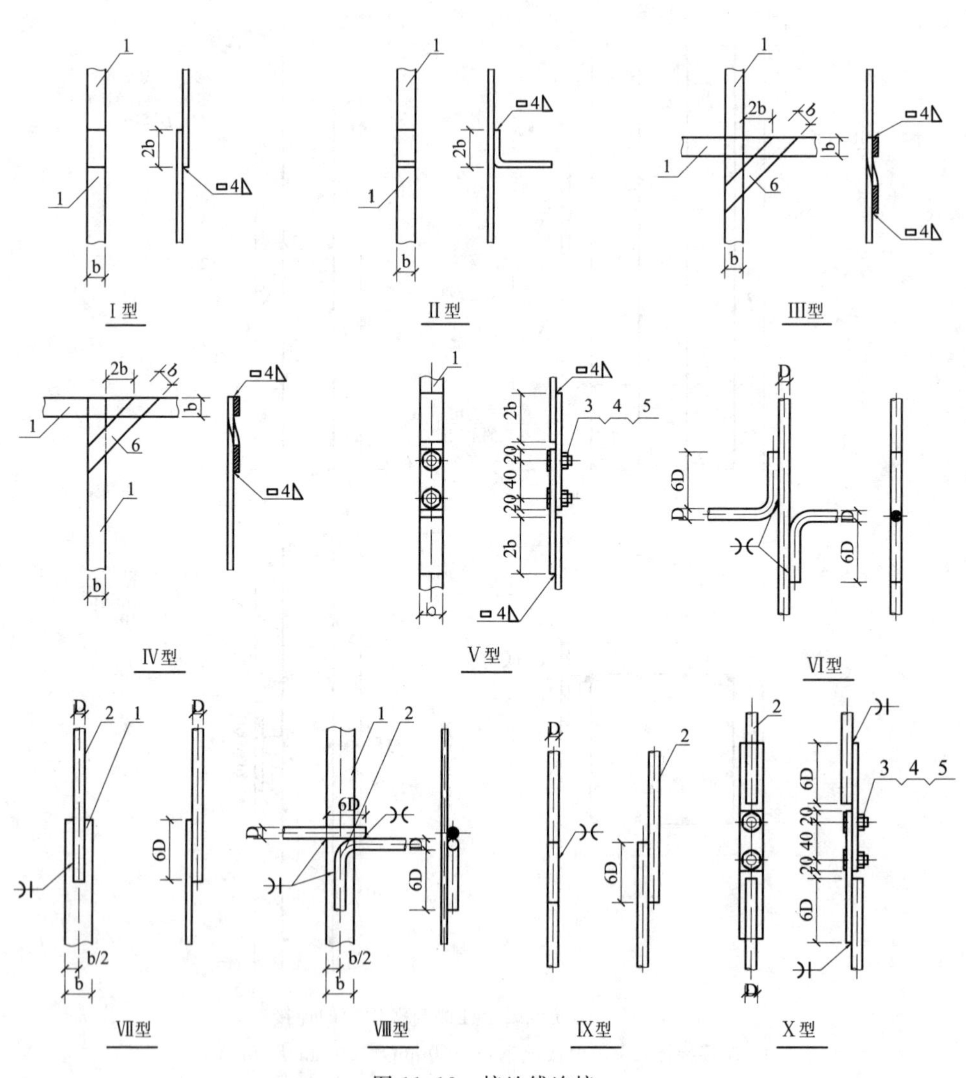

图 11.18　接地线连接

1. 接地线(扁钢);2. 接地线(圆钢);3,4,5. 螺栓;6. 连接导体(扁钢)

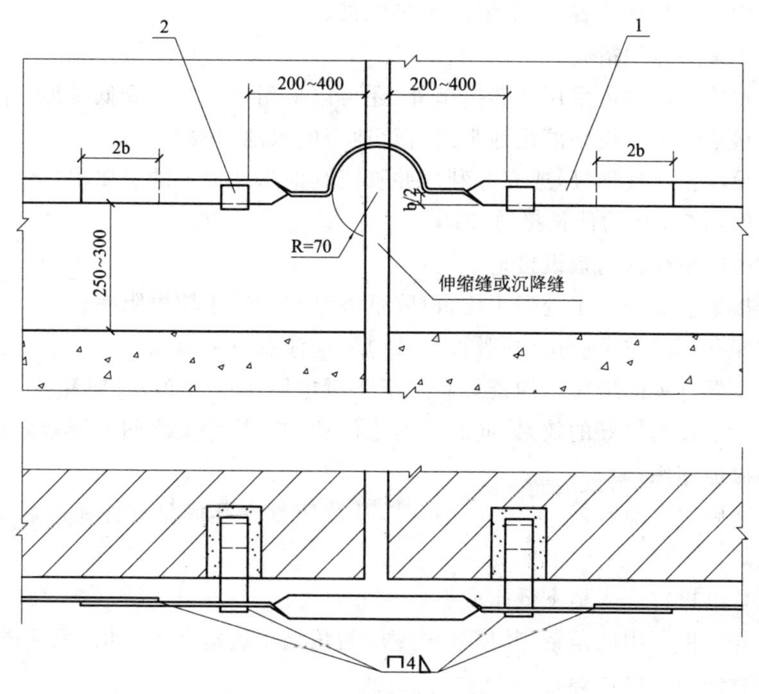

图 11.19　接地线通过伸缩缝的做法

1. 接地线(扁钢);2. 固定钩

11.2.4　接地电阻的改善

采取下列方法降低接地电阻：

(1)将垂直接地体深埋到低电阻率的土壤中或扩大接地体与土壤的接触面积。

(2)置换低电阻率土壤。

(3)采用降阻剂或新型接地材料。

(4)在永冻土地区和采用深孔(井)技术的降阻方法,应符合《GB 50169—2016 电气装置安装工程　接地装置施工及验收规范》中以下 3 条的规定。

①在高土壤电阻率地区,接地电阻很难达到要求时,可采用以下措施降低接地电阻：

1)在变电站附近有较低电阻率的土壤时,可敷设引外接地网或向外延伸接地体;

2)当地下较深处的土壤电阻率较低时,可采用井式或深钻式深埋接地极;

3)填充电阻率较低的物质或压力灌注降阻剂等以改善土壤传导性能;

4)当利用自然接地体和外引接地装置时,应采用不少于 2 根导体在不同地点与接地网连接;

5)采用新型接地装置,如电解离子接地极;

6)采用多层接地措施。

②在永冻地区除可采用上述措施外,还可以采用以下措施降低接地电阻:

1)将接地装置敷设在溶化地带或溶化地带的水池或水坑中;

2)敷设深钻式接地极,或充分利用井管或其他深埋地下的金属构件做接地极,还应敷设深度约0.5m的伸长接地极;

3)在房屋溶化盘内敷设接地装置;

4)在接地极周围人工处理土壤,以降低冻结温度和土壤电阻率。

③在深孔(井)技术应用中,敷设深井电极应注意以下事项:

1)应掌握有关的地质结构资料和地下土壤电阻率的分布,以使深孔(井)接地能在所处位置上收到较好的效果;同时要考虑深孔(井)接地极之间的屏蔽效应,以发挥深孔(井)接地作用;

2)在坚硬岩石地区,可考虑深孔爆破,让降阻剂在孔底呈立体树枝状分布,以降低接地电阻;

3)深井电极宜打入地下低阻底层1～2m;

4)深井电极所用的角钢,其搭接长度应为角钢单边宽度的4倍,钢管搭接宜加螺纹套拧紧后两边口再加焊;

5)深井电极应通过圆钢(与水平电极同规格)就近焊接到水平网上,搭接长度为圆钢直径的6倍。

(5)采用多根导体外引,外引长度不应大于《GB 50057—2010 建筑物防雷设计规范》中规定的有效长度。

(6)当接地装置仅用于防雷保护时,且当地土壤电阻率较高,难以达到设计要求的接地电阻值时,可按相关规范及使用要求放宽接地电阻值,通过其他措施弥补降阻效果的不足。

11.3 引下线施工

11.3.1 引下线的安装要求

引下线上应无其他电气线路附着,在通信塔或其他高耸金属构架起接闪作用的金属物上敷设电气线路时,应采用直埋于土壤中的铠装电缆或穿金属管敷设的导线。电缆的金属护层或金属管两端接地,埋入土壤中的长度大于10m。

第二类、第三类防雷建筑物为钢结构或钢筋混凝土建筑物时,钢构件或钢筋之间的连接满足11.2.3节要求,并作为引下线,或垂直支柱起到引下线作用时,可不要求满足专设引下线之间的间距。

引下线不应敷设在下水管道内或排水槽沟内，安装中应避免形成环路。

11.3.2　引下线的安装

引下线根据使用特点以及建造规划可分为明装和暗装，无论明装或暗装引下线，均根据建筑物防雷类别，沿建筑物周围均匀布设，安装时与易燃材料的墙壁或墙体保温层间距应大于 0.1m。

11.3.2.1　暗装引下线

一般在土建施工中，利用建筑物柱内主筋作引下线，节约钢材，安全可靠。用结构柱内某一根或两根柱外侧主筋跟踪至女儿墙顶或接闪杆处，跟踪钢筋采用绑扎、焊接、机械连接等措施，绑扎连接的需用同截面的圆钢做跨接焊接，因跟踪钢筋从下到上连接一体，不需设断接卡或测试端子，若需设置测试端子则另焊一根圆钢引至柱(或外墙)外侧的墙体上，此端子可兼做附加人工接地装置的接地端子。

11.3.2.2　明装引下线

(1)引下线支架

直接从基础接地体或人工接地体引出的专用引下线，先按设计要求安装固定支架，每个固定支架应能承受 49N 的垂直拉力。焊接固定的焊缝应饱满无遗漏并做好防腐，螺栓固定有防松零件(垫圈)，固定支架的高度不宜小于 150mm，间距分布均匀，引下线和接闪导体固定支架的间距符合表 11.2 的要求。

表 11.2　引下线和接闪导体固定支架的间距

布置方式	扁形导体和绞线固定支架的间距(mm)	单根圆形导体固定支架的间距(mm)
安装于水平面上的水平导体	500	1000
安装于垂直面上的水平导体	500	1000
安装于从地面至高 20m 垂直面上的垂直导体	1000	1000
安装在高于 20m 垂直面上的垂直导体	500	1000

(2)引下线安装

以最短路径敷设到接地体，敷设应平正顺直、无急弯，当通过屋面挑檐板等处，在不能直线引下而要拐弯时，不能成锐角折弯，需做成曲率半径较大的拐弯。一般弯曲部分的线段长度应小于拐弯开口处距离的 10 倍，如图 11.20 所示。引下线通过挑檐板和女儿墙的做法如图 11.21。

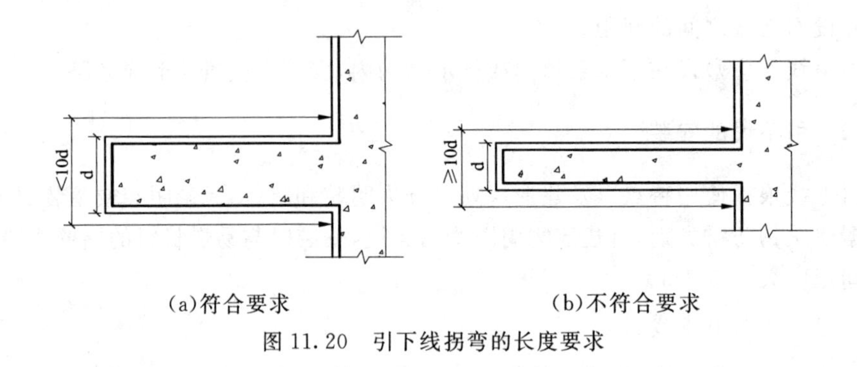

(a)符合要求　　(b)不符合要求

图 11.20　引下线拐弯的长度要求

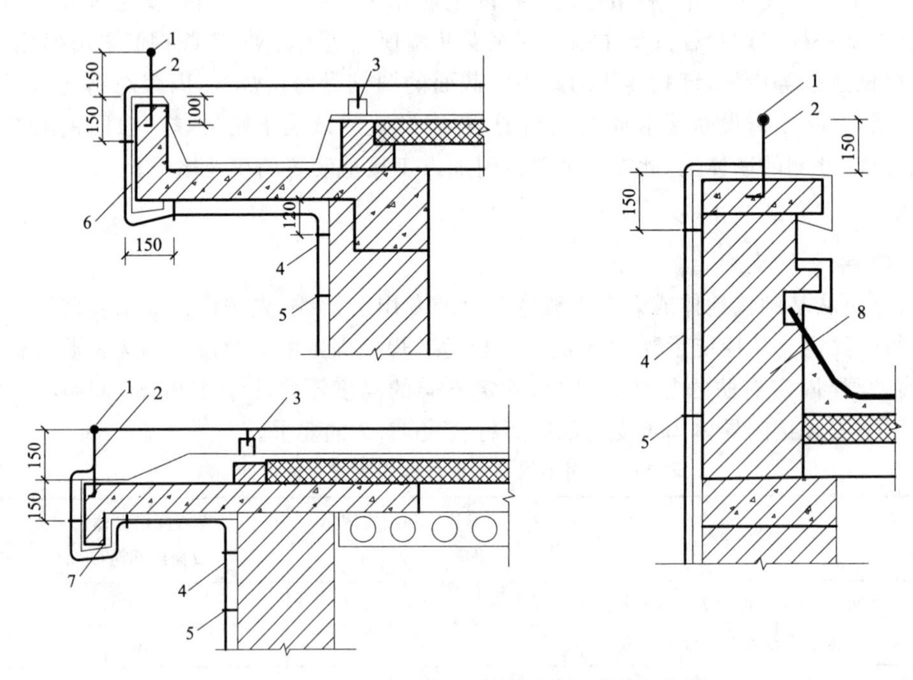

图 11.21　明装引下线经过挑檐板、女儿墙的做法

1. 接闪带；2. 支架；3. 混凝土支座；4. 引下线；5. 固定卡子；6. 现浇挑檐板；7. 预制挑檐板；8. 女儿墙

(3)引下线固定

当明装引下线的位置确定后，随着土建施工将支持卡预埋到预定的位置，引下线调直后，固定于埋设在墙体上的支撑卡子内，固定方法可用螺栓、焊接或卡固等。如引下线沿墙敷设时可用打入膨胀螺栓或采用混凝土预埋支撑卡，支撑卡与引下线的可用螺栓固定也可用焊接固定，图 11.22 提供了 9 种安装方式。

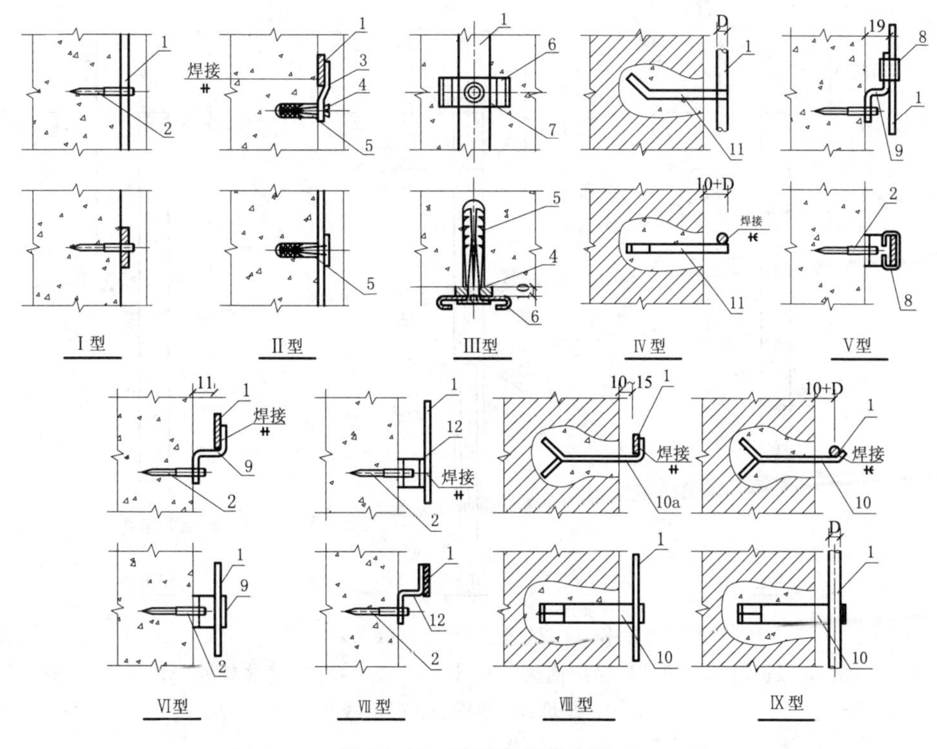

图 11.22　引下线固定安装

1. 接地线；2. 射钉；3. S 形卡子；4. 沉头螺钉；5. 塑料膨胀螺栓；6. 卡板；7. 垫片；8. 套卡；9. S 形卡子；10. 固定钩；11. 圆钢固定钩；12. 托板；13. 螺栓垫圈螺母

如引下线两端应分别与接闪器和接地装置做可靠的电气连接。接闪杆与接闪带与其引下线的焊接如图 11.23 和图 11.24。接闪杆与引下线的焊接长度如图 11.22。

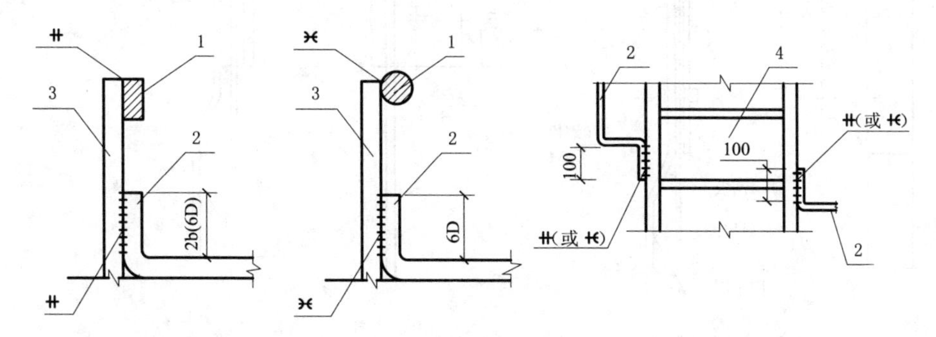

(a)扁钢(圆钢)引下线连接　(b)圆钢引下线连接　(c)借用爬梯做引下线连接

图 11.23　引下线固定(一)

1. 接闪器(扁钢、圆钢)；2. 引下线(镀锌扁钢或圆钢)；3. 支持卡(扁钢)；4. 钢爬梯

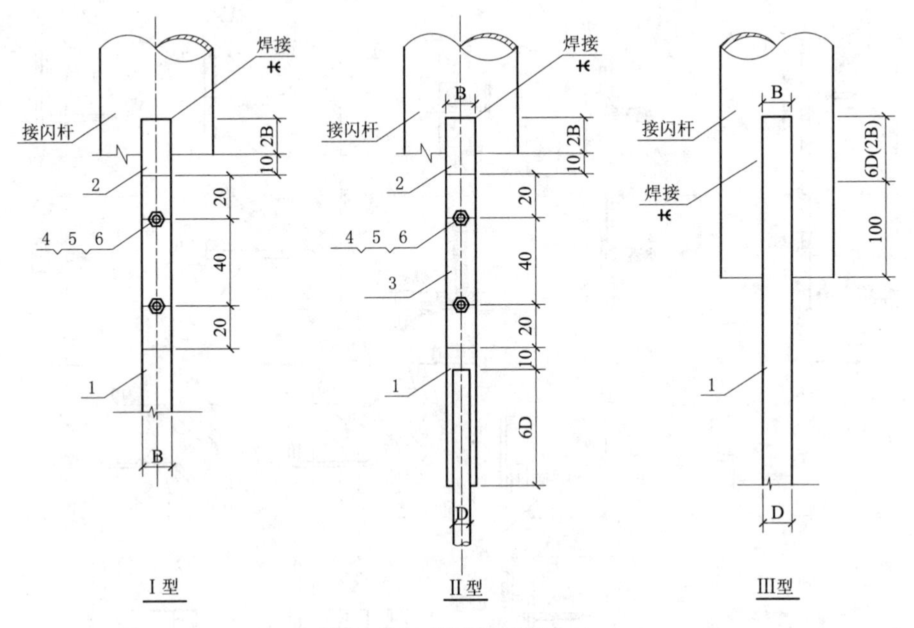

图 11.24　引下线固定(二)

1. 保护角钢 L40×4(保护槽板);2. 卡子(L25×4);3. 膨胀螺栓(M8);
4. 螺母;5. 垫圈;6. 引下线

如引下线沿与金属屋面的连接用螺栓连接,但不能直接将引下线与金属屋面连接,应通过垫板与屋面板连接,垫板与引下线需焊接固定,如图 11.25。

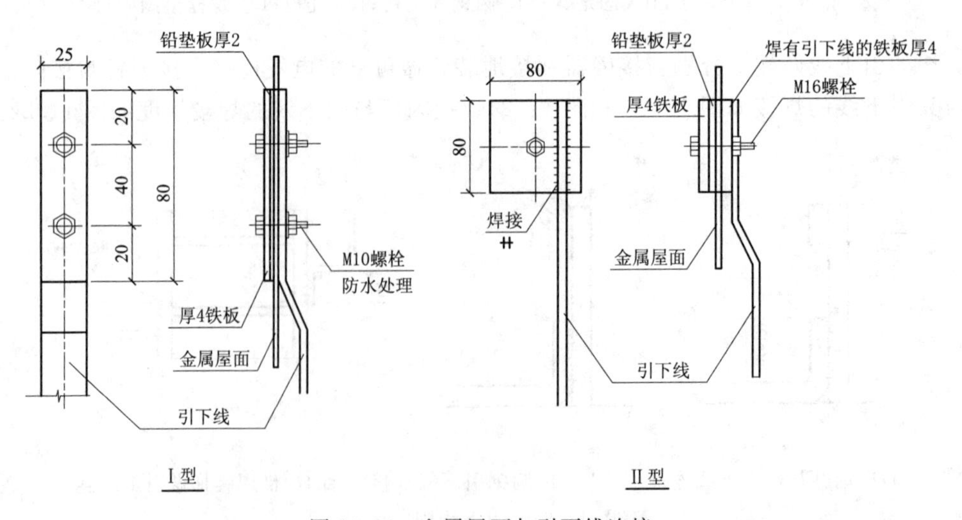

图 11.25　金属屋面与引下线连接

1. 保护角钢 L40×4(保护槽板);2. 卡子(L25×4);3. 膨胀螺栓(M8);4. 螺母;5. 垫圈;6. 引下线

(4)引下线保护

明装引下线在易受机械损伤之处，地面上 1.7m 至地面下 0.3m 的一段接地采用暗敷保护，也可用镀锌角钢，或改性塑料管或橡胶管等保护，并在每一根引下线距地面不低于 0.3m 处设置断接卡连接。采用钢管或镀锌角钢保护时，保护管的上下侧焊接跨接线与引下线连接成一个导体，当建筑物外的引下线敷设在人员可停留或经过的区域时，应采用下列方法，防止接触电压和旁侧闪络电压对人员造成伤害(图 11.26)。

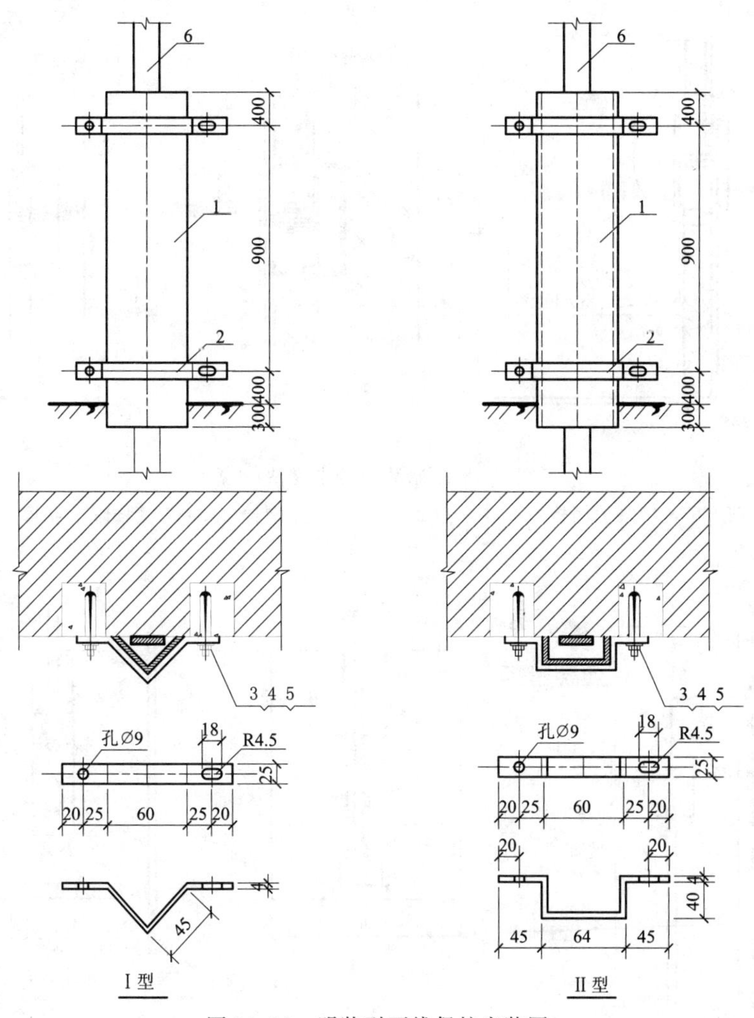

图 11.26　明装引下线保护安装图

1. 保护角钢 L40×4(保护槽板)；2. 卡子(L25×4)；3. 膨胀螺栓(M8)；4. 螺母；5. 垫圈；6. 引下线

①外露引下线在高 2.7m 以下部分穿不小于 3mm 厚并能耐受 100kV 冲击电压(1.2/50μs 波形)的交联聚乙烯管。

②设立阻止人员进入的护栏或警示牌,护栏与引下线水平距离不小于 3m。

11.3.2.3 断接卡的安装

采用多根专设引下线时,为便于测量接地电阻、检查维护引下线及接地线的连接状况,在距离地面 0.3～1.8m 之间装设断接卡。断接卡有明装和暗装。敷于墙内及沿墙敷设于抹灰层内的暗装引下线一般采用暗装断接卡,如图 11.27 和图 11.28。

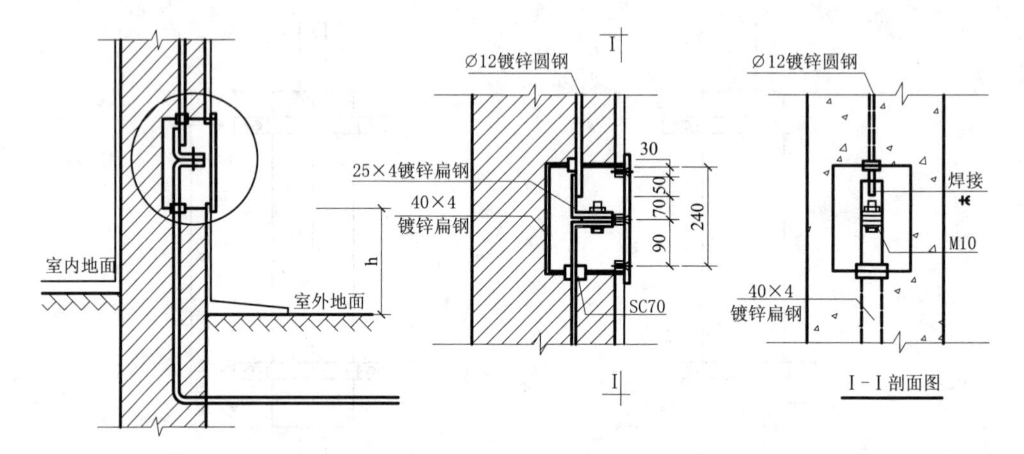

图 11.27 暗装断接卡做法(一)

1. 保护角钢 L40×4(保护槽板);2. 卡子(L25×4);3 膨胀螺栓(M8);4. 螺母;5. 垫圈;6. 引下线

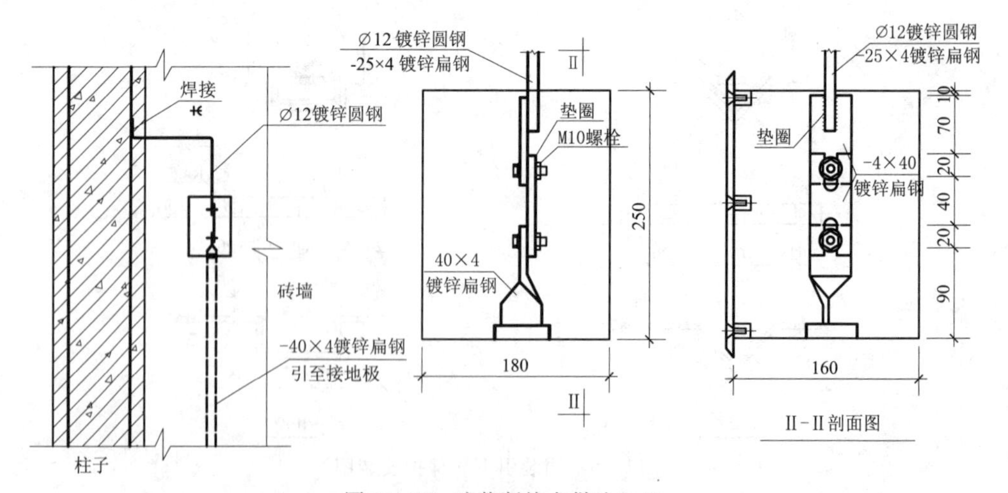

图 11.28 暗装断接卡做法(二)

1. 保护角钢 L40×4(保护槽板);2. 卡子(L25×4);3. 膨胀螺栓(M8);4. 螺母;5. 垫圈;6. 引下线

11.4　接闪器施工

11.4.1　接闪器安装工序

暗敷在建筑物混凝土中的接闪导线，在主筋绑扎或认定主筋进行焊接并做好标志后，应按设计要求施工，经检查确认隐蔽工程验收记录后再支模或浇捣混凝土。

明敷在建筑物上的接闪器应在接地装置和引下线施工完成后再安装，并与引下线电气连接。

独立接闪杆、接闪线的安装在基础完成后按钢结构施工工序进行。

11.4.2　接闪器安装要求

(1)建筑物顶部和外墙上的接闪器必须与建筑物栏杆、旗杆、吊车梁、管道、设备、太阳能热水器、门窗、幕墙支架等外露的金属物进行电气连接。

(2)接闪器的安装布置应符合工程设计文件的要求，并应符合现行国家标准《GB 50057—2010　建筑物防雷设计规范》中对不同类别防雷建筑物接闪器布置的要求。

(3)用接闪杆位置应正确，焊接固定的焊缝应饱满无遗漏，焊接部分防腐应完整。接闪导线应位置正确、平正顺直、无急弯。螺栓固定的应有防松零件。

(4)固定接闪导线的支架应牢固可靠，每个支架应能承受49N的垂直拉力，支架间距均匀。

(5)接闪器上不得附着其他电气线路或通信线、信号线，但有些情况下设计文件中的其他电气线路和通信线缆必须敷设在通信塔上时，做好绝缘、屏蔽及相应接地措施。

11.4.3　接闪器的加工

11.4.3.1　接闪杆加工

(1)钢结构塔架及钢管杆件采用标准化加工，现场组装，优先采用螺栓连接，焊接尽量在工厂完成，杆件做好热浸(镀)锌处理，若必须在现场焊接时，焊缝应进行防锈处理、螺栓、螺母、垫圈应采用镀锌处理。镀件厚度小于5mm时，锌层厚度不小于65μm(锌附着量不低于460g/m^2)；镀件厚度大于5mm时，锌层厚度不小于86μm(锌附着量不低于610g/m^2)；镀锌层的均匀性、附着性需抽样检验，不合格时重新加工。

(2)接闪杆支撑结构根据材料不同有杯型钢管、无缝钢管、焊接钢管、角钢组合塔、角钢焊接塔、圆钢焊接塔、钢筋混凝土杆等多种。接闪杆塔架及钢管支撑构件的加工参照国家建筑行业标准设计图集《GJBT 516 99D501-1—2002　建筑物防雷设施安装》。

(3)接闪杆的接闪端为半球状,其最小弯曲半径宜为 4.8mm,最大宜为 12.7mm。接闪杆(塔或线塔)应能承受 0.4kN/m² 或 0.7kN/m² 的基本风压,在经常发生台风和大于 11 级大风的地区,增大接闪杆的尺寸,在选择时应查询当地基本风压。

11.4.3.2 钢管支撑杆

12m 及以下接闪杆可用焊接钢管制作,其各节尺寸见表 11.3,制作方法如图 11.29,11m 以上、19m 以下可用环形钢管制作或直接用混凝土杆代替,对于超过 19m 的独立接闪杆见下节。

表 11.3 接闪杆杆体各节尺寸表

接闪杆高 H(m)		2.0	3.0	4.0	5.0	6.0	7.0
各节尺寸(mm)	A(0∅20)	2000	1500	1000	1500	1500	1500
	B(DN25)		1500	1500	1500	2000	1500
	C(DN40)			1500	2000	200	2000
	D(DN50)						2000
	E(DN70)						
接闪杆高 H(m)		8.0	9.0	10.0	11.0	12.0	
各节尺寸(mm)	A(0∅20)	1500	1500	1500	2000	2000	
	B(DN25)	1500	1500	1500	2000	2000	
	C(DN40)	2000	2000	2000	2000	2000	
	D(DN50)	3000	2000	2000	2000	3000	
	E(DN70)		2000	3000	3000	3000	

11.4.3.3 角钢支撑塔

接闪塔高度超过 19m 时,一般采用 20m,25m,30m,35m,40m 角钢支撑塔,每段 5m,接闪器高度 2m,角钢支撑塔可用螺栓组合或焊接,焊接塔制作时做好热变形处理,以保证安装的垂直偏差。图 11.30 为接闪塔组装图。接闪线塔与接闪塔不同点在于其顶端的接闪器不同,保护范围不同,接闪塔顶有接闪杆,可独立保护建筑物,而接闪线塔往往是一对塔的组合,接闪器是一条直径为 7.8mm 的钢绞线,保护范围往往较接闪塔大。

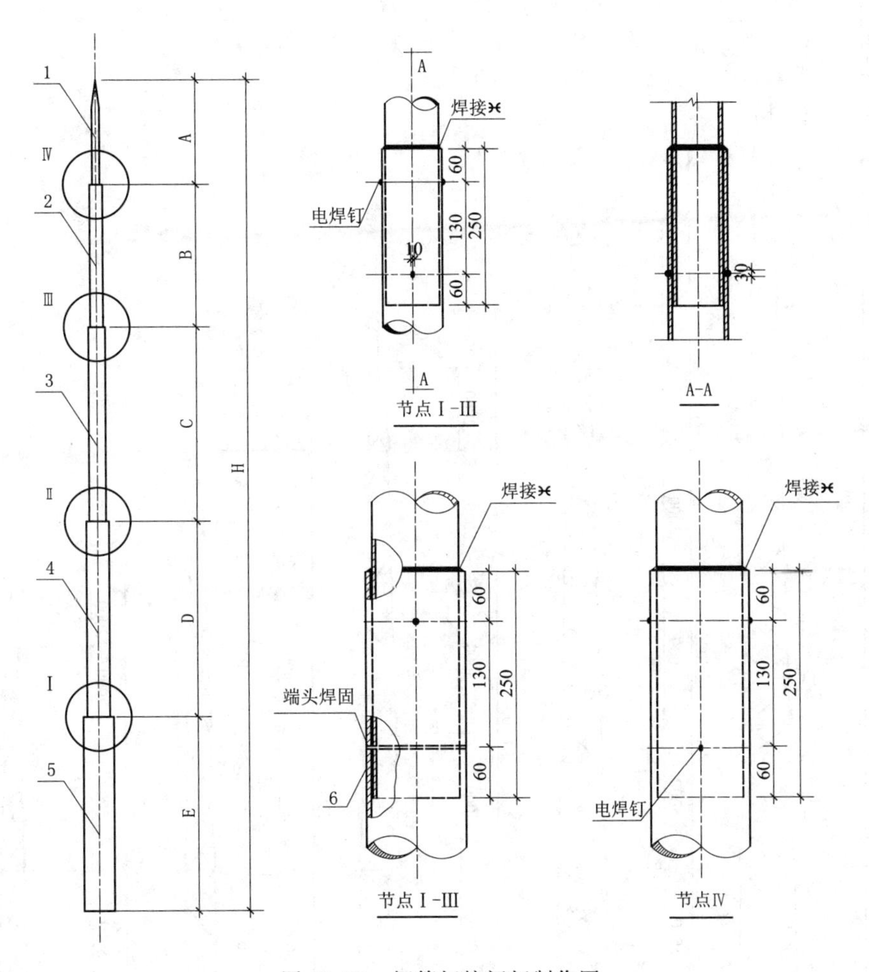

图 11.29　钢管杆接闪杆制作图

接闪塔制作时需考虑风压承受力，其基本风压有 0.4kN/m² 和 0.7kN/m² 两种，两种风压承载力下从地面到接闪器顶端每个部分的材料根据规格有所不同，如图 11.31 铁塔各段材料规格。塔体除用角钢焊接外，还可以用角钢组合、圆钢焊接等方式。

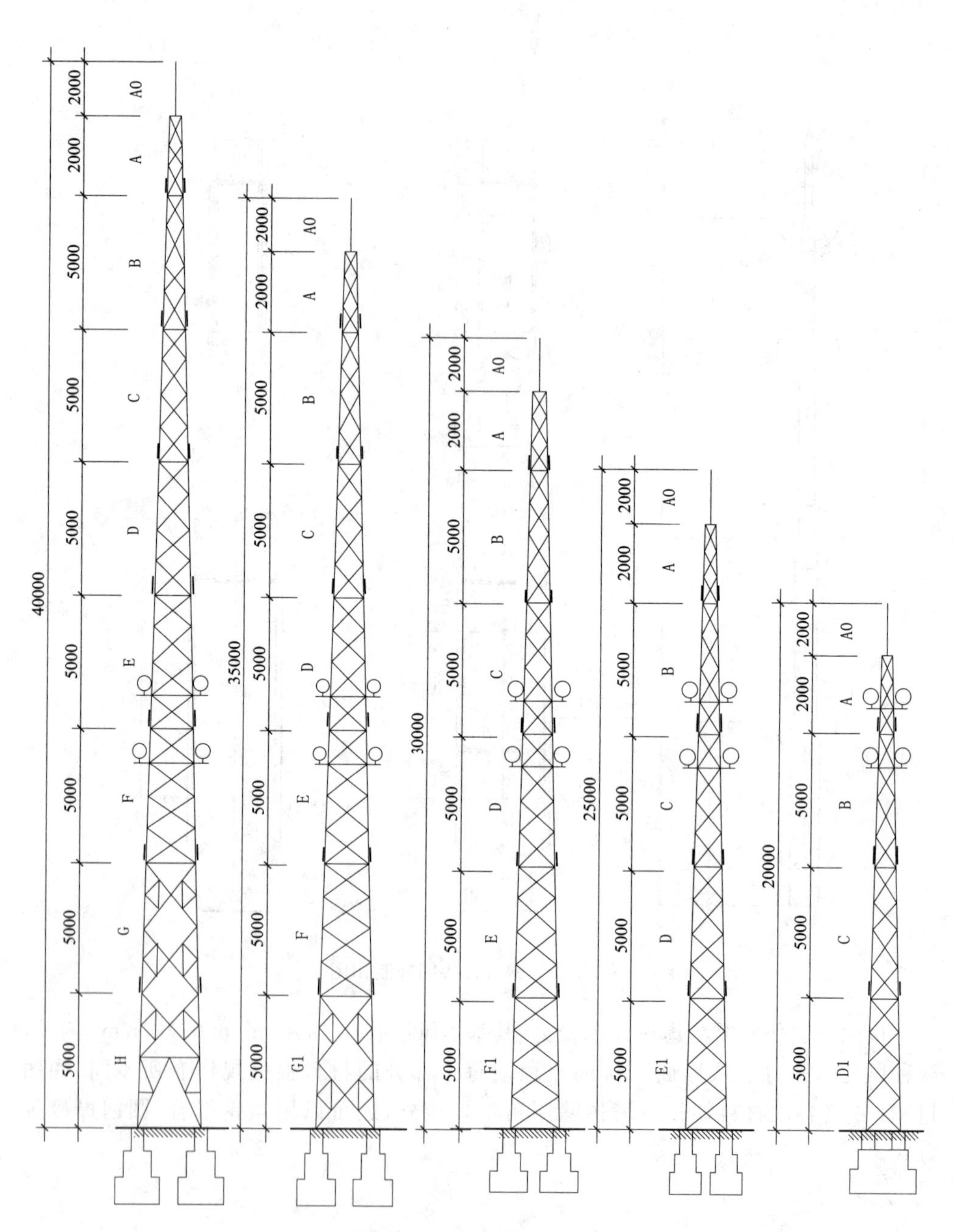

图 11.30　接闪塔组装图

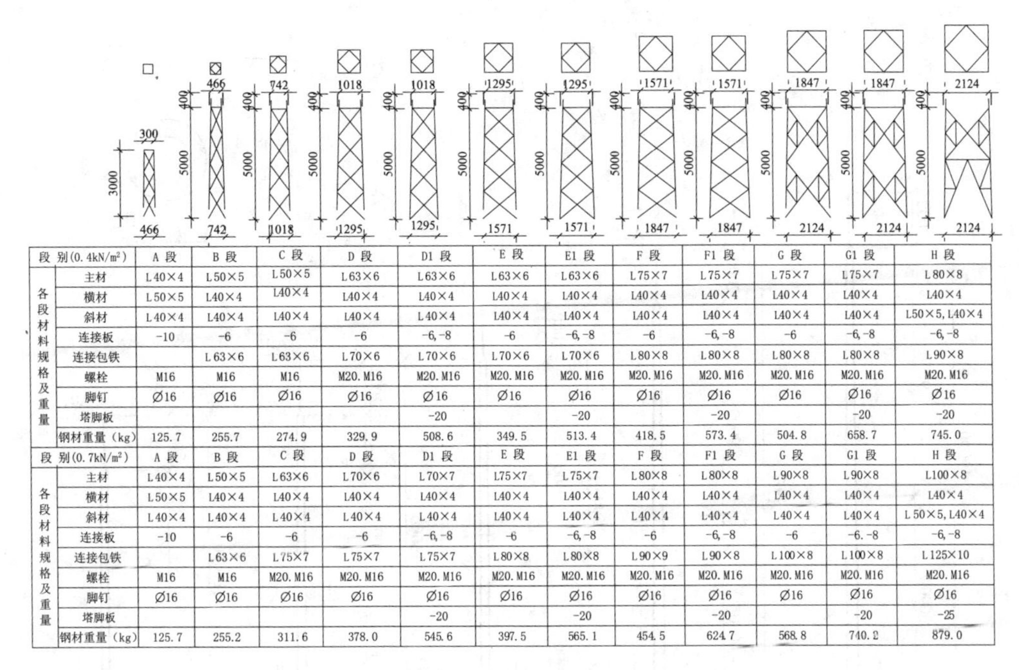

段别(0.4kN/m²)		A 段	B 段	C 段	D 段	D1 段	E 段	E1 段	F 段	F1 段	G 段	G1 段	H 段
各段材料规格及重量	主材	L40×4	L50×5	L50×5	L63×6	L63×6	L63×6	L63×6	L75×7	L75×7	L75×7	L75×7	L80×8
	横材	L50×5	L40×4	L40×4	L40×4	L40×4	L40×4	L40×4	L40×4	L40×4	L40×4	L40×4	L40×4
	斜材	L40×4	L40×4	L40×4	L40×4	L40×4	L40×4	L40×4	L40×4	L40×4	L40×4	L40×4	L50×5, L40×4
	连接板	-10	-6	-6	-6	-6, -8	-6	-6, -8	-6	-6, -8	-6	-6, -8	-6, -8
	连接包铁		L63×6	L63×6	L70×6	L70×6	L70×6	L70×6	L80×8	L80×8	L80×8	L80×8	L90×8
	螺栓	M16	M16	M16	M20. M16	M20. M16	M20. M16	M20. M16	M20. M16	M20. M16	M20. M16	M20. M16	M20. M16
	脚钉	Ø16	Ø16	Ø16	Ø16	Ø16	Ø16	Ø16	Ø16	Ø16	Ø16	Ø16	Ø16
	塔脚板					-20		-20		-20		-20	-20
	钢材重量（kg）	125.7	255.7	274.9	329.9	508.6	349.5	513.4	418.5	573.4	504.8	658.7	745.0
段别(0.7kN/m²)		A 段	B 段	C 段	D 段	D1 段	E 段	E1 段	F 段	F1 段	G 段	G1 段	H 段
各段材料规格及重量	主材	L40×4	L50×5	L63×6	L70×6	L70×7	L75×7	L75×7	L80×8	L80×8	L90×8	L90×8	L100×8
	横材	L50×5	L40×4	L40×4	L40×4	L40×4	L40×4	L40×4	L40×4	L40×4	L40×4	L40×4	L40×4
	斜材	L40×4	L40×4	L40×4	L40×4	L40×4	L40×4	L40×4	L40×4	L40×4	L40×4	L40×4	L50×5, L40×4
	连接板	-10	-6	-6	-6	-6, -8	-6	-6, -8	-6	-6, -8	-6	-6. -8	-6, -8
	连接包铁		L63×6	L75×7	L75×7	L75×7	L80×8	L80×8	L90×9	L90×8	L100×8	L100×8	L125×10
	螺栓	M16	M16	M20. M16	M20. M16	M20. M16	M20. M16	M20. M16	M20. M16	M20. M16	M20. M16	M20. M16	M20. M16
	脚钉	Ø16	Ø16	Ø16	Ø16	Ø16	Ø16	Ø16	Ø16	Ø16	Ø16	Ø16	Ø16
	塔脚板					-20		-20		-20		-20	-25
	钢材重量（kg）	125.7	255.2	311.6	378.0	545.6	397.5	565.1	454.5	624.7	568.8	740.2	879.0

图 11.31 铁塔各段材料规格

11.4.3.4 环形钢管支撑杆

环形钢管接闪杆是由钢板压型或折卷成型，材料一般为 Q235 钢，现场焊接时，焊条采用 E43 型，焊缝高度 $h=6$mm。焊接完成后涂刷红丹防锈漆 2 遍。图 11.32 为 11～19m 环形钢管支撑杆塔组装图。接闪器高度 2m，杆体制作时需考虑安装地的风压承受力，其基本风压有 0.4kN/m^2 和 0.7kN/m^2 两种，两种风压承载力下从地面到接闪器顶端每个部分的材料根据规格有所不同，如图 11.33 为 11～19m 各段材料规格。

11.4.3.5 钢筋混凝土支撑杆

钢筋混凝土环形杆直接订购，选择时查看其生产标准是否符合《GB 396—94 环形钢筋混凝土电杆》，并有检验合格书。接闪器高度 2m，用钢筋混凝土杆作为支撑的另专设引下线，且引下线还需间隔 1.5m 分段沿杆体固定，固定件一般用抱箍，抱箍距离地面 0.5m 开始自下而上根据杆体变化制作，引下线还需做绝缘保护，高度 2m，埋入地下 0.2m。

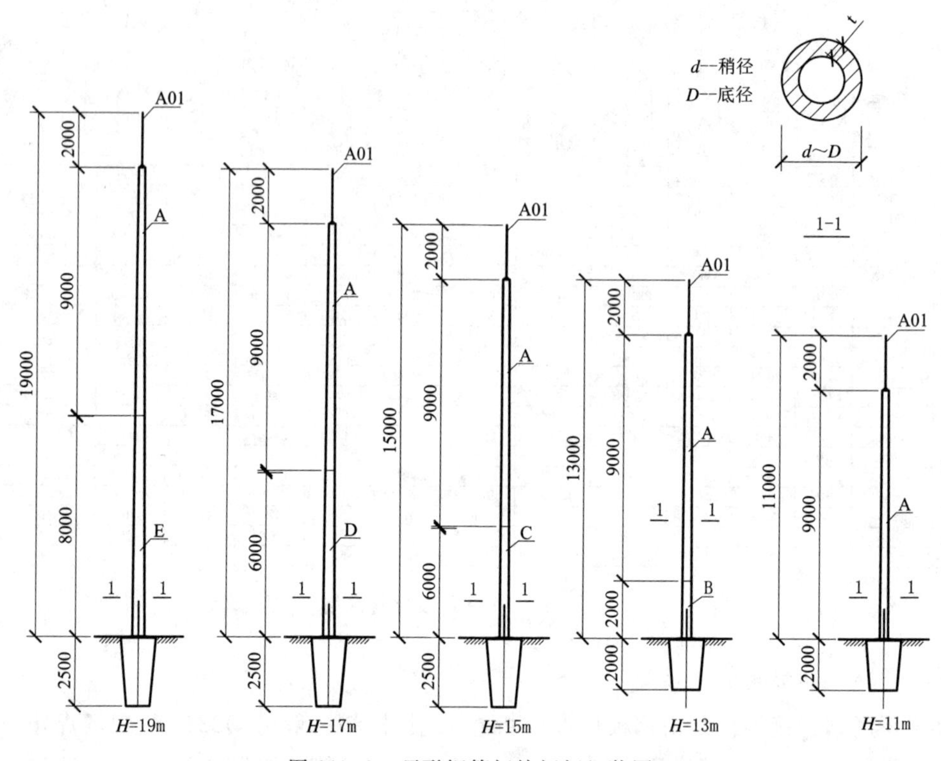

图 11.32 环形钢管杆接闪杆组装图

11.4.4 接闪器安装

11.4.4.1 接闪杆安装

接闪杆的安装方式有借助建筑结构体安装和独立安装两种方式。在建筑结构体上安装,有的在山墙、侧墙上安装,有的在屋面安装,在地面与建筑体分离的独立安装。在建筑体上安装尤其是在山墙上安装一般高度较低,侧墙上安装一般适用于30m标高以下,屋面上安装的接闪杆高度不宜超过12m,在屋面安装高度较高的接闪杆需对屋面基础进行荷载、抗震等验算后另行设计施工图,按施工图施工。

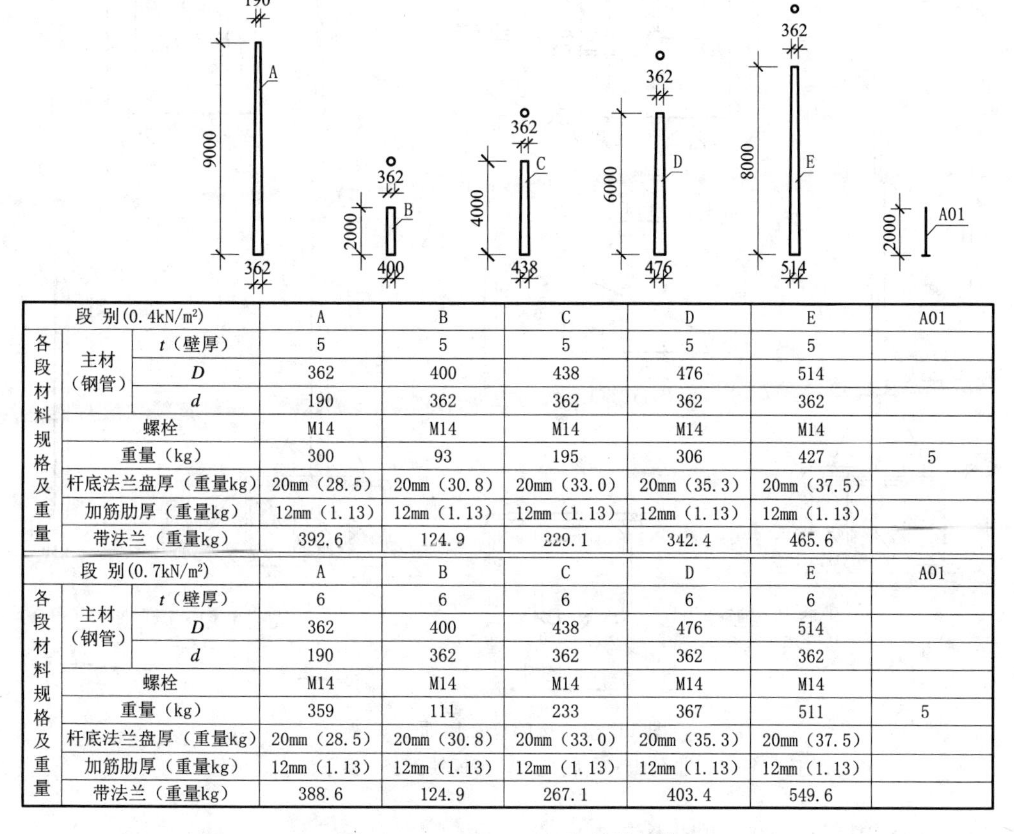

段别(0.4kN/m²)			A	B	C	D	E	A01
各段材料规格及重量	主材（钢管）	t（壁厚）	5	5	5	5	5	
		D	362	400	438	476	514	
		d	190	362	362	362	362	
	螺栓		M14	M14	M14	M14	M14	
	重量（kg）		300	93	195	306	427	5
	杆底法兰盘厚（重量kg）		20mm（28.5）	20mm（30.8）	20mm（33.0）	20mm（35.3）	20mm（37.5）	
	加筋肋厚（重量kg）		12mm（1.13）	12mm（1.13）	12mm（1.13）	12mm（1.13）	12mm（1.13）	
	带法兰（重量kg）		392.6	124.9	229.1	342.4	465.6	
段别(0.7kN/m²)			A	B	C	D	E	A01
各段材料规格及重量	主材（钢管）	t（壁厚）	6	6	6	6	6	
		D	362	400	438	476	514	
		d	190	362	362	362	362	
	螺栓		M14	M14	M14	M14	M14	
	重量（kg）		359	111	233	367	511	5
	杆底法兰盘厚（重量kg）		20mm（28.5）	20mm（30.8）	20mm（33.0）	20mm（35.3）	20mm（37.5）	
	加筋肋厚（重量kg）		12mm（1.13）	12mm（1.13）	12mm（1.13）	12mm（1.13）	12mm（1.13）	
	带法兰（重量kg）		388.6	124.9	267.1	403.4	549.6	

图 11.33　11～19m 各段材料规格

(1)接闪杆在屋面上安装

接闪杆在屋面上安装首先需确定安装位置，其接闪杆基础最好置于屋面梁之上，基础钢筋与屋面梁连接采用建筑中常用的绑扎或焊接，梁与基础由土建施工完成，使基础与梁形成一个统一整体。图 11.34 为接闪杆在屋面上安装。

对于扩建需要增加接闪杆的，需在屋面将保温隔热层下安装基础，使接闪杆基础落于屋面承重梁上。由于接闪杆高度不同，风荷载、抗震等要求不同，对于高度低，重量轻的接闪杆基础，可不需坐落于屋面梁之上，位置合适即可，但应有加固措施，比如拉绳等。

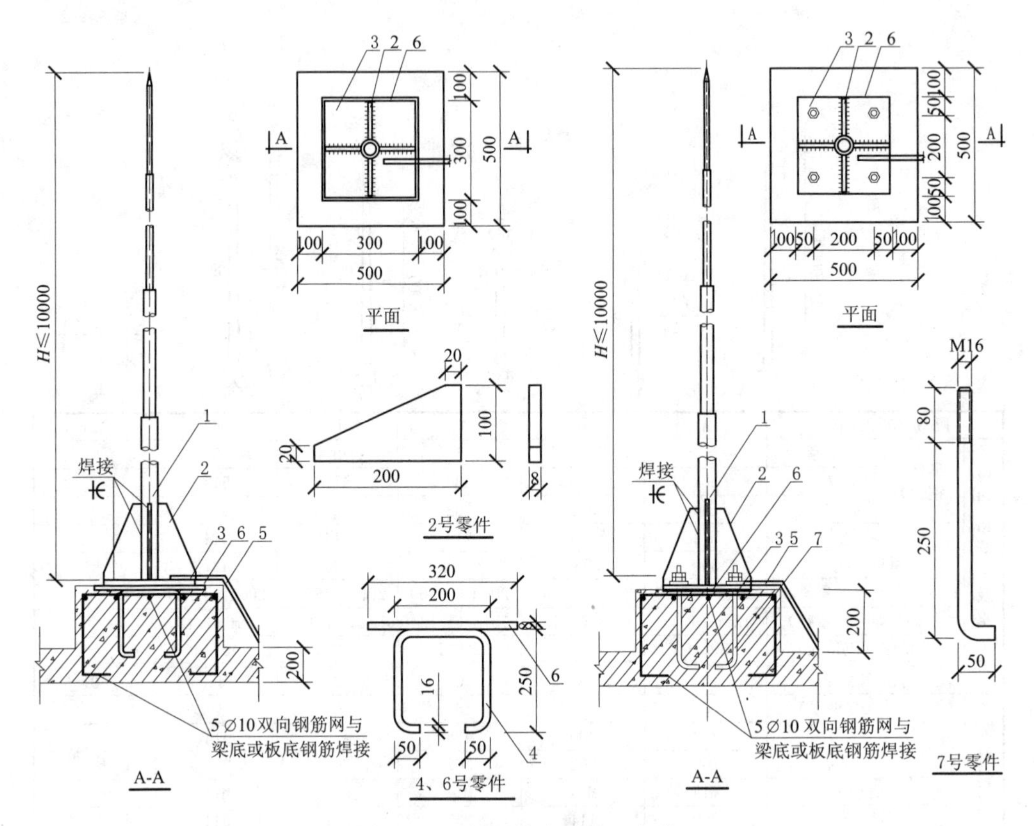

图 11.34　接闪杆在屋面上安装

1. 接闪杆；2. 加劲板；3. 底板；4. 底板铁脚；5. 引下线；6. 预埋板

(2)接闪杆在山墙、侧墙上安装

接闪杆在山墙和侧墙上的安装由土建方在砌筑墙体时将预埋件与墙体同时砌筑，形成整体，待墙体预埋件混凝土凝固后安装。

建筑物屋顶上的金属部件与接闪杆连接成一个整体，为了防止接闪杆接闪后雷电波沿导线传入室内，严禁在接闪杆上架设低压线路，电视、通信等信号线。设计文件中有其他电气线和通信线敷设在通信塔上时，线路应做屏蔽处理，并做好埋地及等电位连接措施。

(3)独立接闪杆(塔、线塔)安装

基坑开挖时，须注意勿扰动坑底及四周的土壤，并要防止雨水侵入，回填时必须分层夯实，保证经夯实的回填土达到天然状态的密实度。

现浇基础的混凝土强度达到 70%以上的设计强度后方可进行下一步施工。

基础顶面直接作为支承面或在基础顶预埋板作为支承面时，其支承面和地脚螺栓的允许偏差应符合表 11.4 的规定。

表 11.4　支撑面和地脚螺栓的允许偏差

项目		允许偏差(mm)
支承面	标高	±0.3
	水平度	$L/1000$
预埋地脚螺栓	中心偏移	±2

注：L 为支撑面最小宽度。

吊装前应清除构件表面上的油污、冰雪、泥沙和灰尘等杂物。

钢架构安装前，应对钢构件进行检查，构件的变形缺陷超出允许偏差时，应进行质量处理。

钢结构塔安装采用散装构件拼装，每个塔节为一独立单元，独立单元的全部钢构件安装完毕后，应形成空间钢架单元。

同一流水作业段，同一安装高度的一节柱，当各柱和全部构件安装、校正、连接完毕并验收合格后，方可从地面或楼面上放上一节柱的定位轴线，以此类推。

各构件的连接头，应经检查合格后方可紧固。

永久性普通螺栓拧紧后，外露螺纹不应小于两个螺距，螺栓孔不得采用气割扩孔和冲孔。

立塔过程中，必须用经纬仪严格监视铁塔中心线倾斜度，使其保证塔的倾斜度不大于 H(主塔)/1000，塔身每段上下两平面中心线的偏差不大于 H(节点高)/750。

安装于高层建筑屋顶的环形钢管接闪杆其底座与屋面构件的连接、锚固，以及其他防雷装置与建筑物的连接均应按照设计施工图进行。

①环形钢管杆独立接闪杆基础

此类基础为基本风压 11～19m 独立接闪杆基础，深度 h，杆高 11～13m 时，深度为 2m，14～19m 深度为 2.5m。垫层为 C10 混凝土，基础用 C20 混凝土，基坑四周土壤开挖时切勿扰动，如有在回填时必须分层夯实。如图 11.35 环形钢管接闪杆基础大样。

②钢筋混凝土环形杆接闪杆基础

钢筋混凝土环形杆一般采用 GB-Y(BY)型标准电杆，接闪杆 11m，13m 基础埋深 2m；14m，15m，17m，19m 基础埋深 2.5m。基础埋深、杆高以及钢筋混凝土杆的底部直径决定了卡盘和底盘的尺寸。基地用 100mm 厚 C10 素土夯实，基坑开挖勿扰动土壤侧壁。

基础底座底盘以及卡盘大样如图 11.36，底盘与卡盘均采用 C20 混凝土预制，U 型抱箍均采用热镀锌，并配螺帽和垫圈。DP8 底盘用∅8 钢筋，吊环用∅6 钢筋；KP8

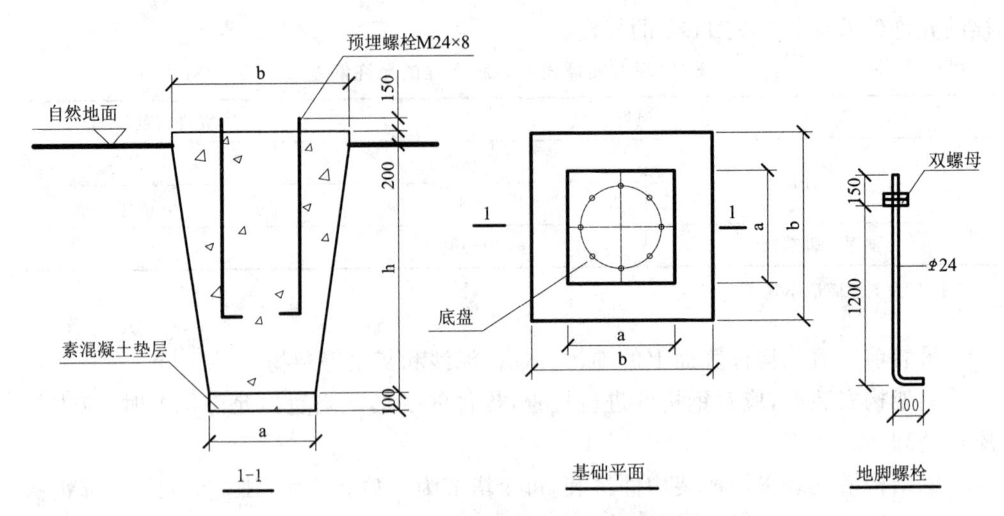

图 11.35　环形钢管接闪杆基础大样图

主钢筋∅8 钢筋，箍筋∅6 钢筋；KP10 主钢筋∅10 钢筋，箍筋∅6 钢筋；KP12 主钢筋∅12 钢筋，箍筋∅6 钢筋；U 型抱箍采用∅18 钢筋，并车丝扣。混凝土杆高度不同其底盘/卡盘尺寸不同，在选择时根据下端杆尺寸选择适合的卡盘/底盘尺寸，见表 11.5。图 11.37—图 11.40 是基础卡盘/底盘制作大样图。

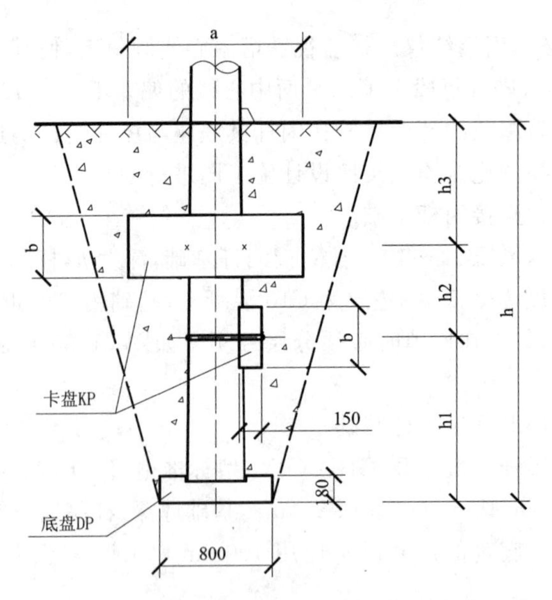

图 11.36　钢筋混凝土环形接闪杆基础大样图

表 11.5　卡盘/底盘尺寸表

序号	型号	R	b	c	卡盘/底盘处主杆外径
1	KP8-2	160	307	152	289～321
2	KP8-3	185	285	177	333～369
3	KP8-4	188	288	180	369～375
4	KP10-4	208	362	200	390～415
5	KP12-4	208	362	200	390～415
6	DP8-1	180	220		303～337
7	DP8-2	205	195		350～390
8	DP8-3	225	175		410～430

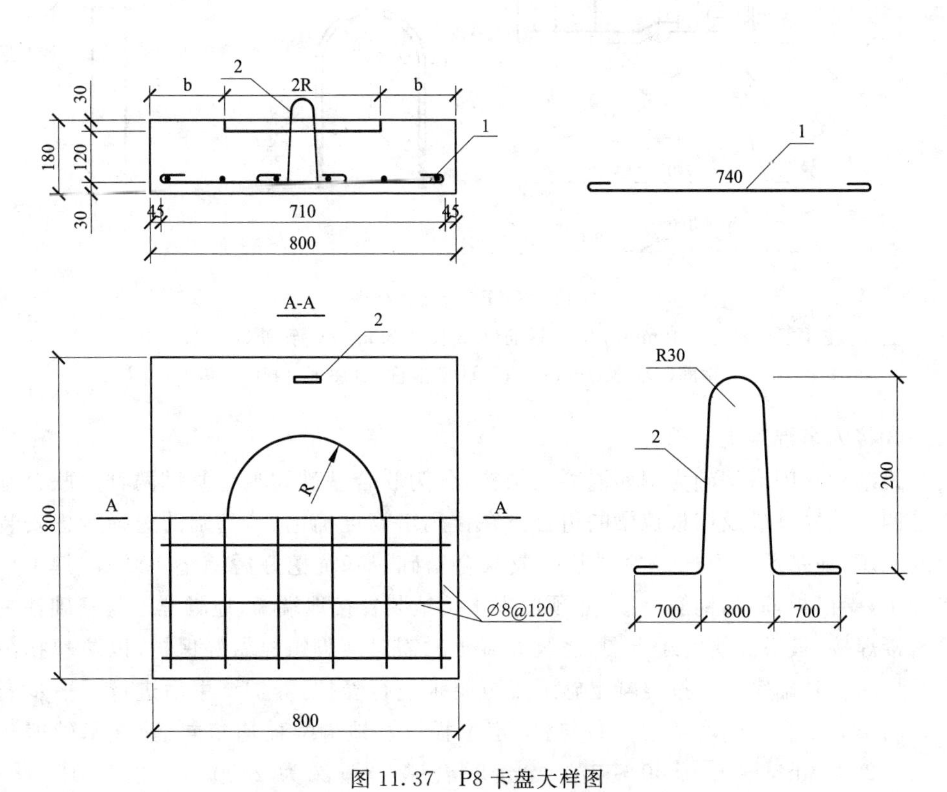

图 11.37　P8 卡盘大样图

1. 钢筋(∅8 长 840mm);2. 吊环(∅6 长 650mm)

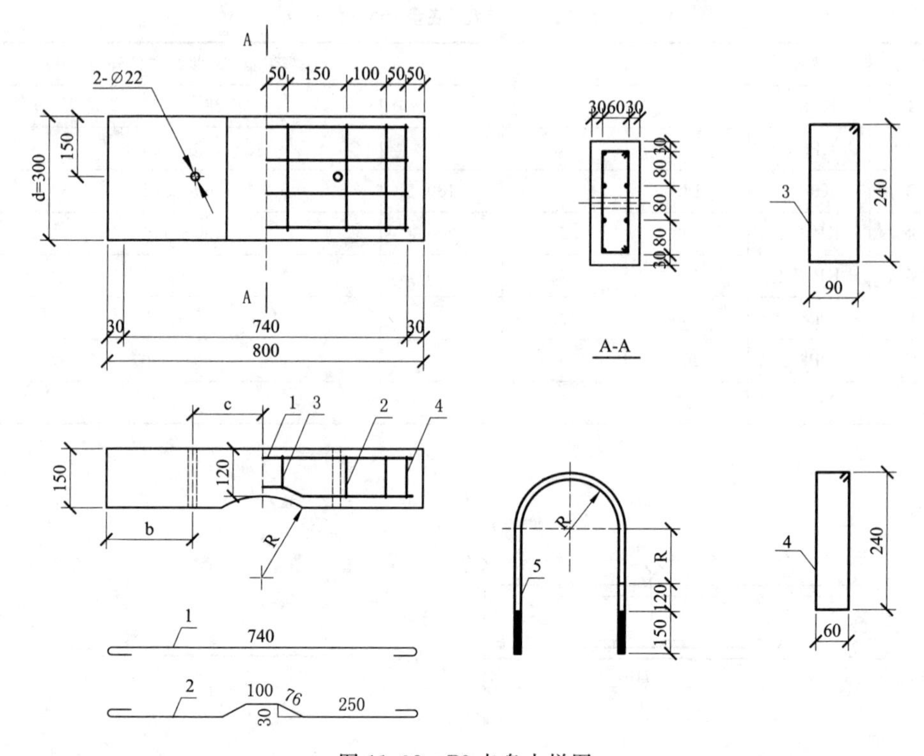

图 11.38　P8 卡盘大样图

1. 主钢筋(∅8 长 840mm);2. 主钢筋(∅8 长 852mm);3. 箍筋(∅6 长 700mm);
4. 箍筋(∅6 长 760mm);5. U 型抱箍(∅18 长 1460mm)

③接闪塔混凝土基础

钢结构接闪塔基础为钢筋混凝土结构,分为联合基础和独立基础两种。联合基础是四个独立基础及四根拉梁的组合。在接闪塔高度确定后,基础的选择考虑安装地的风压、地基承载力选择独立基础或联合基础。基坑挖好后铺垫 100mm 厚 C10 混凝土,支模板,底层钢筋焊接,并预留人工接地装置接地端子,地脚螺栓与基础柱主筋搭接焊接,最后浇筑混凝土图,浇筑混凝土时需对地脚螺栓做好保护,以防丝扣污染或损坏。基础完成后按混凝土施工规范要求进行养护,养护结束后进行下一步安装。图 11.41 为接闪塔基础,(a)与(b)定位板以及地脚螺栓均相同,独立基础埋深 2400～2900mm,根开 1500～2700mm,联合基础埋深为 2400mm,根开 1295～1800mm,埋深与根开均与塔高、风压、承载力有关。接闪线塔也选用图 11.41 基础,其埋深、根开的选择由于接闪线承受的风阻大于独立接闪塔,所以选择时还需考虑接闪线引起的风阻及重量产生的荷载。

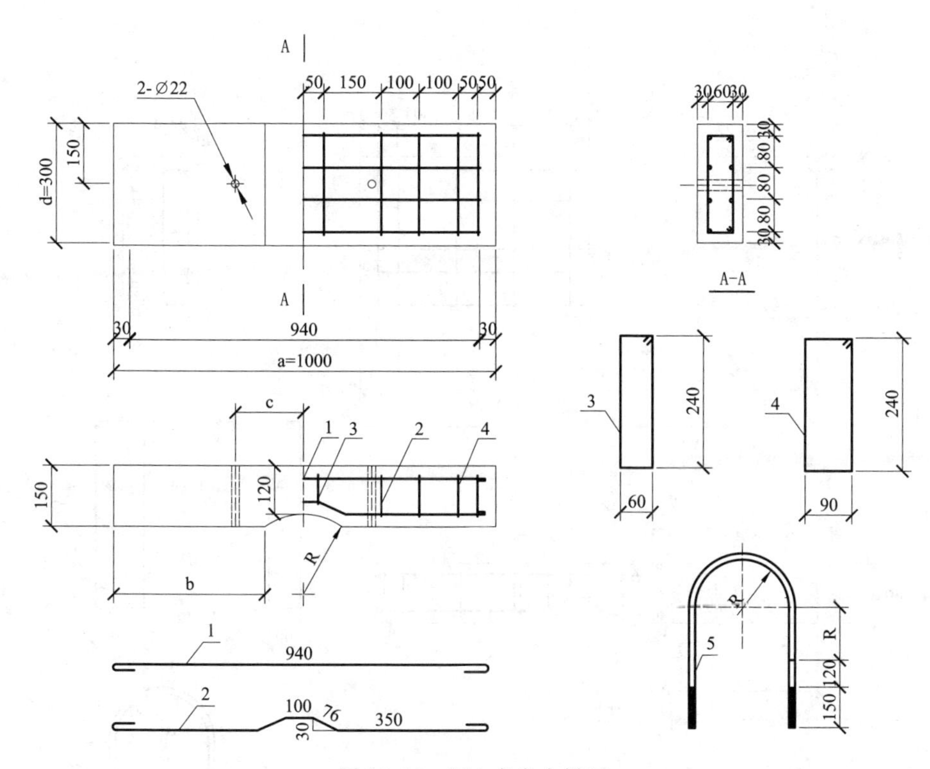

图 11.39　P10 卡盘大样图

1. 主钢筋(∅10 长 1070mm);2. 主钢筋(∅10 长 1082mm);3. 箍筋(∅6 长 700mm);
4. 箍筋(∅6 长 760mm);5. U 形抱箍(∅18 长 1460mm)

11.4.4.2　接闪带安装

(1)明装接闪带(网)安装

接闪带适用于安装在建筑物的屋脊、屋檐(坡屋面)或屋顶边缘及女儿墙(平屋顶)等处,对建筑物易受雷击部位进行重点防护。

①接闪带在屋面混凝土支座上安装

接闪带(网)的支座可以在建筑物屋面面层施工过程中现场浇制,也可以预制再砌牢或与屋面防水层进行固定。混凝土支座设置,如图 11.42 所示。

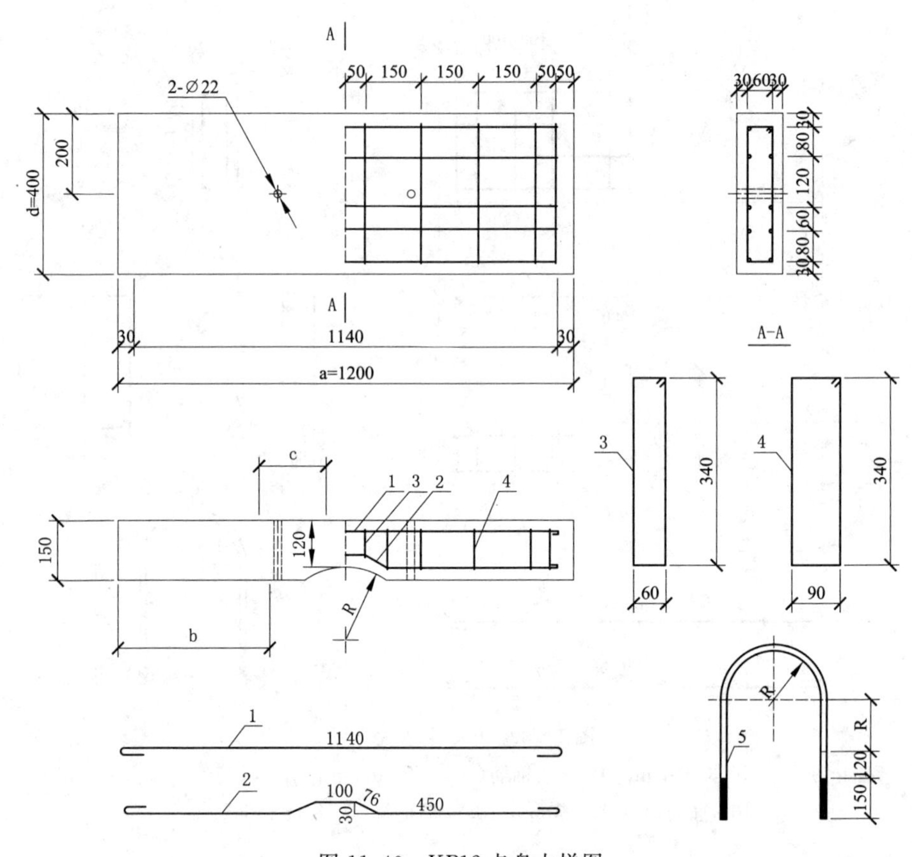

图 11.40 KP12 卡盘大样图

1. 主钢筋(∅12 长 1290mm);2. 主钢筋(∅12 长 1320mm);3. 箍筋(∅6 长 700mm);
4. 箍筋(∅6 长 760mm);5. U 形抱箍(∅18 长 1460mm)

屋面上支座的安装位置是由接闪带(网)的安装位置决定的。接闪带(网)距屋面的边缘距离不应大于 500mm。在接闪带(网)转角中心严禁设置接闪带(网)支座。

在屋面上制作或安装支座时,应在直线段两端点(即弯曲处的起点)拉通线,确定好中间支座位置,中间支座的间距为 1～1.5m,相互间距离应均匀分布,转弯处支座的间距为 0.5m。

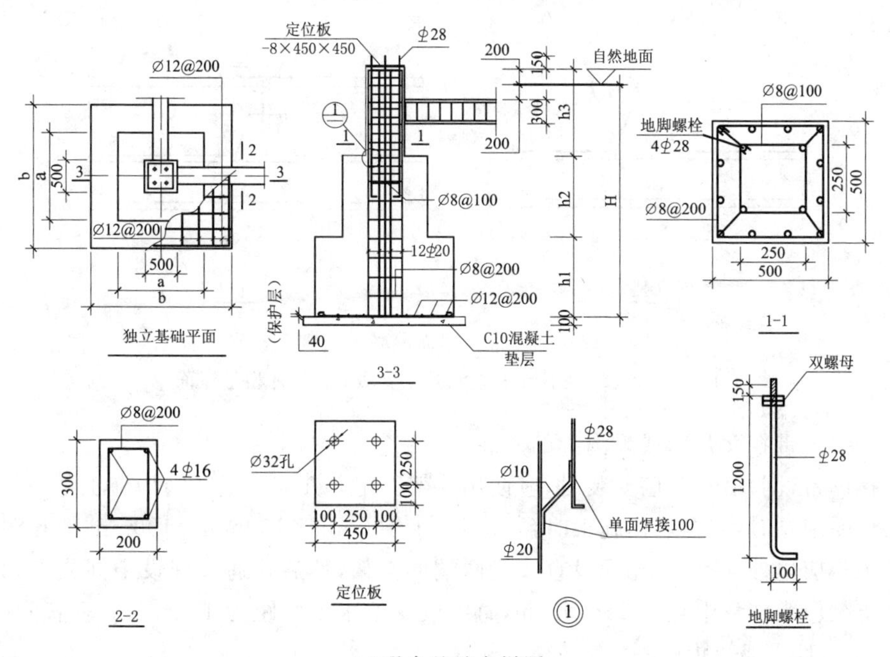

(a)联合基础大样图

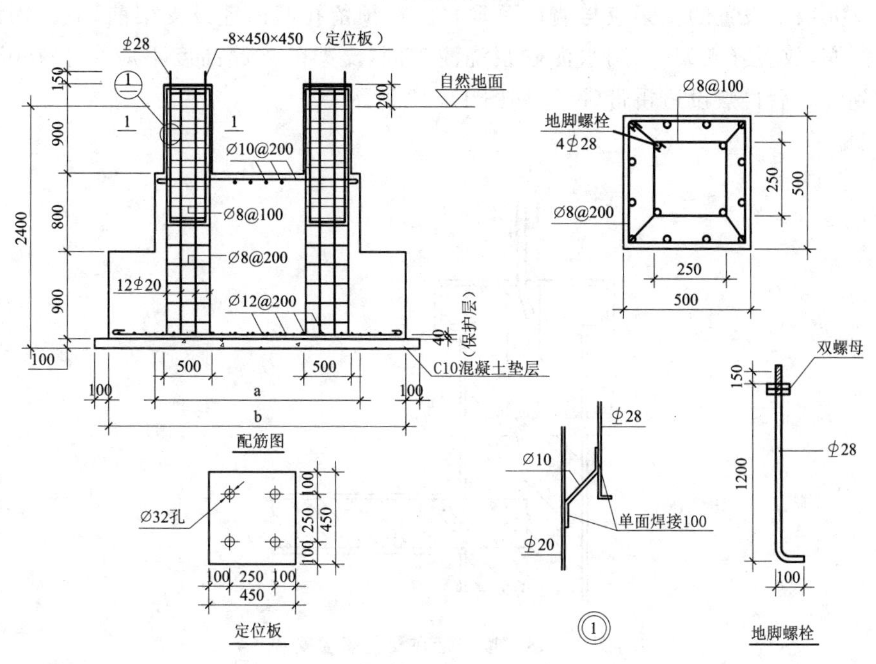

(b)独立基础大样图

图 11.41　避雷塔基础

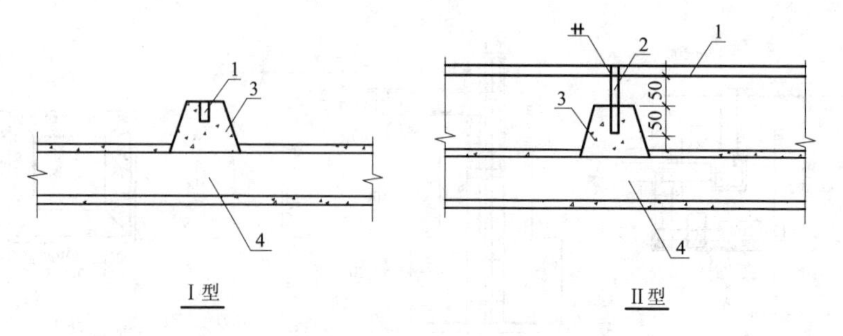

图 11.42　接闪带在屋面混凝土支座上安装

1. 接闪带；2. 支撑卡；3. 混凝土支墩；4. 各种型号屋面

②接闪带在女儿墙或天沟上的安装

接闪带(网)沿女儿墙安装时，应使用支架固定。并应尽量随结构施工预埋支架，当条件受限制时，应在墙体施工时预留不小于 100mm×100mm×100mm 的孔洞，洞口的大小应里外一致，首先埋设直线段两端的支架，然后拉通线埋设中间支架，其转弯处支架应距转弯中点 0.25～0.5m，直线段支架水平间距为 1～1.5m，垂直间距为 1.5～2m，且支架间距应平均分布。

女儿墙上设置的支架应与墙顶面垂直。在预留孔洞内埋设支架前，应先用素水泥浆湿润，放置好支架时，用水泥砂浆浇注牢固，支架的支起高度不应小于 150mm，待达到强度后再敷设避雷带(网)，如图 11.43 所示。

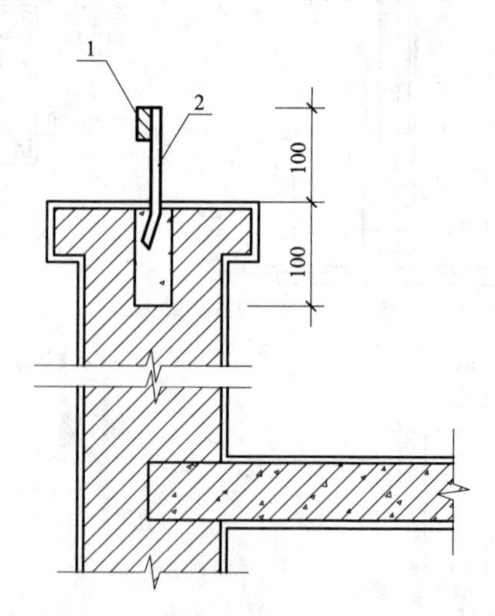

图 11.43　接闪带在女儿墙上安装

1. 接闪带；2. 支撑卡

接闪带(网)在建筑物天沟上安装使用支架固定时,应随土建施工先设置好预埋件,支架与预埋件进行焊接固定,如图 11.44 所示。

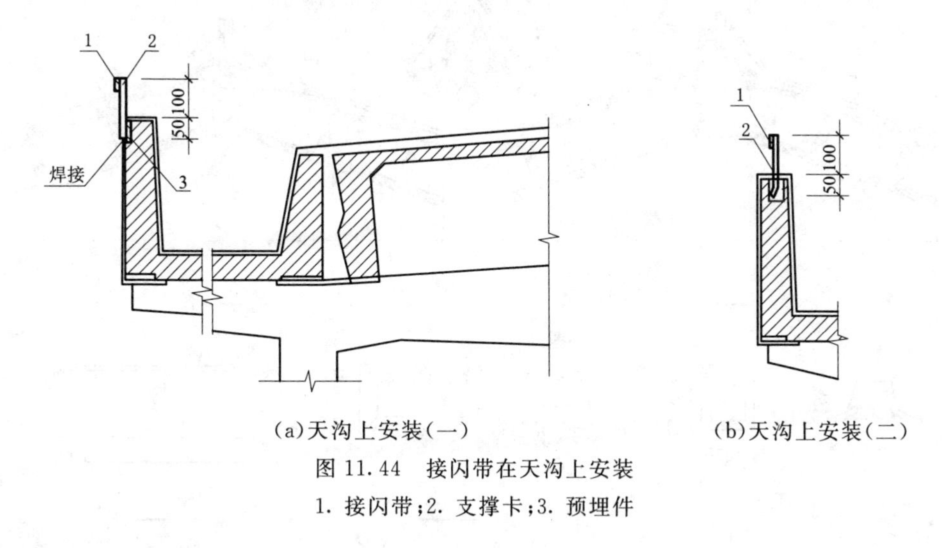

(a)天沟上安装(一)　　(b)天沟上安装(二)

图 11.44 接闪带在天沟上安装

1. 接闪带;2. 支撑卡;3. 预埋件

③接闪带在屋脊或檐口支座、支架上安装

接闪带在建筑物屋脊和檐口上安装,可使用混凝土支座或支架固定。使用支座固定接闪带时,应配合土建施工,现场浇制支座。浇制时,先将脊瓦敲去一角,使支座与脊瓦内的砂浆连城一体;如使用支架固定接闪带时,需用电钻将脊瓦钻孔,再用支架插入孔内,用水泥砂浆填塞牢固,如图 11.45 和图 11.46,在屋脊上固定支座和支架,水平间距为 1～1.5m,转弯处为 0.25～0.5m。接闪带沿坡形屋面敷设时,也应使用混凝土支座固定,且支座应与屋面垂直。

明装接闪带(网)应采用镀锌圆钢或扁钢制成。圆钢或扁钢在使用前,应进行调直加工。将调直后的圆钢或扁钢,运到安装地点,提升到建筑物的顶部,通顺平直地沿支座或支架的路径进行敷设。

在接闪带(网)敷设的同时,应与支座或支架进行卡固或焊接连成一体,并同防雷引下线焊接好。其引下线的上端与接闪带(网)的交接处,应弯曲成弧形再与接闪带(网)并齐进行搭接焊接。如接闪带沿女儿墙四周敷设时,不同平面的接闪带(网)应至少有两处互相连接,连接应采用焊接。

建筑物屋顶上的突出金属物体,如旗杆、透气管、铁栏杆、爬梯、冷却水塔、电视天线杆等,这些部位的金属导体都必须与接闪带(网)焊接成一体。接闪带(网)沿坡形屋面敷设时,应与屋面平行布置。

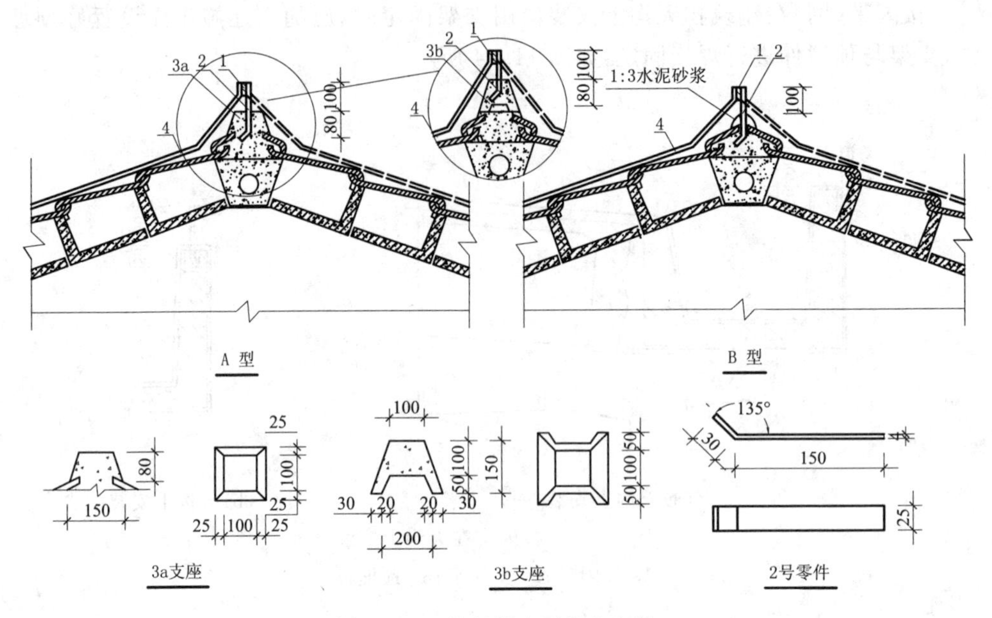

图 11.45　接闪带在屋脊上安装

1. 接闪带；2. 支架；3. 支座；4. 引下线

接闪带在 V 形折板上安装，可在折板上安装混凝土支墩。支座固定接闪带时，应配合土建施工，现场浇制。V 形折板钢筋做防雷装置，如图 11.47 所示。

④接闪带通过伸缩缝、沉降缝的做法

接闪带通过建筑物伸缩沉降缝处，应将接闪带向侧面弯成半径为 100mm 的弧形，且支持卡子中心距建筑物边缘距离减至 400mm，如图 11.48 所示。

安装好的接闪带（网）应平直、牢固，不应有高低起伏和弯曲现象，平直度每 2m 检查段允许偏差值不宜大于 3‰，全长不宜超过 10mm。

(2)暗装接闪带（网）安装

暗装接闪带（网）是利用建筑物内的钢筋做接闪网，较明装接闪网美观，越来越被广泛使用，尤其是在工业厂房和高层建筑中应用较多。当采用暗敷时，作为接闪导线的钢筋施工应符合《GB 50204—2015　混凝土结构工程施工质量验收规范》的规定。

①利用建筑物 V 形折板内钢筋做接闪网

建筑物有防雷要求时，可利用 V 形折板内钢筋做接闪网。折板插筋与吊环和网筋绑扎，通长筋应和插筋、吊环绑扎。折板接头部位的通长筋在端部预留钢筋头 100mm 长，便于与引下线连接。

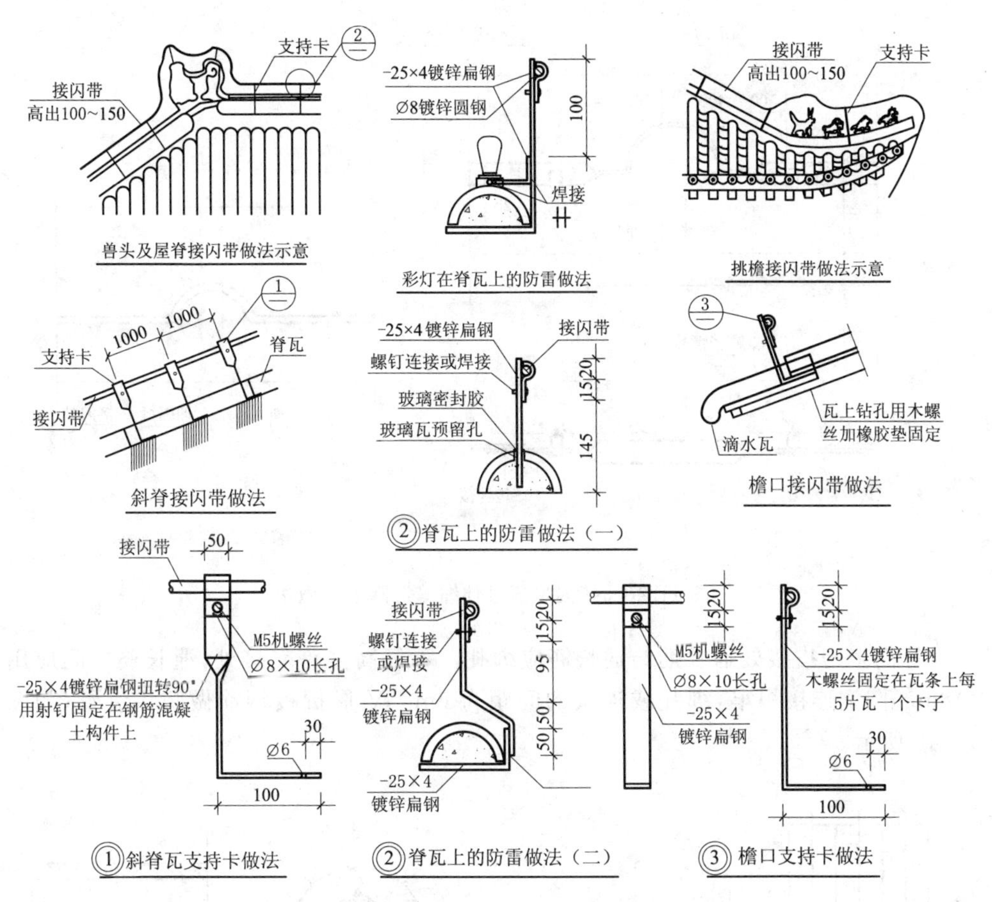

图 11.46　古建筑屋面接闪器做法

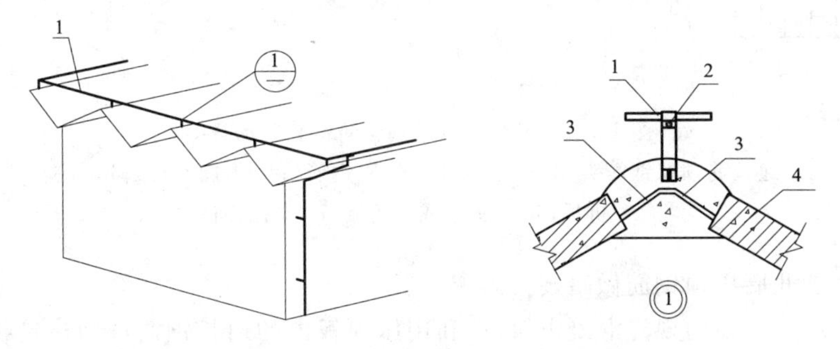

图 11.47　V 形折板钢筋作防雷装置示意图

1. 接闪带；2. 支持卡；3. 吊环(钢筋)；4. 折板

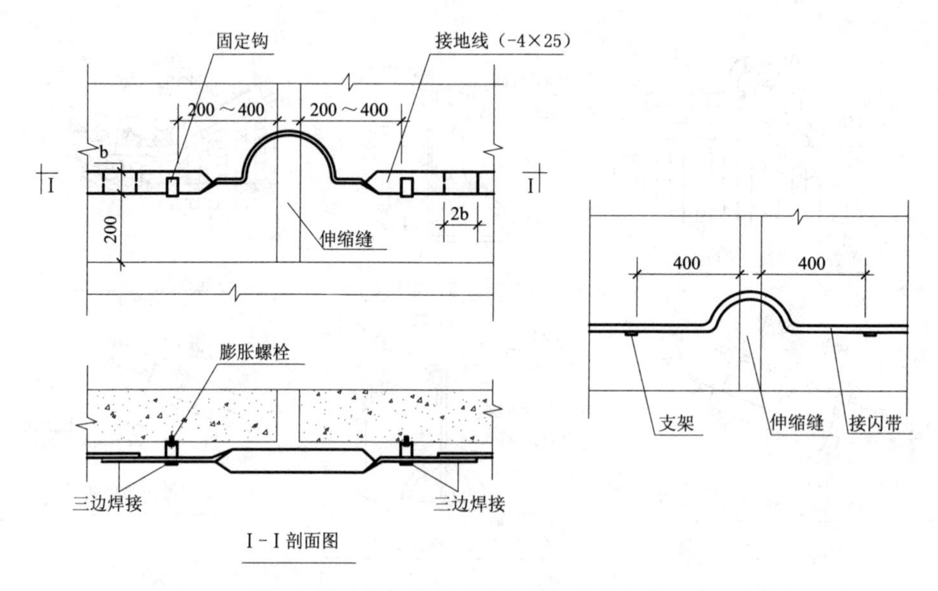

图 11.48　接闪带通过伸缩缝沉降缝的做法

等高多跨搭接处通长筋与通长筋应绑扎。不等高多跨交接处，通长筋之间应用∅8mm 圆钢连接焊牢，绑扎或连接的间距为 6m。V 形折板钢筋做防雷装置，如图 11.49 所示。

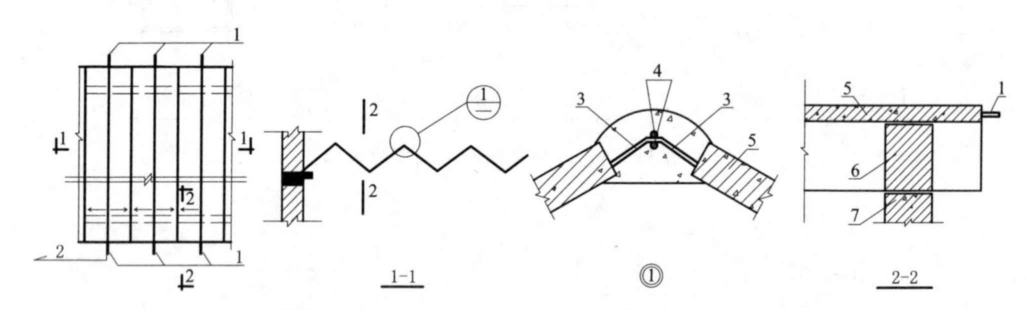

图 11.49　V 形折板钢筋作防雷装置示意图

1. 通长筋预留钢筋头；2. 引下线；3. 吊环(钢筋)；4. 附加通长∅6mm 筋；

5. 折板；6. 三脚架或三角墙；7. 支托构件

②用女儿墙压顶钢筋做暗装接闪带

女儿墙上压顶为现浇混凝土时，可利用压顶板内的通长钢筋作为建筑物的暗装接闪带，用女儿墙现浇混凝土压顶钢筋作暗装接闪带时，防雷引下线可采用∅8～10mm 的圆钢。利用垂直钢筋做引下线时，将其上下端与圈梁钢筋绑扎连接，当利用图 11.50(1-1 剖面)的部分垂直钢筋做引下线时，这些垂直钢筋的上下端与圈梁直接或通过短钢材焊接或卡夹器连接。图 11.50 为女儿墙压顶钢筋做暗装接闪带大样。

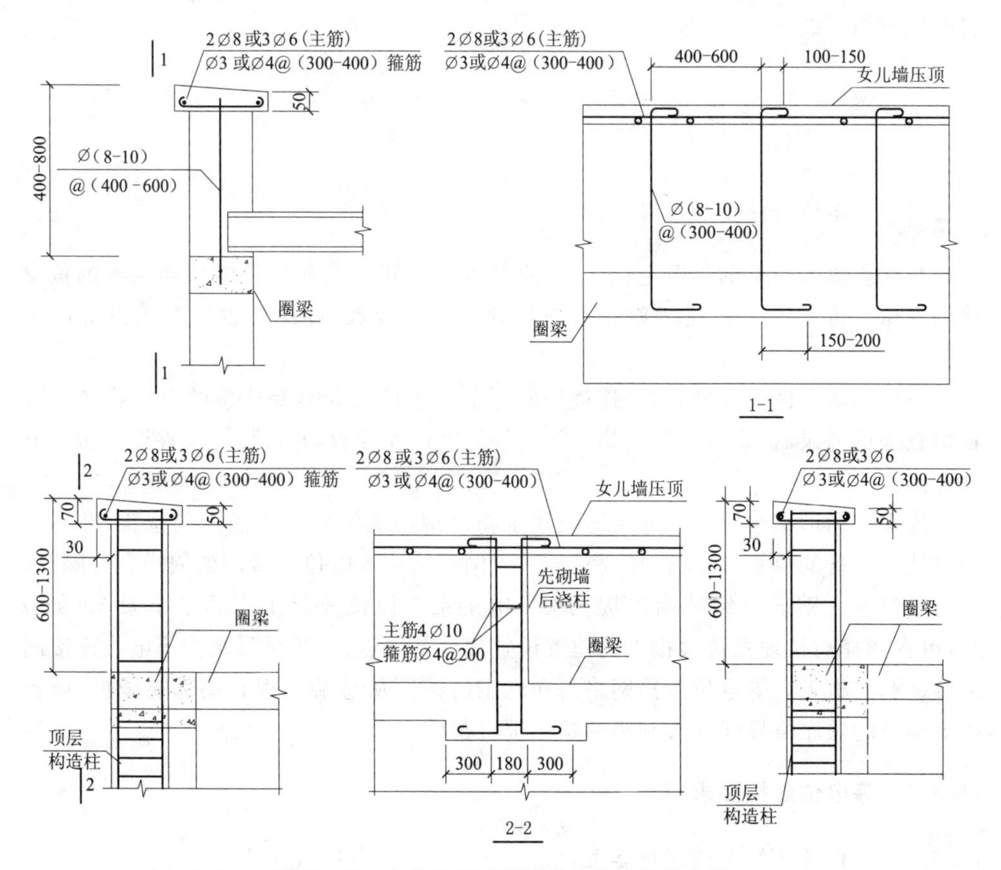

图 11.50　女儿墙压顶钢筋做暗装接闪带大样

③高层建筑暗装避雷网的安装

暗装避雷网是利用建筑物屋面板内钢筋作为接闪装置，将接闪网、引下线和接地装置三部分组成一个笼式避雷网。

因土建施工做法和构件不同，屋面板上的网格大小不一样，现浇混凝土屋面板网格均小于 30cm×30cm，而且整个现浇屋面板的钢筋都是连成一体的。如果采用明装接闪带和暗装避雷网相结合的方法，是最优选择，即屋顶上部有女儿墙时，为使女儿墙不受损伤，在女儿墙上部安装接闪带与暗装避雷网再连接起来。

对高层建筑物，一定要注意防侧向雷击和采取等电位措施。在建筑物首层起每三层设均压环一圈。当建筑物全部为钢筋混凝土结构时，即可将结构圈梁钢筋与柱内充当引下线的钢筋进行连接（绑扎或焊接）作为均压环；当建筑物为砖混结构但有钢筋混凝土组合柱和圈梁时，均压环做法同钢筋混凝土结构；没有组合柱和圈梁的建筑物,应每三层在建筑物外墙内敷设一圈 12mm 镀锌圆钢作为均压环,并与防雷装置的所有引下线连接。

11.5 等电位连接施工

11.5.1 等电位连接安装工序

在建筑物入户处的总等电位连接,应对入户金属管线和总等电位连接板的位置检测确认后再设置与接地装置连接的总等电位连接板,并应按设计要求做等电位连接。

在后续防雷区交界处,对供连接用的等电位连接板和需要连接的金属物体的位置检查确认记录后,设置与建筑物主筋连接等电位连接板,并按设计文件要求做等电位连接。

先确定网形结构等电位连接网及建筑物内钢筋或钢构件连接点的位置,并明确信息技术设备的位置后,按设计要求施工。网形结构等电位连接网的周边宜每隔 5m 与建筑物内的钢筋或钢结构连接一次。电子系统模拟线路工作频率小于 300kHz 时,可在选择与接地系统最接近的位置设置接地基准点,再按星形结构等电位连接网络设计要求施工。等电位连接网络需在施工时按照从总端子板到局部端子板、设备接地端子的顺序将导线从大到小的顺序进行布设。

11.5.2 等电位连接要求

11.5.2.1 建筑物等电位连接要求

(1)建筑物顶部和外墙上的接闪器必须与建筑物栏杆、旗杆、吊车梁、管道、设备、太阳能热水器、门窗、幕墙支架等外露的金属物进行电气连接。按照《GB 50057—2010 建筑物防雷设计规范》中有关要求,对进出建筑物的金属管线做等电位连接。

(2)在建筑物入户处应做总等电位连接。建筑物等电位连接干线与接地装置应有不少于 2 处的直接连接。

(3)第一类防雷建筑物和具有 1 区、2 区、21 区及 22 区爆炸危险场所的第二类防雷建筑物内、外的金属管道、构架和电缆金属外皮等长金属物的跨接。

(4)在建筑物后续防雷区界面处的等电位连接符合《GB 50057—2010 建筑物防雷设计规范》。

(5)对金属管道系统中的小段塑料管需做跨接,每个电源进线都需做各自的总等电位连接,所有总等电位连接系统之间应就近互相连通,使整个建筑物电气装置处于同一电位水平上。

11.5.2.2　建筑物电子信息系统等电位连接要求

(1)等电位连接安装完毕后进行导通性测试,对于测量等电位连接端子板与金属管道末端之间的电阻,有时是较困难的,因为一般距离较远,进行分段测量,然后电阻值相加。如发现导通不良的连接处,应做跨接线。

(2)等电位连接线应有黄绿相间的色标,在等电位连接端子板上喷涂黄色底漆并标以黑色记号,其符合为"⏚"。

(3)金属管道的连接处一般不需加跨接线。

11.5.3　等电位连接做法

11.5.3.1　等电位连接线采用钢材焊接时的做法

(1)扁钢的搭接长度不应小于其宽度的2倍,三面施焊,扁钢宽度不同时,搭接长度以宽的为准。

(2)圆钢的搭接长度不应小于其直径的6倍,双面施焊,直径不同时,搭接长度以直径大的为准。

(3)圆钢与扁钢连接时,其搭接长度不应小于圆钢直径的6倍,双面施焊。

(4)扁钢与钢管、扁钢与角钢焊接时,应紧贴3/4钢管表面,或贴角钢外侧两面,上、下两侧施焊。

(5)除埋设在砼中的焊接接头外,应有防腐措施。

11.5.3.2　等电位连接线采用导线时的做法

为使电气连接的导通性符合设计及设备接地要求,接地导线与接地端子的连接须用接线端子连接,接线端子与导线的连接用专用工具压接。等电位连接线采用不同材质时,可采用熔接法进行连接,也可用压接法,压接时压接处应进行热搪锡处理。等电位连接用的螺栓、垫圈、螺母等需进行热镀锌处理。

11.5.3.3　建筑结构等电位连接

在建筑物入户处的总等电位连接,应对入户金属管线和总等电位连接板的位置检查确认后,设置与接地装置连接的总等电位连接板,并按设计要求在土建施工过程中预留等电位连接端子。

当从钢筋混凝土柱内引出线做等电位连接端子板时,预埋连接板设于柱脚处,预埋接地端子板做法见图11.51和图11.52。

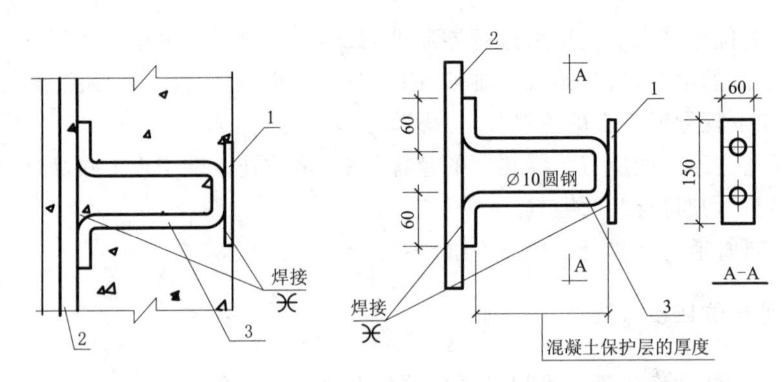

图 11.51　焊接型预埋端子板柱和墙面无建筑材料隔开的做法

1. 预埋端子板；2. 引下线；3. 钢筋支架

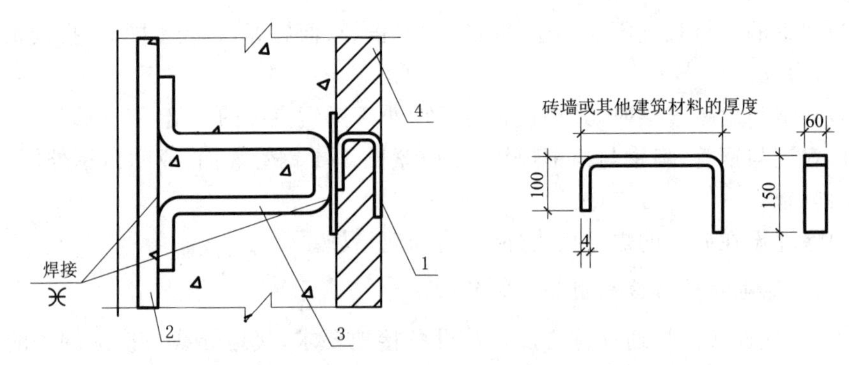

图 11.52　焊接型预埋端子板柱和墙面无建筑材料隔开的做法

1. 预埋端子板；2. 引下线；3. 钢筋支架；4. 保温层

门窗、进出建筑的各种金属管道的接地端子应就近与等电位连接网络预留端子连接。金属门窗与梁和柱做建筑结构的等电位连接，在土建施工中将连接圆钢双向焊接，接地端子板预留位置需相对固定，便于门窗安装时做等电位连接，如图 11.53。

11.5.3.4　电子信息系统机房等电位连接施工

(1)S 型等电位连接网络的施工

S 型等电位连接网络施工时在室内设置接地端子排或端子箱，各设备用绝缘导线接至端子排，电子系统的所有金属组件与接地系统的各组件绝缘，端子排的安装如图 11.54—图 11.56。

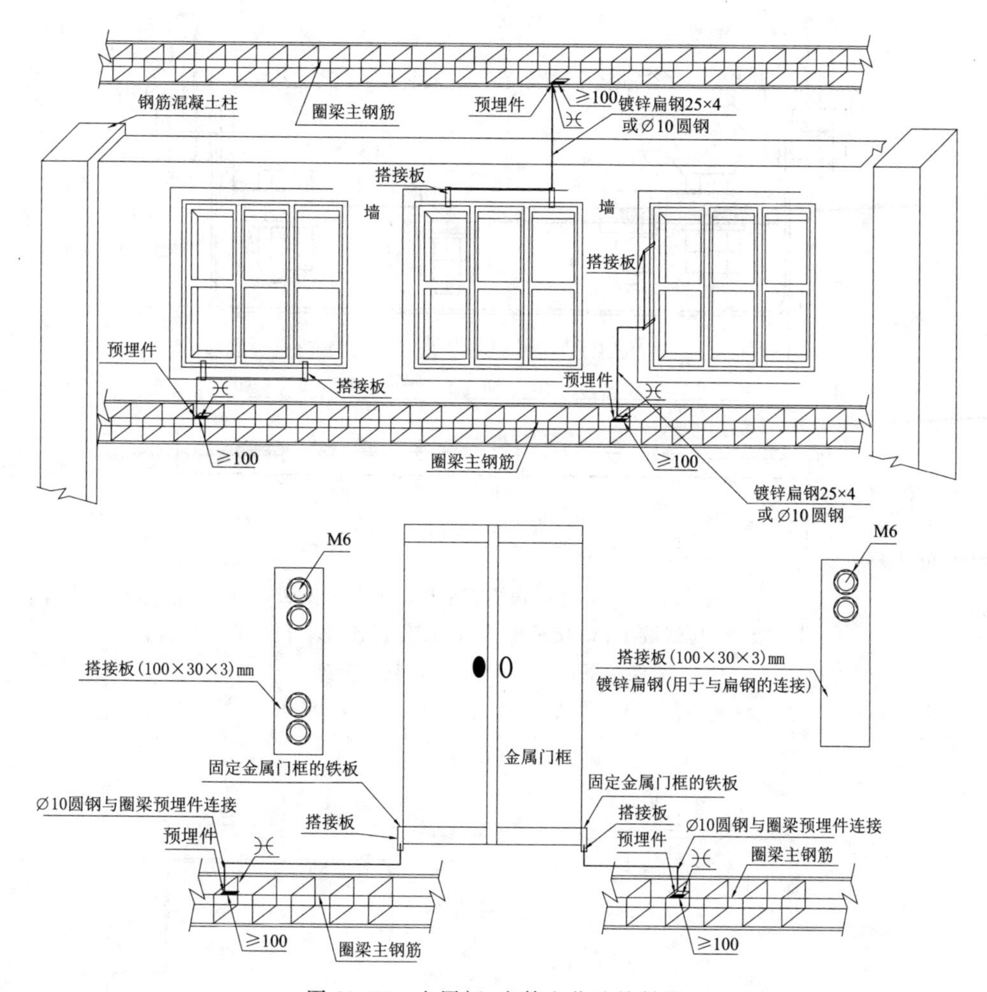

图 11.53　金属门、窗等电位连接做法

(2)M 型等电位连接网络的施工

等电位连接网络的安装每台机柜外壳采用两根不同长度的编制铜带就近与紫铜带连接,绝缘子将外围紫铜带支撑,绝缘子应采用膨胀螺栓固定,间距 800～1500mm,铜箔网格为 600～3000mm。设备接地导线应用接线端子压接,当管道管径较大时应采用抱箍,但抱箍与管道之间连接应达到过渡电阻的要求,安装时应将管道表面刮拭干净,安装完毕后刷防腐油漆。

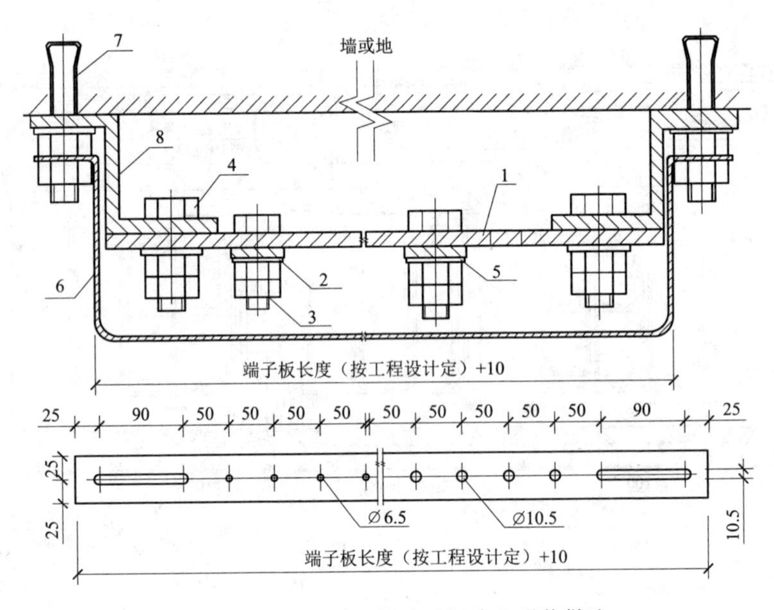

图 11.54　等电位联结端子板墙上明装做法

1. 端子板；2. 压线端子；3. 接地螺栓；4. 固定螺栓；5. 分支、直线连接；6. 保护罩；7. 膨胀螺栓；8. 扁钢支架

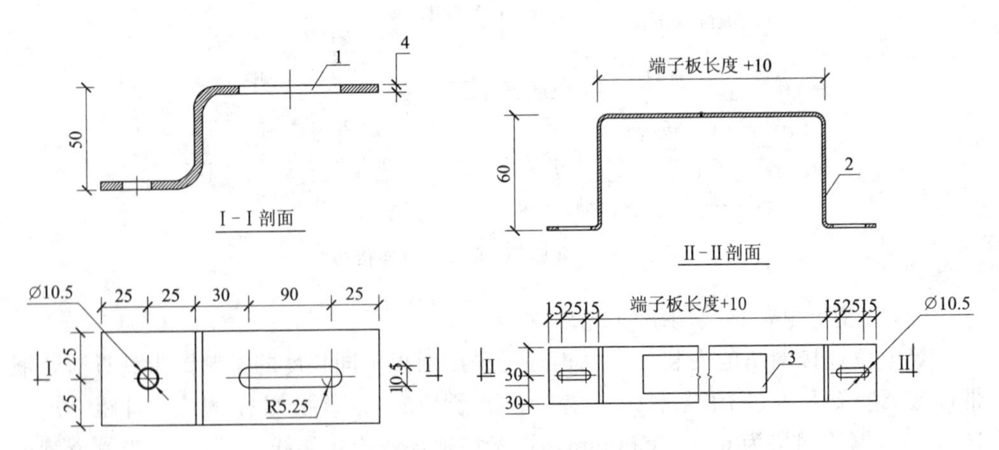

图 11.55　等电位联结端子板扁钢支架保护罩大样

1. 扁钢支架；2. 保护罩；3. 铭牌

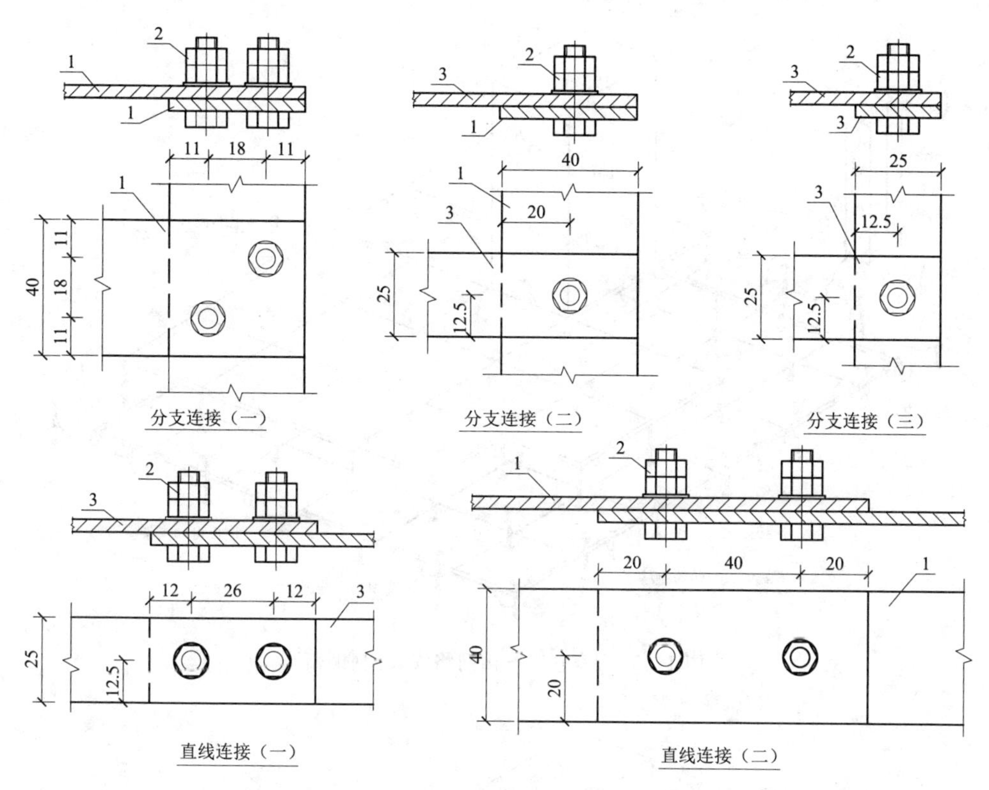

图 11.56　分支连接、直线连接大样

1. 镀锌扁钢(铜母线)40×4；2. 接地螺栓；3. 镀锌扁钢(铜母线)25×4

从预埋接地引出的接地线处安装接地等电位连接端子板，图 11.57—图 11.60 为等电位端子板的明装方式。

(3)利用钢筋混凝土内钢筋做高频基准接地网络时，高频等电位跨接线(施工地面时预埋)、等电位端子板应采取螺栓连接，以便拆卸。等电位连接线及端子板宜采用铜质材料，采用铜质材料与基础钢筋或地下钢材管道相连时，应注意铜和铁具有不同的电位。铜的标准电位是＋0.35V，铁的标准电位是－0.44V，由于土壤中的水分和盐类形成电解液而组成原电池，产生电化学腐蚀，基础钢筋和钢管被腐蚀，因此在土壤中，应避免使用裸铜线或带铜皮的钢线作为接地极引入线，宜用钢材与基础钢筋做联结，与基础钢筋的电位基本一致，避免引起电化学腐蚀。每台设备外壳应有两根不同长度的等电位跨接线，长度各为不同于 1/4 波长的倍数，并设在外壳的对角处(所指波长为干扰波的波长)。图 11.61 为利用钢筋混凝土地面内焊接钢筋网做等电位连接基准网的例子。

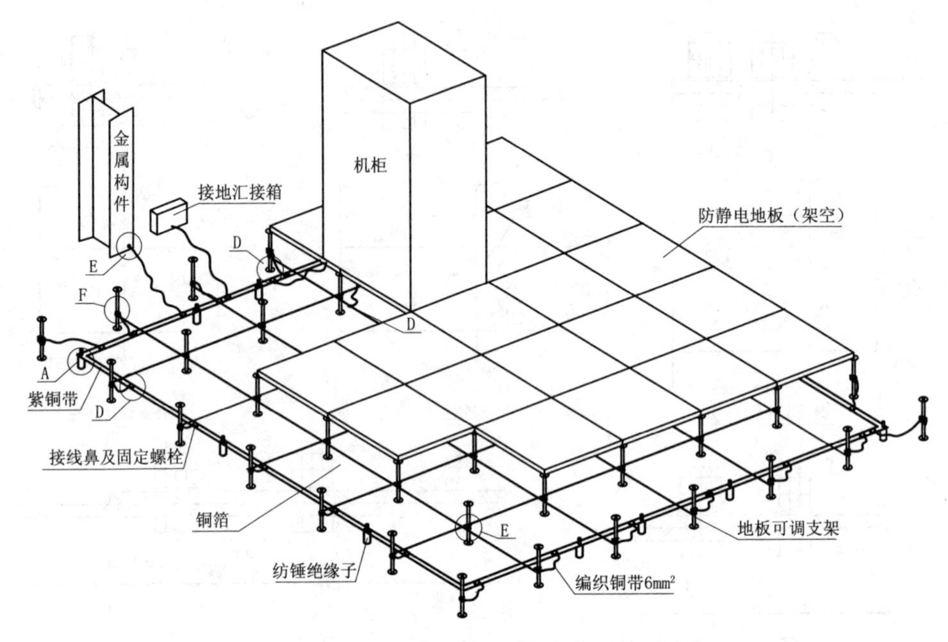

图 11.57　等电位连接网络安装图(铜箔)

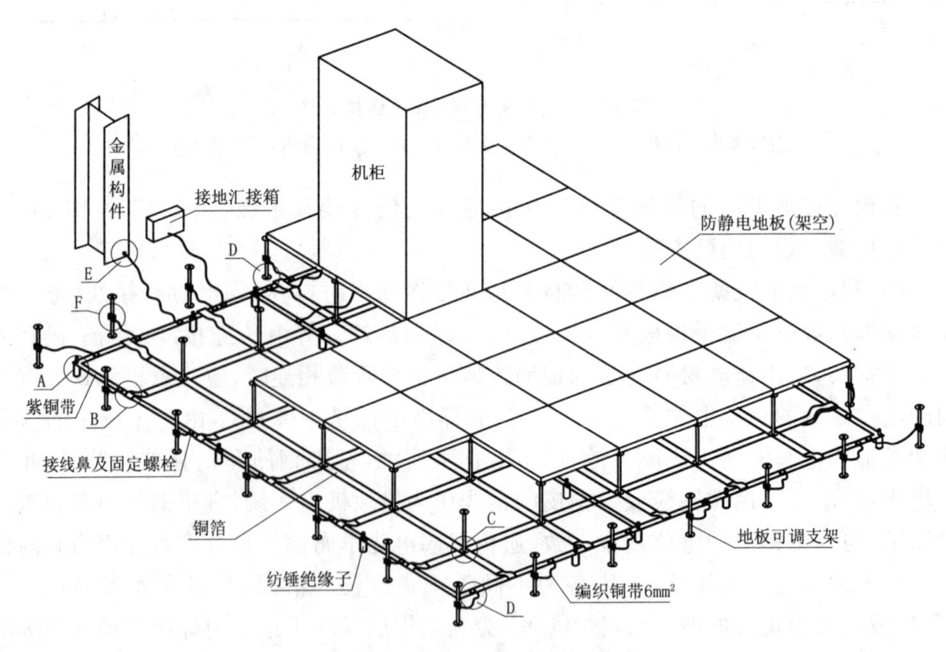

图 11.58　等电位连接网络安装图(编制铜带)

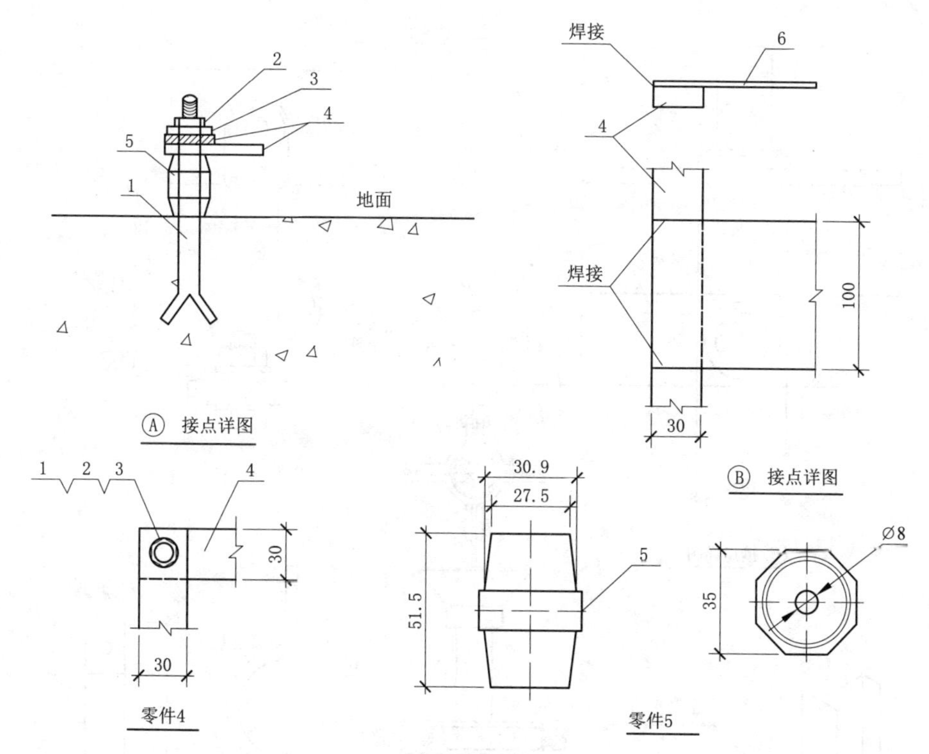

图 11.59　等电位连接网络安装图(A,B 节点详图)
1. 膨胀螺栓;2,3. 螺母垫圈;4. 紫铜带;5. 绝缘子

(4)其他金属管等电位连接

给水系统的水表需加跨接线,以保证水管的等电位连接和接地有效,抱箍与管道接触处的接触表面须刮拭干净,安装完毕后刷防护漆,抱箍内径等于管道外径,其大小依管道大小而定。金属管道与连接件焊接后需做防锈处理。图 11.62 为给水管道等电位连接做法。图 11.63—图 11.64 为其他金属管道的等电位连接做法。

为避免燃气管道成为接地极,燃气管入户后应插入一绝缘段(例如在法兰盘间插入绝缘板)与户外埋地的燃气管隔离。为防雷电流在燃气管道内产生火花,在此绝缘段两端应跨接火花放电间隙。

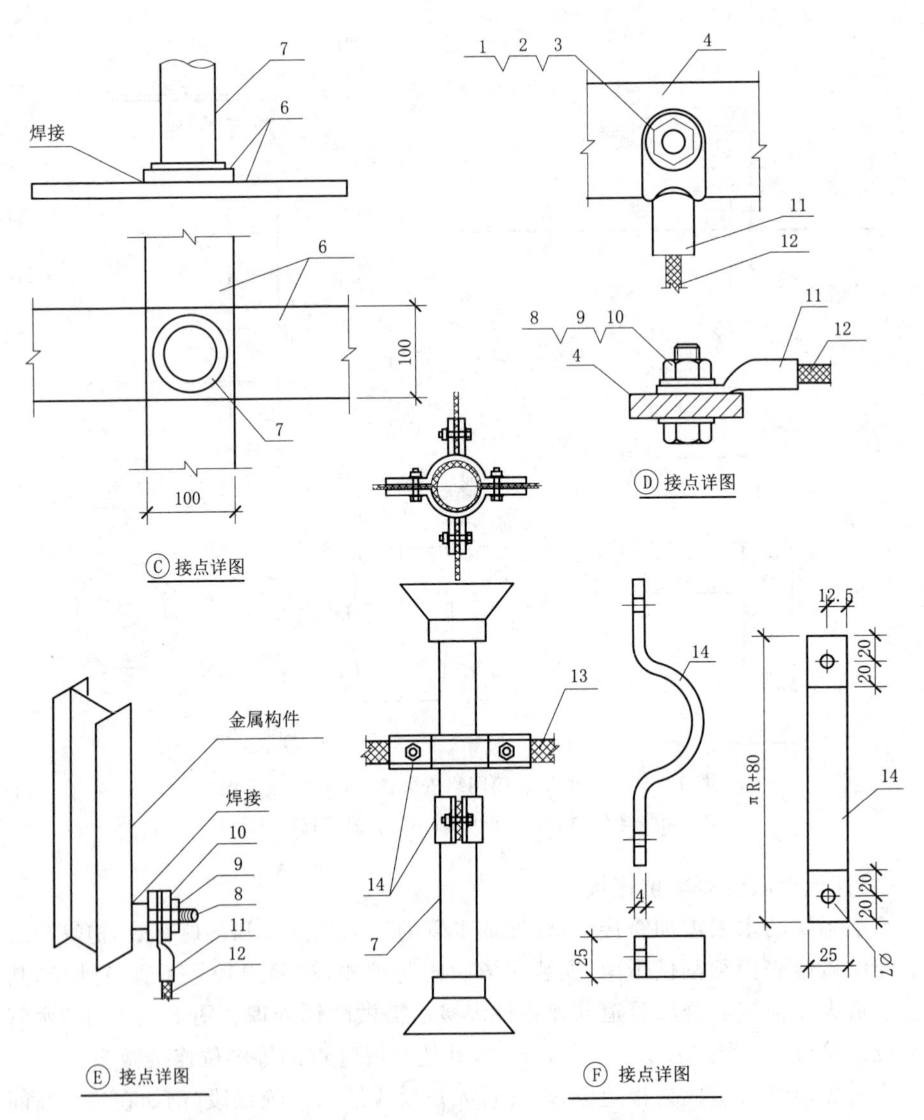

图 11.60　等电位连接网络安装图(C、D、E、F 节点详图)

1,2,3. 螺栓、螺母、垫圈;4. 紫铜带;5. 绝缘子;6. 铜箔;7. 静电地板支架;8,9,10. 螺栓、螺母、垫圈;11. 线鼻子;12,13. 编制织带;14. 卡箍

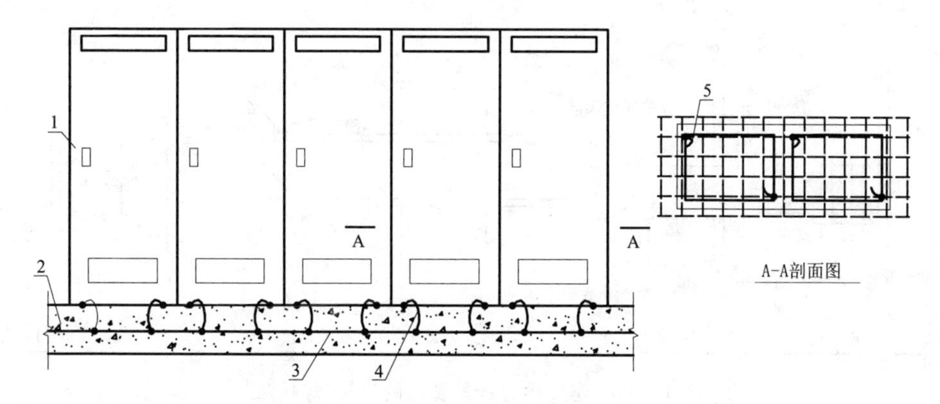

图 11.61　利用钢筋混凝土地面内焊接钢筋网做等电位连接基准网

1. 装有电子负荷设备的金属外壳；2. 混凝土地面的上部；3. 地面内焊接钢筋网；4. 高频等电位连接线；5. 电子负荷设备的金属外壳与等电位连接基准网的连接点

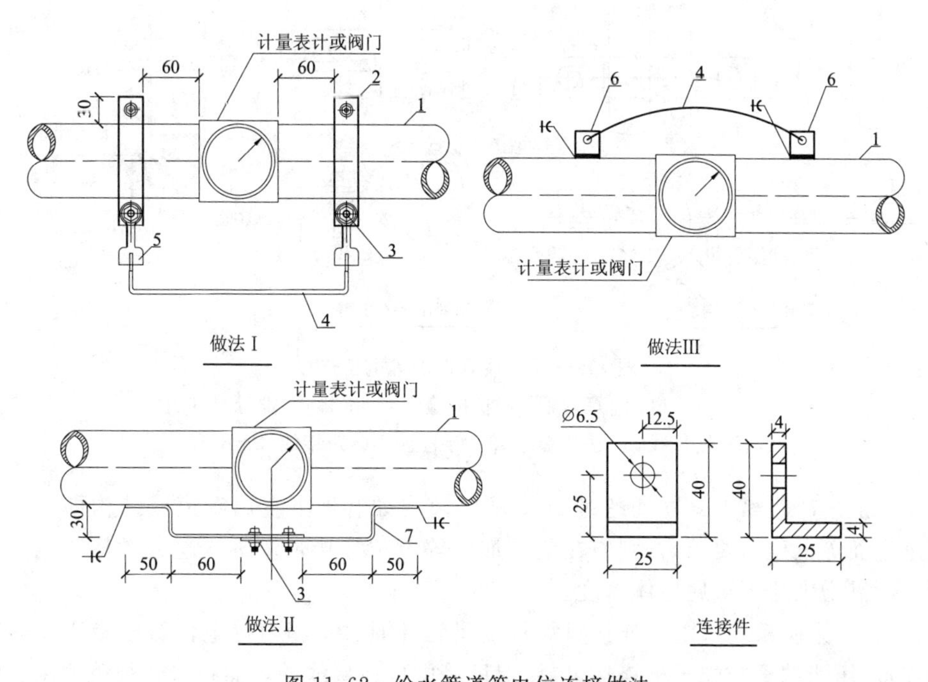

图 11.62　给水管道等电位连接做法

1. 金属管道；2. 紧固件；3. 螺栓；4. 跨接线(BVR)；5. 压线端子；6. 连接件；7. 跨接线(扁钢)

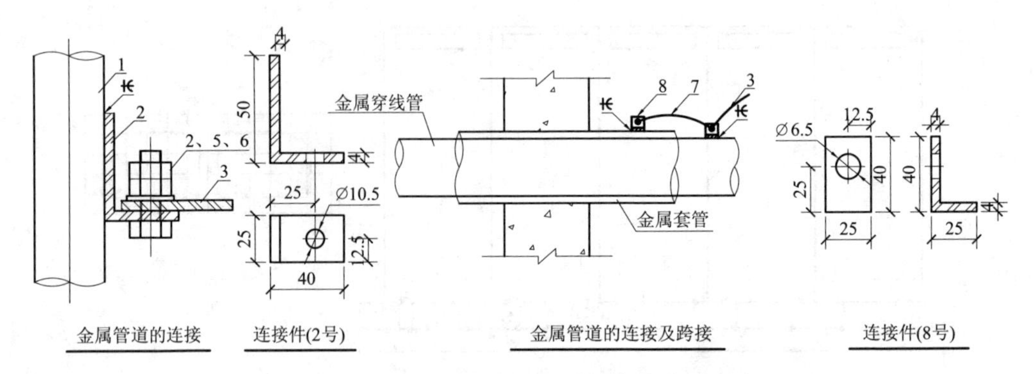

图 11.63 连接线与各种管道的连接(焊接法)

1. 金属管道;2. 连接件;3. 连接线;4,5,6. 螺栓、螺母、垫圈;
7. 跨接线(BVR-6);8. 连接件(25×4L=65)

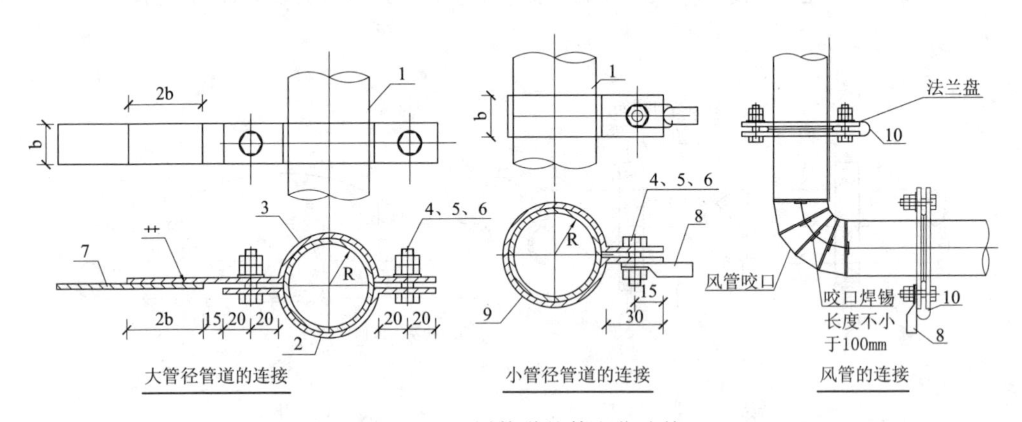

图 11.64 金属管道的等电位连接

1. 金属管道;2. 短抱箍;3. 长抱箍,4,5,6. 螺栓、螺母、垫圈;
7. 连接线;8. 接线鼻子;9. 圆抱箍;10. 跨接线(BVR-6)

一般场所距离人站立处超过 10m 的距离内如有地下金属管道或结构即可认为满足地面等电位的要求,否则应在地下加埋等电位连接带。游泳池之类特殊电击危险场所需增大地下金属导体密度。

厨卫、采暖系统等电位连接只需将金属管件通过抱箍与等电位端子板用最短距离连接,压线端子与端子板连接可靠,保证等电位连接线的截面积符合规范要求。焊接时焊缝饱满,焊接处需除锈、涂刷防锈漆。对于大型系统工程,管道在出厂时将等电位连接的端子焊接完成,与管道一同做好防腐措施,并做好导电处理;抱箍做等电位连接的,管道需在抱箍处做好导电处理,压线端子或螺栓连接处保证过渡电阻符合设计要求,例如图 11.65。

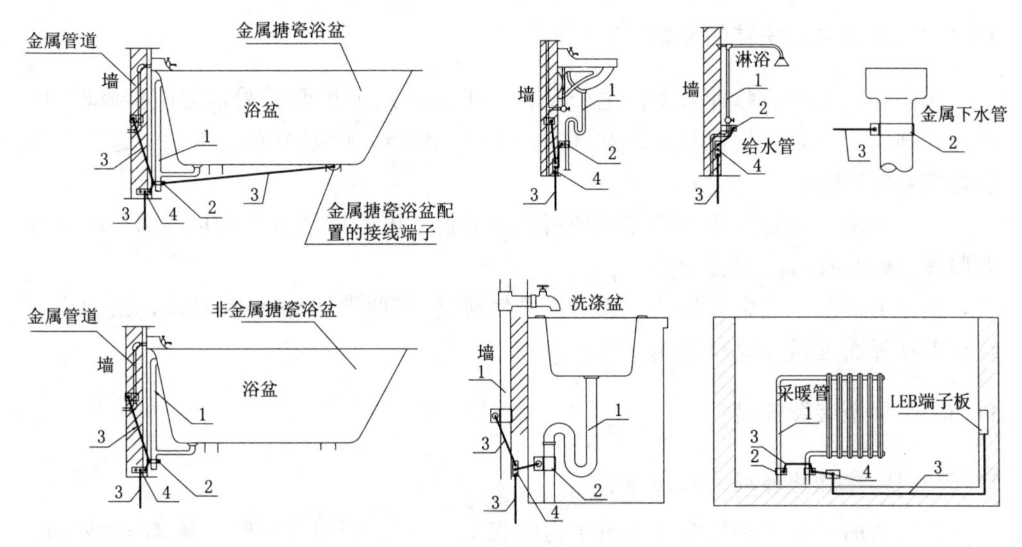

图 11.65　卫生间水暖等电位连接图
1. 金属管道；2. 抱箍；3. 连接线；4. 出线面板

11.6　屏蔽施工

11.6.1　屏蔽施工工序

11.6.1.1　建筑物大空间屏蔽安装工序

对建筑物格栅形大空间屏蔽工程安装工序应按照屏蔽设计文件要求，在土建施工时与圈梁、楼底板钢筋一同施工，金属导体在建筑物六面体上敷设，对金属导体本身或其与建筑物内的钢筋构成的网格尺寸，应经检查确认后再进行电气连接。支模或进行内装修时，应使屏蔽网格埋在混凝土或装修材料之中。

11.6.1.2　建筑物改扩建大空间屏蔽工序

对于改扩建的屏蔽室，材料可能为板型或网型，根据材料特点在建筑内墙、楼底板层进行安装，并按施工图拼装或贴装，与建筑物主筋处设立等电位端子板或局部总接地端子板连接。

11.6.1.3　专用屏蔽室安装工序

对于专用屏蔽室的安装，模块式或可拆卸屏蔽室先预留等电位连接端子，然后将预留的端子与建筑物做等电位连接，屏蔽室安装好后安装屏蔽门、屏蔽窗、滤波器等。

11.6.2 屏蔽装置安装的要求

为防止雷击电磁脉冲对室内电子设备产生损害或干扰而需采取屏蔽措施时，屏蔽工程施工应符合工程设计文件和《GB 50462—2015 数据中心基础设施施工及验收规范》有关规定。

电磁屏蔽室与建筑物内墙之间预留维修通道。电磁屏蔽室有焊接的部分不允许有漏焊、虚焊、夹渣等焊接缺陷。

线路的屏蔽层或金属屏蔽管须形成电气通路，且两端接地，线路进出建筑物或屏蔽室需在界面处做等电位连接。

11.6.3 屏蔽装置安装

11.6.3.1 建筑物屏蔽装置的安装

建筑物的屏蔽安装贯穿在建筑结构的施工过程中，形成大空间屏蔽，室内线路的屏蔽贯穿在综合布线的施工过程中，大多数线路的屏蔽在土建支模时将金属管线沿建筑体敷设，直至土建工程完成，这种屏蔽方法节约资源且质量可靠。

一般是将建筑结构的梁、柱、楼板通过跨接将其内部钢筋焊接形成法拉第笼，墙内敷设网格状钢筋网，窗户采用与墙内网格规格相同的钢丝网并与预留的接地端子形成电气通路，当楼地面钢筋网格达不到屏蔽要求时，在该房间顶棚内敷设屏蔽网，墙面内敷设的屏蔽网格与窗户加装的屏蔽网规格相同，进出建筑的金属管线均需在进出口处安装等电位连接端子，并做好电气连接，如图 11.66。

11.6.3.2 线缆屏蔽的安装

建筑结构内的电源、信息线路屏蔽在土建施工时预先将金属管敷设于建筑体内，管道连成电气通路，在竖电井、线缆管廊内敷设电缆、信息线路时的金属线槽、金属管形成电气通路，并就近与接地端子板做防雷接地。

11.6.3.3 专用屏蔽室的安装

专用电磁屏蔽室有板型和网型，板型一般在建筑完成后用模块式或壳体式在建筑内施工完，网型一般将屏蔽网敷设于建筑的墙体和楼板的抹灰层。图 11.67—图 11.69 为壳体式屏蔽室通过焊接式完成安装的示例，屏蔽室地梁用矩形管焊接，交叉点与地面之间用绝缘板垫起，保证地梁与地面绝缘。

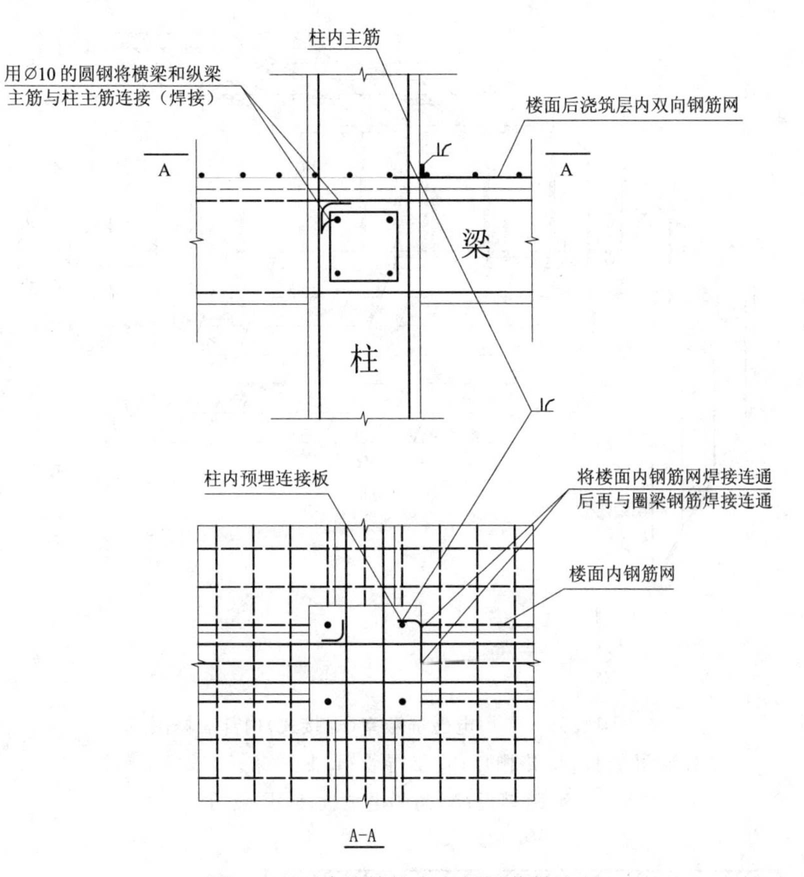

图 11.66　建筑结构大空间屏蔽做法

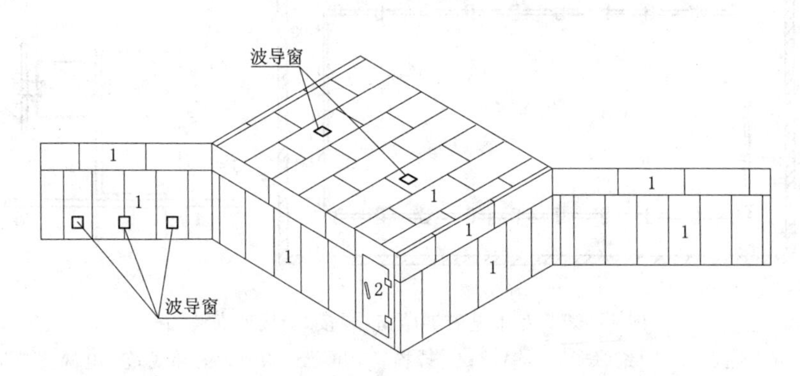

图 11.67　专用电磁屏蔽室(焊接式)壳体组成图

1. 电磁屏蔽板;2. 屏蔽门

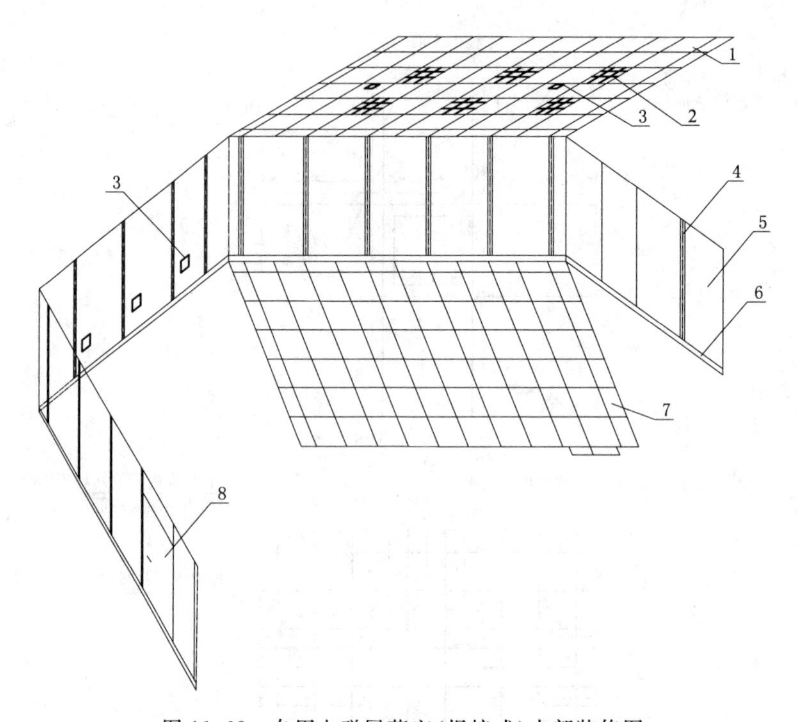

图 11.68　专用电磁屏蔽室(焊接式)内部装修图

1. 微孔铝板;2. 格栅灯;3. 波导管;4. 嵌缝条;5. 双面铝塑板;
6. 踏脚板;7. 防静电地板;8. 屏蔽门

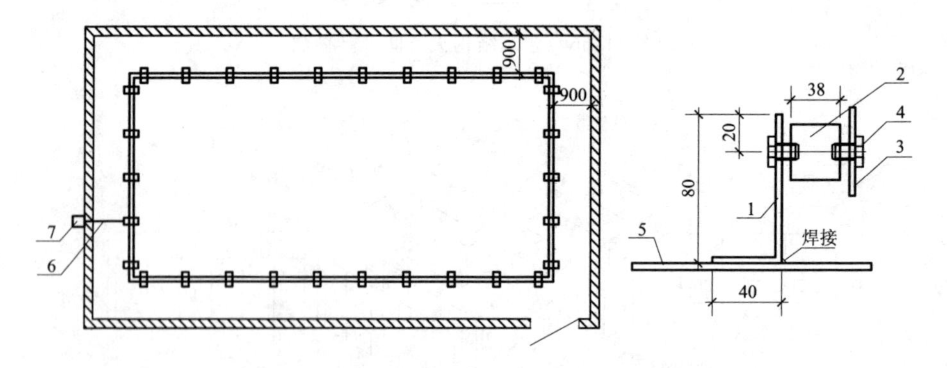

图 11.69　专用电磁屏蔽室(焊接式)接地安装图

1. 铜带固定板;2. 绝缘子;3. 铜带;4. 螺栓;5. 屏蔽地板;6. 铜导线;7. 电源滤波器

11.7　综合布线施工

11.7.1　综合布线的工序

（1）信息技术设备应按设计要求确认安装位置，并按设备主次逐个安装机柜、机架。

（2）各类配线的额定电压值、色标应符合规范及设计文件的要求，并经检查确认后备用。

（3）敷设各类配线的线槽（盒）、桥架或金属管应符合设计文件的要求，并应经检查确认后，再按设计文件规定的位置和走向安装固定。

（4）已安装固定的线槽（盒）、桥架或金属管应与建筑物内的等电位连接带进行电气连接，连接处的过渡电阻不应大于0.24Ω。

（5）各类配线应按设计文件要求分别布设到线槽（盒）、桥架或金属管内，经检查确认后，再与低压配电系统和信息技术设备相连接。

11.7.2　综合布线施工要求

（1）低压配电线路（三相或单相）的单芯线缆不单独穿于金属管内。

（2）不同回路、不同电压等级的交流和直流电线不穿于同一金属管中，同一交流回路的电线应穿于同一金属管中，管内电线不得有接头。

（3）爆炸危险场所使用的电线（电缆）的额定耐受电压值不应低于750V，且必须穿在金属管中。

（4）线槽或线架上的线缆，其绑扎间距应均匀合理，绑扎线扣应整齐，松紧合适；绑扎线头宜隐藏而不外露。

（5）低压配电系统的电线色标应符合相线采用黄、绿、红色，中性线用浅蓝色，保护线用绿/黄双色线的要求。

（6）接地线、信号线缆的敷设应平直、整齐。若转弯时，弯曲半径应大于导线直径的10倍。

（7）当信息技术电缆与供配电电缆同属一个电缆管理系统和同一路由时，其布线应符合下列规定：

①电缆布线系统的全部外露可导电部分，按照等电位连接要求进行连接。

②由分线箱引出的信息技术电缆与供配电电缆平行敷设的长度大于35m时，从分线箱起的20m内应采取隔离措施，也可保持两线缆之间有大于30mm的间距，或在槽盒中加金属板隔开。

③在条件许可时，宜采用多层走线槽盒，强、弱电线路宜分层布设。信息系统线

缆与其他管线的距离应符合表 9.8。

11.7.3 综合布线施工

(1)接地线在穿越墙壁、楼板和地坪时套钢管或其他非金属的保护套管，钢管与接地线做电气连通。

(2)进出建筑物的电源、信息线路穿金属管，金属管接地线就近接至接地端子板。

(3)电子信息系统线缆路由走向时，应尽量减小由线缆自身形成的电磁感应环路面积。

11.8 电涌保护器分项工程

11.8.1 电涌保护器安装工序

11.8.1.1 电源电涌保护器安装工序

低压配电系统中的 SPD 安装有两种情况，新建的配套于低压配电系统中的 SPD 应在配电箱装配过程即可完成。在运行中的低压配电系统中安装 SPD，首先应在对配电系统接地形式、SPD 安装位置、SPD 的后备过电流保护安装位置及 SPD 两端连接线位置检查确认后从该配电箱总开关处断电，先安装 SPD，在确认安装牢固后，应将 SPD 的与配电系统相对应的导线连接、SPD 接地线与等电位连接带连接，检查无误后通电。

11.8.1.2 信号系统电涌保护器安装工序

信号系统 SPD 的安装，应在 SPD 安装位置和 SPD 两端连接件及接地线位置确认后安装 SPD，检查牢固后，应将 SPD 的接地线就近与等电位连接带连接后再接入网络。

11.8.2 电涌保护器安装要求

11.8.2.1 电源系统电涌保护器安装要求

低压配电系统中 SPD 的安装布置应符合工程设计文件的要求，并应符合《GB 16895.22—2004 建筑物电气装置 第 5－53 部分：电气设备的选择和安装 隔离、开关和控制设备 第 534 节：过电压保护电器》《GB/T 18802.12—2006 低压配电系统的电涌保护器(SPD)第 12 部分：选择和使用导则》和《GB 50057—2010 建筑物防雷设计规范》有关规定。

当建筑物上有外部防雷装置，或与之邻近的建筑物上有外部防雷装置且两建筑物之间有电气联接时，有外部防雷装置的建筑物和有电气联接的建筑物内总配电柜上安装的 SPD 应符合下列要求：

①应当使用Ⅰ级分类试验的 SPD。

②低压配电系统的 SPD 的主要性能参数：冲击电流应不小于 12.5kA(10/350μs)，电压保护水平不应大于 2.5kV，最大持续运行电压应根据低压配电系统的接地形式选取。

当 SPD 内部未设计热脱扣装置时，对失效状态为短路型的 SPD，应在其前端安装熔丝、热熔线圈或断路器进行后备过电流保护。

电源用箱式 SPD 接地端子与相线和零线之间的连接线长度，若接线上确有困难可视具体情况适当放宽连接线长度，但其截面应适当增大；SPD 接地线的长度应小于 0.5m 且应就近接地。

11.8.2.2　信号系统电涌保护器安装要求

电子系统信号网络中的 SPD 的安装布置应符合工程设计文件的要求，并符合《GB/T 18802.22—2008/IEC 61643－22:2004　低压电涌保护器　第 22 部分：电信和信号网络的电涌保护器(SPD)　选择和使用导则》和《GB 50057—2010　建筑物防雷设计规范》的有关规定。

11.8.3　电涌保护器安装

11.8.3.1　电源系统电涌保护器安装

(1)当低压配电系统中安装的第一级 SPD 与被保护设备之间关系无法满足下列条件时，应在靠近被保护设备的分配电盘或设备前端安装第二级 SPD：

①第一级 SPD 的有效电压保护水平低于设备的耐过电压额定值时。

②第一级 SPD 与被保护设备之间的线路长度小于 10m 时。

③在建筑物内部不存在雷击放电或内部干扰源产生的电磁场干扰时。

(2)无明确的产品安装指南时，开关型 SPD 与限压型 SPD 之间的线路长度不宜小于 10m，限压型 SPD 之间的线路长度不宜小于 5m。当 SPD 之间的线路长度小于 10m 或 5m 时应加装退耦的电感(或电阻)元件。生产厂明确在其产品中已有能量配合的措施时，可不再接退耦元件。

(3)供电电源线路的各级 SPD 应分别安装在被保护设备电源线路的前端，SPD 各接线端应分别与配电箱内线路的同名端相线连接。

(4)SPD 两端连线的材料和最小截面符合表 7.9。连线应短且直，总连线长度不宜大于 0.5m，如有实际困难，采用 V 形连接。

(5)带有接线端子的供电电源线路 SPD，应采用压接；带有接线柱的 SPD，宜采用线鼻子与接线柱连接。

电涌保护器在配电系统和电子系统中安装施工见图 11.70—图 11.74。

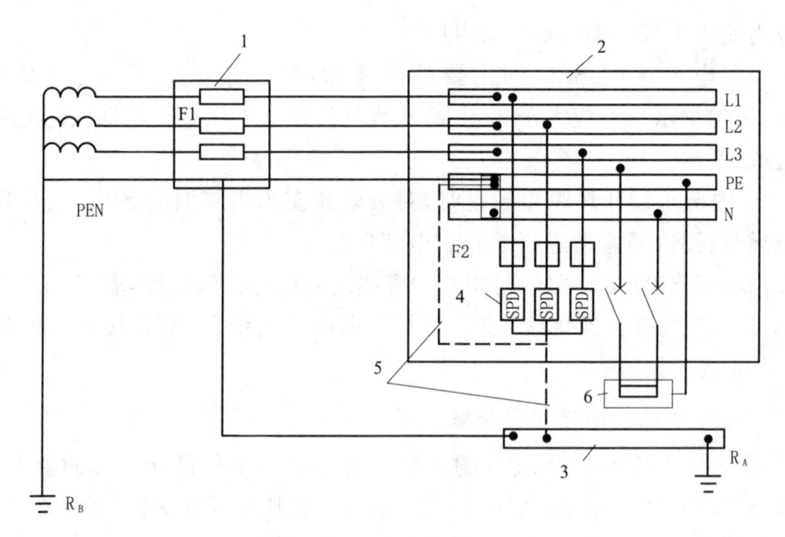

图 11.70　TN 系统中的 SPD

1. 装置的电源；2. 配电盘；3. 总接地端或总接地连接带；4. SPD；5. SPD 的接地连接；6. 需要保护的设备；7. PE 与 N 线的连接带；F1. 安装在电源进线端的剩余电流保护器；F2. 保护 SPD 推荐的熔丝、断路器或剩余电流保护器；R_A. 本装置的接地电阻；R_B. 供电系统的接地电阻；L1，L2，L3. 相线 1，2，3。

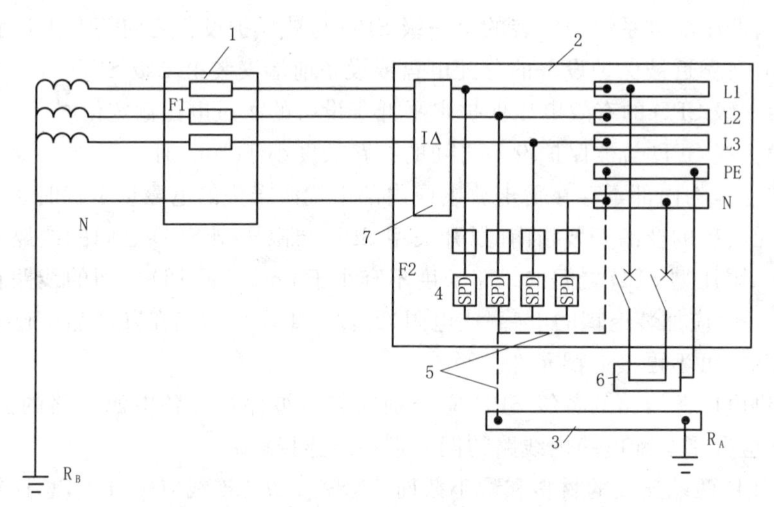

图 11.71　TT 系统中 SPD 安装在剩余电流保护器的负荷侧

1. 装置的电源；2. 配电盘；3. 总接地端或总接地连接带；4. SPD；5. SPD 的接地连接；6. 需要保护的设备；7. 剩余电流保护器 IΔ；F1. 安装在电源进线端的剩余电流保护器；F2. 保护 SPD 推荐的熔丝、断路器或剩余电流保护器；R_A. 本装置的接地电阻；R_B. 供电系统的接地电阻；L1，L2，L3. 相线 1，2，3。

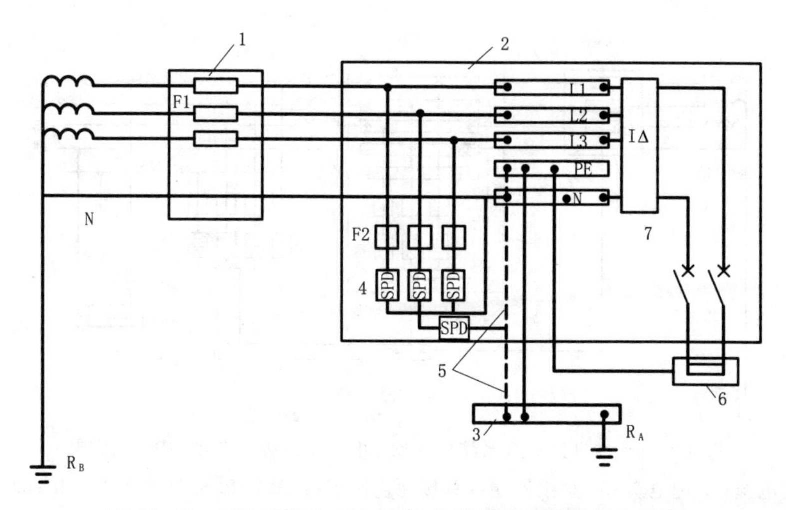

图 11.72　TT 系统中 SPD 安装在剩余电流保护器电源侧

1. 装置的电源;2. 配电盘;3. 总接地端或总接地连接带;4. SPD;5. SPD 的接地连接;6. 需要保护的设备;7. 剩余电流保护器 IΔ;8. SPD 或放电间隙;F1. 安装在电源进线端的剩余电流保护器;F2. 保护 SPD 推荐的熔丝、断路器或剩余电流保护器;R_A. 本装置的接地电阻;R_B. 供电系统的接地电阻;L1,L2,L3. 相线 1,2,3。

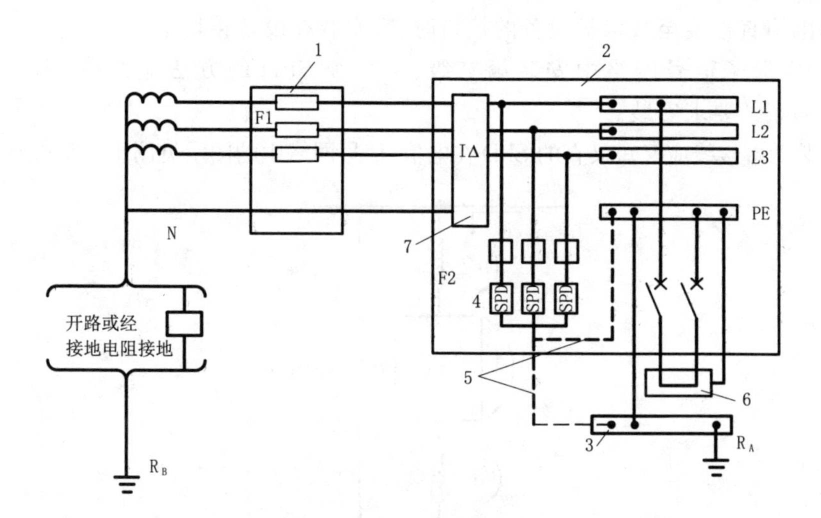

图 11.73　IT 系统 SPD 安装在剩余电流保护器的负荷侧

1. 装置的电源;2. 配电盘;3. 总接地端或总接地连接带;4. SPD;5. SPD 的接地连接;6. 需要保护的设备;7. 剩余电流保护器 IΔ;F1. 安装在电源进线端的剩余电流保护器;F2. 保护 SPD 推荐的熔丝、断路器或剩余电流保护器;R_A. 本装置的接地电阻;R_B. 供电系统的接地电阻;L1,L2,L3. 相线 1,2,3。

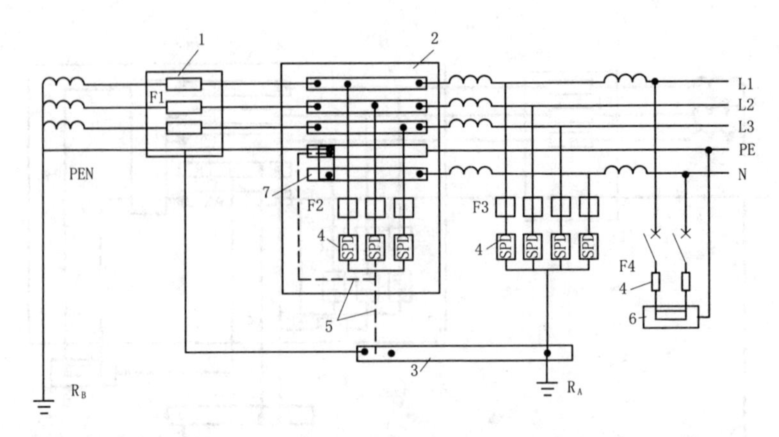

图 11.74　在 TN-C-S 系统中Ⅰ级、Ⅱ级和Ⅲ级试验的 SPD 的安装

1. 装置的电源；2. 配电盘；3. 总接地端或总接地连接带；4. SPD；5. SPD 的接地连接；6. 需要保护的设备；7. PE 与 N 线的连接带；F1. 安装在电源进线端的剩余电流保护器；F2，F3，F4. 保护器；R_A. 本装置的接地电阻；R_B. 供电系统的接地电阻；L1，L2，L3. 相线 1，2，3。

11.8.3.2　信息系统电涌保护器安装

(1)在电子信号网络中安装的第一级 SPD 应安装在建筑物入户处的配线架上，当传输电缆直接接至被保护设备的接口时，宜安装在设备接口上。

(2)在电子信号网络中安装第二级、第三级 SPD 的方法应按第 11.8.3.1 中(1)—(3)条的要求安装。

安装两端接线应又短又直的 SPD 在电信、信号网络中的图示见图 11.75 和图 11.76。

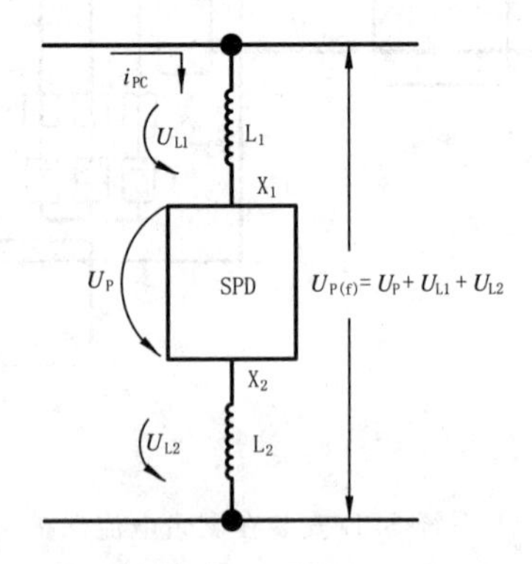

图 11.75　由 SPD 两端连线上电感导致的电压降 U_{L1} 和 U_{L2} 对电压保护水平 U_P 影响的示例

L_1，L_2：接地导体的电感；U_{L1}，U_{L2}：由电涌电流的 dI_{pc}/dt 感应出的电压降；X_1，X_2：SPD 的接线端子；I_{pc}：部分雷电流；(f)信息技术设备/电信端口；(l)电信和信息网络上的 SPD；(p)接地体导体；$U_{p(f)}$：有效电压保护水平；U_p：电压保护水平。

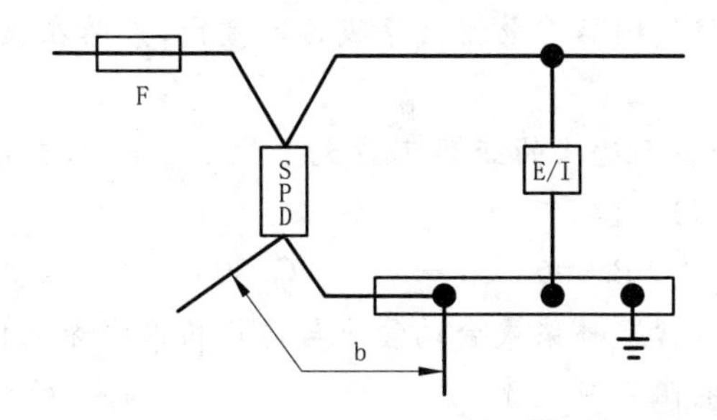

图 11.76　SPD 安装在或靠近电气装置电源进线端的示例
b:SPD(电涌保护器)与等电位连接带之间的连接导线长度,不宜大于 0.5m;
F:安装在电源进线端的剩余电流保护器;E/I:被保护的电子设备

复习思考题

一、选择题

1. 关于人工接地极的安装,下列说法错误的是(　　)。

A. 埋于土壤中的人工垂直接地体宜采用热镀锌角钢、钢管、圆钢、铜棒等金属体

B. 埋于土壤中的人工水平接地体宜采用热镀锌扁钢或圆钢等金属体

C. 人工接地体只要符合长度 2.5m,且埋设于土壤 0.5～1m,则无需考虑是否在冻土层以下

D. 为便于维修,安装接地极距墙或基础距离不宜小于 1m

2. 当建筑物外防雷装置引下线与接地体连接处正好处于人员经过或停留区域时,在其 3m 范围内,下列哪种方法不能有效防止跨步电压对人员造成伤害(　　)。

A. 在接地装置上部铺设使地面电阻率不小于 50kΩ·m 的 5cm 厚的沥青层或 0.4m 厚的沥青碎石层,宽度为超过接地装置两边各 1m,长度为人需要经过的距离

B. 在接地装置周围做均压带,以减少跨步电压

C. 设立阻止人员进入的护栏或警示牌

D. 将接地体敷设成水平网格

3. 关于接闪器的安装,下列说法错误的是(　　)。

A. 建筑物顶部的接闪器是独立的专用防雷装置,不可与建筑物栏杆、旗杆、吊车梁、管道、设备、太阳能热水器、门窗、幕墙支架等外露的金属物连接

B. 接闪导线位置正确、平正顺直、无急弯,焊接的焊缝应饱满无遗漏

C. 在屋面安装接闪杆首先需确定安装位置,其基础最好置于屋面梁之上,基础钢筋与屋面梁连接采用建筑中常用的绑扎或焊接

D. 为了防止接闪杆接闪后雷电波沿导线传入室内，严禁在接闪杆上架设电视、通信等信号线

4. 屋面接闪带(网)距屋面边缘的距离不应大于(　　)mm，在接闪带(网)转角中心严禁设置接闪带(网)支座。

A. 400　　B. 500　　C. 800　　D. 1000

5. 已安装固定的线槽(盒)、桥架或金属管应与建筑物内的等电位连接带进行电气连接，连接处的过渡电阻不应大于(　　)Ω。

A. 0. 2　　B. 4　　C. 0. 24　　D. 1

6. 关于等电位连接线采用钢材焊接时的做法，以下错误的是(　　)。

A. 扁钢的搭接长度不应小于其宽度的二倍，三面施焊，宽度不同时，长度以宽的为准

B. 圆钢的搭接长度不应小于其直径的 6 倍，双面施焊，直径不同时，长度以直径小的为准

C. 圆钢与扁钢连接时，其搭接长度不应小于圆钢直径的 6 倍，双面施焊

D. 扁钢与角钢焊接时，应紧贴 3/4 钢管表面，或贴角钢外侧两面，上、下两侧施焊

二、简答题

1. 简述接地装置的安装工序？

2. 简述第一、第二、第三类建筑物引下线敷设？

3. 简述接闪塔选型方法？

4. 简述电源 SPD 的安装？

第 12 章　工程质量验收

12.1　一般规定

(1)建筑物防雷工程施工质量验收应符合本规范和现行国家标准《GB 50300—2001　建筑工程施工质量验收统一标准》的规定,并应符合施工所依据的工程技术文件的要求。

(2)检验批及分项工程应由监理工程师或建设单位项目技术负责人组织具备资质的防雷技术服务机构和施工单位项目专业质量(技术)负责人进行验收。隐蔽工程在隐蔽前应由施工单位通知监理工程师或建设单位项目技术负责人、防雷技术服务机构项目负责人共同进行验收,并应形成验收文件。检验批及分项工程验收前,施工单位应进行自行检查。

(3)防雷工程(子分部工程)应由总监理工程师或建设单位项目负责人组织施工单位项目负责人和技术、质量负责人,防雷主管单位项目负责人共同进行工程验收。

(4)检验批合格质量应符合下列要求:

①主控项目和一般项目的质量应经抽样检验合格。

②应具有完整的施工操作依据、质量检查记录。

③检验批的质量检验抽样方案应符合《GB 50300—2001　建筑工程施工质量验收统一标准》中第 3.0.4 条的规定。对生产方错判概率,主控项目和一般项目的合格质量水平的错判概率值不宜超过 5%;对使用方漏判概率,主控项目的合格质量水平的错判概率值不宜超过 5%,一般项目的合格质量水平的漏判概率值不宜超过 10%。

④检验批的质量验收记录表格样式可按《GB 50601—2010　建筑物防雷工程验收规范》附录 E 执行。

(5)分项工程质量验收合格应符合下列规定:

①分项工程所含的检验批均应符合第 12.1.4 条的规定。

②分项工程所含的检验批的质量验收记录应完整。分项工程质量验收表格样式可按《GB 50601—2010　建筑物防雷工程验收规范》附录 E 执行。

(6)防雷工程(子分部工程)质量验收合格应符合下列规定：

①防雷工程所含的分项工程的质量均应验收合格。

②质量控制资料应符合施工现场质量管理与施工质量控制要求,并应完整齐全。

③施工现场质量管理检查记录表的填写应完整。

④工程的观感质量验收应经验收人员通过现场检查,并应共同确认。

⑤防雷工程(子分部工程)质量验收记录表格可按《GB 50601—2010　建筑物防雷工程验收规范》附录E执行。

12.2　防雷工程中各分项工程的检验批划分和检测要求

12.2.1　接地装置安装工程的检验批划分和验收

(1)接地装置安装工程应按人工接地装置和利用建筑物基础钢筋的自然接地体各分为1个检验批,大型接地网可按区域划分为几个检验批进行质量验收和记录。

(2)主控项目和一般项目应进行下列检测：

①供测量和等电位连接用的连接板(测量点)的数量和位置是否符合设计要求。

②测试接地装置的接地电阻值。

③检查在建筑物外人员可停留或经过的区域需要防跨步电压的措施。

④检查第一类防雷建筑物接地装置及与其有电气联系的金属管线与独立接闪器接地装置的安全距离。

⑤检查整个接地网外露部分接地线的规格、防腐、标识和防机械损伤等措施。测试与同一接地网连接的各相邻设备连接线的电气贯通状况,其间直流过渡电阻不应大于0.2Ω。

12.2.2　引下线安装工程的检验批划分和验收

(1)引下线安装工程应按专用引下线、自然引下线和利用建筑物柱内钢筋各分1个检验批进行质量验收和记录。

(2)主控项目和一般项目检测：

①检测引下线的平均间距。当利用建筑物的柱内钢筋作为引下线且无隐蔽工程记录可查时,宜按现行行业标准《JGJ/T 152—2019　混凝土中钢筋检测技术标准》的有关规定进行检测。

②检查引下线的敷设、固定、防腐、防机械损伤措施。

③检查明敷引下线防接触电压、闪络电压危害的措施。检查引下线与易燃材料的墙壁或保温层的安全间距。

④测量引下线两端和引下线连接处的电气连接状况，其间直流过渡电阻值不应大于 0.2Ω。

⑤检测在引下线上附着其他电气线路的防雷电波引入措施。

12.2.3　接闪器安装工程的检验批划分和验收

(1)接闪器安装工程应按专用接闪器和自然接闪器各分为 1 个检验批，一幢建筑物上在多个高度上分别敷设接闪器时，可按安装高度划分为几个检验批进行质量验收和记录。

(2)主控项目和一般项目检测：

①检查接闪器与大尺寸金属物体的电气连接情况，其间直流过渡电阻值不应大于 0.2Ω。

②检查明敷接闪器的布置，接闪导线(避雷网)的网络尺寸是否大于第一类防雷建筑物 5m×5m 或 4m×6m、第二类防雷建筑物 10m×10m 或 8m×12m、第三类防雷建筑物 20m×20m 或 16m×24m 的要求。

③检查暗敷接闪器的敷设情况，当无隐蔽工程记录可查时，宜按第 12.2.2 条中(2)主控项目和一般项目的要求进行检测验收。

④检查接闪器的焊接、螺栓固定的应备帽、焊接处防锈状况。

⑤检查接闪导线的平正顺直、无急弯和固定支架的状况。

⑥检查接闪器上附着其他电气线路或其他导电物是否有防雷电波引入措施和与易燃易爆物品之间的安全间距。

12.2.4　等电位连接工程的检验批划分和验收

(1)等电位连接工程应按建筑物外大尺寸金属物等电位连接、金属管线等电位连接、各防雷区等电位连接和电子系统设备机房各分为 1 个检验批进行质量验收和记录。

(2)等电位连接的有效性可通过等电位连接导体之间的电阻值测试来确定，第一类防雷建筑物中长金属物的弯头、阀门、法兰盘等连接处的过渡电阻不应大于 0.03Ω；连在额定值为 16A 的断路器线路中，同时触及的外露可导电部分和装置外可导电部分之间的电阻不应大于 0.24Ω；等电位连接带与连接范围内的金属管道等金属体末端之间的直流过渡电阻值不应大于 3Ω。

12.2.5　屏蔽装置工程的检验批划分和验收

(1)屏蔽装置工程应按建筑物格栅形大空间屏蔽和专用屏蔽室各分为 1 个检验批进行质量验收和记录。

(2)防雷电磁屏蔽室的主控项目和一般项目检测：

①对壳体的所有接缝、屏蔽门、截止波导通风窗、滤波器等屏蔽接口使用电磁屏蔽检漏仪进行连续检漏。

②检查壳体的等电位连接状况，其间直流过渡电阻值不应大于0.2Ω。

③屏蔽效能的测试应符合现行国家标准《GB/T 12190—2006　电磁屏蔽室屏蔽效能的测量方法》的有关规定。

12.2.6　综合布线工程的检验批划分和验收

(1)综合布线工程应为1个检验批，当建筑工程有若干独立的建筑时，可按建筑物的数量分为几个检验批进行质量验收和记录。

(2)对工程主控项目和一般项目应逐项进行检查和测量。

(3)综合布线工程电气测试应符合现行国家标准《GB 50312—2016　综合布线系统工程验收规范》的规定。

12.2.7　SPD安装工程的检验批划分和验收

(1)SPD安装工程可作为1个检验批，也可按低压配电系统和电子系统中的安装分为2个检验批进行质量验收和记录。

(2)对主控项目和一般项目应逐项进行检查。

(3)SPD的主要性能参数测试应符合现行国家标准《GB/T 21431—2008　建筑物防雷装置检测技术规范》中电涌保护器部分(第5.8.2和第5.8.3条)的规定。

复习思考题

一、选择题

1. 建筑物防雷工程施工质量检验批抽样检验中，主控项目和一般项目合格质量水平的错判概率值不宜超过(　　)。

   A. 2%　　B. 5%　　C. 10%　　D. 15%

2. 接闪器安装工程的主控项目和一般项目验收中，应检查接闪器与大尺寸金属物体的电气连接，其间直流过渡电阻值不应大于(　　)。

   A. 0.1Ω　　B. 0.2Ω　　C. 0.5Ω　　D. 1.0Ω

3. 检查明敷接闪导线(避雷网)的网络尺寸大小，要求第一类防雷建筑物应大于(　　)。

   A. 5m×5m或4m×6m　　B. 10m×10m或8m×12m

   C. 20m×20m或16m×24m　　D. 40m×40m或32m×48m

4. 以下不属于等电位连接工程检验批的是(　　)。

A. 金属管线等电位连接　　B. 各防雷区等电位连接

C. 自然接闪器　　D. 电子系统设备机房

5. 将低压配电系统和电子系统中的安装分为2个检验批进行质量验收,可以完成(　　)。

A. 引下线安装工程的检验批划分和验收

B. SPD安装工程的检验批划分和验收

C. 屏蔽装置工程的检验批划分和验收

D. 综合布线工程的检验批划分和验收

6. 以下不符合防雷工程(子分部工程)质量验收合格规定的是(　　)。

A. 工程的观感质量验收须验收人员现场检查

B. 质量控制资料应符合施工现场质量管理与施工质量控制要求,并应完整齐全

C. 施工现场质量管理检查记录表的填写应完整

D. 所含分项工程的质量均应验收合格

7. 在对屏蔽装置工程防雷电磁屏蔽室的主控项目和一般项目检测的验收中,应对壳体的所有接缝、屏蔽门、截止波导通风窗、滤波器等屏蔽接口使用电磁屏蔽检漏仪进行连续检漏;检查壳体的等电位连接状况,其间直流过渡电阻值不应大于(　　)。

A. 0.1Ω　　B. 0.2Ω　　C. 0.5Ω　　D. 1.0Ω

二、简答题

1. 简述检验批合格质量应符合哪些要求?
2. 接地装置安装工程的检验批划分要点是什么?
3. 简述接闪器安装工程主控项目和一般项目检测验收要点。

第 13 章　防雷装置检测

13.1　检测项目

13.1.1　检测项目分类

检测分首次检测和定期检测。首次检测分为新建、改建、扩建建筑物防雷装置施工过程中的检测和投入使用后建筑物防雷装置的多次检测；定期检测是按规定周期进行的检测。

新建、改建、扩建建筑物防雷装置施工过程中的检测，应对其结构、布置、形状、材料规格、尺寸、连接方法和电气性能进行分阶段检测，投入使用后建筑物防雷装置的第一次检测应按设计文件要求检测。

13.1.2　检测项目

无论被划分为第几类防雷建筑物，其检测项目均包括以下项目：

(1)建筑物的防雷分类；

(2)接闪器；

(3)引下线；

(4)接地装置；

(5)防雷区的划分；

(6)雷击电磁脉冲屏蔽；

(7)等电位连接；

(8)电涌保护器(SPD)。

13.2　检测要求和方法

13.2.1　建筑物的防雷分类

建筑物应根据建筑物的重要性、使用性质、发生雷电事故的可能性和后果，按防雷要求分为三类。

13.2.2　接闪器

(1)首次检测时，应查看隐蔽工程记录。检查屋面设施应处于直击雷保护范围内。检查接闪器与建筑物顶部外露的其他金属物的电气连接，与引下线的电气连接，屋面设施的等电位连接。

(2)检查接闪器的位置是否正确，焊接固定的焊缝是否饱满无遗漏，螺栓固定的应备帽等防松零件是否齐全，焊接部分补刷的防腐油漆是否完整，接闪器是否锈蚀1/3以上。检查接闪带是否平整顺直，固定点支持件是否间距均匀，固定可靠，接闪带支持件间距和高度是否符合要求，检查每个支持件能否承受49N的垂直拉力。

(3)首次检测时应检查接闪网的网格尺寸是否符合一类、二类、三类建筑物的网格要求，第一类防雷建筑物的接闪器(网、线)与被保护建筑物、风帽、放散管之间的距离。

(4)首次检测时应用经纬仪或测高仪和卷尺测量接闪器的高度、长度，建筑物的长、宽、高，并根据建筑物防雷类别用滚球法计算其保护范围。

(5)首次检测时，检测接闪器的规格和尺寸。

(6)检查接闪器上有无附着的其他电气线路。

(7)首次检测时应检查建筑物的防侧击雷保护措施。

(8)当低层或多层建筑物利用女儿墙内、防水层或保温层内的钢筋作暗敷接闪器时，要对该建筑物周围的环境进行检查，防止可能发生的混凝土碎块坠落等事故隐患。除低层和多层建筑物外，其他建筑物不应利用女儿墙内钢筋作为暗敷接闪器。

(9)接闪带在转角处应按建筑造型弯曲其夹角应大于90°，弯曲半径不宜小于圆钢直径10倍，扁钢宽度的6倍。接闪带通过建筑物伸缩缝处，应将接闪带向侧面弯成半径为100mm弧形。

(10)当树木在第一类防雷建筑物接闪器保护范围外时，应检查第一类防雷建筑物与树木之间的净距，其净距应大于5m。

(11)烟囱的接闪器应符合《GB 50057—2010　建筑物防雷设计规范》的规定。

13.2.3　引下线

(1)首次检测时,应检查引下线隐蔽工程纪录。

(2)检查专设引下线位置是否准确,焊接固定的焊缝是否饱满无遗漏,焊接部分补刷的防锈漆是否完整,专设引下线截面是否腐蚀 1/3 以上,检查明敷引下线是否平正顺直,无急弯,卡钉是否分段固定,引下线固定支架间距均匀,是否符合水平或垂直直线部分 0.5～1.0m,垂直部分 0.3～0.5m 的要求,每个固定支架应能承受 49N 的垂直拉力。检查专设引下线、接闪器和接地装置的焊接处是否锈蚀,油漆是否有遗漏及近地面的保护设施。

(3)首次检测时,应用卷尺测量每相邻两根专设引下线之间的距离,记录专设引下线布置的总根数,每根专设引下线为一个检测点,按顺序编号检测。

(4)首次检测时,应用游标卡尺测量每根专设引下线的规格尺寸。

(5)检测每根专设引下线与接闪器的电气连接性能,其过渡电阻不应大于 0.2Ω。

(6)检查专设引下线上有无附着的电气线路,测量专设引下线与附近电气和电子线路的距离。

(7)检查专设引下线的断接卡的设置,测量接地电阻时,每年至少应断开断接卡一次,专设引下线与环形接地体相连,测量接地电阻时,可不断开断接卡。

(8)检查专设引下线近地面处易受机械损伤处的保护是否正确。

(9)采用仪器测量专设引下线接地端与接地体的电气连接性能,其过渡电阻应不大于 0.2Ω。

(10)检查防接触电压措施。

13.2.4　防静电接地装置

13.2.4.1　生产场所

(1)检查生产所处的工艺装置(操作台、传送带、塔、容器、换热器、过滤器、盛装溶剂或粉料的容器等,)设备等金属外壳的静电接地状况,测试其与接地装置的电气连接。静电接地连接线应采取螺栓连接,静电接地线的材质、规格宜符合表 13.1 和表 13.2 的要求。

(2)检查直径大于或等于 2.5m 及容积大于或等于 $50m^3$ 的装置静电接地点的间距。间距应不大于 30m,且不少于两处,测试其与接地装置的电气连接。

(3)检查有振动性的工艺装置或设备的振动部件静电接地状况,测试其与接地装置的电气连接。静电接地线的材质、规格宜符合表 13.1 和表 13.2 的要求。

表 13.1　防静电接地干线和接地体用钢材的最小规格

名称	单位	规格	
		地上	地下
扁钢	截面积/mm^2 厚　度/mm	100 4①	160 4①
圆钢	直　径/mm	12②	14
角钢	规　格/mm		50×5
钢管	直　径/mm		50

注:①当处于2类腐蚀环境中的扁钢的厚度推荐规格为5mm。

②当处于2类腐蚀环境中的圆钢的直径推荐规格为14mm。

表 13.2　静电接地支线、连接线的最小规格

名称	接地支线	连接线
工艺装置设备	16mm^2 多股铜芯线 ∅8mm 镀锌圆钢 12mm×4mm 镀锌扁钢	6mm^2 铜芯软绞线或软铜编织线
大型移动设备	16mm^2 铜芯软绞线	
一般移动设备	10mm^2 铜芯软绞线	
振动和频繁移动的器件	6mm^2 铜芯软绞线	

(4)检查皮带传动的机组及其皮带的防静电接地刷、防护罩的静电接地状况,测试其与接地装置的电气连接。静电接地线的材质、规格宜符合表13.1和表13.2的要求。

(5)检查可燃粉尘的袋式集尘设备中织入袋体的金属丝的接地端子的静电接地状况,测试其与接地装置的电气连接,静电接地线的材质、规格宜符合表13.1和表13.2的要求。

(6)检查与地绝缘的金属部件(如法兰、胶管接头、喷嘴等)的静电接地状况,要求采用铜芯软线跨接引出接地,静电接地线的材质、规格宜符合表13.1和表13.2的要求。

(7)检查在粉体筛分、研磨、混合等其他生产场所金属导体部件的等电位连接和静电接地状况,测试其电气连接和静电接地电阻。导体部件与连接线应采取螺栓连接,静电接地线的材质、规格宜符合13.1和表13.2的要求。

(8)检查在生产场所进口处,应设置人体导静电接地装置,测试其接地电阻。

13.2.4.2　储运场所

(1)油气储罐

①检查储罐应利用防雷接地装置兼作防静电接地装置。

②检查未使用储罐内各金属构件(搅拌器、升降器、仪表管道、金属浮体等)与罐体的电气连接状况,测试其电气连接。连接线的材质、规格宜符合表13.1和表13.2的要求。

③检查浮顶罐的浮船、罐壁、活动走梯等活动的金属构件与罐壁之间的电气连接状况,测试其电气连接。连接线应取截面不小于25mm^{2}铜芯软绞线进行连接,连接点应不少于2处。

④检查油(气)罐及罐室的金属构件以及呼吸阀、量油孔、放空管及安全阀等金属附件的电气连接及接地状况,测试其电气连接。

⑤检查在扶梯进口处,应设置人体导静电接地装置,测试其接地电阻。

(2)油气管道系统

①检查长距离无分支管道及管道在进出工艺装置区(含生产车间厂房、储罐等)处、分岔处应按要求设置接地、测试其接地电阻。

②检查距离建筑物100m内的管道,应每隔25m接地一次,测试其接地电阻。

③检查平行管道净距小于100mm时,每隔20～30m作电气连接,当管道交叉且净距小于100mm时,应作电气连接,测试其电气连接。

④检查管道的法兰应作跨接连接,在非腐蚀环境下不少于5根螺栓可不跨接,测试法兰的过渡电阻。静电连接线的材质、规格见表13.1和表13.2。

⑤检查工艺管道的加热伴管,应在伴管进气口、回水口处与工艺管道作电气连接,测试其电气连接。静电连接线的材质、规格见表13.1和表13.2。

⑥检查储罐的风管机外保温层的金属管保护罩,其连接处应咬口并利用机械固定的螺栓与罐体作电气连接并接地,测试其与接地装置的电气连接。

⑦检查非金属配管中间的非导体管两端金属管应分别于接地干线相连,或采取截面不小于6mm^{2}的铜芯软绞线跨接后接地,测试跨接线两端的过渡电阻。

⑧检查非导体管段上的所有金属件应接地,测试其与接地装置的电气连接。

(3)油气运输铁路与汽车装卸区

①检查油气装卸区内的金属管道、设备、路灯、线路屏蔽物、构筑物等应按要求做电气连接并接地,测试其与接地装置的电气连接。接地线的材质、规格见表13.1和表13.2。

②检查油气装卸区域内铁路钢轨的两端应接地,区域内与区域外钢轨间的电气通路应采取绝缘隔离措施,平行钢轨之间应在每个鹤位处进行1次跨接,测试其与接地装置的电气连接。接地线的材质、规格见表13.1和表13.2。

③检查操作平台梯子入口处,应设置人体导静电接地装置,测试其接地电阻。

④检查每个鹤位平台或站台处与接地干线直接相连的接地端子(夹),应与鹤管

端口保持电气连接，测试其与接地装置的电气连接。

⑤检查罐车、槽罐车及储罐等装卸场地宜设置能检测接地状况的静电接地仪器，测试其静电接地电阻。

(4)油气运输码头

①检查码头泵船应按要求在陆地上设置不少于1处的静电接地装置，测试其静电接地装置。

②检查码头的金属管道、设备、构架(包括码头引桥、栈桥的金属构件、基础钢筋等)应按要求作电气连接并与静电接地装置相连，测试其电气连接和静电接地电阻。接地线的材质、规格见表13.1和表13.2。

③检查装卸栈台或泵船应设置于储运船舶跨接的导静电接地装置，测其电气连接。接地线的材质、规格见表13.1和表13.2。

④检查在泵船入口处，应设置人体导静电的接地装置，测试其静电接地电阻。

(5)气液充装站

①检查气液充装管道与充装设备电缆金属外皮(或电缆金属保护管)应按要求共用接地，测试其与接地装置的电气连接。

②检查气液充装软管(胶管)两端连接处应采用金属软铜线跨接，测试其过渡电阻。

③气液充装站的储罐设施的检测参考油气储罐检测，水上充装站参考油气储运码头的检测。

(6)油气泵房(棚)

①检查进入泵房(棚)的金属管道应在泵房(棚)外侧设置接地装置，测试接地电阻。

②检查泵房(棚)内设备(电机、烃泵等)应作静电接地，接地线的材质、规格见表13.1和表13.2。

③检查在泵房(棚)入口处，应设置人体导静电接地装置，测试其静电接地电阻。

(7)仓储库房及其他储运场所

①检查易燃易爆仓储库房及其他储运场所的金属门窗、进入库房的金属管道、室内的金属货架及其他金属装置应采取防静电接地措施，测试其与接地装置的电气连接。连接线的材质、规格见表13.1和表13.2。

②检查易燃易爆仓储库房入口处，应设置人体导静电接地装置，测试其静电接地电阻。

③其他储运场所的防静电接地装置检测参考油气管道系统的检测。

13.2.5　测试阻值的要求

(1)各类防雷建筑物接地装置的接地电阻(或冲击接地电阻)值应符合设计或其他行业有关标准规定的设计要求值,见表13.3。

表13.3　接地电阻(或冲击接地电阻)允许值

接地装置的主体	允许值/Ω	接地装置的主体	允许值/Ω
汽车加油、加气站	≤10	天气雷达站	≤4
电子信息系统机房	≤4	配电电气装置(A类)或配电变压器(B类)	≤10
卫星地面站	≤30	移动基(局)站	≤10
汽车加油、加气站防雷装置	≤10	有线电视接收天线	≤4
电子计算机机房防雷装置	≤10	卫星地面站	≤5

注1:加油加气站防雷接地、防静电接地、电气设备的工作接地、保护接地及信息系统的接地,当采用共用接地装置时,其接地电阻不应大于4Ω。

注2:电子计算机机房宜将交流工作接地(要求≤4Ω)、交流保护接地(要求≤4Ω)、直流工作接地(按计算机系统具体要求确定接地电阻值)、防雷接地共用一组接地装置,其接地电阻按其中最小值确定。

注3:雷达站共用接地装置在土壤电阻率小于100Ω·m时,宜≤1Ω;土壤电阻率为100～300Ω·m时,宜≤2Ω;土壤电阻率为300～1000Ω·m时,宜≤4Ω;当土壤电阻率>1000Ω·m时,可适当放宽要求。

(2)当建筑物的防雷接地、防静电接地、电气设备的工作接地、保护接地及信息系统的接地等共用接地装置时,其接地电阻按各系统要求中的最小值确定。

(3)当采取电气连接、等电位连接和跨接连接时,其过渡电阻不宜大于0.03Ω。

(4)专设的静电接地体,其接地电阻不应大于100Ω。

(5)露天钢质储罐、泵房(棚)外侧的管道接地、直径大于或等于2.5m及容积大于或等于50m^{3}的装置、覆土油罐的罐体及罐室的金属构件以及呼吸阀、量油孔等金属附件,接地电阻不应大于10Ω。

(6)地上油气管道接地装置的接地电阻不应大于30Ω。

(7)距离建筑物100m内的管道,其冲击接地电阻不应大于20Ω。

(8)静电接地电阻值有特殊规定的,按其规定执行;当采取间接静电接地时,其接地电阻不应大于1MΩ。

13.2.6　常规接地装置检测

(1)首次检测时,应查看隐蔽工程纪录;检查接地装置的结构形式和安装位置;校核每根专设引下线接地体的接地有效面积;检查接地体的埋设间距、深度、安装方法;检查接地装置的材质、连接方法、防腐处理。

(2)检查接地装置的填土有无沉陷情况。

(3)检查有无因挖土方、敷设管线或种植树木而挖断接地装置。

(4)首次检测时,应检查相邻接地体在未进行等电位连接时的地中距离。

(5)检查独立接闪杆的杆塔、架空接闪线(网)的支柱及其接地装置与被保护建筑物及其有联系的管道、电缆等金属物之间的间隔距离是否符合规定。

(6)检查防跨步电压措施。

(7)毫欧表测量两相邻接地装置的电气贯通情况,判定两相邻接地装置是否达到独立接地要求,检测时应使用最小电流为 0.2A 的毫欧表对两相邻接地装置进行测量,如测得阻值不大于 1Ω,判定为电气贯通,如测得阻值大于 1Ω,判定各自为独立接地。

注:接地网完整性测试可参见《GB/T 17949.1—2000　接地系统的土壤电阻率、接低阻抗和地面点位测量导则　第 1 部分:常规测量》的第 8.3 条。

(8)接地装置的工频接地电阻值测量常用三极法,其测得的值为工频接地电阻值,当需要冲击接地电阻时,应按规定进行换算或使用专用仪器测量。

(9)每次接地电阻测量宜在同一位置,采用同一型号、同一种方法测量。

(10)测量大型接地网(如变电站、发电厂的接地网)时,应选用大电流接地电阻测试仪。

(11)使用接地电阻表(仪)进行接地电阻值测量时,应按选用仪器的要求进行操作。

13.2.7　防雷区的划分

在进行防雷区的划分后,应检查防雷工程设计中的 LPZ 的划分是否符合标准。

13.2.8　雷电电磁脉冲屏蔽

(1)用毫欧表检查屏蔽网格、金属管、(槽)防静电地板支撑金属网格、大尺寸金属件、房间屋顶金属龙骨、屋顶金属表面、立面金属表面、金属门窗、金属格栅和电缆屏蔽层的电气连接,过渡电阻值不宜大于 0.02Ω。首次检测时,用游标卡尺测量屏蔽材料规格尺寸是否符合厚度 0.3～0.5mm 的规定。

(2)计算建筑物利用钢筋或专门设置的屏蔽网的屏蔽效能。

(3)首次检测时,应按图施工检查是否符合标准要求。

13.2.9　等电位连接

(1)大尺寸金属物的连接检测,应检查设备、管道、构架、均压环、钢骨架、钢窗、放散管、吊车、金属地板、电梯轨道、栏杆等大尺寸金属物与共用接地装置的连接情况。如已实线连接,应进一步检查连接质量,连接导体的材料和尺寸。

(2)对于第一类和处在爆炸危险环境的第二类防雷建筑物中平行敷设的长金属物的检测，应检查平行或交叉敷设的管道、构架和电缆金属外皮等长金属物，其净距小于规定要求值时的金属线跨接情况。如已实线跨接应进一步检查连接质量，连接导体的材料和尺寸。

(3)对于第一类和处在爆炸危险环境的第二类防雷建筑物中长金属物的弯头，阀门等连接物的检测，应测量长金属物的弯头、阀门、法兰盘等连接处的过渡电阻，当过渡电阻大于 0.03Ω 时，检查是否有跨接的金属线，并检查连接质量，连接导体的材料和尺寸。

(4)总等电位连接带的检测，应检查由 LPZ0 区到 LPZ1 区的总等电位连接状况，如其已实现其与防雷接地装置的两处以上连接，应进一步检查连接质量，连接导体的材料和尺寸。

(5)低压配电线路埋地引人和连接的检测，应检查低压配电线路是否全线埋地或敷设在架空金属线槽内引入。如全线采用铠装电缆穿金属管埋地引入有困难，检测电缆埋地长度，电缆金属外皮、钢管和绝缘子铁脚等接地连接性能，连接导体的材料和尺寸。埋地电缆与架空线连接处安装的电涌保护器性能指标和安装工艺。

(6)第一类防雷建筑物外架金属管道的检测，应检查架空金属管道进入建筑物前是否每隔 25m 接地一次，进一步检查连接质量，连接导体的材料和尺寸。

(7)建筑物内竖直敷设的金属管道及金属物的检测，应检查建筑物内竖直敷设的金属管道及金属物与建筑物内钢筋就近不少于两处的连接，如已实现连接，应进一步检查连接质量，连接导体的材料和尺寸。

(8)进入建筑物的外来导电物连接的检测，应检查所有进入建筑物的外来导电物是否在 LPZ0 区与 LPZ1 区界面处与总等电位连接带连接，如已实现连接应进一步检查连接质量，连接导体的材料和尺寸。

(9)穿过各后续防雷区界面处导电物连接的检测，应检查所有穿过各后续防雷区界面处导电物均应在界面处与建筑物内的钢筋或等电位连接预留板连接，如已实现连接应进一步检查连接质量，连接导体的材料和尺寸。

(10)电子设备等电位连接的检测，应检查电子设备与建筑物共用接地系统的连接，应检查连接的基本形式，并进一步检查连接质量，连接导体的材料和尺寸。测量以下部位与等电位连接带(或等电位端子板)之间的电气连接情况。

——配电柜(盘)内部的 PE 排及外露金属导体；

——UPS 及电池柜金属外壳；

——电子设备的金属外壳；

——设备机架、金属操作台；

——机房内消防设施、其他配套设施金属外壳；

——线缆金属屏蔽层；

——光缆屏蔽层和金属加强筋；

——金属线槽；

——配线架；

——防静电地板支架；

——金属门、窗、隔断等。

(11)等电位连接的过渡电阻的测试采用空载电压 4～24V，最小电流为 0.2A 的测试仪器进行测量，过渡电阻值一般不应大于 0.2Ω。

13.2.10　电涌保护器(SPD)

电涌保护器的安装应符合设计文件的要求，设计文件需符合防雷审查并批准的文件。在此基础上展开电涌保护器的相关检查。

选择电子系统信号电涌保护器，U_0 值一般应高于系统运行时信号线上的最高工作电压的 1.2 倍，表 13.4 提供了常见电子系统的相关参考值。

表 13.4　常用电子系统工作电压与 SPD 额定工作电压的对应关系参考值

序号	通信线类型	额定工作电压/V	SPD 额定工作电压/V
1	DDN/X.25/帧中继	＜6 或 40～60	18 或 80
2	xDSL	＜6	18
3	2M 数字中继	＜5	6.5
4	ISDN	40	80
5	模拟电话线	＜110	180
6	100M 以太网	＜5	6.5
7	同轴以太网	＜5	6.5
8	RS232	＜12	18
9	RS422/485	＜5	6
10	视频线	＜6	6.5
11	现场控制	＜24	29

13.2.10.1　检查

(1)用 N-PE 环路电阻测试仪。测试从总配电盘(箱)引出的分支线路上的中性线(N)与保护线(PE)之间的阻值，确认线路为 TN-C 或 TN-C-S 或 TN-S 或 TT 或 IT 系统。

(2)检查并记录各级 SPD 的安装位置，安装数量、型号、主要性能参数(如 U_c、I_n、

I_{max}、I_{imp}、U_p 等）和安装工艺（连接导体的材质和导线截面，连接导线的色标，连接牢固程度）。

（3）SPD 进行外观检查：SPD 的表面应平整，光洁，无划伤，无裂痕和烧灼痕或变形。SPD 的标志应完整和清晰。

（4）测量多级 SPD 之间的距离和 SPD 两端引线的长度。

（5）检查 SPD 是否具有状态指示器。如有，则需确认状态指示应与生产厂说明相一致。

（6）检查安装在电路上的 SPD 限压元件前端是否有脱离器。如 SPD 无内置脱离器，则检查是否有过电流保护器。

（7）检查安装在配电系统中的 SPD 的 U_c 值应符合表 9.16 的要求。

（8）检查安装的电信、信号 SPD 的 U_c 值应符合要求。

（9）检查 SPD 安装工艺和接地线与等电位连接带之间的过渡电阻。

（10）检查输送火灾爆炸危险物质的埋地金属管道和具有阴极保护的埋地金属管道，当其从室外进入户内处设有绝缘段时，在绝缘段处跨接的电压开关型电涌保护器或隔离放电间隙应符合《GB 50057—2010　建筑物防雷设计规范》的相关要求。

13.2.10.2　电源 SPD 的测试

（1）压敏电压 U_{1mA} 的测试

压敏电压 U_{1mA} 的测试应符合以下要求：

①测试仅适用于以金属氧化物压敏电阻（MOV）为限压元件且无其他并联元件的 SPD。

②可使用防雷元件测试仪或压敏电压测试表对 SPD 的压敏电压 U_{1mA} 进行测量。

③首先应将后备保护装置断开并确认已断开电源后，直接用防雷元件测试仪或其他适用的仪表测量对应的模块，或者取下可插拔式 SPD 的模块，或将 SPD 从线路上拆下进行测量，SPD 应按图 13.1 所示连接逐一进行测试。

④合格判定：首次测量压敏电压 U_{1mA} 时，实测值应在表 13.5 中 SPD 的最大持续工作电压 U_c 对应的压敏电压 U_{1mA} 的区间范围内，如表 13.5 中无对应 U_c 值时，交流 SPD 的压敏电压 U_{1mA} 值与 U_c 的比值不小于 1.5，直流 SPD 的压敏电压 U_{1mA} 值与 U_c 的比值不小于 1.15；后续测量压敏电压 U_{1mA} 时，除需满足上述要求外，实测值还应不小于首次测量值的 90%。

表 13.5　压敏电压和最大持续工作电压的对应关系

标称压敏电压 U_N/V	最大持续工作电压 U_c/V	
	交流(r. m. s)	直流
82	50	65
100	60	85
120	75	100
150	95	125
180	115	150
200	130	170
220	140	180
240	150	200
275	175	225
300	195	250
330	210	270
360	230	300
390	250	320
430	275	350
470	300	385
510	320	410
560	350	450
620	385	505
680	420	560
750	460	615
820	510	670
910	550	745
1000	625	825
1100	680	895
1200	750	1060

注：压敏电压的允许工程±10%。

(2)泄漏电流的测试

泄漏电流的测试应符合以下要求：

①测试仅适用于以金属氧化物压敏电阻(MOV)为限压元件且无其他串联元件的 SPD；

②可使用防雷元件测试或泄漏电流测试表对 SPD 的泄漏电流 I_z 值进行测量；

③首先应将后备保护装置断开并确认已断开电源后，直接用仪表测量对应的模块，或者取下可插拔式 SPD 的模块或将 SPD 从线路上拆下进行测量，SPD 应按图 13.1 所示连接逐一进行测试；

④合格判定依据：首次测量 I_{IMAS}时，单片 MOV 构成的 SPD，其泄漏电流 I 的实测值应不超过生产厂标称的 I_n 最大值，如生产厂未声称泄漏电流 I_n 时，实测值应不大于 20μA。多片 MOV 并联的 SPD，其泄漏电流 I_n 实测值不应超过生产厂标称的 I_n 最大值；如生产厂未声称泄漏电流 I_n 时，实测值应不大于 20μA 乘以 MOV 阀片的数量。不能确定阀片数量时，SPD 的实测值不大于 20μA；

⑤后续测量 I_{imA}时，单片 MOV 和多片 MOV 构成的 SPD，其泄漏电流 I_{ie}的实测值应不大于首次测量值的 1 倍。

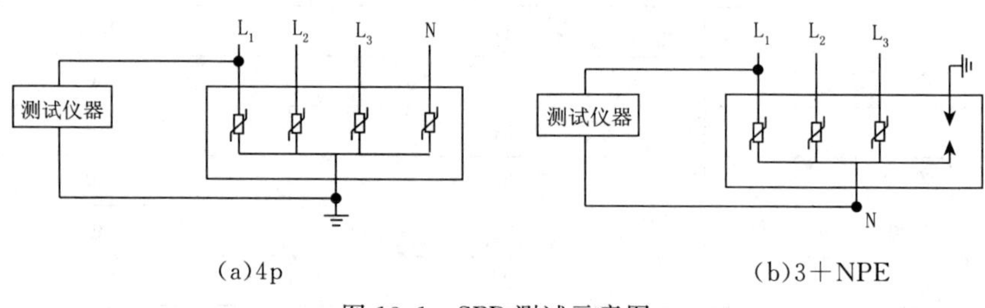

(a)4p　　(b)3＋NPE

图 13.1　SPD 测试示意图

(3)SPD 绝缘电阻的测试

SPD 的绝缘电阻测试仪对 SPD 所有接线端与 SPD 壳体间进行测量，先将后备保护装置断开并确认已断开电源后，再用不小于 500V 绝缘电阻测试仪正负极性各测试一次，测量指针应在稳定之后或施加电压 1min 后读取。合格判定标准为不小于 50MΩ。

13.2.11　检测作业要求

(1)检测土壤电阻率和接地电阻值宜在非雨天和土壤未冻结时进行，现场环境条件应能保持正常检测。

(2)应具备保障检测人员和设备的安全防护措施，雷雨天应停止检测，攀高危险作业必须遵守攀高作业安全守则。检测仪表、工具等不能放置在高处，防止坠落伤人。

(3)应使用在检定合格有效期内的检测仪器。

(4)检测时，接地电阻测试仪的接地引线和其他导线应避开高、低压供电线路。

(5)每一项检测需要有两人以上共同进行，每一个检测点的检测数据需经复核无误后，填入原始记录表。

(6)在检测爆炸火灾危险环境的防雷装置时，严禁带火种、手提电话；严禁吸烟，不应穿化纤服装，禁止穿钉子鞋，现场不准随意敲打金属物，以免产生火星，造成重大事故。应使用防爆型对讲机、防爆型检测表和不易产生火花的工具。

(7)现场检测时应严格遵守受检规章制度和安全操作规程。

(8)在检测配电房、变电所、配电柜的防雷装置时，应穿戴绝缘鞋、绝缘手套、使用绝缘垫，以防电击。

13.2.12　测量仪器要求

测量和测试仪器应符合国家计量法规的规定。

13.3　检测周期

具有爆炸和火灾危险环境的防雷建筑物检测间隔时间为 6 个月，其他防雷建筑物检测间隔时间为 12 个月。

对雷击频发地区重要的爆炸和火灾危险环境中的防雷装置，宜适当增加检测次数。

13.4　检测程序

(1)检测前应对使用仪器仪表和测量工具进行检查，保证其在计量认证有效期内和能正常使用。

(2)首次检测应按第 13.1.2 节检测项目中的全部检测项目实施检测。

(3)对受检单位的定期检测，应查阅上次检测的记录，并现场勘查受检单位防雷装置有无变化，在受检单位防雷装置无较大变化时，可不进行第 13.1.2 节检测项目中的 1、2、5、6 条的检测。

(4)现场检测进行时可按先检测外部防雷装置，后检测内部防雷装置的顺序进行，将检测结果填入防雷装置安全检测原始记录表。

(5)对受检单位出具检测报告和整改意见书。

13.5　检测数据整理

13.5.1　检测结果的记录

(1)在现场将各项检测结果如实记入原始记录表,原始记录表应有检测人员、校核人员和现场负责人签名。原始记录表应作为用户档案保存两年。

(2)首次检测时,应绘制建筑物防雷装置平面示意图,后续检测时应进行补充或修改。

13.5.2　检测结果的判定

用数值修约比较法将经计算或整理的各项检测结果与相应的技术要求进行比较,判定各检测项目是否合格。

13.5.3　防雷装置检测报告

(1)检测报告按检测结果和检测结果的判定内容填写,检测员和校核员签字后,经技术负责人签发,应加盖检测单位公章。

(2)检测报告不少于两份,一份送受检单位,一份由检测单位存档。存档应有纸质和计算机存档两种形式。

复习思考题

一、选择题

1. 关于防雷检测,下列说法错误的是(　　)。

   A. 首次检测时,根据建筑物防雷类别用滚球法计算其保护范围

   B. 首次检测时,检测接闪器的规格和尺寸

   C. 首次检测时,应检查建筑物的防侧击雷保护措施

   D. 接闪器上可以附着其他电气线路

2. 接闪带在转角处应按建筑造型弯曲其夹角应大于(　　)度,弯曲半径不宜小于圆钢直径10倍,扁钢宽度的6倍。

   A. 30　　B. 45　　C. 60　　D. 90

3. 当树木在第一类防雷建筑物接闪器保护范围外时,应检查第一类防雷建筑物与树木之间的净距应大于(　　)m。

   A. 3　　B. 4　　C. 5　　D. 10

4. 某建筑物为首次检测，测得每相邻两根专设引下线之间的距离为5m，专设引下线布置的总根数为20根，若按顺序编号进行检测，则共有(　　)个检测点。

A. 4　　B. 5　　C. 10　　D. 20

5. 检测每根专设引下线与接闪器的电气连接性能，其过渡电阻不应大于(　　)Ω。

A. 0.1　　B. 0.2　　C. 0.3　　D. 0.5

6. 油气管道系统防静电接地装置检测中，在检查距离建筑物100m内的管道时，应每隔(　　)m接地一次，测试其接地电阻不应大于(　　)Ω。

A. 10;0.2　　B. 20;0.3　　C. 25;20　　D. 50;30

7. 通常使用毫欧表检查电缆屏蔽层的电气连接，过渡电阻值不宜大于(　　)Ω。

A. 0.01　　B. 0.02　　C. 0.03　　D. 0.05

二、简答题

1. 简述建筑物检测项目有哪些？
2. 建筑物的防雷分类？
3. 简述常规接地装置检测流程。

参考文献

陈渭民,2003.雷电学原理[M].北京:气象出版社.

李必瑜,刘建荣,2000.房屋建筑学[M].武汉:武汉理工大学出版社.

李祥超,等,2010.防雷工程设计与实践[M].北京:气象出版社.

刘顺兴,熊江,余亚桐,2005.建筑物电子信息系统防雷技术设计手册[M].北京:中国建筑工业出版社.

梅卫群,江燕如,2012.建筑防雷工程与设计[M].北京:气象出版社.

沈祖炎,陈杨骥,陈以一,2000.钢结构基本原理[M].北京:中国建筑工业出版社.

苏邦礼,等,1997.雷电与避雷工程[M].广州:中山大学出版社.

孙景群,1987.大气电学基础[M].北京:气象出版社.

吴薛红,濮天伟,廖德利,2008.防雷与接地技术[M].北京:化学工业出版社.

肖稳安,李霞,陈红兵,2010.防雷专业技术知识问答[M].北京:气象出版社.

虞昊,臧庚媛,张勋文,等,1995.现代防雷技术基础[M].北京:清华大学出版社.

中华人民共和国国家质量监督检验检疫总局.2004.低压电涌保护器 第21部分:连接到电信和信号网络的电涌保护器(SPD)——性能要求和试验方法:GB 18802.21—2004/IEC 61643-21:2000[S].北京:中国标准出版社.

中华人民共和国国家质量监督检验检疫总局.2004.建筑物电气装置 第5-53部分:电气设备的选择和安装 隔离、开关和控制设备 第534节:过电压保护电器:GB 16895.22—2004/IEC 60364-5-53:2001 A1:2002[S].北京:中国标准出版社.

中华人民共和国国家质量监督检验检疫总局.2007.低压电涌保护器元件(第311部分):气体放电管(GDT)规范:GB/T 18802.311—2007/IEC 61643-311:2001[S].北京:中国标准出版社.

中华人民共和国国家质量监督检验检疫总局.2007.低压电涌保护器元件(第321部分):雪崩击穿二极管(ABD)规范:GB/T 18802.321—2007/IEC 61643-321:2001[S].北京:中国标准出版社.

中华人民共和国国家质量监督检验检疫总局.2007.低压电涌保护器元件(第331部分):金属氧化物压敏电阻(MOV)规范:GB/T 18802.331—2007/IEC 61643-331:2001[S].北京:中国标准出版社.

中华人民共和国国家质量监督检验检疫总局.2014.低压配电系统的电涌保护器(SPD)第12部分:选择和使用导则:GB 18802.12—2006/IEC 61643-12:2002[S].北京:中国标准出版社.

中华人民共和国国家质量监督检验检疫总局.2015.建筑物防雷装置检测技术规范:GB/T 21431—2015[S].北京:中国标准出版社.

中华人民共和国国家质量监督检验检疫总局.2016.爆炸和火灾危险场所防雷装置检测技术规范:GB/T 32937—2016[S].北京:中国标准出版社.

中华人民共和国住房和城乡建设部. 2010. 建筑物防雷工程施工与质量验收规范:GB 50601—2010[S]. 北京:中国计划出版社.

中华人民共和国住房和城乡建设部. 2010. 建筑物防雷设计规范:GB 50057—2010[S]. 北京:中国计划出版社.

中华人民共和国住房和城乡建设部. 2011. 通信局(站)防雷与接地工程设计规范:GB 50689—2011[S]. 北京:中国计划出版社.

中华人民共和国住房和城乡建设部. 2012. 建筑物电子信息系统防雷技术规范:GB 50343—2012[S]. 北京:中国建筑工业出版社.

中华人民共和国住房和城乡建设部. 2015. 建筑电气工程施工质量验收规范:GB 50303—2015[S]. 北京:中国计划出版社.

中国建筑标准设计研究院,2007. 防雷与接地安装[M]. 北京:中国计划出版社.

中国建筑标准设计研究院,2009. 电子信息系统机房工程设计与安装[M]. 北京:中国计划出版社.

中国建筑标准设计研究院,2009. 智能建筑弱电工程设计与施工(上册)[M]. 北京:中国计划出版社.

中国建筑学会建筑电气分会,2009. 电磁兼容与防雷接地[M]. 北京:中国建筑工业出版社.

周志敏,纪爱华,2014. 电子信息系统防雷及接地使用技术[M]. 北京:电子工业出版社.

IEC 62305—1. Ed. 1 雷电防护 第一部分:总则.

Mason B J, 2010. The Physics of Clouds[M]. 2 ed. Oxford: Oxford University Press.

Uman M A,1969. Lightning[M]. New York: Courier Dover Publications.

Uman M A,2011. 防雷技术与科学[M]. 银燕,等,译. 北京:气象出版社.

附录 A(规范性附录)
爆炸危险环境分区和防雷分类

A.1　爆炸危险环境分区

表 A.1 列举了 0 区、1 区、2 区、20 区、21 区和 22 区共 6 种爆炸危险环境分区的定义和示例，用于按 GB 50057—2010 中第 3 章的规定对建筑物进行防雷分类。

表 A.1　爆炸危险环境分区的定义和示例

0 区	定义	0 区应为连续出现或长期出现爆炸性气体混合物的环境
	示例	石油库：储存易燃油品的地上固定顶油罐内未充惰性气体的油品表面以上空间；储存易燃油品的地上卧式油罐内未充惰性气体的液体表面以上的空间；易燃油品灌桶间中油桶内液体表面以上的空间；易燃油品灌桶棚或露天灌桶场所中油桶内液体表面以上的空间；铁路、汽车油罐车灌装易燃油品时油罐车内液体表面以上的空间；铁路、汽车油罐车密闭灌装易燃油品时油罐车内液体表面以上的空间；易燃油品人工洞石油库油罐内液体表面以上的空间；有盖板的易燃油品隔油池内液体表面以上的空间；含易燃油品的污水浮选罐内液体表面以上的空间；易燃油品覆土油罐内液体表面以上的空间
		汽车加油加气站：埋地卧式汽油储罐内部油品表面以上的空间；地面油罐和油罐车内部的油品表面以上空间
1 区	定义	1 区应为正常运行时可能出现爆炸性气体混合物的环境
	示例	氢气站：制氢间、氢气纯化间、氢气压缩机间、氢气灌瓶间等爆炸危险间
		乙炔站：发生器间、乙烷压缩机间、灌瓶间、电石渣坑、丙酮库、乙炔汇流排间、空瓶间、实瓶间、贮罐间、电石库、中间电石库、电石渣泵间、乙炔瓶库、露天设置的贮罐、电石渣处理间、净化器间
		加氢站：加氢机内部空间；室外或罩棚内储氢罐或氢气储气瓶组；氢气压缩机间的房间内的空间；撬装式氢气压缩机组的设备内
		石油库：易燃油品设施的爆炸危险区域内地坪以下的坑、沟；储存易燃油品的地上固定顶油罐以通气口为中心、半径为 1.5m 的球形空间；储存易燃油品的内浮顶油罐浮盘上部空间及以通气口为中心、半径为 1.5m 范围内的球形空间；储存易燃油品的浮顶油罐浮盘上部至罐壁顶部空间；储存易燃油品的地上 卧式油罐以通气口为中心、半径为 1.5m 的球形空间；易燃油品泵房、阀室易燃油品泵房和阀室内部空间；易燃油品灌桶间内空间；易燃油品灌桶棚或露天灌桶场所的以灌桶口为中心、半径为 1.5m 的球形空间；铁路、汽车油罐车卸易燃油品时，以卸油口

续表

1区	示例	为中心、半径为1.5m的球形空间和以密闭卸油口为中心、半径为0.5m的球形空间;铁路、汽车油罐车灌装易燃油品时,以油罐车灌装口为中心、半径为3m的球形并延至地面的空间;铁路、汽车油罐车密闭灌装易燃油品时以油罐车灌装口为中心、半径为1.5m的球形空间和以通气口为中心、半径为1.5m的球形空间;易燃油品人工洞石油库中罐室和阀室内部及以通气口为中心、半径为3m的球形空间;通风不良的人工洞石油库的洞内空间;无盖板易燃油品的隔油池内液体表面以上的空间和距隔油池内壁1.5m、高出池顶1.5m至地坪范围以内的空间;含易燃油品的污水浮选罐以通气口为中心、半径为1.5m的球形空间;易燃油品覆土油罐以通气口为中心、半径为1.5m的球形空间;油罐外壁与护体之间的空间、通道口门(盖板)以内的空间;距阀易燃油品阀门井内壁1.5m、高1.5m的柱形空间;有盖板的易燃油品管沟内部空间
		汽车加油加气站:汽油、LPG和LNG设施的爆炸危险区域内地坪以下的坑或沟;埋地卧式汽油储罐人孔(阀)井内部空间、以通气管管口为中心、半径为1.5m(0.75m)的球形空间和以密闭卸油口为中心,半径为0.5m的球形空间;汽油的地面油罐、油罐车和密闭卸油口以通气口为中心,半径为1.5m的球形空间和以密闭卸油口为中心,半径为0.5m的球形空间;汽油加油机壳体内部空间;LPG加气机内部空 间;埋地LPG储罐人孔(阀)井内部空间和以卸车口为中心,半径为1m的球形空间;地上LPG储罐以卸车口为中心,半径为1m的球形空间;LPG压缩机、泵、法兰、阀门或类似附件的房间的内部空间;CNG压缩机、阀门、法兰或类似附件的房间的内部空间;存放CNG储气瓶组的房间的内部空间;CNG和LNG加气机的内部空间;LNG卸气柱的以密闭式注送口为中心、半径为1.5m的空间
2区	定义	2区应为正常运行时不太可能出现爆炸性气体混合物的环境,或是即使出现也仅是短时存在的爆炸性气体混合物的环境
	示例	石油库:储存易燃油品的地上固定顶油罐距储罐外壁和顶部3m范围内及储罐外壁至防火堤,其高度为堤顶高的范围内;储存易燃油品的地上卧式油罐距储罐外壁和顶部3m范围内及储罐外壁至防火堤,其高度为堤顶高的范围内;易燃油品灌桶间有孔墙或开式墙外3m以内与墙等高,且距释放源4.5m以内的室外空间,和自地面算起0.6m高、距释放源7.5m以内的室外空间;易燃油品灌桶棚或露天灌桶场所的以灌桶口为中心、半径为4.5m的球形并延至地面的空间;易燃油品汽车油罐车库、易燃油品重桶库房的建筑物内空间及有孔或开式墙外1m与建筑物等高的范围内;燃油品汽车油罐车棚、易燃油品重桶堆放棚的内部空间;铁路、汽车油罐车卸易燃油品时以卸油口为中心、半径为3m的球形并延至地面的空间和以密闭卸油口为中心、半径为1.5m的球形并延至地面的空间;铁路、汽车油罐车灌装易燃油品时以灌装口为中心、半径为7.5m的球形空间和以灌装口轴线为中心线、自地面算起高为7.5m、半径为15m的圆柱形空间;铁路、汽车油罐车密闭灌装易燃油品时以油罐车灌装口为中心、半径为4.5m的球形并延至地面的空间和以通气口为中心、半径为3m的球形空间;通风良好的易燃油品人工洞石油库的洞内主巷道、支巷道、油泵房、阀室及以通气口为中心、半径为7.5m的球形空间、人工洞口外3m范围内空间;距隔易燃油品的油池内壁4.5m、高出池顶3m至地坪范围以内的空间;距含易燃油品的污水浮选罐外壁和顶部3m以内的范围;以易燃油品覆土油罐的通气口为中心、半径为4.5m的球形空间、以通道口的门(盖板)为中心、半径为3m的球形并延至地面的空间及以油罐通气口为中心、半径为15m、高0.6m的圆柱形空间;距易燃油品阀门井内壁1.5m、高1.5m的柱形空间;无盖板的易燃油品管沟内部空间

续表

2区	示例	汽车加油加气站：埋地卧式汽油储罐距人孔(阀)井外边缘1.5m以内，自地面算起1m高的圆柱形空间、以通气管管口为中心、半径为3m(2m)的球形空间和以密闭卸油口为中心，半径为1.5m的球形并延至地面的空间；汽油的地面油罐、油罐车和密闭卸油口的以通气口为中心，半径为3m的球形并延至地面的空间和以密闭卸油口为中心、半径为1.5m的球形并延至地面的空间；以加油机中心线为中心线，以半径为4.5m(3m)的地面区域为底面和以加油机顶部以上0.15m半径为3m(1.5m)的平面为顶面的圆台形空间
		汽车加油加气站：LPG加气机的以加气机中心线为中心线，以半径为5m的地面区域为底面和以加气 机顶部以上0.15m，半径为3m的平面为顶面的圆台形空间；埋地LPG储罐距人孔(阀)井外边缘3m以内，自地面算起2m高的圆柱形空间、以放散管管口为中心，半径为3m的球形并延至地面的空间和以卸车口为中心，半径为3m的球形并延至地面的空间；地上LPG储罐以放散管管口为中心，半径为3m的球形空间、距储罐外壁3m范围内并延至地面的空间、防护堤内与防护堤等高的空间和以卸车口为中心，半径为3m的球形并延至地面的空间；露天或棚内设置的LPG泵、压缩机、阀门、法兰或类似附件的距释放源壳体外缘半径为3m范围内的空间和距释放源壳体外缘6m范围内，自地面算起0.6m高的空间LPG压缩机、泵、法兰、阀门或类似附件的房间有孔、洞或开式外墙，距孔、洞或墙体开口边缘3m范围内与房间等高的空间；室外或棚内CNG储气瓶组(包括站内储气瓶组、固定储气井、车载储气瓶)以放散管管口为中心，半径为3m的球形空间和距储气瓶组壳体(储气井)4.5m以内并延至地面的空间；露天(棚)设置的CNG压缩机、阀门、法兰或类似附件的距压缩机、阀门、法兰或类似附件壳体7.5m以内并延至地面的空间；距CNG和LNG加气机的外壁四周4.5m，自地面高度为5.5m的范围内空间；LNG储罐区的防护堤至储罐外壁，高度为堤顶高度的范围内；当露天设置的LNG泵设置于防护堤内时，设备或装置外壁至防护堤，高度为堤顶高度的范围内；当露天设置的水浴式LNG气化器设置 于防护堤内时，设备外壁至防护堤，高度为堤顶高度的范围内；以LNG卸气柱的密闭式注送口为中心，半径为4.5m的空间以及至地坪以上的范围内发生炉煤气站：煤气发生炉的加煤机与贮煤斗连接，贮煤层为封闭建筑的主厂房；煤气排送机间及煤气 净化设备区；煤气管道的排水器室
		乙炔站：气瓶修理间、干渣堆场
		加氢站：以加氢机外轮廓线为界面，以4.5m为半径的地面区域为底面和以加氢机顶部以上4.5m为顶面的圆台形空间；室外或罩棚内储氢罐或氢气储气瓶组的以设备外轮廓线为界面以4.5m为半径的地面区域、顶部空间区域；设备的放空管集中设置时，从氢气放空管管口计算，半径为4.5m的空间和顶部以上7.5m的空间区域；氢气压缩机间的以房间的门窗边沿计算，半径为4.5m的地面、空间区域；氢气压缩机间的从氢气放空管管口计算，半径4.5m的区域和顶部以上7.5m的空间区域；以撬装式氢气压缩机组的外轮廓线为界面，以4.5m为半径的地面区域、顶部空间
		氢气站：从制氢间、氢气纯化间、氢气压缩机间、氢气灌瓶间等爆炸危险间的门窗边沿计算，半径为4.5m的地面、空间区域；从氢气排放口计算，半径为4.5m的空间和顶部距离为7.5m的区域；从室外制氢设 备、氢气罐的边沿计算，距离为4.5m，顶部距离为7.5m的空间区域；从室外制氢设备、氢气罐的氢气排放口计算，半径为4.5m的空间和顶部距离为7.5m的区域

续表

区域	项目	内容
20区	定义	20区应为空气中的可燃性粉尘云持续地或长期地或频繁地出现于爆炸性环境中的区域
	示例	粉尘云连续生成的管道、生产和处理设备的内部区域;持续存在爆炸性粉尘环境的粉尘容器外部
		贮料槽、筒仓等;旋风集尘器和过滤器;除皮带和链式运输机的某些部分外的粉尘传送系统等;搅拌器、粉碎机、干燥机、装料设备等
21区	定义	21区应为在正常运行时,空气中的可燃性粉尘云很可能偶尔出现于爆炸性环境中的区域
	示例	含有一级释放源的粉尘处理设备的内部;由一级释放源形成的设备外部场所,在考虑21区的范围时,通常按照释放源周围1m的距离确定
		当粉尘容器内部出现爆炸性粉尘/空气混合物时,为了操作而频繁移动或打开最邻近进出门的粉尘容器外部场所;当未采取防止爆炸性粉尘/空气混合物形成的措施时,在最接近装料和卸料点、送料皮带、取样点、卡车卸载站、皮带卸载点等的粉尘容器外部场所;如果粉尘堆积且由于工艺操作,粉尘层可能被扰动而形成爆炸性粉尘/空气混合物时,粉尘容器外部场所;可能出现爆炸性粉尘云(当时既不持续,也不长时间,又不经常)的粉尘容器内部场所,例如自清扫时间间隔较长的筒仓内部(如果仅偶尔装料和/或出料)和过滤器的积淀侧
		发生炉煤气站:焦油泵房和焦油库
22区	定义	22区应为在正常运行时,空气中的可燃粉尘云一般不可能出现于爆炸性粉尘环境中的区域,即使出现,持续时间也是短暂的
	示例	由二级释放源形成的场所,22区的范围应按超出21区3m及二级释放源周围3m的距离确定
		来自集尘袋式过滤器通风孔的排气口,如果一旦出现故障,可能逸散出爆炸性粉尘/空气混合物;很少时间打开的设备附近场所,或根据经验由于环境压力粉尘喷出而易形成泄漏的设备附近场所,如气动设备或挠性连接可能会损坏等的附近场所;装有很多粉状产品的储存袋,在操作期间,包装袋可能破损,引起粉尘扩散;通常被划分为21区的场所,当采取措施时,包括排气通风,防止爆炸性粉尘环境形成时,可以降为22区场所,这些措施应该在下列点附近执行:装袋料和倒空点、送料皮带、取样点、卡车卸载站、皮带卸载点等;形成的可控制(清理)的粉尘层有可能被扰动而产生爆炸性粉尘/空气混合物的场所
		发生炉煤气站:受煤斗室、输碳皮带走廊、破碎筛分间、运煤栈桥
		燃气制气车间:制气车间室内的粉碎机、胶带通廊、转运站、配煤室、煤库和贮焦间
		燃气制气车间:直立炉的室内煤仓、焦仓和操作层
		燃气制气车间:水煤气车间内煤斗室、破碎筛分间和运煤胶带通廊
		露天煤场

注:表A.1中内容选自GB 50058—2014、GB 50031—1991 、GB 50028—2006、GB 50156—2012、GB 50074—2014、GB 50195—2013、GB 50516—2010、GB 50177—2005及GB 12476.3—2007等标准。

A.2　烟花爆竹工厂的危险场所类别和防雷类别

烟花爆竹工厂的危险场所类别和防雷类别见表A.2。

表A.2　生产、加工、研制危险品的工作间(或建筑物)危险场所分类和防雷类别

序号	危险品名称	工作间(或建筑物)名称	危险场所类别	防雷分类
1	黑火药	药物混合(硝酸钾与碳、硫球磨),潮药装模(或潮药包片),压药,拆模(撕片),碎片、造粒,抛光,浆药,干燥,散热,筛选,计量包装	F0	一
		单料粉碎、筛选、干燥、称料、硫、碳二成分混合	F2	二
2	烟火药	药物混合,造粒,筛选,制开球药,压药,浆药,干燥,散热,计量包装。褙药柱(药块),湿药调制,烟雾剂干燥、散热、包装	F0	一
		氧化剂、可燃物的粉碎与筛选、称料(单料)	F2	二
3	引火线	制引,浆引,漆引,干燥,散热,绕引,定型裁割,捆扎,切引,包装	F1	一
4	爆竹	装药	F0	一
		插引(含机械插引,手工插引和空筒插引),挤引,封口,点药,结鞭	F1	二
		包装	F2	二
5	组合烟花类、内筒型小礼花类	装药,筑(压)药,内筒封口(压纸片、装封口剂)	F0	一
		已装药部件钻孔,装单个裸药件,单发药量≥25g非裸药件组装,外筒封口(压纸片)	F1	一
		蘸药,安引,组盆串引(空筒),单筒药量<25g非裸药件组装,包装	F2	二
6	礼花弹类	装球,包药	F0	一
		组装(含安引、装发射药包、串球),剖引(引线钻孔),球干燥,散热,包装	F1	一
		空壳安引,糊球	F2	二
7	吐珠类	装(筑)药	F0	一
		安引(空筒),组装,包装	F2	二
8	升空类(含双响炮)	装药,筑(压)药	F0	一
		包药,装裸药效果件(含效果药包),单个药量≥30g非裸药件组装	F1	一
		安引,单个药量<30g非裸药效果件组装(含安稳定杆),包装	F2	二
9	旋转类(旋转升空类)	装药、筑(压)药	F0	一
		已装药部件钻孔	F1	一
		安引,组装(含引线、配件、旋转轴、架),包装	F2	二

续表

序号	危险品名称	工作间(或建筑物)名称	危险场所类别	防雷分类
10	喷花类和架子烟花	装药、筑(压)药	F0	一
		已装药部件的钻孔	F1	一
		安引,组装,包装	F2	二
11	线香类	装药	F0	一
		干燥,散热	F1	二
		粘药,包装	F2	二
12	摩擦类	雷酸银药物配制,拌药砂,发令纸干燥	F0	一
		机械蘸药	F1	一
		包药砂,手工蘸药,分装,包装	F2	二
13	烟雾类	装药,筑(压)药	F0	一
		球干燥,散热	F1	二
		糊球,安引,组装,包装	F2	二
14	造型玩具类	装药、筑(压)药	F0	一
		已装药部件钻孔	F1	一
		安引,组装,包装	F2	二
15	电点火头	蘸药,干燥(晾干),检测,包装	F2	二

注:表 A.2 选自 GB 50161—2009。

A.3 民用爆破器材工厂的危险区域和防雷类别

民用爆破器材工厂的危险区域和防雷类别见表 A.3 和表 A.4。

表 A.3 生产、加工、研制危险品的工作间(或建筑物)电气危险场所分类及防雷类别

序号	危险品名称	工作间(或建筑物)名称	危险场所类别	防雷分类
		工业炸药		
1	铵梯(油)类炸药	梯恩梯粉碎、梯恩梯称量、混药、筛药、凉药、装药、包装	F1	一
		硝酸铵粉碎、干燥	F2	二
2	粉状铵油炸药、铵送蜡、炸药、铵沥蜡炸药	混药、筛药、凉药、装药、包装	F1	一
		硝酸铵粉碎、干燥	F2	二

续表

序号	危险品名称		工作间(或建筑物)名称	危险场所类别	防雷分类
工业炸药					
3	多空粒状铵油炸药		混药、包装	F1	一
4	膨化硝铵炸药		膨化	F1	一
			混药、凉药、装药、包装	F1	一
5	粒状黏性炸药		混药、包装	F1	一
			硝酸铵粉碎、干燥	F2	二
6	水胶炸药		硝酸钾铵制造和浓缩、混药、凉药、装药、包装	F1	一
			硝酸铵粉碎、筛选	F2	二
7	浆状炸药		梯恩梯粉碎、炸药熔药、混药、凉药、包装	F1	一
			硝酸铵粉碎	F2	二
8	乳化炸药	粉状	制粉、装药、包装	F1	一
			乳化、乳胶基质冷却	F2	一
			硝酸铵粉碎、硝酸钠粉碎	F2	一
		胶状	乳化、乳胶基质冷却,乳胶基质贮存、敏化、敏化后的保温(凉药)、贮存、装药、包装	F2	一
			硝酸铵粉碎、硝酸钠粉碎	F2	一
9	黑梯药柱(注装)		熔药、装药、凉药、检验、包装	F1	一
10	梯恩梯药柱(压制)		压制	F1	一
			检验、包装	F1	一
11	太乳炸药		制片、干燥、检验、包装	F1	一
工业雷管					
12	火雷管、电雷管、导爆管雷管、继爆管		黑索今或太安的造粒、干燥、筛选、包装	F1	一
			火雷管干燥、雷管烘干	F1	一
			继爆管的装配、包装	F1	一
			二硝基重氮酚制造(中和、还原、重氮、过滤)	F1	一
			二硝基重氮酚的干燥、凉药、筛选、黑索今或太安的造粒、干燥、筛选	F1	一
			火雷管装药、压药	F1	一

续表

序号	危险品名称		工作间(或建筑物)名称	危险场所类别	防雷分类
工业雷管					
12	火雷管、电雷管、导爆管雷管、继爆管		电雷管、导爆管雷管装配、雷管编码	F1	一
			雷管检验、包装、装箱	F1	一
			雷管试验站	F1	一
			引火药头用和延期药用的引火药剂制造	F1	一
			引火元件制造	F1	一
			延期药混合、造粒、干燥、筛选、装药、延期元件制造	F1	一
			二硝基重氮酚废水处理	F2	二
工业索类火工品					
13	导火索		黑火药三成分混药、干燥、凉药、筛选、包装	F0	一
			导火索生产中的黑火药准备	F2	二
			导火索制造、盘索、烘干、普检、包装	F2	二
			硝酸钾干燥、粉碎	F1	一
14	导爆索		炸药的筛选、混合、干燥	F1	一
			导爆索的包塑、涂索、烘索、盘索、普检、组批、包装	F1	一
			炸药的筛选、混合、干燥	F1	一
			导爆索制索	F1	一
15	塑料导爆管		炸药的粉碎、干燥、筛选、混合	F1	一
			塑料导爆管制造	F2	二
16	爆裂管		爆裂管的切索、包装	F1	一
			爆裂管炸药	F1	一
油气井用起爆器材					
17	射孔弹、穿孔弹		炸药准备(筛选、烘干等)	F1	一
			炸药暂存、保温、压药	F1	一
			装配、包装	F1	一
			试验室	F1	一
地震勘探用起爆器材					
18	震源药柱	高爆速	炸药准备、熔混药、装药、压药、凉药、装配、检验、装箱	F1	一
		中爆速	炸药准备、震源药柱检验、装箱	F1	一
			装药、压药	F1	一

续表

序号	危险品名称		工作间(或建筑物)名称	危险场所类别	防雷分类
地震勘探用起爆器材					
18	震源药柱	中爆速	钻孔	F1	一
			装传爆药柱	F1	一
		低爆速	炸药准备、装药、装传爆药柱、检验、装箱	F1	一
19	黑火药、炸药、起爆药		理化试验室	F2	二

注1:表A.3选自GB 50089—2007。

注2:危险品性能试验塔(罐)工作间的危险作业场所分类应按本表确定,防雷分类宜为三类。

表A.4　贮存危险品的中转库和危险品总仓库危险场所(或建筑物)分类及防雷类别

序号	危险品仓库(含中转库)名称	危险场所分类	防雷类别
1	黑索今、太安、奥克托金、梯恩梯、苦味酸、黑梯药柱、梯恩梯药柱、太乳炸药、黑火药铵梯(油)类炸药、粉状铵油炸药、铵送蜡炸药、铵沥蜡炸药、多孔粒状铵油炸药、膨化硝铵炸药、粒状黏性炸药、水胶炸药、浆状炸药、粉状乳化炸药	F0	一
2	起爆药	F0	一
3	胶状乳化炸药	F1	一
4	雷管(火雷管、电雷管、导爆管雷管、继爆管)	F1	一
5	爆裂管	F1	一
6	导爆索、射孔(穿孔)弹、震源药柱	F1	一
7	延期药	F1	一
8	导火索	F1	一
9	硝酸铵、硝酸钠、硝酸钾、氯酸钾、高氯酸钾	F2	二

注:表A.4选自GB 50089—2007。

附录 B　土壤电阻率的测量

土壤电阻率是接地装置设计中的一个主要技术参数，其测试方法主要有土壤试样法、单极法（深度法）、两点法（西坡 Shepard 土壤电阻率测定法）、四点法等，本规程主要介绍土壤试样法、单极法和四点法。

B.1　土壤试样法

（1）取样

在工程现场选择一处设计高度相同的较为平整、土壤色泽和（颗）粒度都较均匀的场地，在该场地上取表土若干。将取回的土壤倒入一个已知尺寸和具有标准电极的绝缘容器内，电极的位置应在容器的中央，即距容器各器壁距离都是相等的，一般以圆柱形较宜，以量规调整好电极间的距离，土壤应掩没电极，并将多余的土壤自容器顶面刮去。

（2）测试

将容器的电极接入图 B.1 的回路中，接通电源进行测试，记下电流表和电压表的读数 U 和 I，则土壤电阻率为：

$$\rho=(R\cdot S)/l\quad(\Omega\cdot\mathrm{m})\tag{B.1}$$

式中：S 为标准电极的表面积，m^2；l 为电极之间的距离，m。

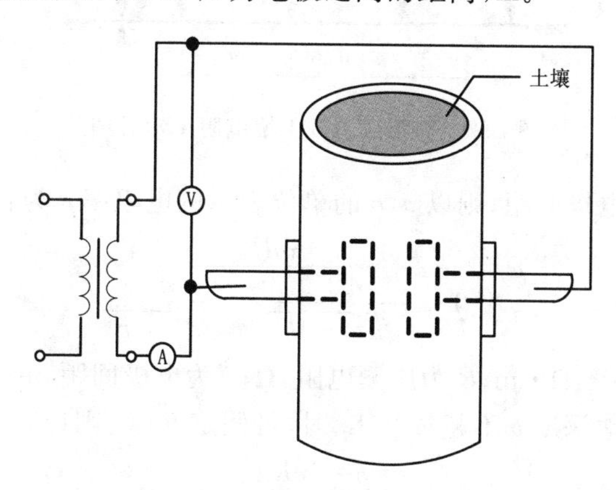

图 B.1　土壤电阻率测量示意图

B.2 单极法

采用土壤试样法只能测量表层土的土壤电阻率，当需要测试土壤表层以下的土壤电阻率时，可选用单极法（深度法）测试土壤电阻率，即加工一根垂直接地极，一般可用直径不小于 15mm、长度不小于 1m 的焊接钢管或自来水管，将其一端加工成尖锥形或斜口形，将垂直接地极击入地面，击入深度为 l（l 值根据需要确定），按照接地电阻测试方法测出该垂直接地极的接地电阻 R，则可得出深度为 l 时的土壤电阻率为：

$$\rho=(R\times 2\pi l)/\ln(4l/d) \tag{B.2}$$

式中：l 为接地极击入土中的深度，m；d 为接地极的管径，m。

B.3 四点法

单极法虽较简便，但因单极法测量深度受接地极击入深度及击入点的限制，无法知道深层土壤的电阻率和大体积土壤的电阻率；因此，常采用四点法，四点法主要包括等距法和不等距法。

(1)等距法

将小电极埋入被测土壤呈一字排列的四个小洞中，埋入深度均为 b，直线间隔均为 a。测试电流 I 流入外侧两电极，而内侧两电极间的电位差 V 可用电位差计或高阻电压表测量。如图 B.2 所示。

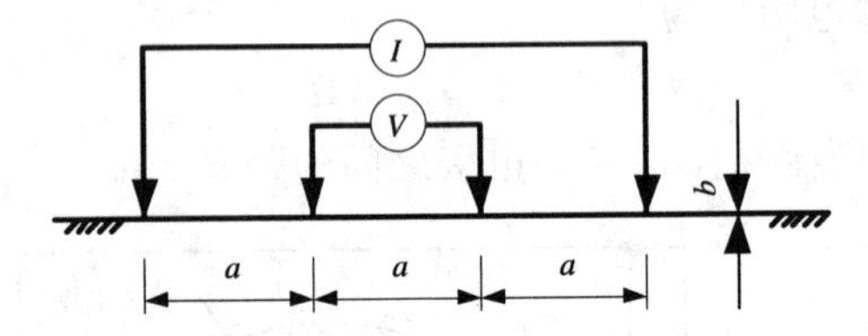

图 B.2　等距法测试土壤电阻率示意图

设 a 为两邻近电极间距，则以 a，b 的单位表示的电阻率 ρ 为：

$$\rho=\frac{4\pi aR}{1+\dfrac{2a}{\sqrt{a^2+4b^2}}-\dfrac{a}{\sqrt{a^2+b^2}}} \tag{B.3}$$

式中：ρ 为土壤电阻率，Ω·m；R 为所测电阻，Ω；a 为电极间距，m；b 为电极深度，m。

当测试电极入地深度 b 不超过 $0.1a$ 时，可假定 $b=0$，则计算公式可简化为：

$$\rho=2\pi Ra \tag{B.4}$$

用等距法测量时，可改变几种不同的 a 值进行测量，一般 a=2m，4m，5m，10m，15m，20m，25m，30m 等。

(2)非等距法

当电极间距增大到40m以上,主要采用非等距法,其布置方式见图B.3。

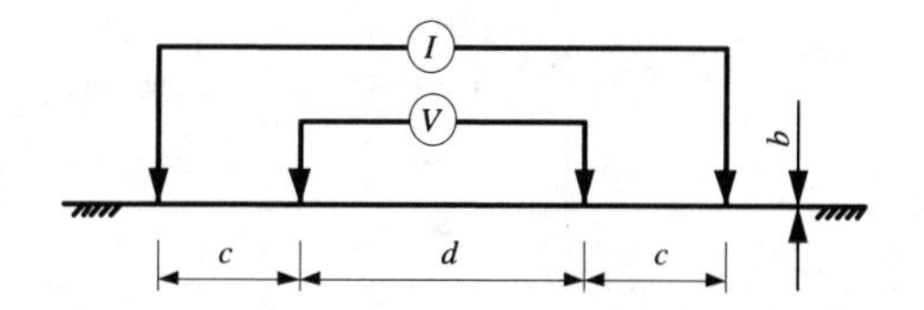

图B.3　非等距法测试土壤电阻率示意图

此时电位极布置在相应的电流极附近,如此可升高所测的电位差值。这种布置,当电极的埋地深度 b 与其距离 d 和 c 相比较甚小时,则所测得电阻率可按下式计算:

$$\rho = \pi c(c+d)R/d \qquad (B.5)$$

式中:ρ 为土壤电阻率,Ω·m;R 为所测电阻,Ω;c 为电流极与电位极间距,m;d 为电位极距,m。

采用非等距法测量,测量电极间距可选择40m,50m,60m。按公式(B.5)计算相应的土壤电阻率。

B.4　常见土壤的电阻率

在进行土壤电阻率测量之前,宜先了解土壤电阻率的参考值,可参见表B.1,对所在地土壤电阻率进行估算。

表B.1　常见土壤电阻率参考值

类别	名　　称	电阻率近似值(Ω·m)	不同情况下电阻率的变化范围(Ω·m)		
			较湿时(一般地区、多雨区)	较干时(少雨区、沙漠区)	地下水含盐碱时
土	陶黏土	10	5～20	10～100	3～10
	泥炭、泥灰岩、沼泽地	20	10～30	50～300	3～30
	捣碎的木炭	40	—	—	—
	黑土、园田土、陶土、白垩土、黏土	50 60	30～100	50～300	10～30
	砂质黏土	100	30～300	80～1000	10～80
	黄土	200	100～200	250	30
	含砂黏土、砂土	300	100～1000	1000以上	30～100
	河滩中的砂		300	—	—

续表

类别	名　　称	电阻率近似值（Ω·m）	不同情况下电阻率的变化范围（Ω·m）		
			较湿时（一般地区、多雨区）	较干时（少雨区、沙漠区）	地下水含盐碱时
土	煤		350	—	—
	多石土壤	400	—	—	—
	上层红色风化黏土、下层红色页岩	500(30％湿度)	—	—	—
	表层土夹石、下层砾石	600(15％湿度)	—	—	—
砂	砂、砂砾	1000	250～1000	1000～2500	—
	沙层深度大于10m、地下水较深的草原、地面黏土深度不大于1.5m、底层多岩石	1000	—	—	—
岩石	砾石、碎石	5000	—	—	—
	多岩山地	5000	—	—	—
	花岗岩	200000	—	—	—
混凝土	在水中	40～55	—	—	—
	在湿土中	100～200	—	—	—
	在干土中	500～1300	—	—	—
	在干燥的大气中	12000～18000	—	—	—
矿	金属矿石	0.01～1	—	—	—

附录C　防雷工程设计常用图例

C.1　接闪器引下线

编号	符　号	名　称	功能类别	应用类别
1-01		接闪杆	防护	设计图、示意图
1-02		接闪带	防护	设计图、施工图、竣工图
1-03	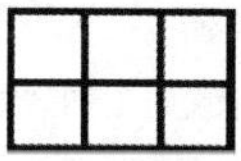	接闪网	防护	设计图、施工图、竣工图
1-04		引下线	导引	设计图、施工图、竣工图
1-05	LPZ0A	LPZ 分类 LPZ0A 防雷分区	分界	设计图、示意图
1-06	LPZ0B	LPZ 分类 LPZ0B 防雷分区	分界	设计图、示意图
1-07	LPZ1	LPZ 分类 LPZ1 防雷分区	分界	设计图、示意图
1-08	LPZ2	LPZ 分类 LPZ2 防雷分区	分界	设计图、示意图
1-09	LPZ*n*	LPZ 分类 LPZ*n* 防雷分区	分界	设计图、示意图

C.2　低压配电系统

编号	符　号	名　称	功能类别	应用类别
2-01	 SPD	电涌保护器	保护	设计图、施工图、竣工图、示意图
2-02		开关型 SPD	保护	设计图、施工图、竣工图、示意图
2-03		限压型 SPD	保护	设计图、施工图、竣工图、示意图

续表

编号	符　号	名　称	功能类别	应用类别
2-04	SPD	插座型 SPD	保护	设计图、施工图、竣工图、示意图
2-05	SPD	防雨型 SPD	保护	设计图、施工图、竣工图、示意图
2-06	SPD	防爆型 SPD	F 保护	设计图、施工图、竣工图、示意图
2-07	SPD	二端口 SPD	保护	设计图、施工图、竣工图、示意图
2-08		退 耦 器	阻尼	设计图、施工图、竣工图、示意图
2-09	~ II-	稳 压 器	稳定	设计图、施工图、竣工图、示意图
2-10		变 压 器	承载	设计图、施工图、竣工图、示意图
2-11		配 电 箱	承载	设计图、施工图、竣工图、示意图
2-12	UPS	不间断电涌 UPS	变换	设计图、施工图、竣工图、示意图
2-13		隔离变压器	变换	设计图、施工图、竣工图、示意图
2-14	RCD	剩余电流保护器	保护	设计图、施工图、竣工图、示意图
2-15		空气断路器	断开	设计图、施工图、竣工图、示意图
2-16		具有 PE、N 相配线	配电	设计图、施工图、竣工图、示意图
2-17		中性线 N	配电	设计图、施工图、竣工图、示意图
2-18		保护地线 PE	配电	设计图、施工图、竣工图、示意图

续表

编号	符　号	名　称	功能类别	应用类别
2-19		PE、N共用	配电	设计图、施工图、竣工图、示意图
2-20		埋地线路	传导	设计图、施工图、竣工图、示意图
2-21		水下线路	传导	设计图、施工图、竣工图、示意图

C.3 电子系统

编号	符号	名称	功能类别	应用类别
3-01		烟感火灾探测器	探测	设计图、施工图、竣工图、示意图
3-02	 N	温感火灾探测器	探测	设计图、施工图、竣工图、示意图
3-03		感光火灾探测器	探测	设计图、施工图、竣工图、示意图
3-04		气体火灾探测器	探测	设计图、施工图、竣工图、示意图
3-05		手动火灾报警器	报警	设计图、施工图、竣工图、示意图
3-06	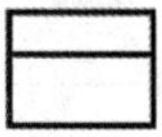	火灾报警控制器	切换	设计图、施工图、竣工图、示意图
3-07	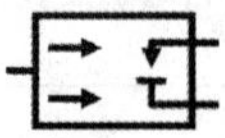	光接收机	变换	设计图、施工图、竣工图、示意图
3-08	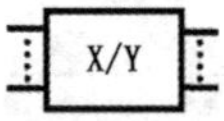 X/Y	编码器	连续控制	设计图、施工图、竣工图、示意图
3-09	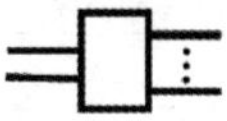	分线箱	承载	设计图、施工图、竣工图、示意图

续表

编号	符号	名称	功能类别	应用类别
3-10	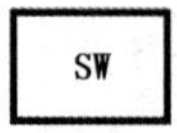 SW	程控交换机	连续控制	设计图、施工图、竣工图、示意图
3-11	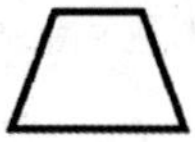	火灾报警装置	报警	设计图、施工图、竣工图、示意图
3-12	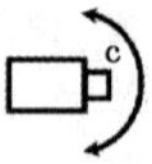 c	云台摄像机	监控	设计图、施工图、竣工图、示意图
3-13	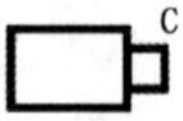 C	固定摄像机	监控	设计图、施工图、竣工图、示意图
3-14		明敷线路	传导	设计图、施工图、竣工图、示意图
3-15	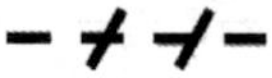	暗敷线路	传导	设计图、施工图、竣工图、示意图
3-16		双绞线	传导	设计图、施工图、竣工图、示意图
3-17	 MDF	配线架	支撑	设计图、施工图、竣工图、示意图
3-18	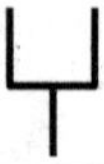	电信插座	连接	设计图、施工图、竣工图、示意图
3-19	 TV	电视接口插座	连接	设计图、施工图、竣工图、示意图
3-20	 TP	电话接口插座	连接	设计图、施工图、竣工图、示意图
3-21	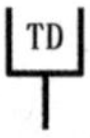 TD	数据接口插座	连接	设计图、施工图、竣工图、示意图
3-22		同轴电缆	传导	设计图、施工图、竣工图、示意图
3-23		一般天线	变换	设计图、施工图、竣工图、示意图

续表

编号	符号	名称	功能类别	应用类别
3-24	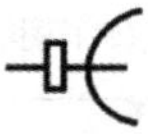	卫星通信天线	变换	设计图、施工图、竣工图、示意图
3-25		八木天线	变换	设计图、施工图、竣工图、示意图
3-26	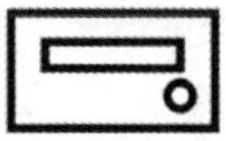	接收机	接收	设计图、施工图、竣工图、示意图

C.4 接地装置

编号	符号	名称	功能类别	应用类别
4-01		接地模块	输送	设计图、施工图、竣工图、示意图
4-02		角钢接地极	输送	设计图、施工图、竣工图、示意图
4-03		圆钢垂直接地极	输送	设计图、施工图、竣工图、示意图
4-04		圆钢水平接地极	输送	示意图
4-05		扁钢水平接地体	输送	竣工图、示意图
4-06		钢管垂直接地体	输送	设计图、施工图、竣工图、示意图
4-07		板材接地体	输送	设计图、施工图、竣工图、示意图
4-08		土层	放置	设计图、施工图、竣工图、示意图
4-09		地石沙石土层	放置	设计图、施工图、竣工图、示意图
4-10		回填土	放置	设计图、施工图、竣工图、示意图

续表

编号	符号	名称	功能类别	应用类别
4-11		坚硬岩石	放置	设计图、施工图、竣工图、示意图
4-12	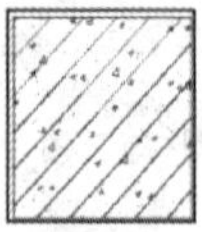	钢筋混凝土	放置	设计图、施工图、竣工图、示意图
4-13		接地装置断面	放置	设计图、施工图、竣工图、示意图
4-14		等电位连接端子	连接	设计图、施工图、竣工图、示意图
4-15	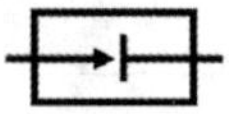	等电位连接器	F 隔离	设计图、施工图、竣工图、示意图
4-16	MEB	总等电位连接		设计图、施工图、竣工图、示意图
4-17	LEB	局部等电位联结		设计图、施工图、竣工图、示意图
4-18	SEB	辅助等电位联结		设计图、施工图、竣工图、示意图
4-19	MEXT	总等电位连接板		设计图、施工图、竣工图、示意图
4-20	LEXT	局部等电位连接板		设计图、施工图、竣工图、示意图
4-21	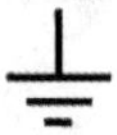	接地		设计图、施工图、竣工图、示意图
4-22		保护地		设计图、施工图、竣工图、示意图
4-23		接地基准点 ERP		设计图、施工图、竣工图、示意图
4-24	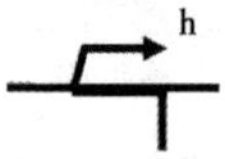 h	电焊接		设计图、施工图、竣工图、示意图
4-25	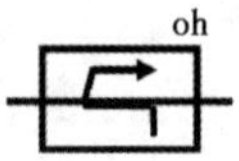 oh	火泥焊接		设计图、施工图、竣工图、示意图
4-26	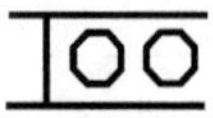	螺栓连接		设计图、施工图、竣工图、示意图

C.5 网络设备

编号	符号	名称	功能类别	应用类别
5-01		路由器	切换	设计图、施工图、竣工图、示意
5-02	F	服务器	连续控制	设计图、施工图、竣工图、示意
5-03	HUB	集线器	连续控制	设计图、施工图、竣工图、示意

附录D 施工现场质量管理检查记录

施工现场质量管理检查记录

开工日期： 年 月 日

<table>
<tr><td>工程名称</td><td colspan="3"></td><td>施工许可证(开工证)</td><td></td></tr>
<tr><td>建设单位</td><td colspan="3"></td><td>项目负责人</td><td></td></tr>
<tr><td>设计单位</td><td colspan="3"></td><td>项目负责人</td><td></td></tr>
<tr><td>监理单位</td><td colspan="3"></td><td>总监理工程师</td><td></td></tr>
<tr><td>施工单位</td><td></td><td>项目经理</td><td></td><td>项目技术负责人</td><td></td></tr>
<tr><td>序号</td><td colspan="3">项　目</td><td colspan="2">内　容</td></tr>
<tr><td>1</td><td colspan="3">现场质量管理制度</td><td colspan="2"></td></tr>
<tr><td>2</td><td colspan="3">质量责任制</td><td colspan="2"></td></tr>
<tr><td>3</td><td colspan="3">主要专业工种操作上岗证书</td><td colspan="2"></td></tr>
<tr><td>4</td><td colspan="3">分包方资质与对分包单位的管理制度</td><td colspan="2"></td></tr>
<tr><td>5</td><td colspan="3">施工图审查情况</td><td colspan="2"></td></tr>
<tr><td>6</td><td colspan="3">施工组织设计、施工方案及审批</td><td colspan="2"></td></tr>
<tr><td>7</td><td colspan="3">施工技术标准</td><td colspan="2"></td></tr>
<tr><td>8</td><td colspan="3">工程质量检验制度</td><td colspan="2"></td></tr>
<tr><td>9</td><td colspan="3">施工安全技术措施</td><td colspan="2"></td></tr>
<tr><td>10</td><td colspan="3">设备、材料进场检验记录、存放与管理</td><td colspan="2"></td></tr>
<tr><td>11</td><td colspan="3">检测设备、计量仪表检验</td><td colspan="2"></td></tr>
<tr><td>12</td><td colspan="3">开工报告</td><td colspan="2"></td></tr>
<tr><td>13</td><td colspan="3"></td><td colspan="2"></td></tr>
<tr><td colspan="6">检查结论：

总监理工程师
(建设单位项目负责人)　　　　　　　　年　　月　　日</td></tr>
</table>

附录E 质量验收记录

接地装置分项工程质量验收记录

<table>
<tr><td colspan="3">工程名称</td><td colspan="2"></td><td>分项工程名称</td><td>接地装置安装</td><td>验收部位</td><td></td></tr>
<tr><td colspan="3">施工单位</td><td colspan="2"></td><td>专业工长</td><td></td><td>项目经理</td><td></td></tr>
<tr><td colspan="3">施工执行标准名称及编号</td><td colspan="6"></td></tr>
<tr><td colspan="3">分包单位</td><td></td><td>分包项目经理</td><td></td><td>施工班组长</td><td colspan="2"></td></tr>
<tr><td rowspan="5">主控项目</td><td colspan="3">GB 50601—2010
质量验收规范的规定</td><td>施工单位检查评定记录</td><td>防雷检测记录</td><td colspan="3">监理(建设)
单位验收记录</td></tr>
<tr><td>第4.1.1条
第1款</td><td colspan="2">接地板设置</td><td></td><td></td><td colspan="3" rowspan="8"></td></tr>
<tr><td>第4.1.1条
第2款</td><td colspan="2">接地电阻值</td><td></td><td></td></tr>
<tr><td>第4.1.1条
第3款</td><td colspan="2">跨步电压</td><td></td><td></td></tr>
<tr><td>第4.1.1条
第4款</td><td colspan="2">安全距离</td><td></td><td></td></tr>
<tr><td rowspan="4">一般项目</td><td>第4.1.2条
第1款</td><td colspan="2">埋设要求</td><td></td><td></td></tr>
<tr><td>第4.1.2条
第4款</td><td colspan="2">焊接要求</td><td></td><td></td></tr>
<tr><td>第4.1.2条
第5款</td><td colspan="2">防损(腐)措施</td><td></td><td></td></tr>
<tr><td>第11.2.1条
第2款第5项</td><td colspan="2">直流电阻值</td><td></td><td></td></tr>
<tr><td colspan="2">施工单位
检查评定结果</td><td colspan="7">项目专员质量检查员
年 月 日</td></tr>
<tr><td colspan="2">监理(建设)
单位验收结论</td><td colspan="7">监理工程师
(建设单位项目专业技术负责人、
防雷技术服务机构项目负责人)
年 月 日</td></tr>
</table>

接地装置分项工程质量验收记录

<table>
<tr><td colspan="2">工程名称</td><td colspan="3"></td><td>分项工程名称</td><td>引下线安装</td><td>验收部位</td><td></td></tr>
<tr><td colspan="2">施工单位</td><td colspan="3"></td><td>专业工长</td><td></td><td>项目经理</td><td></td></tr>
<tr><td colspan="2">施工执行标准名称及编号</td><td colspan="7"></td></tr>
<tr><td colspan="2">分包单位</td><td colspan="2"></td><td>分包项目经理</td><td></td><td>施工班组长</td><td colspan="2"></td></tr>
<tr><td rowspan="6">主控项目</td><td colspan="3">GB 50601—2010
质量验收规范的规定</td><td>施工单位检查评定记录</td><td>防雷检测记录</td><td colspan="3">监理(建设)
单位验收记录</td></tr>
<tr><td colspan="2">第 5.1.1 条
第 1 款</td><td>平行间距</td><td></td><td></td><td colspan="3" rowspan="12"></td></tr>
<tr><td colspan="2">第 5.1.1 条
第 2 款</td><td>敷设状况</td><td></td><td></td></tr>
<tr><td colspan="2">第 5.1.1 条
第 3 款</td><td>安全措施</td><td></td><td></td></tr>
<tr><td colspan="2">第 5.1.1 条
第 4 款</td><td>电气连接</td><td></td><td></td></tr>
<tr><td colspan="2">第 5.1.1 条
第 5 款</td><td>附着电气线路</td><td></td><td></td></tr>
<tr><td rowspan="7">一般项目</td><td colspan="2">第 5.1.1 条
第 6 款</td><td>防火间距</td><td></td><td></td></tr>
<tr><td colspan="2">第 5.1.2 条
第 1 款</td><td>支架固定</td><td></td><td></td></tr>
<tr><td colspan="2">第 5.1.2 条
第 2 款</td><td>预留测试点</td><td></td><td></td></tr>
<tr><td colspan="2">第 5.1.2 条
第 3 款</td><td>焊接要求</td><td></td><td></td></tr>
<tr><td colspan="2">第 5.1.2 条
第 4 款</td><td>防损措施</td><td></td><td></td></tr>
<tr><td colspan="2">第 5.1.2 条
第 5 款</td><td>防锈措施</td><td></td><td></td></tr>
<tr><td colspan="2">第 11.2.2 条
第 2 款第 4 项</td><td>直流电阻值</td><td></td><td></td></tr>
<tr><td colspan="3">施工单位
检查评定结果</td><td colspan="6">项目专员质量检查员
年　月　日</td></tr>
<tr><td colspan="3">监理(建设)
单位验收结论</td><td colspan="6">监理工程师
(建设单位项目专业技术负责人、
防雷技术服务机构项目负责人)
年　月　日</td></tr>
</table>

接闪器分项工程质量验收记录

<table>
<tr><td colspan="2">工程名称</td><td colspan="2"></td><td>分项工程名称</td><td>接闪器安装</td><td>验收部位</td><td></td></tr>
<tr><td colspan="2">施工单位</td><td colspan="2"></td><td>专业工长</td><td></td><td>项目经理</td><td></td></tr>
<tr><td colspan="2">施工执行标准名称及编号</td><td colspan="6"></td></tr>
<tr><td colspan="2">分包单位</td><td></td><td>分包项目经理</td><td></td><td>施工班组长</td><td colspan="2"></td></tr>
<tr><td rowspan="6">主控项目</td><td colspan="2">GB 50601—2010
质量验收规范的规定</td><td>施工单位检查评定记录</td><td>防雷检测记录</td><td colspan="3">监理(建设)单位验收记录</td></tr>
<tr><td>第6.1.1条第1款</td><td>电气连接</td><td></td><td></td><td colspan="3" rowspan="10"></td></tr>
<tr><td>第6.1.1条第2款</td><td>布置要求</td><td></td><td></td></tr>
<tr><td>第6.1.1条第3款</td><td>敷设风险</td><td></td><td></td></tr>
<tr><td>第6.1.1条第4款</td><td>抗风能力</td><td></td><td></td></tr>
<tr><td>第6.1.1条第5款</td><td>附着电气线路</td><td></td><td></td></tr>
<tr><td rowspan="5">一般项目</td><td>第6.1.2条第1款</td><td>自然接闪器</td><td></td><td></td></tr>
<tr><td>第6.1.2条第2款</td><td>安装状况</td><td></td><td></td></tr>
<tr><td>第6.1.2条第3款</td><td>焊接要求</td><td></td><td></td></tr>
<tr><td>第6.1.2条第4款</td><td>固定支架</td><td></td><td></td></tr>
<tr><td>第11.2.3条第2款第1项</td><td>直流电阻值</td><td></td><td></td></tr>
<tr><td colspan="2">施工单位检查评定结果</td><td colspan="6">项目专员质量检查员
年 月 日</td></tr>
<tr><td colspan="2">监理(建设)单位验收结论</td><td colspan="6">监理工程师
(建设单位项目专业技术负责人、
防雷技术服务机构项目负责人)
年 月 日</td></tr>
</table>

等电位连接分项工程质量验收记录

<table>
<tr><td colspan="2">工程名称</td><td colspan="2"></td><td>分项工程名称</td><td>等电位连接安装</td><td>验收部位</td><td></td></tr>
<tr><td colspan="2">施工单位</td><td colspan="2"></td><td>专业工长</td><td></td><td>项目经理</td><td></td></tr>
<tr><td colspan="2">施工执行标准名称及编号</td><td colspan="6"></td></tr>
<tr><td colspan="2">分包单位</td><td></td><td>分包项目经理</td><td></td><td>施工班组长</td><td colspan="2"></td></tr>
<tr><td rowspan="4">主控项目</td><td colspan="2">GB 50601—2010
质量验收规范的规定</td><td>施工单位检查评定记录</td><td>防雷检测记录</td><td colspan="3">监理(建设)
单位验收记录</td></tr>
<tr><td>第 7.1.1 条
第 1 款</td><td>金属管线连接</td><td></td><td></td><td colspan="3" rowspan="7"></td></tr>
<tr><td>第 7.1.1 条
第 2 款</td><td>总等电位连接</td><td></td><td></td></tr>
<tr><td>第 7.1.1 条
第 3 款</td><td>跨界要求</td><td></td><td></td></tr>
<tr><td rowspan="4">一般项目</td><td>第 7.1.2 条
第 1 款和
第 11.2.4 条
第 2 款</td><td>电气连接和有效性测试</td><td></td><td></td></tr>
<tr><td>第 7.1.2 条
第 2 款</td><td>后续防雷区连接</td><td></td><td></td></tr>
<tr><td>第 7.1.2 条
第 3 款</td><td>机房 M 或 S 型连接</td><td></td><td></td></tr>
<tr><td>第 11.2.3 条
第 2 款第 1 项</td><td>直流电阻值</td><td></td><td></td></tr>
<tr><td colspan="2">施工单位
检查评定结果</td><td colspan="6">项目专员质量检查员
年 月 日</td></tr>
<tr><td colspan="2">监理(建设)
单位验收结论</td><td colspan="6">监理工程师
(建设单位项目专业技术负责人、
防雷技术服务机构项目负责人)
年 月 日</td></tr>
</table>

屏蔽装置分项工程质量验收记录

<table>
<tr><td colspan="2">工程名称</td><td colspan="2"></td><td>分项工程名称</td><td>屏蔽装置安装</td><td>验收部位</td><td></td></tr>
<tr><td colspan="2">施工单位</td><td colspan="2"></td><td>专业工长</td><td></td><td>项目经理</td><td></td></tr>
<tr><td colspan="2">施工执行标准名称及编号</td><td colspan="6"></td></tr>
<tr><td colspan="2">分包单位</td><td></td><td>分包项目经理</td><td></td><td>施工班组长</td><td colspan="2"></td></tr>
<tr><td rowspan="4">主控项目</td><td colspan="2">GB 50601—2010
质量验收规范的规定</td><td>施工单位检查评定记录</td><td>防雷检测记录</td><td colspan="3">监理(建设)
单位验收记录</td></tr>
<tr><td>第8.1.1条
第1款</td><td>屏蔽网格尺寸</td><td></td><td></td><td colspan="3" rowspan="6"></td></tr>
<tr><td>第8.1.1条
第2款</td><td>屏蔽室安装</td><td></td><td></td></tr>
<tr><td>第11.2.5条
第2款第1项</td><td>屏蔽效能测试</td><td></td><td></td></tr>
<tr><td rowspan="3">一般项目</td><td>第8.1.2条
第1款</td><td>结构荷载</td><td></td><td></td></tr>
<tr><td>第8.1.2条
第2款</td><td>维修通道预留</td><td></td><td></td></tr>
<tr><td>第11.2.5条
第2款第2项</td><td>直流电阻值</td><td></td><td></td></tr>
<tr><td colspan="2">施工单位
检查评定结果</td><td colspan="6">项目专员质量检查员
年 月 日</td></tr>
<tr><td colspan="2">监理(建设)
单位验收结论</td><td colspan="6">监理工程师
(建设单位项目专业技术负责人、
防雷技术服务机构项目负责人)
年 月 日</td></tr>
</table>

综合布线分项工程质量验收记录

<table>
<tr><td colspan="2">工程名称</td><td colspan="2"></td><td>分项工程名称</td><td>综合布线安装</td><td>验收部位</td><td></td></tr>
<tr><td colspan="2">施工单位</td><td colspan="2"></td><td>专业工长</td><td></td><td>项目经理</td><td></td></tr>
<tr><td colspan="2">施工执行标准名称及编号</td><td colspan="6"></td></tr>
<tr><td colspan="2">分包单位</td><td></td><td>分包项目经理</td><td></td><td>施工班组长</td><td colspan="2"></td></tr>
<tr><td rowspan="3">主控项目</td><td colspan="2">GB 50601—2010
质量验收规范的规定</td><td>施工单位检查评定记录</td><td>防雷检测记录</td><td colspan="3">监理(建设)单位验收记录</td></tr>
<tr><td>第9.1.1条第1款和第9.1.1条第2款</td><td>穿管要求</td><td></td><td></td><td colspan="3" rowspan="6"></td></tr>
<tr><td>第9.1.1条第3款</td><td>电线额定电压值</td><td></td><td></td></tr>
<tr><td rowspan="3">一般项目</td><td>第9.1.2条第2款</td><td>最小净距</td><td></td><td></td></tr>
<tr><td>第9.1.2条第3款</td><td>电线色标</td><td></td><td></td></tr>
<tr><td>第11.2.6条第3款</td><td>电气测试</td><td></td><td></td></tr>
<tr><td colspan="2">施工单位
检查评定结果</td><td colspan="6">项目专员质量检查员
年　月　日</td></tr>
<tr><td colspan="2">监理(建设)
单位验收结论</td><td colspan="6">监理工程师
(建设单位项目专业技术负责人、
防雷技术服务机构项目负责人)
年　月　日</td></tr>
</table>

综合布线分项工程质量验收记录

<table>
<tr><td colspan="2">工程名称</td><td colspan="2"></td><td>分项工程名称</td><td>综合布线安装</td><td>验收部位</td><td></td></tr>
<tr><td colspan="2">施工单位</td><td colspan="2"></td><td>专业工长</td><td></td><td>项目经理</td><td></td></tr>
<tr><td colspan="2">施工执行标准名称及编号</td><td colspan="6"></td></tr>
<tr><td colspan="2">分包单位</td><td></td><td>分包项目经理</td><td></td><td>施工班组长</td><td colspan="2"></td></tr>
<tr><td rowspan="4">主控项目</td><td colspan="2">GB 50601—2010
质量验收规范的规定</td><td>施工单位检查评定记录</td><td>防雷检测记录</td><td colspan="3">监理(建设)
单位验收记录</td></tr>
<tr><td>第10.1.1条
第1款</td><td>配电SPD
选择</td><td></td><td></td><td colspan="3" rowspan="6"></td></tr>
<tr><td>第10.1.1条
第2款</td><td>信号SPD
选择</td><td></td><td></td></tr>
<tr><td>第10.1.1条
第3款</td><td>后备过
电流保护</td><td></td><td></td></tr>
<tr><td rowspan="4">一般项目</td><td>第10.1.2条
第1款</td><td>SPD2选择
(配电)</td><td></td><td></td></tr>
<tr><td>第10.1.2条
第3款</td><td>能量配合</td><td></td><td></td></tr>
<tr><td>第10.1.2条
第4款</td><td>SPD2选择
(信号)</td><td></td><td></td></tr>
<tr><td>第10.1.2条
第6款</td><td>SPD两端
连线</td><td></td><td></td><td colspan="3"></td></tr>
<tr><td colspan="2">施工单位
检查评定结果</td><td colspan="6">项目专员质量检查员
年 月 日</td></tr>
<tr><td colspan="2">监理(建设)
单位验收结论</td><td colspan="6">监理工程师
(建设单位项目专业技术负责人、
防雷技术服务机构项目负责人)
年 月 日</td></tr>
</table>

防雷工程(子分部工程)验收记录

<table>
<tr><td colspan="2">工程名称</td><td></td><td>结构类型</td><td></td><td>层数</td><td></td></tr>
<tr><td colspan="2">施工单位</td><td></td><td>技术部门负责人</td><td></td><td>质量部门负责人</td><td></td></tr>
<tr><td colspan="2">分包单位</td><td></td><td>分包单位负责人</td><td></td><td>分包技术负责人</td><td></td></tr>
<tr><td>序号</td><td colspan="2">分项工程名称</td><td>检验批数</td><td>施工单位检查意见</td><td colspan="2">验收意见</td></tr>
<tr><td>1</td><td colspan="2">接地装置安装</td><td></td><td></td><td colspan="2" rowspan="10"></td></tr>
<tr><td>2</td><td colspan="2">引下线安装</td><td></td><td></td></tr>
<tr><td>3</td><td colspan="2">接闪器安装</td><td></td><td></td></tr>
<tr><td>4</td><td colspan="2">等电位连接安装</td><td></td><td></td></tr>
<tr><td>5</td><td colspan="2">屏蔽装置安装</td><td></td><td></td></tr>
<tr><td>6</td><td colspan="2">综合布线安装</td><td></td><td></td></tr>
<tr><td>7</td><td colspan="2">SPD 安装</td><td></td><td></td></tr>
<tr><td colspan="3">质量控制资料</td><td></td><td></td></tr>
<tr><td colspan="3">安全和功能检验
(检测)报告</td><td></td><td></td></tr>
<tr><td colspan="3">观感质量验收</td><td colspan="2"></td></tr>
<tr><td rowspan="5">验收单位</td><td colspan="2">分包单位</td><td colspan="4">项目经理　　　　年　月　日</td></tr>
<tr><td colspan="2">施工单位</td><td colspan="4"></td></tr>
<tr><td colspan="2">勘测单位</td><td colspan="4"></td></tr>
<tr><td colspan="2">设计单位</td><td colspan="4"></td></tr>
<tr><td colspan="2">防雷主管单位</td><td colspan="4"></td></tr>
<tr><td>验收单位</td><td colspan="2">监理(建设)单位</td><td colspan="4">总监理工程师
建设单位项目专业技术负责人
年　月　日</td></tr>
</table>

附录 F　分流系数 k_c

(1)单根引下线时，分流系数应为 1；两根引下线及接闪器不成闭合环的多根引下线时，分流系数可为 0.66；图 F.1(c)适用于引下线根数 n 不少于 3 根，当接闪器成闭合环或网状的多根引下线时，分流系数可为 0.44。

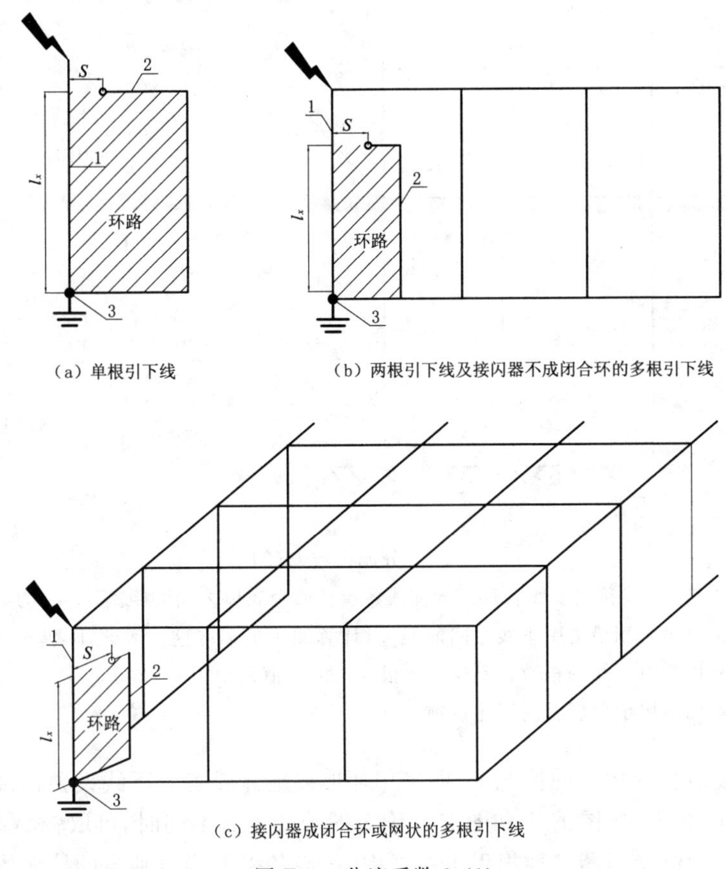

图 F.1　分流系数 k_c(1)

1——引下线；2——金属装置或线路；3——直接连接或通过电涌保护器连接

注：1. S 为空气中间隔距离，l_x 为引下线从计算点到等电位连接点的长度；2. 本图适用于环形接地体。也适用于各引下线设独自的接地体且各独自接地体的冲击接地电阻与邻近的差别不大于 2 倍；若差别大于 2 倍时，$k_c=1$；3. 本图适用于单层和多层建筑物。

(2)当采用网格型接闪器、引下线用多根环形导体互相连接、接地体采用环形接地体,或者利用建筑物钢筋或钢构架作为防雷装置时,分流系数 k_c 宜按图 F.2 确定。

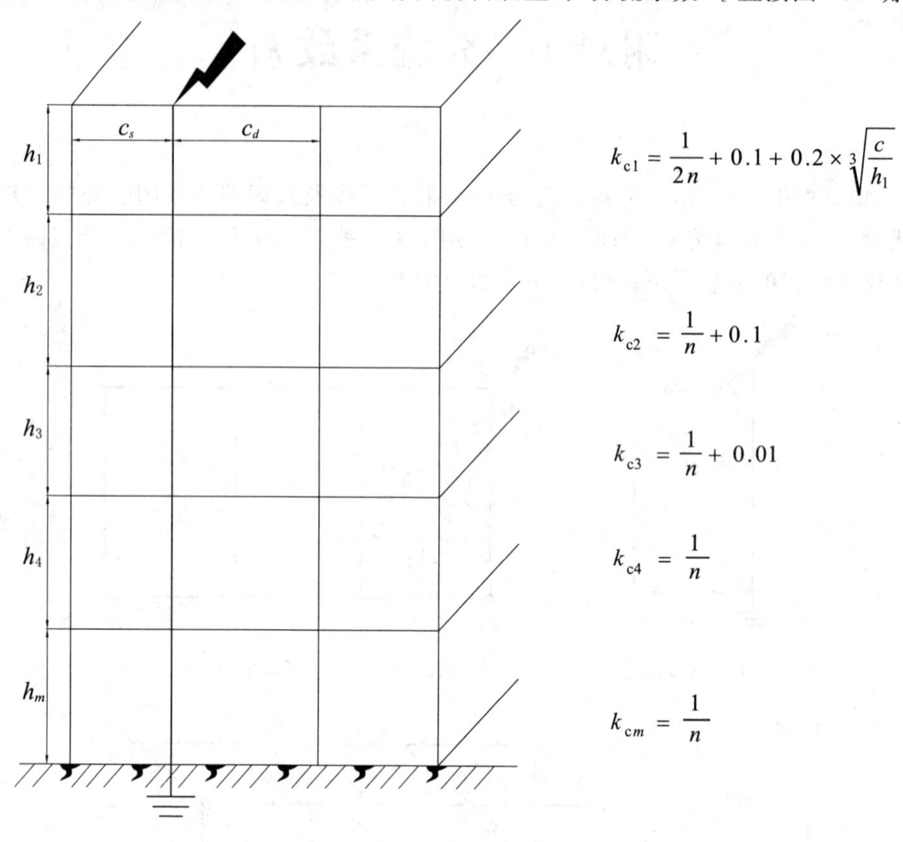

图 F.2　分流系数 k_c(2)

注:1. h_1—h_m 为连接引下线各环形导体或各层地面金属体之间的距离,c_s、c_d 为某引下线顶雷击点至两侧最近引下线之间的距离,计算式中的 c 取这二者之小者,n 为建筑物周边和内部引下线的根数且不少于 4 根。c 和 h_1 值适用于 3～20m。

2. 本图适用于单层至高层建筑物。

(3)在接地装置相同的情况下,即采用环形接地体或各引下线设独自接地体且其冲击接地电阻相近,按图 F.1 和图 F.2 确定的分流系数不同时,可取较小者。

(4)单根导体接闪器按两根引下线考虑时,当各引下线设独自的接地体且各独自接地体的冲击接地电阻与邻近的差别不大于 2 倍时,可按图 F.3 计算分流系数;若差别大于 2 倍时,分流系数应为 1。

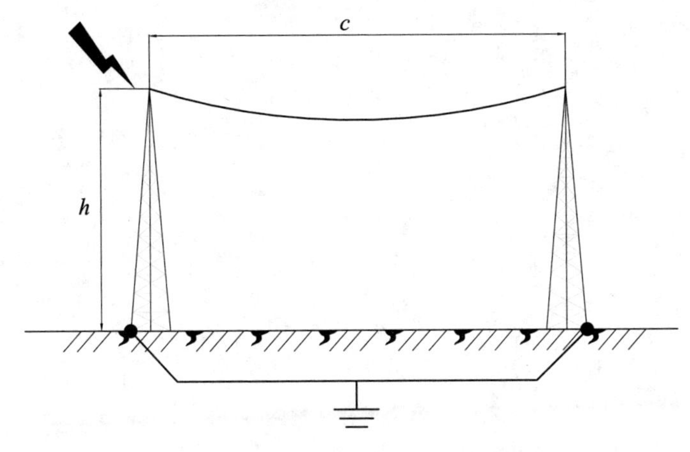

$$k_c = \frac{h+c}{2h+c}$$

图 F.3　分流系数 k_c(3)